# 电动机绕组彩图与接线详解

潘品英　编著

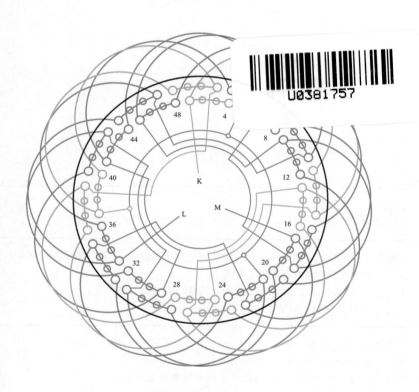

化学工业出版社

·北京·

**图书在版编目（CIP）数据**

电动机绕组彩图与接线详解/潘品英编著. —北京：
化学工业出版社，2017.11（2023.7重印）
ISBN 978-7-122-30688-3

Ⅰ.①电…　Ⅱ.①潘…　Ⅲ.①电机-维修-图解
Ⅳ.①TM307-64

中国版本图书馆 CIP 数据核字（2017）第 237994 号

责任编辑：高墨荣
责任校对：王素芹　　　　　　　　　　　装帧设计：张　辉

出版发行：化学工业出版社（北京市东城区青年湖南街 13 号　邮政编码 100011）
印　　装：北京盛通数码印刷有限公司
880mm×1230mm　1/32　印张 14¼　字数 446 千字
2023 年 7 月北京第 1 版第 7 次印刷

购书咨询：010-64518888　　　　售后服务：010-64518899
网　　址：http://www.cip.com.cn
凡购买本书，如有缺损质量问题，本社销售中心负责调换。

定　　价：78.00 元

# 前　言

　　电动机绕组端面模拟画法是笔者原创，《电动机绕组布线接线彩色图集》历经数次增订改版，深受读者好评，但有读者提出建议图集内容配上修理数据，这就是编写本书缘由之一。然而实际情况并非一机一图，除个别绕组外，绝大多数绕组图是多机共用的，有的甚至几十台规格电机同用一个绕组布接线图。如果将所有电机数据列入图例是无法办到的，就算做到也是"一团乱麻"。唯一的办法就是出专题，本书就是以新系列为专题编写。书中内容包括 Y、Y2、Y3 及其派生产品，共计 23 个电机系列，它涵盖了目前在用电机的大部分规格。本书亮点除给绕线式转子设计专用绕组外，还对各种极数绕组的串、并联接法进行详尽的介绍；并应读者要求对端面模拟画法的绕组及其嵌线表进行了分析和解读。针对初学者反映修理时找不准图的问题，特依机工版《电动机绕组布线接线彩色图集》和化工版《电机绕组端面模拟彩图总集》的绕组不同的编排，设计了两种不同的选图方法。此外，本书还将近期搜集到的，不属于新系列的国内外 20 余例特殊结构型式的新绕组辟为第 7章，贡献给读者，希望在修理中给读者提供方便。

　　本书共收集绕组布接线图 128 例，连同彩色插图共计 172 幅；其中包括转子在内新增绕组 36 例，均用端面模拟图绘制成彩色绕组图例，供读者参考。

　　本书由于载入了国内外珍贵且奇特的新绕组，故可作为笔者前编各版电动机绕组彩色图集的补充，或后记与续集而值得读者补全。同时本书也适合大中专院校相关专业人员参考。

本书由潘品英编著，另外，王少平、陈居、陈玉娥、陈钊军、张潮勇、招才万、章国强、黎川可、潘玉景对本书的出版提供了帮助和部分图表的绘制，在此一并表示感谢。

由于水平所限，书中不妥之处在所难免，请读者批评指正。

编著者

# 目　录

---

❶　标题带"＊"者是编者前所编各绕组图集未收入的新绕组。

# 第5章 8极及以上极数电动机定子修理资料 … 235

# 第 6 章　新系列电动机绕线式转子修理资料 ······ 307

# 第1章

# 新系列三相交流电动机概述

　　新系列电动机包括基本系列及其派生产品，其中 Y 系列三相电动机是我国自行设计，并于 20 世纪 80 年代初定型生产的新一代基本系列电动机产品。它属于一般用途小型笼型转子异步电动机，额定功率从 0.55～90kW，共 19 个等级；随后又派生出不同规格、性能和各种用途的 Y 系列产品。Y 系列电动机极数有 2、4、6、8 四种转速。它较之老型号电动机而具有效率高、过载能力大、噪声低、体重小等优点，是取代 JO2 等老系列的替代型号；后于 90 年代又生产了 Y2 基本系列及其部分派生产品。目前，除偏远落后地区无力更新而仍有老系列运行外，一般都普遍使用 Y、Y2 系列电动机。而 Y3 系列也于近年设计定型，但尚未见大量生产。

　　目前，电动机修理工作主要还是针对新系列产品，为使读者，特别是新入行者对新系列电动机及其绕组有一个基础性的认识，下面对 Y 系列及其派生产品作简要介绍，并对本书电动机绕组的端面模拟画法进行必要的说明。

# 1.1 Y系列电动机分类与型号

## 1.1.1 Y系列电动机的类型特征

三相电动机新系列中 Y、Y2、Y3 属新系列中三代产品的基本系列，它是三相（380V、50Hz）小型封闭式笼型（转子）异步电动机；并以此为基础派生有多种系列产品。Y系列电机产品类型、结构特征与主要用途见表 1-1。

表 1-1 Y系列及其派生电动机结构性能与用途

| 序号 | 系列代号 | 电机名称 | 结构特征性能及用途 |
|---|---|---|---|
| 1 | Y、Y2、Y3 | 防护式交流异步电动机基本系列 | 机座为铸铁外壳，封闭式(IP44)外壳铸有散热筋；无筋是防护式(IP23)。转子为铸铝笼型。常用作没有特殊性能要求的一般用途机械设备配用电动机 |
| 2 | YR、YR2 | 防护式绕线型转子异步电动机 | 外壳用铸铁制成，两种结构，一是防护型为(IP44)的铸成散热筋封闭式外风冷结构；另一是防护型为(IP23)，制成半开启防护式自冷结构。主要用于要求启动电流较小，且具有较高启动转矩的机械设备，也可用于软工作特性的调速机械 |
| 3 | YZ、YZB | 冶金起重型三相笼型异步电动机 | 铸铁外壳铸有散热筋，封闭式外风冷结构；转子为铜质笼型。具有较大的过载能力和较高的耐冲击强度，可经受频繁启动、反转带来的冲击。其总体电气性能优于老系列，是 JZ、JZ2 的替代型号。主要用于起重机及冶金辅助机械设备配用电动机。型号中"B"是代表绕组绝缘等级为B级 |
| 4 | YZR | 冶金起重型三相绕线型异步电动机 | 铸铁外壳，封闭式，外有散热筋外风冷结构。定子绕组同序号3，但转子是绕线型。它具有较高的机械冲击强度和较大的过载能力；并可结合不同工作制下选用电动机容量。主要用于起重机及冶金辅助设备上 |
| 5 | YX、Y2-E | 高效率三相异步电动机 | 其外形结构与 Y 系列(IP44)大致相同，属内涵派生产品。其铁芯采用低铁耗磁性材料，除改进定/转子槽数配合外，还采用高效低耗的螺旋冷却风扇叶；故具有低噪声、高效率的电气性能。产品主要用于启动次数少，连续运行时间长，且负载率高的工作场合。如风机及配套水泵等。属新型节能产品 |

| 序号 | 系列代号 | 电机名称 | 结构特征性能及用途 |
|---|---|---|---|
| 6 | YA | 增安型防爆三相异步电动机 | 属封闭式自扇冷却三相笼型异步电动机是 Y 系列（IP44）的派生产品。其防爆功能除要求接线盒有较强密封性之外，主要着重内部防爆功能，从而抑制引爆源；如设计制造中采取一系列措施，对运行条件作出一定限制，如降低 10℃的极限温升，以及加强绕组绝缘，使正常运行状态下不致产生火花、电弧，从而达到防爆目的。主要应用于户外具有腐蚀性、爆炸性混合物场所作为拖动动力 |
| 7 | YB | 隔爆型防爆三相异步电动机 | 本系列防爆电动机除兼有 YA 的防爆结构的功能之外，更着重"间隙灭焰"功能，它把整个电机制成"隔爆外壳"，使之承受因电气火花、电弧在壳内即使爆炸，也不致传播到机体外部的爆炸性环境。从而起到隔爆防爆的作用 |
| 8 | YQS YQS2 | 充水式井用潜水电泵三相异步电动机 | 本系列是机-泵一体化，即电动机与水泵组合成一体。由于井下条件所限，一体设计成上、下结构，即上部是电动机，下部是水泵。工作时利于潜于井下水中，故为避免电机壳内因旋转产生负压而吸入污水，电动机内腔必须充满洁净清水或防锈（缓蚀）绝缘性润滑剂。此外，轴伸端还有橡胶油封或机械密封结构，从而防止机外污物进入内腔。本系列电泵主要用于潜入井下、江湖抽水作农业排灌或建筑工地排水工程的移动式设备 |
| 9 | YQSY | 充油式井用潜水电泵三相异步电动机 | 本系列也是机-泵一体化。电动机是密封结构，内腔充满绝缘性润滑油。轴伸端采用机械密封，以防止润滑油渗出，也阻止外部水分进入电机内腔。用途与充水式相同 |
| 10 | YLB | 深井水泵三相异步电动机 | 深井水泵是机-泵分离装置，电动机工作于地面，而泵体细长且可多级串联，并通过带管传动轴将泵体置于深井之下工作，由泵管将水抽至地面；所以电动机体积不受井径尺寸的限制，也不受井水的影响。但由于传动轴和泵管采用螺纹连接，故电动机严禁逆转 |

## 1.1.2　Y 系列电动机的防护型式

电动机最基本的结构是定子和转子，而支承定、转子的是包括端盖

和轴承构成的外壳机座。早期，为了利于铁芯散热，电动机外壳常制成开启式，它属于没有专门防护结构，即"0"级防护的机座；在运行中容易发生意外事故，目前在电机中已不采用。

　　电动机防护标的物主要有两种：一种是防固体物进入机内，其防护等级及防护性能如表1-2所示。另一种是防水性能，防护等级及防水性能如表1-3所示。

表1-2　电动机防固体进入的防护等级

| 防护等级 | 防护物规格 | 防护性能 |
|---|---|---|
| 1 | ＞50mm固体 | 能防止直径大于50mm的固体颗粒进入机壳内；能防止人体或手部偶然或无意识触及内部带电或转动部位，但不能防有意识进入 |
| 2 | ＞12mm固体 | 能防止直径大于12mm的固体颗粒进入机壳内；能防止手指触及壳内带电或转动部位 |
| 3 | ＞2.5mm固体 | 能防止直径大于2.5mm的固体颗粒进入机壳内；能防止直径或厚度大于2.5mm的金属体进入带电或转动部位 |
| 4 | ＞1mm固体 | 能防止直径大于1mm的固体颗粒进入机壳内；能防止直径或厚度大于1mm的金属体进入带电或转动部位 |
| 5 | 防尘 | 能防止灰尘进入达到影响电动机正常运行的程度，并能完全防止触及带电部位或转动部分 |
| 6 | 尘密 | 能完全防止灰尘进入机内，并能完全防止触及带电部位和转动部位 |

表1-3　电动机防水性能的防护等级

| 防护等级 | 简称 | 防水性能 |
|---|---|---|
| 1 | 防滴 | 垂直滴水不应进入电动机内部 |
| 2 | 15°防滴 | 与垂直呈15°方向的滴水不能直接进入电动机内部 |
| 3 | 防淋水 | 与垂线呈60°方向的淋水应不能直接进入电动机内部 |
| 4 | 防溅水 | 任何方向的溅水都不应对电动机产生有害影响 |
| 5 | 防喷水 | 任何方向的喷射水流都不应对电动机产生有害影响 |
| 6 | 防强力喷水或海浪 | 强力喷水或海浪冲击均对电动机不致产生有害影响 |
| 7 | 防浸水 | 电动机在规定压力和时间内浸在水中应不致进水受潮 |
| 8 | 潜水 | 电动机在规定压力下长时间浸泡，而进水量应无有害影响 |

　　电动机防护型式用"IP"表示，它是国际防护通用标记。按防止固体异物进入机内而分6个防护等级。而防水性能则有8个等级。如Y系列封闭式电动机的防护等级表示为

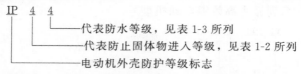

由此查表可知，IP44 标志该系列电动机机壳是按防止 1mm 固体颗粒进入及防水溅而设计的。

又如 IP54 查表得知其防护性能更好于上，它除能防水溅（4）外，还能防止灰尘（5）进入机壳。

### 1.1.3 Y系列产品型号含义

电动机产品种类繁多，其型号就特别多，故下面只介绍与本书内容相关的 Y 系列及其派生产品的电动机型号。

（1）新系列电动机型号

新系列属基本系列，电动机型号由产品代号和规格代号组成，其中规格代号包括机座号规格和极数。具体含义如下：

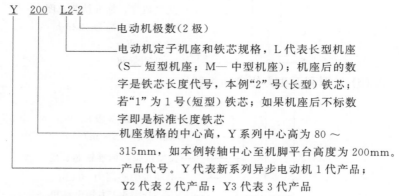

（2）Y 系列派生高效率电动机型号

YX 系列是由 Y 系列第一代电动机产品派生的高效率电动机，其型号如下：

(3) Y2 系列派生高效率电动机型号

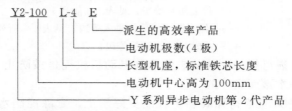

Y2-100 L-4 E
- 派生的高效率产品
- 电动机极数（4 极）
- 长型机座，标准铁芯长度
- 电动机中心高为 100mm
- Y 系列异步电动机第 2 代产品

(4) Y 系列派生绕线型系列电动机型号

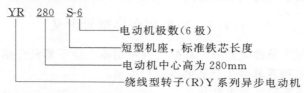

YR 280 S-6
- 电动机极数（6 极）
- 短型机座，标准铁芯长度
- 电动机中心高为 280mm
- 绕线型转子（R）Y 系列异步电动机

(5) Y 系列派生旁磁制动电动机型号

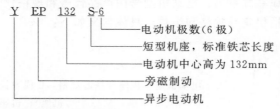

Y EP 132 S-6
- 电动机极数（6 极）
- 短型机座，标准铁芯长度
- 电动机中心高为 132mm
- 旁磁制动
- 异步电动机

(6) Y 系列派生力矩电动机型号

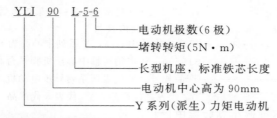

YLJ 90 L-5-6
- 电动机极数（6 极）
- 堵转转矩（5N·m）
- 长型机座，标准铁芯长度
- 电动机中心高为 90mm
- Y 系列（派生）力矩电动机

(7) 冶金起重用电动机型号

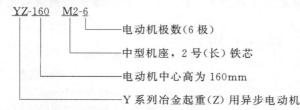

YZ-160 M2-6
- 电动机极数（6 极）
- 中型机座，2 号（长）铁芯
- 电动机中心高为 160mm
- Y 系列冶金起重（Z）用异步电动机

(8) 冶金起重用绕线型转子电动机型号

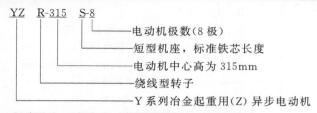

YZ R-315 S-8

- 电动机极数(8 极)
- 短型机座，标准铁芯长度
- 电动机中心高为 315mm
- 绕线型转子
- Y 系列冶金起重用(Z)异步电动机

**(9) Y 系列派生（低压）增安型防爆电动机型号**

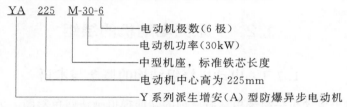

YA 225 M-30-6

- 电动机极数(6 极)
- 电动机功率(30kW)
- 中型机座，标准铁芯长度
- 电动机中心高为 225mm
- Y 系列派生增安(A)型防爆异步电动机

**(10) Y 系列派生（低压）隔爆型防爆电动机型号**

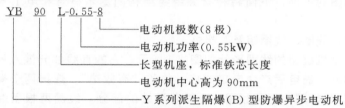

YB 90 L-0.55-8

- 电动机极数(8 极)
- 电动机功率(0.55kW)
- 长型机座，标准铁芯长度
- 电动机中心高为 90mm
- Y 系列派生隔爆(B)型防爆异步电动机

**(11) Y 系列派生充水式井用潜水电动机型号**

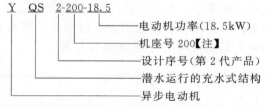

Y QS 2-200-18.5

- 电动机功率(18.5kW)
- 机座号 200【注】
- 设计序号(第 2 代产品)
- 潜水运行的充水式结构
- 异步电动机

【注】　水泵电动机机座号既非中心高，也不是定子尺寸，但它对应于定子铁芯外径，如机座号相同则定子铁芯外径相同，因此机座外壳相同。

**(12) Y 系列派生充油式井用潜水电动机型号**

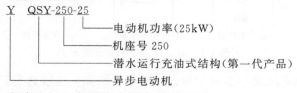

Y QSY-250-25

- 电动机功率(25kW)
- 机座号 250
- 潜水运行充油式结构(第一代产品)
- 异步电动机

**(13) Y 系列派生立式深井水泵电动机型号**

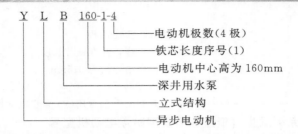

```
Y L B  160-1-4
              └─── 电动机极数（4 极）
            └───── 铁芯长度序号（1）
          └─────── 电动机中心高为 160mm
        └───────── 深井用水泵
      └─────────── 立式结构
    └───────────── 异步电动机
```

# 1.2　Y 系列电动机的绕组

## 1.2.1　电动机绕组结构的概念与术语

本书电动机绕组采用笔者原创的端面模拟画法四色彩图。为使读者对绕组图的识别，下面特将有关绕组结构的基本概念和电工术语进行介绍。

（1）线圈、线圈组及其极性

电动机绕组的线圈形状如图 1-1 所示。它的直线部分嵌入槽内的是有效部分，通电后产生电磁感应，故称"有效边"。连接两个有效边的部分称"端部"。它是线圈伸出铁芯两端的部分。线圈两根引线从有效边引出，称"端线"。线圈形状有多种，至于选用那种并无限制规定，但习惯上对线圈节距很小，如吊扇的线圈（节距仅 1、2 槽），就常用图（c）的矩形线圈；若线圈节距很大，如 2 极电动机等多用图（b）的鼓形线圈；而中等节距则常用图（a）的菱形线圈。

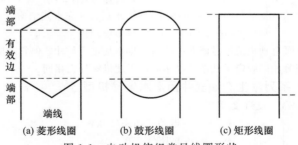

图 1-1　电动机绕组常见线圈形状

Y 系列基本属小型电动机，线圈是由绝缘导线按选定形状的模具绕制而成的基本元件。线圈可以是多匝也可单匝，其匝数是由定子铁芯电磁参数决定，所以，不同规格的电动机，线圈匝数是不同的，重绕修理时要根据电动机原始数据对照本书资料来确认进行，其中核算方法可参考化工版的《电机修理计算与应用》一书所述。

电动机绕组的线圈画法如图 1-2 所示。本书所用的端面模拟画法如图 (d) 所示，它的一只线圈由二圆一弧二引线构成，其中两小圆分别代表嵌入两槽中的有效边，弧线代表线圈端部，引线出自所在槽的线圈有效边。

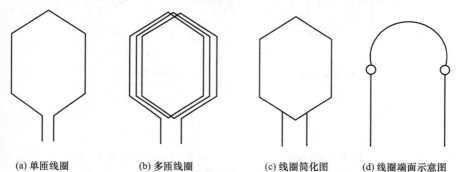

(a) 单匝线圈　　　　(b) 多匝线圈　　　　(c) 线圈简化图　　　(d) 线圈端面示意图

图 1-2　电动机绕组线圈的示意画法

线圈组是按同方向绕制而成多只线圈，如图 1-3 所示。其中图 (a) 画法用于绘制绕组平面展开图；图 (c) 是原理接线图画法，它主要用在绕组接线非常复杂时引导接线之用，如变极电动机绕组、三相正弦绕组及延边三角形启动绕组等采用作为辅图。图 (d) 俗称"方块图"，常用于三相电机绕组接线圆图。图 (c) 和图 (d) 的功能主要是指导绕组接线，而无法反映整个绕组线圈的安排状况。图 (b) 是本书采用的端面画法，它不但能指导接线，还能清晰地反映线圈 (组) 在铁芯槽内的层次安排。无论线圈或线圈组都有两根引接线，通常俗称为"线头"和"线尾"，或称"始端"和"末端"，其实它的头、尾，始、末都是人为假设的，当线圈 (组) 未嵌入定子铁芯槽之前，设定的头、尾并无实质性意义。线圈 (组) 嵌入后，可任意设某端为头，则另一端必定为尾。假设 $U_1$ 端为头，若设电流从 $U_1$ 流入如图 1-3 (a)，则电流从尾端 $U_2$ 流出，这时可见，电流在线圈组的流向如上方箭头，是从左到右，这个电流方向就是线圈组的"极性"；我们再设这个方向为"正极性"，则图 (a)、图 (b)、图 (c)、图 (d) 都呈正极性。如果电流方向改变而从尾端 $U_2$ 流入，显然，上方箭头就变成从右到左，即电流极性变反了，这就是"反极性"。由此可见，线圈组的头、尾端是设定的，不因电流方向而改变；但电流改变可使线圈组极性改变。

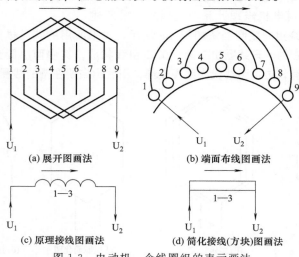

(a) 展开图画法　　　　　　(b) 端面布线图画法

(c) 原理接线图画法　　　　　(d) 简化接线(方块)图画法

图 1-3　电动机一个线圈组的表示画法

（2）单层绕组、双层绕组与线圈组的头尾设定

三相绕组的布线有单层和双层，还有部分单双层混合布线。单层绕组是每槽只安排一个有效边，如图 1-4 所示，端面图画法如图 1-3（b）所示。单层绕组通常应用于功率较小的电动机，在 Y 系列中，中心距 160mm 及以下常用单层布线。单层绕组每只线圈两有效边各占 1 槽，因此它的线圈总数只有槽数的一半，如 36 槽的定子，无论绕制多少极数的电动机，其总线圈数都只有 18 只。双层绕组每槽要安排两个有效边，即 1 只线圈要占 1 槽（即两个半槽）如图 1-5 所示。所以，36 槽双层绕组便有 36 只线圈。单双层绕组在 Y 系列正规产品中没有应用，本书从略。

根据习惯❶，在双层绕组中，通常都设线圈组的下层边引线为头端，上层边引线为尾端。单层绕组每槽只有一个有效边，槽中没有上下层之分，但是，当采用交叠法（吊边）嵌线时，先嵌入槽的线圈边将被后嵌边的端部压住，故将先嵌边称"沉边"；后嵌入的边称"浮边"，如图 1-4（a）所示。另外，单层绕组有的是用不吊边的整嵌法布线，这时，如图 1-4（b）所示，每组线圈呈平面分布，既无上、下层，也无

---

❶　此习惯是指操作时用后退式嵌线，故本书统一用下层边进线。而操作习惯不同，也可由上层边进线。

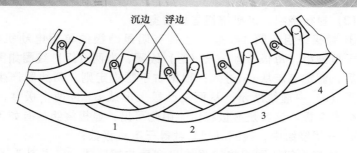

(a) 单层交叠法布线时的沉边和浮边

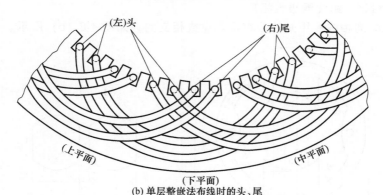

(b) 单层整嵌法布线时的头、尾

图 1-4 单层布线的绕组端部与头、尾定位

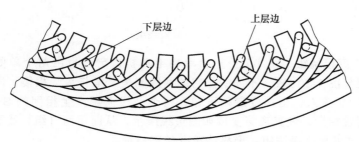

图 1-5 双层叠式绕组端面布线状况

沉、浮边；通常就习惯用方位定头、尾。即将线圈组置在定子下方时，线圈左侧边的引线为头，线圈右侧边引线为尾。

此外，线圈组一般由多只线圈连绕而成，但也可由一只线圈构成一组的，称为"单圈组"，如单层链式绕组即全由单圈组构成三相绕组。单圈组的头、尾区分也同上述。

(3) 显极绕组、庶极绕组与相带宽度

① 显极绕组  图 1-6 是一台具有明显凸极的单相电动机的定子，它属于单圈组，每极各有一只（组）线圈，当两（组）线圈如图尾与尾连接后，假定电流从 $U_1$ 进入；根据右手螺旋定则，两线圈产生磁场回路如图（a）中虚线所示，从而在凸极上形成 S、N 两个极性，则这台电动机是 2 极。这就是显极绕组。由此可见，显极绕组具有如下特征：

a. 一相绕组中，线圈（组）数等于电机极数；

b. 同相相邻线圈组接线规律是"尾与尾"或"头与头"相接，从而使相邻两组线圈极性相反；

c. 同相线圈组间的分布是紧靠或相交的，如图 1-6（b）所示。

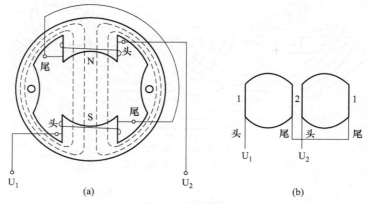

图 1-6  显极绕组

② 庶极绕组  图 1-7 是一台单相电动机，定子也由两个单圈组构成，但与图 1-6 比较，不同的是它的两线圈是"尾与头"相接；同样设电流从 $U_1$ 流入，由螺旋定则可知，两个凸极上都产生相同的 S 极性。由于同性相斥，使其磁路变成如图虚线所示，从而用两（组）线圈产生 4 极。这就是庶极绕组。庶极绕组有如下特征：

a. 在一相绕组中，线圈组数等于极数的一半；

b. 同相相邻线圈（组）接线是"尾与头"或"头与尾"相接，从而使相邻两（组）线圈极性相同；

c. 同相线圈（组）间的分布如图 1-7（b）所示，是隔开一个极距的。

③ 绕组相带与相带宽度  定子相绕组在每一磁极之下所含槽数，

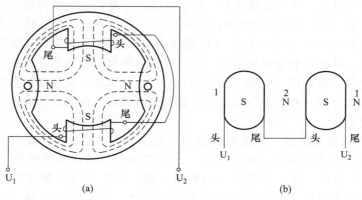

(a)                                    (b)

图 1-7  庶极绕组

并以电角度表示的宽度称电动机绕组相带。它由下式计算

$$\alpha_s = \alpha q (\text{电角度})$$

式中　$\alpha_s$——相带宽度，（电角度）；

$\alpha$——每槽电角度，$\alpha = 180° \times 2p/Z$，也可由各图例参数中直接查取；

$q$——电机绕组每极相槽数，$q = Z/(2pm)$，或由各图例参数中直接查取；

$Z$——定子槽数；

$2p$——电机极数；

$m$——相数，$m = 3$。

Y 系列电动机基本都是显极布线，它的相带宽度均为 60°，故又称 60°相带绕组。因属系列的常规绕组，所以一般都不另作标明。120°相带是庶极绕组，在单速机中极少应用，主要用于变极电动机。在 Y 系列中仅有个别图，属于特例，所以所编著各图集均注明庶极。

（4）分数绕组

① 分数槽绕组　分数槽绕组属双层叠式绕组的特例。一般而言，常规的大多数绕组都是每极相槽数 $q$ = 整数的，即构成绕组的每组线圈数是相等的。但随着规格扩展，有时会出现不等圈的大、小线圈组，即其 $q$ = 带分数，这就是分数槽绕组，简称分数绕组。例如，定子 60 槽绕制三相 8 极时，极相槽数 $q = 60/(8 \times 3) = 2\frac{1}{2}$ 槽，双层绕组即每组 $2\frac{1}{2}$ 个线圈，而半个线圈是无法实施的，如要构成一相完整的绕组，通

常是用归并法，将 1/2 圈加到一组，再把 1/2 圈减去后作为相邻的另一组。这时，8 极电机就由线圈组 3—2—3—2—3—2 构成一相绕组。绕组实例如图 5-21 所示。由于分数槽绕组可以抑制齿谐波对电动机磁场的干扰，从而得到较多的应用，所以目前也不再将其列为特殊型式。

此外，分数槽 $q$ 值的带分数常用 1/2，但也有用其他值，但在定子的安排都必须对称，而通常都有现成的分布规律，这属设计问题，这里不作讨论了。

② 分数圈绕组　分数圈绕组是单层绕组，主要应用于交叉式。它的极相槽 $q$ 为整数时属显极布线，但单层线圈组的每组线圈数 $S$ 则带 1/2 的带分数，即大小线圈组也相差 1 圈，并在相绕组中安排交替轮换，如单层交叉式和单层同心交叉式。此外，还有一种 $q$ 带 1/3 的单层叠式（可分割）庶极布线的分数圈绕组。此式应用极少，绕组布接线可见化工版一分册图 4-117。

(5) 分数匝绕组

电动机绕组设计是一项严谨的工作，匝数直接影响铁芯磁密，其改变对电动机性能影响尤大。所以，为使设计性能达到预期的技术指标，定型试验中还需对匝数作精确的调整。为此，对匝数较多的小型电动机，通常可采取四舍五入使线圈匝数归纳为整数，但对某些匝数较少的电动机，增减半匝就可能使电动机技术性能无法达标，从而出现匝数带 0.5 匝的分数匝线圈。如表 2-1 的 Y315S-2、Y315M2-2（IP44）等采用分数匝绕组。

分数匝主要用于双层绕组，解决办法就是归并匝数，使之成为线圈组具有（不同匝数）大小线圈的绕组。例如，某电动机数据表中显示线圈匝数为 3.5 时，可将一个线圈加上 0.5 匝成为 4 匝（大圈）；相邻另一线圈则减去 0.5 得 3 匝（小圈）。这时，既确保三相绕组总匝数不变，又使大、小线圈在定子上分布对称均匀。由于上、下层布线状况是一样的，而彩图线圈是以下层边所在槽号代表线圈号，所以，就以下层边的安排来进行讨论。因此，大、小线圈的绕组轮换方案 1 有如下两种：

① 单圈轮换安排　分数匝线圈归并后呈大、小线圈相邻排列，单圈轮换时的分布规律是"大小大小……"。即奇数槽安排大线圈；偶数槽是小线圈。如要构成单圈轮换绕组，只要满足下式便可行，即

$$q \geqslant 2(整数)$$

但由于绕组 $q$ 值不同，故所构成的线圈组也不尽相同，如

a. 当 $q$ = 偶数时，即使每组大小线圈数不同，但每组线圈的总匝数则相同；例如 $q$ = 2 时，每组由大小 2 只线圈连绕成双圈组。若 $q$ = 4 时，各组线圈依然是结构相同，即由大小大小 4 只线圈连绕成 4 联组。余类推。由于 $q$ 为偶数，构成线圈组总匝相同，故其并联条件仅从常规等匝线圈组，即只要满足下式就成立

$$\frac{2p}{a} = 整数$$

式中　$p$——电动机极对数，如 2 极，$p$ = 1；4 极，$p$ = 2；6 极，$p$ = 3，余类推；

　　　　$a$——并联支路数。

b. 当 $q$ = 奇数时，绕组有两种结构的线圈组，如 $q$ = 3，按单圈轮换则奇数组结构为"大小大" 3 圈连绕；偶数组则是"小大小" 3 圈连绕。若 $q$ = 5，则奇数组是"大小大小大"，5 圈连绕；偶数组为"小大小大小" 5 圈连绕。余类推。这时，虽然有两种规格的线圈组，但隔组线圈的参数是相同的，所以，只要三相（$U_1$、$V_1$、$W_1$）从 1、3、5 组进线，即得三相对称绕组。如果采用并联支路，则还须满足下式

$$\frac{p}{a} = 整数$$

② 双圈轮换安排　双圈轮换特点是将每 2 只匝数相同的线圈作为一安排单元。安排规律是："大大——小小——大大——小小……"，即 1 单元（1、2 槽）为 2 只大线圈；2 单元（3、4 槽）是 2 只小线圈；3 单元（5、6 槽）为 2 只大线圈。余类推。以双圈交替轮换安排，但根据极相槽数 $q$ 不同而有不同的线圈组结构。例如，$q$ 值为偶数时线圈组结构如下：

a. $q$ = 2，每组只有一单元，但绕组有 2 种匝数不等的线圈组，其中奇数组是 2 只"大大"线圈连绕成双圈组；偶数组则由 2 只"小小"线圈连绕成另一组双圈组。

b. $q$ = 4，每组有 2 个单元，即由"大大——小小" 4 只线圈连绕成四联组，而且全部线圈组规格相同。

c. $q$ = 6，每组有 3 个单元，但绕组有两种规格线圈组。即奇数组是"大大——小小——大大"，6 只线圈连绕成 6 联组；偶数组则由"小小——大大——小小" 6 只线圈连绕成 6 联组。

d. $q=8$，每组有 4 个单元，线圈组规格都相同；而且绕组只有一种规格线圈组，即由"大大——小小——大大——小小"8 只线圈连绕成 8 联组。

线圈组的嵌线应依据安排进行，对于 $q$ 值为偶数的双圈轮换绕组，只要三相从 1、3、5 组进线作为 $U_1$、$V_1$、$W_1$ 相头，则无论每组线圈规格是否相同，都可按同相相邻线圈组反极性原则，即"尾与尾"或"头与头"进行接线。

如果采用并联支路，必须使每支路的线圈数和组匝数相等。为此，并联支路数要满足下式条件

$$\frac{2pq}{4} = 整数$$

此外，双圈轮换的 $q$ 值为奇数，或 $q$ 值为分数，也有可能构成分数匝绕组，只是它的构成条件更加苛刻，安排和接线繁琐复杂，倒不如采用单圈轮换来得方便、有效，故这里就不作介绍了。

## 1.2.2 Y 系列电动机绕组型式与特征

三相电动机采用的绕组型式很多，性能特点各异，而 Y 系列电动机设计对绕组型式的选用着重要求电气性能优越且嵌绕工艺方便；故对 10kW 以上产品常用双层叠式，而功率较小者则用单层布线。下面就 Y 系列常用绕组布线型式作一简要介绍。

（1）双层叠式绕组

双层叠式绕组简称双叠绕组。每槽嵌入两只线圈各一有效边，即将每线圈两有效边分置于大约相隔一极距两槽的上下层。每组线圈可以是一只或多只，但最常见的是由多只线圈连绕而成的线圈组，故称"分布式"布线。

Y 系列电机绕组基本上都属显极式，即每相线圈组数等于极数，图 1-8 是 24 槽 4 极双叠绕组端面布线的示例。

① 双叠绕组的结构特征

a. 双叠绕组每槽有两个有效边，总线圈数等于槽数；

b. 常规采用显极布线，每相绕组的极相组（线圈组）数等于极数，如图 1-8 所示，4 极电机每相有 4 组线圈；

c. 每组线圈数 $S=q\geqslant2$，若 $S=$ 整数则每组圈数相等；若 $S=$ 带分数则构成分数槽绕组；

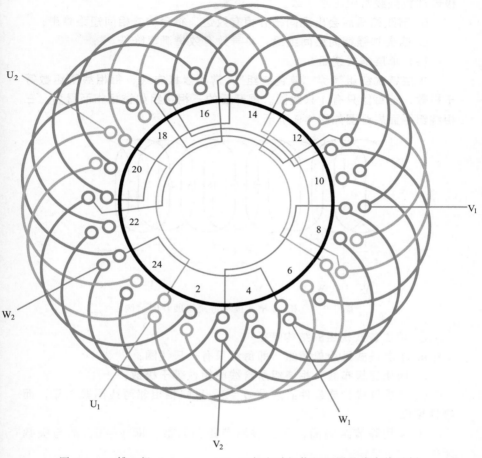

图 1-8　24 槽 4 极（$y=5$、$a=1$）三相电动机绕组双层叠式布线示例

d. 双叠绕组线圈节距常选用 5/6 极距的短节距线圈；但应用于转子绕组时，或作为多速电动机配套绕组时，也有用双层全距或长距布线。

② 绕组工艺性能特点

a. 双层叠绕组所有线圈节距和形状相同，绕制方便；并使端部整形容易，喇叭口整齐、圆滑；

b. 能合理选用短节距，利于改善电磁性能外，还可节省线材，降低铜耗，提高效率；

c. 线圈数比单层布线多一倍，且用交叠法嵌线需吊边，特别是 2

极电动机嵌线常感困难，故工艺性较差；

d. 节距缩短后会出现同槽异相有效边，将会构成相间短路隐患；

e. 需要加强槽内层间绝缘，将导致有效槽满率降低。

（2）单层链式绕组

单层链式绕组简称"单链绕组"，常用显极布线，每相线圈组数等于极数，但每组只有 1 只线圈。展开后的三相绕组如链相扣而得名。三相绕组平面展开图如图 1-9 所示。

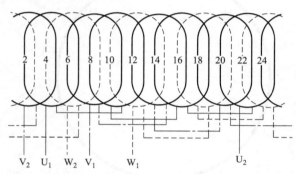

图 1-9　三相 24 槽 4 极单链绕组展开图示例

① 单层链式绕组的结构特征

a. 单层链式采用单圈组，即每组只有一只线圈；

b. 因属显极布线，相绕组所含线圈组数等于极数；

c. 单层链式构成条件必须是 $q=2$，且同相相邻两线圈紧邻靠，而极性相反；

d. 采用等节距线圈，而且线圈节距为常数，即 $y=5$，而与极数无关。

② 绕组工艺性能特点

a. 因是单圈组，可采用一相连绕工艺，既可省去连接，又确保线路畅通，也提高修理工效；

b. 单链绕组实用节距都小于极距，是三相绕组中平均节距最短的全距绕组，绕组系数高；

c. 单层布线无需层间绝缘，故有效槽满率较高；

d. 单链绕组平均匝长短，既节省线材，又能减少铜损，提高效率；

e. 由于只有 $q=2$ 才能构成，其应用受到一定限制；

f. 单链绕组属工艺性和电气性能都较好的型式，是单层布线首选的绕组型式，故在小型电动机中得到广泛应用。

此外，单链绕组还可庶极布线，实际应用较少，但 Y 系列中有个别实例。其形状与显极近似，但结构特征不同有三。

a. 单层链式庶极布线时，每相绕组所含线圈（组）数减半，即每相线圈（组）数等于极对数；

b. 庶极单链绕组的线圈节距也是常数，但 $y=3$ 不变，比显极布线短 2 槽；

c. 庶极布线时相邻的同相线圈不是紧靠，而是相隔一个极距安排，且线圈（组）极性相同。

（3）单层同心式绕组

三相单层同心式绕组是将叠式同节距线圈组改变端部结构而构成如图 1-10 所示的同心式一相绕组布线。单层同心式绕组是由节距相差 2 槽的大小同心线圈组成的线圈组构成。它有显极和庶极两种布线，但 Y 系列只有显极，故本书不讨论庶极绕组。24 槽 2 极三相单层同心式 2 路并联布线接线如图 1-11 所示。

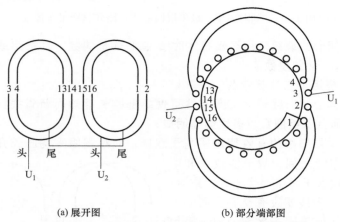

(a) 展开图　　　　(b) 部分端部图

图 1-10　三相 24 槽 2 极单层同心式一相绕组显极布线

① 单层同心式绕组的结构特征

a. 同心式是由节距相差 2 槽，但中心线重合的大小线圈组合成"回"字形线圈组构成的单层绕组；

b. 同心线圈组所含线圈数可奇数，也可偶数，但每组线圈数必须相同，如圈数不等则归入另类；

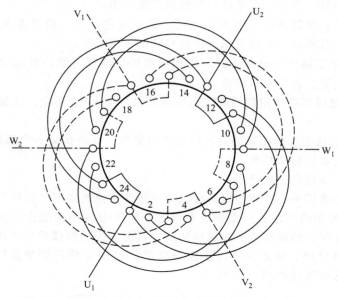

图 1-11  三相 24 槽 2 极单层同心式 2 路并联绕组布接线

  c. 同心式绕组采用显极布线时 $q$ 值必须是偶数，且每组线圈数也一定要 $S \geqslant 2$ 的整数。

  ② 绕组工艺性能特点

  a. 同心式布线较之交叠布线可使端部匝长缩短而节省线材，降低铜耗，而且每组圈数越多优势越明显；

  b. 单层布线的有效槽满率高于双层，而线圈组平均匝长介于单链与交叠布线之间，故节能效果和电磁性能仅次于单链而优于叠式绕组；

  c. 由于线圈没有交叠，同心线圈组端部处于同一平面，利于采用整嵌法，使二极电机嵌线难度改善。

  (4) 单层交叉式绕组

  单层交叉式绕组实质上属叠式布线，只是它每组线圈数不等，是由相差 1 圈的大小联线圈交替分布，故称交叉式。其本质属单层布线的

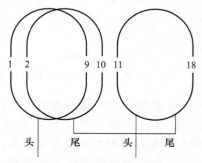

图 1-12  三相 18 槽 2 极单层交叉式一相绕组示例

分数圈绕组。图 1-12 是三相 18 槽 2 极单层交叉式一相绕组展开图示例。

① 单层交叉式绕组的结构特征

a. 单层交叉式的每极相槽数是 $q>2$ 的奇数，如 $q=3$、5、7 等，即每组圈数 $S=1\frac{1}{2}$、$2\frac{1}{2}$、$3\frac{1}{2}$ 等；

b. 交叉式由相邻每组相差 1 圈的大小交叠线圈组构成，即大联组 $S_d=S+1/2$；小联组 $S_x=S-1/2$（式中 $S$ 为单层显极绕组每组圈数，$S=Z/4pm$）；

c. 绕组采用显极布线，同相相邻的线圈组紧靠但不相叠，而出槽后向两边反折如图 1-13 所示；

d. 单层交叉式显极布线为不等节距，其中小联线圈节距为 $y_x=2q+(q-1/2)$；大联线圈节距为 $y_d=y_x+1$。

交叉式不可构成庶极绕组，但可采用长等距和短等距布线，因其性能不佳或损耗较大，一般极少应用。

② 绕组工艺性能特点

a. 交叉式绕组也属全距，但平均节距仍短于极距，故用线较省而铜耗较小；

b. 每组线圈节距不等，对绕线工艺稍有影响；

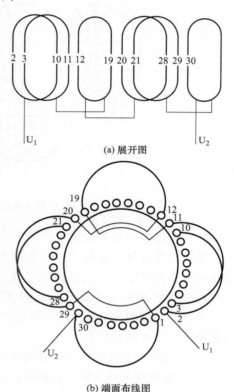

(a) 展开图

(b) 端面布线图

图 1-13　三相 36 槽 4 极单层交叉式
一相绕组布线

c. 单层绕组无层间绝缘，故有效槽满率较高；

d. 若构成条件不符合单链、同心式时，单层交叉式就成为小功率电动机的首选绕组。

综上所述，单层交叉式也属电气性能和结构性较优的型式，是单层绕组常用的布线型式。图 1-14 是三相 36 槽 4 极单层交叉式绕组布线示例。

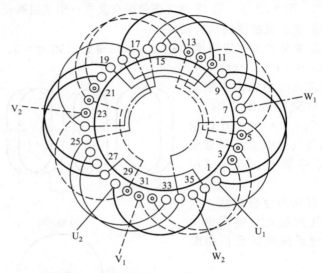

图 1-14　三相 36 槽 4 极单层交叉式绕组布线

(5) 单层同心交叉式绕组

单层同心交叉式既有"回"字形"同心"线圈组，又有"交叉"线圈组的双重特征。它是从交叉式［图 1-15（a）］演变而来，即把交叠布线的线圈组端部与有效边连接形式变成同心式，如图 1-15（b）所示。因此，它同时具有交叉式和同心式的特点。单层同心交叉式也是分数圈绕组的另一种特殊型式。

① 单层同心交叉式绕组的结构特征

a. 绕组构成条件与交叉式相同，即 $q=3$、5、7，在实际中常见用于前两种；

b. 同心交叉式每组线圈是带 1/2 的带分数，如 $S=1\frac{1}{2}$、$2\frac{1}{2}$ 等。即每组单、双圈或每组 2、3 圈；

c. 同心交叉式除单圈组外，其余多圈组均采用同心结构线圈组；

d. 线圈采用不等节距，各线圈节距由下式确定

单圈或最小线圈节距　　　　$y_1 = 2q$

中圈节距　　　　　　　　　$y_2 = y_1 + 2$

大圈节距　　　　　　　　　$y_3 = y_2 + 2$

余类推。

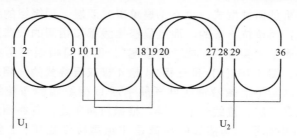

(a) 单层交叉式

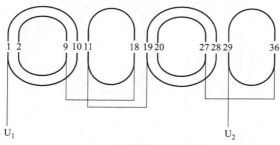

(b) 单层同心交叉式

图 1-15　三相 36 槽 4 极一相绕组展开图对照

② 绕组工艺性能特点

a. 交叠改同心会缩减线圈组平均匝长，使铜耗略有减少，也稍优于交叉式；

b. 改同心线圈后，端部没有交叠而处于同一平面，利于采用整嵌布线，从而改善了 2 极电动机的嵌线难度；

c. 单层布线可提高有效槽满率，使之减少线损而利于效率提高。

由于上述特点，目前，同心交叉式较多应用于 2 极的潜水电泵。

## 1.2.3　电动机的绕组接线规律

Y 系列电动机除极个别规格外，都采用显极布线，所以，常规的接线均指显极绕组，对庶极绕组仅作附带说明。

(1) 相绕组的常规接法

三相电动机绕组是由三个相绕组构成，而每一相绕组的布线和接线都是相同的，只不过相绕组在定子空间位置安排不同而已。因此，对其中一个相绕组的布接线弄清楚了，则其余两相依此连接即可。

　　无论绕组是何种型式，也不论是单层或双层，相绕组的接线都是以组（线圈组）为单位连接的。而且显极接线都按相同的规律进行。相绕组的接线规律是"头接头"或"尾接尾"，即使同相相邻两组线圈极性相反。例如，图 1-16（a）是三相 24 槽 4 极双层叠式的一相绕组平面展开图。它是从定子上端沿轴线剖开展平后 U 相绕组的布接线图。图中实线有效边是下层，虚线代表上层。根据前面所述，各线圈组的头、尾端如图 1-16 中标示。其接线的规律是 1 组尾接 2 组尾，2 组头接 3 组

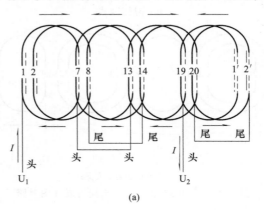

(a)

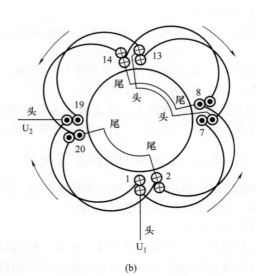

(b)

图 1-16　三相 24 槽 4 极双层叠式一相绕组展开和端面图

头，3 组尾接 4 组尾，最后引出这根 $U_2$ 是对 4 组来说是头，但对相绕组来说它是相的尾。所以头、尾要区别线圈组或是相绕组而言。

最后，检验各线圈组的极性，再设电流以 $U_1$ 流入、$U_2$ 流出，各组线圈的极性就如上方箭头所示，即同相相邻线圈的极性相反。如果极性违反此原则，说明接线有错。

图 1-16 (b) 是一相绕组的端面模拟画法，同样可见，同相相邻各线圈组极性也是相反的。

单层绕组接线与双层一样，但单层没有上下层之分，所以，线圈组的头、尾以"沉边"、"浮边"或"左方"、"右方"来区分。对于从未修过电动机绕组的初学者来说，沉、浮边的确认似有困难，这时也可把线圈（组）左侧设为沉边（头），右侧设为浮边（尾）。下面我们用图 1-17的 24 槽 4 极单层链式为例说明单层相绕组的接线。由图 1-17 可见，相绕组由单圈组构成，图 (b) 是平面展开图，它的接线和极性与前面的图 1-15 相同。用端面模拟画法则如图 1-17 (a) 所示。这时，为了区分头尾，特把第 1 组线圈置于定子下方，设左侧（沉边）的出线为头，该组尾端在右侧 7 号槽；第 2 组线圈同样置于定子下方，则左侧 8 号槽为头，13 槽为尾；同理再确认其余线圈（组）的头、尾，然后根据相邻线圈（组）反极性规律，进行"尾接尾"或"头接头"，完成相绕组连接如图 (a) 所示。同时，4（组）线圈极性如箭头所示，都是相邻反极性的。

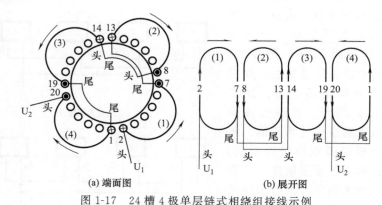

(a) 端面图　　　　(b) 展开图

图 1-17　24 槽 4 极单层链式相绕组接线示例

(2) 相绕组的并联接法

如果把图 1-17 (b) 每组线圈用方块表示就如图 1-18 (a) 所示，

接线是在相邻线圈（组）进行，即进线后按一正一反，顺序串联形成4极。而相绕组的并联接法有三种：

① 短跳并联　前面串联的顺序连接就是短跳接法，它也可用于并联支路。如图1-18（c）所示，$U_1$进线后分为两个支路，其中由线圈组1与相邻的线圈组2短跳串成一支路；同理，3与4短跳串成另一支路；然后把两个支路并联。这时，两个支路电流在线圈（组）中形成的极性也与一路串联完全相同，从而构成二路并联短跳接法的4极绕组。

② 长跳并联　长跳是隔组连接，它也可用于串联，但一路串联在实用上比较少用，而较多用于并联路数 $a$ 为偶数的绕组。它是把相绕组中同极性线圈组串联构成支路，如图1-18（b）所示。即1组尾端隔开2组再与同极性的3组连接构成一支路；再把2组与4组连接构成另一支路。然后把两个支路并联构成二路并联4极绕组。这时，各线圈组极性仍然保持一正一反不变。

③ 双向并联　短跳和长跳接线的走向都是从一个方向（逆时针或顺时针）走线的；而双向并联则是进线后，向相反两个方向走线连接，如图1-18（d）所示。这时进线相邻两组线圈是极性相反的，刚好符合显极绕组的极性原则。然后分别将各线圈组接成并联支路。如本例中，把右侧线圈组1、2接成一支路；再将左侧4、3接成另一支路。由图可见，这时各相邻线圈组也是

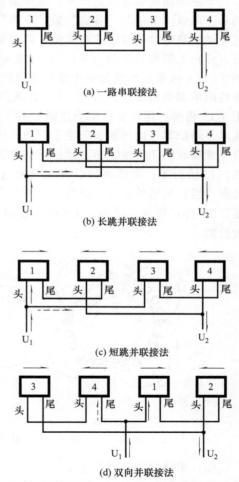

(a) 一路串联接法

(b) 长跳并联接法

(c) 短跳并联接法

(d) 双向并联接法

图1-18　相绕组串联、并联接线示例

相反的。此外，双向并联的支路也可采用长跳接法，把一种极性线圈组接成一支路，另一极性接成另一支路。

在三种并联接法中，选用何种并无限制，但一般而言，一路串联采用短跳连接则接线较短，既可省线又使内耗降低；另外，当并联路数很多时，也宜用短跳。长跳常用于极数很多而并联支路较少，且为偶数时。双向并联则最宜用于支路数为偶数，如图 1-19 所示。此外，支路的接线也可两种并用。例如极数很多时，在采用双向并联的同时，每支路也可用长跳接线。所以，无论如何接线，必须满足极性规律，再就是省线。

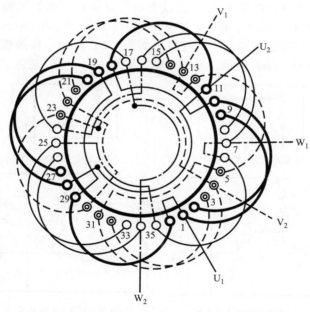

图 1-19　三相 36 槽 4 极单层交叉式（$a=2$）绕组双向并联接线示例

(3) 三相绕组出线头、尾与接法

三相电动机一般出 6 根引出线，每相两根，俗称"相头"和"相尾"。其实头尾之分也是假设的，所以规范称其为"极性"。即把三相绕组极性相同的端线如 $U_1$、$V_1$、$W_1$ 称同极性端，则另三根引线 $U_2$、$V_2$、$W_2$ 便是另一极性端了。因此，若设脚注"1"为头，则"2"便是尾；当然也可反过来假设。但是三相电源必须从同极性端输入，否则电动机就转不起来。

此外，由于三相绕组必须相互间隔 120°电角度，所以三相进线 $U_1$、$V_1$、$W_1$ 也要互差 120°电角度，故通常采用 1、3、5 组进线，即如 $U_1$ 在第 1 组，$W_1$、$V_1$ 则分别在第 3、5 组引出，如图 1-19 所示。但也可将 $U_1$ 居中，而向左隔 1 组引入 $V_1$；再向右隔 1 组引入 $W_1$，如图 2-3、图 3-14 所示。

三相电动机接法只有两种，功率较小的主要用 Y（星）形接法，即把 $U_2$、$V_2$、$W_2$ 接成星点，三相电源从 $U_1$、$V_1$、$W_1$ 接入。电动机 6 根引出线都带有标号，并在接线盒上接入 6 个接线柱，排列如图 1-20（a）所示。Y 系列中，功率在 4kW 及以上者均采用△（角）形接法，这时的连接如图（d）所示，即 $U_2$ 与 $V_1$；$V_2$ 与 $W_1$；$W_2$ 与 $U_1$ 分别连接成三个角点；在接线盒中六个端柱排列如图（b）所示。接线板两种接法改接如图（a）、（b）所示，而三相电源从 $U_1$、$V_1$、$W_1$ 进入。

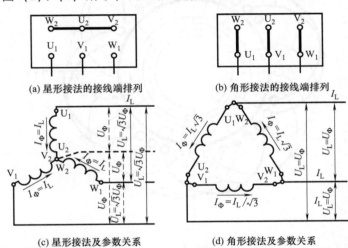

(a) 星形接法的接线端排列　　　　　(b) 角形接法的接线端排列

(c) 星形接法及参数关系　　　　　(d) 角形接法及参数关系

图 1-20　交流电动机三相绕组的接法

## 1.2.4　绕组图例结构参数解述

图例的结构参数中，除绕组系数属计算数据外，其余均是构成绕组的基本数据。其中有部分在结构概念中有所涉及，但为了初学者对其有更直接的了解，下面再作具体的解述。

① 定子槽数 $Z$　Y 系列小型电动机是根据型谱标准选用定子铁芯

槽数的，它包含有 18、24、27*、30、36、42*、48、54、60、72、75*、84*、90、96 共 14 个槽数规格。其中带"*"号为补充规格。

② 电动机极数 $2p$ 极数代表电动机转速等级，它直接决定电动机同步（磁场）转速。Y 系列有 2、4、6、8、10 极五种转速规格，其同步转速与极数关系如下：

$$n_C = \frac{120f}{2p}(\text{r/min})$$

式中　$n_C$——定子磁场同步转速；

　　　$f$——电源频率，Hz，工频 $f=50\text{Hz}$；

　　　$2p$——电机极数。

而异步电动机满载工作时的额定转速，一般略小于同步转速 5%～7%。

③ 总线圈数 $Q$ Y 系列不用空槽布线，故双层绕组总线圈数等于槽数，单层绕组只有双层的一半。

④ 线圈组数 $u$ 是指构成三相绕组所含的线圈组组数。对显极布线，线圈组数 $u=2pm$。

⑤ 每组圈数 $S$ 即每组线圈所含的线圈个数。双层布线时它等于极相槽数，即 $S=q$，而单层布线只有双层的一半。

⑥ 极相槽数 $q$ 是每极每相绕组所占的槽数，即 $q=Z/2pm$。无论单层或双层都一样。

⑦ 绕组极距 $\tau$ 极距有两种形式，这里的绕组极距是指每极绕组所占槽数，是以槽数表示的绕组结构参数，可由下式确定

$$\tau = \frac{Z}{2p}(\text{槽})$$

⑧ 线圈节距 $y$ 是指单个线圈两有效边跨占的槽数，所以又称"跨距"。例如某线圈两有效边分别嵌入第 1 槽和第 6 槽，则电工习惯叫线圈节距 $y=1$—6（槽），而规范称为 $y=5$（槽）；但常有人把 $y=$ 1—6 称跨距 6 是错误的。就因为这种不规范造成误会，从而使某些工作于极限磁密值的电动机，在重绕后不能正常运行。

⑨ 并联路数 $a$ 并联路数是指相绕组的支路数，如 $a=3$ 为三路并联；$a=2$ 是二路并联；而 $a=1$ 是一路串联，即相绕组只有一个支路。余类推。

⑩ 每槽电角 $\alpha$ 电角度是表示每对磁极用角度表示的量；即一对磁极为 360°电角度，也就是说，2 极电动机转子在定子中旋转一周是

360°电角度，它也等于几何角度。但 4 极电动机有二对（$p=2$）磁极，它有 $360° \times p = 720°$ 电角度，这时转子转一周就是 720°电角度，可见除 2 极外其余极数的电角度不等于几何角度。而电动机定子槽是均布于铁芯内径，所以，定子每槽占有的电角度由下式计算

$$\alpha = \frac{360° \times p}{Z} \quad 或 \quad \alpha = \frac{180° \times 2p}{Z}$$

⑪ 绕组系数 $K_{dp}$　电动机绕组系数是综合线圈分布和节距缩短对电磁转换所产生影响的因素，它等于分布系数与节距系数的乘积，即

$$K_{dp} = K_d K_p$$

式中　$K_d$——绕组分布系数，它与每极相槽数有关，即 $q$ 值越大则 $K_d$ 值越小，但当 $q=6$ 时 $K_d = 0.956$，若 $q$ 值再大则 $K_d$ 值变化就不明显了；

　　　$K_p$——绕组节距系数，单层绕组除极个别特殊布线的一般为 $K_p = 1$；双层绕组 $K_p = \sin(90° \times y/\tau)$。

绕组系数对重绕电动机的影响主要体现在磁通密度的变化，为保持磁密在合理范围，如绕组系数改变过高或过低，都应对线圈匝数作相应的调整，否则，重绕后的电动机也有可能不能正常工作。

## 1.2.5　Y 系列电动机绕组数据表栏目内容

本书所列 Y 系列包括基本系列和 Y 系列的派生（专用）系列电动机。而绕组数据表所列栏目主要包括三项内容。

（1）电动机类型规格及运行参数

① 系列类型　是指电动机的特性、用途等类别，它包括 Y、Y2、Y3 等基本系列，也包含由基本系列派生的各种专用系列电动机。

② 电动机规格　它是 Y 系列电动机型号的规格代号，详见 1.1 节之产品型号含义。

③ 运行参数　主要指电动机额定运行的功率、电流、电压及空载电流参考值。是电动机重绕修理、试车检验的技术参数。

（2）定子铁芯数据

它包括铁芯外径、内径、长度以及槽数等，是重绕修理无铭牌电动机时，查找电动机型号规格及检验绕组数据对照确认的重要参数。

（3）绕组参数

主要包括绕组导线规格、线圈匝数、线圈节距、绕组接法、布线型式及本书的 Y 系列专配绕组端面模拟彩图的索引图号。

## 1.2.6　三相异步电动机的基本系列和派生系列

三相异步电动机的基本系列是额定电压 380V、额定频率 50Hz，机座结构带底脚卧式，防护等级为 IP44（封闭式）和 IP23（防护式），笼型转子异步电动机。为此，第一代产品有 Y（IP44）和 Y（IP23）两个基本系列。第二代产品为 Y2 系列，是我国 20 世纪 90 年代自行设计制造，其平均效率高于一代产品，平均效率为 84.97%，比西门子还高出 1.1%，其综合技术性能达到当年国外先进水平；其基本系列为 Y2（IP54）和 Y2（IP44）。新系列的第三代 Y3（IP55）也于近年通过定型鉴定，但尚未批量生产。除此之外，其余电动机产品都归属于派生系列。

由于三相异步电动机应用广泛，为了适应和满足各种使用的特殊要求，根据技术条件或使用场合的不同，而对其作相应性能或结构上的改变，从而就产生了与基本系列在某些方面不同的电动机产品，再根据输出功率形成派生系列。因此，派生产品是在基本系列基础上发展起来的系列产品。根据设计性能、安装结构以及制造工艺特点的不同，电动机有几种派生类型：

（1）电气派生

为了满足某些特殊电气性能，在基本系列基础上，不改变电动机结构而对电磁参数或运行参数作相应的改变，例如，为适应某些国家或地区的电网，作为出口设备配套电动机，而设计成 420V 的 Y 系列（IP44）派生产品；为了合理利用能源，适应节能需要，改变电磁设计参数，制成 YX 系列和 Y2-E 系列高效率派生产品。然而，这些派生系列都是在磁路结构和外形安装结构不变的条件下实施的。由于只作电气参数、工作制的改动，所以，电气派生又称内涵派生。属于内涵派生的系列还有，改变频率的三相异步电动机、高转差率三相异步电动机、低振低噪声三相异步电动机、高启动转矩三相异步电动机以及变极多速三相异步电动机等。

（2）外联派生

主要属机械结构的派生，因基本系列结构是带脚卧式，动力传动是通过连接件与使用设备连接；如果设备改变为立式、壁式安装，或为提高传动效率和简化总体结构时，就必须改变电动机部分结构，从而派生出新的产品。这就是外联派生。如立式水泵电动机、潜水电泵电动机，齿轮减速器一体电动机、电磁调速电动机以及各种安装型式专用设备配套的电动机等都属此类。一般来说，外联派生对电磁系统和电气参数仍保持原基本系列不作过大的改变。

（3）特殊环境派生

为适应某些特殊使用环境条件的电动机，在基本系列基础上，在结构上或内涵方面进行改进，从而派生出防爆型三相异步电动机、船用三相电动机、高原用三相电动机、户外防腐蚀三相电动机以及冶金起重用的 YZ 型电动机等。

（4）复合型派生

有时，单一的改动不能满足使用性能要求，这时往往需要从电磁和结构两方面来作调整改动，这样就构成复合型派生。最典型的产品如 YR、YR2 等系列的绕线型三相异步电动机。它不仅在电气上把原来的自行闭合的笼型转子绕组改为用绝缘导线绕制的绕线型开放式绕组，为了获取相应的输出特性，要将转子回路向外引出接到电阻器，因此必须改变原有结构而增设集电室来装置集电环机构，从而构成复合型派生的电动机。此外，如冶金起重型的 YZR、YZR2 系列等都属复合型派生产品。

其实，派生的划分并非十分清晰，在环境派生中的很多产品都具有复合派生成分，即除结构改变外，某些产品在电气内涵上也有所改动，只因其分量较微未划入复合派生。

电动机修理一般都按拆线原始数据修复，故派生对修理并不产生影响；但因本书资料项中涉及派生产品，为免读者生疑，故作上述解释，也作为初学者对电动机的认知补充。

# 1.3　电动机修理和绕组彩图选用的要点

电动机绕组发生故障而无法正常运转时就需要检修，而送修的电动机除个别可进行局部检修恢复工作能力之外，绝大部分都属严重故障，需拆线重绕才能修复。电动机重绕修理是技术性很强的体力劳动，不是有股蛮力就能成功的手艺。所以，从接修任务开始便必须按部就班，循序进行。下面是一台电动机重绕修理的工艺程序：

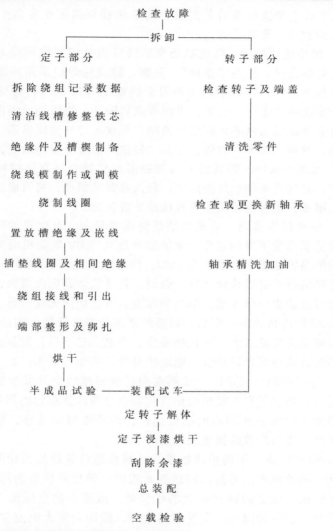

下面对程序中的工艺要点作一些解释。

（1）检查电动机损坏原因

在送修电动机中，绝大多数属于绕组因种种原因引发故障而烧毁，故需进行拆线重绕。但亦有个别是电动机绕组并未烧坏而因机械故障而送修的；对此，在拆线之前通过检查判别确认，从而尽力避免乱拆而造成不必要的损失。

此外，为使重绕更有针对性，对绕组损坏原因也应有个基本的判定。绕组故障主要有三类：

① 绕组接地故障　电动机正常时绕组的任何部位不得与铁芯、外壳发生电的连通，称为"绝缘"。通常，除绕组导线采用绝缘漆或纤维绝缘物包裹之外，铁芯槽内还用复合绝缘纸（如 DMD）等绝缘材料隔开。一旦绝缘物老化、过热、受潮等遭到破坏，绕组绝缘强度下降，严重时就会使绕组与铁芯之间形成通路；而铁芯与外壳跟机座（大地）是连通的，故称"接地"故障，又称"碰铁"故障。接地故障又分两种：

a. 金属性接地　即绕组金属与铁芯或机壳金属直接接触造成的接地故障，它将使电动机外壳带电，若人身触及机壳，将可能引起人身触电伤亡事故，也可能使某些电控线路造成失控。

b. 非金属性接地　它是由绕组绝缘物受潮、老化或过热受损等原因引起绝缘强度下降的故障。对额定电压为 380V 电动机而言，规定要求绕组的绝缘电阻不应低于 0.5MΩ；如果低于此值，即属非金属接地，不得通电运行而必须检修处理。否则，电动机泄漏电流增大，故障点持续升温致绝缘进一步受损，最后导致金属性接地而无法运行。

② 绕组短路故障　引起绕组短路原因是多方面的，例如单相运行、过电压等引起电流过大；或机械损伤，绕制工艺不良，以及绝缘材料质量缺陷等造成绝缘损坏所致。电动机绕组短路也可分为：

a. 匝间短路　它是同一线圈或同相线圈线匝之间发生的短路。通常是因导线绝缘不良、机械碰伤或化学腐蚀等因素引起的局部故障。匝间短路的初始未必会影响电动机运行，但随着时间推移，故障点会蔓延、扩散，最后导致绕组发热烧毁。

b. 相间短路　不同相绕组绝缘破损而造成连通称为相间短路。导致相间短路的原因，与匝间短路基本相同；但相间短路的后果更严重。因为不同相绕组之间存在较大的相位差，故障点的电压远大于匝间短路，因此，绕组相间一旦发生短路故障，随即引发大电流并产生电弧，使绕组损毁。

③ 绕组断路故障　绕组断路原因主要有二：一是装配操作不当造成机械碰击致导线伤断；二是线圈组间接头的焊接工艺不良，或使用腐蚀性强的焊药，而焊接后又未清理干净，使用日久就会造成氧化发热导致烧断。此外，短路故障也可能造成线圈导线烧断，但这归入短路故障。绕组断路必定造成一相断电，称为单相故障，俗称"单相运行"；

正确应叫"单相断路运行"。这时，三相电动机只有二相绕组通电工作，而且每相电压不足，如果负载不变则电流会猛增，要是未能及时停机，则电动机绕组会超载过热而烧坏。

绕组故障检查方法可参考电动机修理其他书籍。如果检查并非绕组故障，则电动机解体拆卸时应注意保护好绕组，并对绕组作进一步检查，若绕组绝缘情况良好，可清理、烘干后试车；若绕组有故障，但故障点在绕组表面时，可进行局部检修修复，否则就要拆线重绕了。

（2）电动机拆卸解体及转子检查要点

送修的电动机如轴上带有传动件、如皮带轮、齿轮或联轴器的，要在解体之前先行用拉马将其拆卸。然后开始解体卸下前端轴承小端盖、大端盖，再卸开后端盖螺栓后，把后端盖连同转子一起抽出。完成电动机解体。之后，分别对定子和转子进行检查，其先后随各人习惯而异。一般可对转子部分进行初检，看轴承是否过度磨损、轴承室是否有磨损痕迹或变形、崩裂，对存在问题作出修复意见。至于转子端盖及轴承清洗一般可留至与定子装配试车之前。

（3）绕组拆线与数据记录

定子绕组拆线记录内容包括：

① 拆卸前对绕组故障检查情况应记录内容包括绕组绝缘、三相绕组通断情况及各相绕组电阻值。

② 记录铭牌参数，如电动机型号、功率、电压、电流、转速（极数）、接法等。如是绕线型电动机还应记下转子电流、电压等。

③ 绕组拆除之前要检查确认该绕组是原绕组还是经过重绕修理。如是原绕组则照原始数据重绕即可；若经重绕则必须认真核对数据，以防绕组参数改变造成失误。

④ 绕组拆除时的记录内容有：绕组型式（单层链式、单层同心式、单层交叉式、单层同心交叉式及双层叠式等），线圈节距（$y$）、导线规格（$n\text{-}\phi\,mm$）、线圈匝数（$W$）、绕组接法（Y、△）以及槽内绝缘材料与结构等。

⑤ 记录铁芯数据。此项记录目的在于核查记录数据与标准数据是否相符，如果不符，可根据铁芯对绕组参数进行复核（校验的计算方法可参考化工版《电机修理计算与应用》。铁芯记录内容有：铁芯外径 $D_1$、铁芯内径 $D$、长度 $L$、槽数 $Z$、齿宽 $b_1$ 和定子轭高 $h_c$ 以及槽形及尺寸等。

至于重绕修理的工艺程序具体内容非本书主题，故从略。初学者可参考相应电动机修理书籍。下面仅对如何根据拆线记录，从绕组图集中找出对应绕组图进行介绍。

（4）绕组记录中的要点和难点

拆线记录的最终目的是按原绕组数据修复电动机；如何准确记录是关键，对初学者来说也算是一个难点。

1）判别确定原绕组型式

判别原绕组型式首先要认识绕组型式。新系列电动机常用的绕组布线型式于上节有过介绍，但如何根据实修电动机从《彩色图集》❶ 中找出对应的布接线图则是初学者的难点。首先要熟记各种绕组型式的特征，而死记硬背并非良策，最好的办法是依《彩色图集》提供的绕组图，按结构特征逐一对照，使之获得较深的感性认识；然后再对绕组实物考照无误，最后才确定所修电动机的绕组型式。

① 双层叠式布线　这里特别强调的是要抓住绕组布线的特征要点。例如，拆线之前首先要确定绕组是单层还是双层，即每槽有 2 个有效边如图 1-5 所示是双层。而三相双层绕组有两种布线：一种是双层叠式布线；另一种是双层波式布线。而波式布线只有大型电动机采用，对于新系列中小型电动机只用叠式布线。因此，只要是双层则肯定是双层叠式绕组。

如果每槽只有一个有效边，如图 1-4 所示则是单层。但是，面对电动机绕组实物，初学者区别起来还是有一定难度的。这时，最简单且有效的方法就是数线圈。若总线圈数等于槽数，可确定此电动机是双层绕组；若总线圈数只有槽数的一半为单层绕组。但必须注意，数线圈定要在绕组端部数，绝不能在定子槽口数。如属单层，就会有结构型式的变化，这时要抓住绕组的结构特征，结合计算进行判别确定。

② 单层链式布线　单层链式布线最突出的结构特征是每组只有一只线圈，即每极相槽数 $q=2$。因此，单层布线时，当 $q=Z/2pm=2$ 时，就基本可确定此为单层链式布线。然后再对照其他特征也必须符合。

③ 单层同心式布线　根据拆线数据计算 $q=4$、6、8……等偶数时，每组线圈数相等，而且线圈组均由大小同心线圈构成，则此为单层

❶ 机工版《电动机绕组布线接线彩色图集》简称《彩色图集》，全书同。

同心式绕组。再对照其他特征也必须符合。此外，当 $q = 4$ 及以上时，也可能构成单层叠式绕组。但在新系列电动机中没有应用，故而从略。

④ 单层交叉式和同心交叉式布线 当 $q > 2$ 的奇数，即 $q = 3$、5、7……奇数时构成分数圈绕组，即每组线圈数为 $S = $ 带分数，构成同相相邻大小线圈组的是交叉式；而大小组相差 1 圈，且节距也相差 1 槽。这就是判别交叉式的特征。交叉式可以是单双圈、双三圈等。如果线圈组由交叠线圈构成是单层交叉式；若线圈组中有同心线圈则是单层同心交叉式。

2）确定原绕组节距和并联路数

原绕组型式确定之后，根据槽数和极数查到的可能有几个绕组图。例如本书第 3 章中，48 槽 4 极定子双层叠式就有 6 例，找出新修绕组还必须确定原绕组的线圈节距和并联路数。

① 线圈节距（$y$） 电动机绕组的线圈节距定义已在上节介绍，拆线时可由线圈实跨槽数查取。若是同心式或交叉式，属于不等距线圈绕组，这时还应查清并记录。

② 并联路数（$a$） 拆修绕组并联支路数是初学者记录的难点之一，但它必须在拆线之前应清楚确认。查线时选某相进线如 $U_1$，看它与几个线圈有连接，若只与一个线圈相连，则并联路数 $a = 1$；若与 2 个线圈相连，则 $a = 2$；余类推。然后再任选另一、二根出线检查核实，如无异者即可确认；但若有不同者，再多查几根再确定。

3）根据原绕组数据选定绕组图

拆修绕组数据确定后，便可从绕组图集选取重绕的布接线图。为便于初学者学习，特取几例进行说明。

【例 1】 拆修某三相 6 极电动机，定子槽数 $Z = 54$，查得绕组是 △ 形接法，引出线 6 根，请找出与原绕组对应的布接线图。

（1）确定布线型式

由绕组端部数得总线圈数 $Q = 54$，即 $Q = Z$，确定绕组是双层布线，因属中小型电动机，故确定绕组布线为双层叠式。

（2）确定原绕组节距及并联路数

① 原绕组线圈节距由绕组查得跨距为 1—9，故线圈节距 $y = 8$（槽）。

② 原绕组并联路数 由绕组端部查线得知 $U_1$ 与两个线圈连接，即查得 $U_1$ 是二路并联；再选其余二引出线查验相同。即确定原绕组并联

路数 $a=2$。

(3) 根据原绕组选定重绕修理布接线图

根据 $Z=54$、$2p=6$、$y=8$、$a=2$，△形接法，由双层叠式从本书查得图 4-19 符合原绕组数据。故选为重绕修理的布接线图。

【例2】 某三相电动机定子槽数 $Z=36$，电机极数 $2p=4$、绕组接法为△形，引出线 6 根，请查找原绕组对应的布接线图。

(1) 确定布线型式

由绕组端部数得总线圈数 $Q=18$，即 $Q=Z/2$，判别绕组为单层，并查得每槽只有一个线圈边，故确定原绕组是单层布线。这时计算每极相槽数

$$q=Z/(2pm)=36/4\times3=3(槽)$$

即 $q=$ 奇数 故不可能是单层链式和单层同心式，而只能是交叉式；并在绕组端部查实同相相邻由双单圈组成，双圈节距 $y_1=8$、单圈节距 $y_2=7$，而且双圈组没有同心线圈，所以可确定原绕组是单层交叉式。

(2) 确定绕组并联路数

由绕组端部查得引出线 $U_1$ 只与一只线圈相连而无分路，故确定此为一路串联接法，即 $a=1$。

(3) 根据原绕组选定重绕修理布接线图

在单层交叉式绕组结构参数中，根据 $Z=36$、$2p=4$、$y=8$、7，$a=1$，在本书中查得图 3-7 单层交叉式布接线图。

最后，为了确保所选无误，再从绕组端部查实总线圈组数，如果查实线圈组数与选定绕组图的组数 $u$ 相同者，说明所选成立。

此外，有读者询及变极电动机绕组重绕选图问题，虽属本书主题以外，但仍属释难问题，故也在此多说几句。变极电动机绕组比较复杂，对正规分布，反向变极的倍极比双速，其绕组结构与单速相近，一般都可按上面介绍的单速电动机的查选方法找出对应的拆修绕组图。但对于结构更复杂的非倍极比或非正规分布和其他复杂接法的变极方案时，由于它有多个等电位点，三相进线就无法规范而变化，故用上法很难奏效。为此，可试用筛选的方法选出对应绕组图。下面仍用举例说明。

【例3】 某双速电动机铭牌标注 6/4 极△/2Y 接法，现要拆线重绕，试从机工版《彩色图集》5 版下册中选取对应的布接线图。

由《彩色图集》可知 6/4 极双速共有绕组 14 例，除去其他接法 7 例后，采用△/2Y 接法的仍存 7 例。

（1）根据槽数筛选

查得定子槽数 $Z=36$、双速为 6/4 极的只有 3 例。

（2）再按线圈节距筛选

查得线圈节距 $y=7$ 时，符合上述条件的就仅存 1 例了，即是《彩色图集》5 版下册例 9.3.4 的 36 槽 6/4 极△/2Y（$y=7$）双速绕组。

（3）核查

双速电动机选例核查的数据是线圈组数 $u$。数一下拆修绕组总线圈组数应与所选图的线圈组数 $u$ 相同。

从拆修电动机绕组端部查验并不难，因为每组线圈有 2 个出头，因此，只要在端部点清有多少个线头便知线圈组数。例如，本例查验共有绕组线头 28，即可确定线圈组数 $u=14$，与所选布接线图相同，确定所选绕组与实修相同。假如拆修绕组的线圈组数与所选图的 $u$ 值不符，说明拆修绕组不是此图，需要另选；若《彩色图集》中没有相符者就要另行设计了。

另外，还可能会出现这种情况，即最后还有两个图的 $u$ 值与实修相同。这时就要查实线圈组的结构，如单圈组、双圈组、三圈组及四圈组各有几组，只有线圈组构成相同的布接线图才是正确的选择。

以上都是以绕组型式的查选方法，有读者说分不出绕组型式。为此，化工版《彩图总集》就是将就此类读者而编排的，即把三相电动机常规（非常规的单层同心交叉式、双层链式、双层同心式及单双层混合式等按特殊型式另编），不按型式，只按槽数排序，而且是槽多为先，槽数少者排后；而同槽数之下按极数顺次排列。这时，双层绕组再按节距（$y$）、并联路数（$a$）排序。双层排完才排单层。

这种按槽数编排或许更易查找。下面再来说一下如何从化工版《彩图总集》❶ 找出所修电机对应的绕组。

【例 4】　拆修一台三相 54 槽 6 极电动机，试从《彩图总集》找出对应绕组图。

（1）翻开《彩图总集》一分册目录，找到 54 槽系列 6 极绕组。

（2）查线圈节距和绕组层数

由实物查得绕组似双层，这时可数一下线圈数，如果线圈数等于槽数等于 54 只线圈即可确认为双层。再查节距 1—9 即 $y=8$。查书中目

---

❶　化工版《电机绕组端面模拟彩图总集》简称《彩图总集》，全书同。

录，符合的共有 4 例。

（3）查绕组并联路数

找出实物三相引出线 $U_1$、$V_1$、$W_1$。任选一根，看它与绕组相连有多少根线，如只有 1 根则是 1 路（即 $a=1$）；如相连的线有 2 根即 $a=2$，余类推。如今查得引出线与绕组有 3 点相连，即并联路数 $a=3$。然后再分别检查余下二根引出线，如果也是 $a=3$ 时，才可确认。这时便可从 4 例中由目录找到与上相符合的图 3.3.8　54 槽 6 极（$y=8$、$a=3$）三相电动机双层叠式布线是拆动修电动机的绕组图。

由上可见，进行三步便可完成。如果查到的是单层怎么办？下面再用一例说明。

【例5】　拆修一台三相 36 槽 4 极电动机，试从《彩图总集》找出对应绕组图。

（1）翻开《彩图总集》一分册目录，找到 36 槽 4 极。

（2）查线圈节距和绕组层数

先由实物检查初步定出单层或双层，然后再数线圈，若只有 18 只线圈即可确认为单层（单层的线圈数等于槽数的一半）。再查目录可知 36 槽 4 极单层共有 7 例。再由绕组查得有两种线圈节距，即 $y_1=8$，$y_2=7$；然后要翻开书的 4.5.8～4.5.14 页面，查看各例"绕组结构参数"，这时符合 $y=8$、7 的只有 2 例，即 4.5.11 和 4.5.12。

（3）查找并联路数

找出 $U_1$、$V_1$、$W_1$ 引出线，随便选出 1 根，查它与绕组端部有 2 根接线，即 $a=2$；再查余下 2 根确认。这样从结构参数对照，符合 $a=2$ 的只有一例，即图 4.5.12 是所修电动机的绕组图。

此外，如果本例电动机查得节距 $y=9$，则 36 槽 4 极单层有 2 例，而且都是 $a=1$ 的话，可以再查实物每组圈数 $S$，若 $S=3$ 则与图 4.5.8 相符；若每组不是 3 圈，而是 $S=2$ 圈，则相符合的应是图 4.5.14 是应选的绕组图。

## 1.4　绕组端面模拟彩图与嵌线表解读

长期以来，对电动机绕组的描述形式常用平面展开图和简化接线图（俗称方块图）。展开图是假设电动机定子铁芯在某处沿轴线剖开展平来画出绕组，以描述其分布安排的情况。它虽能清楚地表达绕组的接线，也能体现绕组的布线型式；但对线圈布线层次感和绕组的整体性表达则不理想。方块图则无法反映绕组层次和布线型式，但用于接线最方便，它的有效表达仅此而已。自 20 世纪 80 年代末，笔者创立了电动机绕组端面模拟画法，并用黄、绿、红色代表三相，后又编制了《电动机绕组布接线彩色图集》，至今 20 余年。针对初学读者所提有关识图问题，特作补充解述。

（1）电动机绕组与端面模拟图

初学者往往缺少感性知识，故要懂本文，必须将一台电动机拆开将定子连绕组摆在面前，对文中涉及名词逐一对照找出，否则仅是纸上谈兵。

拆卸之后的定子两端都看到绕组（线圈端部），但一端只有线圈端部，而另一端还有线圈组的连接线和引出线。端面模拟图（简称端面图）就是从有接线这一端来记录和描述绕组的布线和接线情况的。然而，模拟图毕竟不是摄影，它是写实与示意综合而成的端面图。图1-21是 24 槽 4 极双层叠式绕组的端面图。为便于读者识图，特作说明如下。

① 端面图用一大圈（黑色）代表定子铁芯内圆，大圈外侧是定子铁芯槽（端面图未画出），槽内嵌入线圈的有效边，因此有效边也表示槽的存在；而图中小圆代表有效边，每槽只有一个个小圆的称"单层"槽；2 个小圆的是"双层"槽，所以本图是双层的绕组。双层绕组槽内的有效边分下层边与上层边，即图中靠外的小圆是槽的下层，称下层（有效）边；靠内中心的小圆置于槽口，称上层（有效）边。

② 端面图的线圈由 2 个小圆（有效边）和连接小圆的弧线代表 1 只线圈 ［见图 1-2 （d）］，这段弧线便代表线圈端部；而端面图只画出定子接线端的线圈端部。

③ 端面图是以线圈组为单位构成绕组图，对显极布线来说，线圈组就是极相组。根据规格不同，它可以由 1 只或多只线圈顺向串联（连绕）而成。如图 1-22 就是由 3 只线圈组成 1 组线圈的端面图画法。其中图 （a） 是原创画法；图 （b） 是改进画法，它把每组 3 只及以上线圈的线圈组简化，只画出第 1 只和最后 1 只线圈的弧线，中间线圈仅用小圆圈代表并省去弧线。图中数字是有效边所在槽的编号；$U_1$、$U_2$ 是该组的引线。

④ 线圈组极性与相绕组的接线。如图 1-22 所示，设电流从 $U_1$ 流入有效边 1，经过端部交连从 $U_2$ 流出，电流方向如箭头所示，即由左

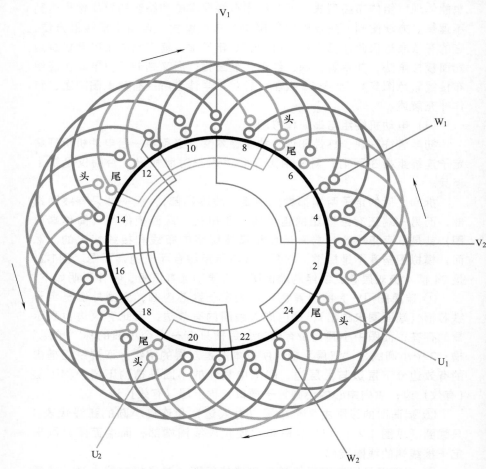

图 1-21 24 槽 4 极双层叠式绕组端面图示例

向右，这就是线圈组决定极性的方法。每相 4 组线圈按规定的规律连接就构成一相绕组，三相绕组按 120°电角度安排于定子就构成三相电动机的绕组。图 1-21 就是完整的三相绕组端面图。U、V、W 三相用黄、绿、红色线条画出，由图可见它的每组由双圈组成。它的定子为 24 槽，每槽嵌入 2 有效边（小圆），每组由双圈组成。由 U 相可见，当电流从 $U_1$ 流入，则黄色线圈组（1—2）极性如箭头所指，随着电流流过其余 3 组线圈，则各组线圈的极性便如箭头所示。如果把第 1 组线圈极性方

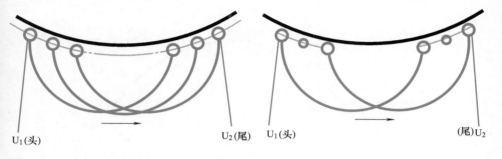

(a) 原创画法                     (b) 改进画法

图 1-22　端面模拟图一组线圈的画法

向设定为正，则与此方向相反就是负极性，这样由图可见 U 相 4 组极性是正一反一正一反。这就是常说的"同相相邻线圈组极性相反"，也就是显极式绕组的极性原则或极性规律。

三相电动机绕组在定子是互差 120°电角度分布的，所以，U 相 1 组和 2 组之间要隔开 V、W 两相线圈组，但接线只能是在同相绕组中进行。下面再由图 1-21 查看它的接线，先从 U₁ 进入 1 组头端，其尾端接到 2 组尾端，2 组头端出来接 3 组头端，3 组尾端接 4 组尾端，最后 4 组的头端就引出 U₂。由此便可总结出：同相相邻线圈组的接线是："尾接尾、头接头"。这就是显极绕组的接线规律，无论是多少极绕组都是这样接线。此外，由于三相绕组互差 120°电角度，如果三相接好后，即使是不同相而相邻的线圈组极性也是相反的。读者可自行在图 1-21 中用铅笔画一下其余二相的线圈组极性。

前面介绍过方块图，它的画法形式见图 1-3（d），如果把每组线圈用一方块表示，则 U 相的方块圆图就如图 1-23 所示。这时可见，各线圈组的极性与图 1-21 是相同的。如果你想学习，不妨把 V 相和 W 相的方块连接，补齐画出。因为徒手画圆图有点难度，所以在现场喜欢用一相展开形式的方块图，如图 1-18（a）所示。

必须说明，电动机绕组的"头"和"尾"有两个概念。一般常说的头和尾（如图中标示的）是线圈或线圈组的头和尾；而另一种头、尾则指相绕组的头、尾。例如图 1-21 所示 U 相中，U₁ 进线接到 1 组线圈的端线是头，而对相绕组而言 U₁ 也是相头，这时线圈组的头端与相头是相同的；显然 U₂ 是相尾，但它对线圈组而言则是 4 组的头端。所以，

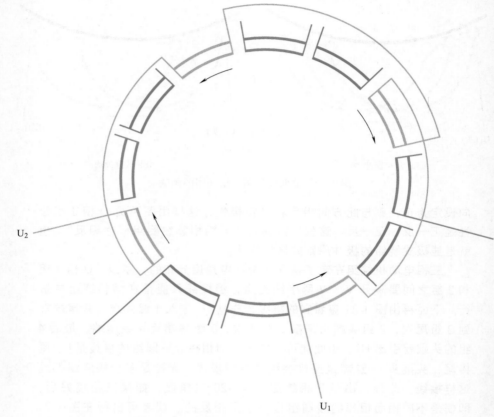

图 1-23 4 极绕组 U 相一路串联接线方块圆图

头、尾要分清线圈组和相绕组而言，不能混淆。

（2）绕组布接线图的嵌线表解读

嵌线表是电动机绕组嵌线顺序表的简称，由笔者改进整理而来，由于其他书未见，故有必要对其读法进一步解释。

电动机绕组拆除并清理干净后，垫上槽绝缘便可开始把线圈（组）逐个嵌入槽内，此工序称为嵌线。嵌线表就是按次序把操作者每一步骤的嵌入槽号及槽位（上、下层）详细记录下来制成的表格。以供初学者作为嵌线指导性操作参考。由于多数人习惯采用后退式嵌线，所以本书除个别说明外，均用后退式嵌线作表，因此书中嵌线表不是唯一的，可以因人而异；但一般而言，嵌线表仅对初学者有一点参考价值，对操作熟练的师傅并无多少参考意义。所以，《彩色图集》机工第 1 版时并无嵌线表，只是后来为了填补版面空白，才在第 2 版时添补进去的。

表 1-4 是根据图 1-21 双层绕组嵌线次序记录下来的交叠法嵌线表。下面先对表中结构项进行介绍。

表 1-4　交叠法嵌线表

| 嵌绕次序 | | 1 | 2 | 3 | 4 | 5 | 6 | 7 | 8 | 9 | 10 | 11 | 12 | 13 | 14 | 15 | 16 | 17 | 18 |
|---|---|---|---|---|---|---|---|---|---|---|---|---|---|---|---|---|---|---|---|
| 槽号 | 下层 | 2 | 1 | 24 | 23 | 22 | 21 | | 20 | | 19 | | 18 | | 17 | | 16 | | 15 |
| | 上层 | | | | | | | 2 | | 1 | | 24 | | 23 | | 22 | | 21 | |

| 嵌绕次序 | | 19 | 20 | 21 | 22 | 23 | 24 | 25 | 26 | 27 | 28 | 29 | 30 | 31 | 32 | 33 | 34 | 35 | 36 |
|---|---|---|---|---|---|---|---|---|---|---|---|---|---|---|---|---|---|---|---|
| 槽号 | 下层 | | 14 | | 13 | | 12 | | 11 | | 10 | | 9 | | 8 | | 7 | | 6 |
| | 上层 | 20 | | 19 | | 18 | | 17 | | 16 | | 15 | | 14 | | 13 | | 12 | |

| 嵌绕次序 | | 37 | 38 | 39 | 40 | 41 | 42 | 43 | 44 | 45 | 46 | 47 | 48 |
|---|---|---|---|---|---|---|---|---|---|---|---|---|---|
| 槽号 | 下层 | | 5 | | 4 | | 3 | | | | | | |
| | 上层 | 11 | | 10 | | 9 | | 8 | 7 | 6 | 5 | 4 | 3 |

① 标题项：交叠法　交叠法和整嵌法是两种嵌线方法。交叠法主要用于双层或单层叠式布线的绕组，但也可用于其他布线型式。双层绕组规范的嵌线工艺应使绕组两端部呈现圆滑的喇叭口形。为此，嵌线必须使每只线圈分置于两槽的上、下层。如果第 1 只线圈一边嵌入槽后，随即再嵌另一边，则两边都成了下层边而构不成交叠，因此，要构成交叠，必须待节距内的下层边嵌满后，才能把第 1 只线圈另一边嵌入上层。而尚待嵌入而还未有机会嵌入的边，为了不妨碍嵌线操作，需先在定子内腔吊起来，故称"吊边"；北方叫"吊把"。这种嵌线方法即"交叠法"，有书则称"吊把嵌法"。

② 下层槽号　表中下层槽号在本书中代表线圈号，也是按次序嵌入线圈边的下层槽号。

③ 上层槽号　是线圈另一边嵌入槽上层的槽号。

1）双层绕组嵌线表的解读

由表 1-4 可见，嵌线表分三个节段。

① 下层段　它在表的前段，它是吊边段，内容包括 1～5 次操作。即把一组线圈中的线圈 2 嵌入 2 号槽下层，另边吊起；再把线圈 1 嵌入 1 号槽下层，同样另边吊起。依此分别把线圈 24、23、22 下层边嵌入槽 24、23、22，另边也吊起。至此，本绕组需吊边的线圈下层边嵌线全部完成。吊起边数等于 $y$。

② 整嵌段　所谓"整嵌"就是把一只线圈两有效边相继嵌入而无

需吊边。从操作次序6～43是整嵌段，整嵌是从槽21下层开始嵌入后，随即把另边嵌到2号槽上层；下来再嵌20下层、槽1上层，循此下去，直至下层边嵌完。

③ 上层段　它在表的后段。当最后一个整嵌线圈3（下层）—8（上层）嵌完后，绕组就只剩下原先吊起的5个线圈（2、1、24、23、22）的上层边。这时便可将其分别顺次嵌入相应的槽7、6、5、4、3的上层槽内。至此，双层绕组嵌线工序完成。

单层绕组采用交叠法嵌线也类此进行，不同的是吊边线圈嵌入不是连续的，例如单层链式交叠法嵌线规律是：嵌一槽，退空（隔）一槽，再嵌一槽，再退空（隔）一槽……。下面举例说明。

2）单层链式绕组嵌线表解读

图1-24是一台单层链式绕组，理论上来说它可以有两种嵌法，即整嵌法构成三平面结构，但其端部不能形成规整的喇叭口，故几乎不用。另一种是交叠法，是单链绕组常用的嵌法。表1-5是这台电动机的嵌线表。与双层叠式不同的是单层线圈每槽仅一线圈有效边，故无上下层之分。通常将一只线圈先嵌入槽的边称为"沉边"，后嵌的边称"浮边"（端部交叠状可参考图1-4），嵌好后的绕组端部必然是浮边压住沉边而呈现一种特殊的层次，故交叠嵌线仍需吊边，因此，单叠嵌线表也分三个节段。

表 1-5　交叠法

| 嵌绕次序 | | 1 | 2 | 3 | 4 | 5 | 6 | 7 | 8 | 9 | 10 | 11 | 12 | 13 | 14 | 15 | 16 | 17 | 18 |
|---|---|---|---|---|---|---|---|---|---|---|---|---|---|---|---|---|---|---|---|
| 槽号 | 沉边 | 1 | 35 | 33 | | 31 | | 29 | | 27 | | 25 | | 23 | | 21 | | 19 | |
| | 浮边 | | | | 2 | | 36 | | 34 | | 32 | | 30 | | 28 | | 26 | | 24 |
| 嵌绕次序 | | 19 | 20 | 21 | 22 | 23 | 24 | 25 | 26 | 27 | 28 | 29 | 30 | 31 | 32 | 33 | 34 | 35 | 36 |
| 槽号 | 沉边 | 17 | | 15 | | 13 | | 11 | | 9 | | 7 | | 5 | | 3 | | | |
| | 浮边 | | 22 | | 20 | | 18 | | 16 | | 14 | | 12 | | 10 | | 8 | 6 | 4 |

① 沉边段　它相当于双叠的下层段，也在表的前段，但由于单层的嵌线不是连续的，即一组有效边之后要隔空若干槽，故其包含的吊边格（槽）数少于 $y$ 槽，如本例中仅有2槽。即第1次把1号线圈（以沉边所在槽代表线圈号）左侧边嵌入1号槽，而另边本应嵌到槽5，但因节距内的槽5和槽3的沉边尚未嵌入，故只能吊起待嵌。第2次嵌线要隔空槽36的浮边，故把沉边嵌到35号槽，这时，另边仍需待嵌而吊起。从而完成沉边段的吊边操作。

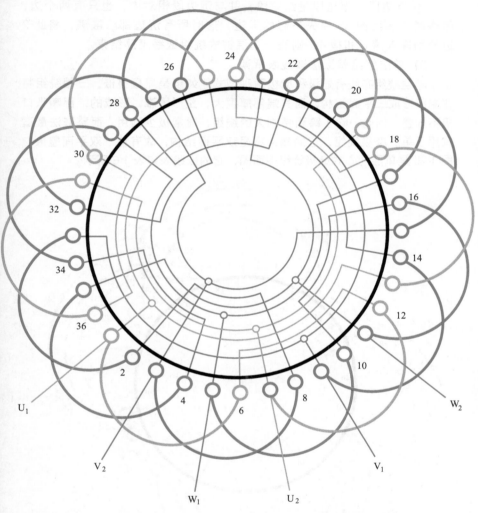

图 1-24　36 槽 6 极（$y=5$、$a=3$）三相电动机绕组单层链式布线

② 整嵌段　整嵌线圈是从次序 3~34 的操作。整嵌开始也是隔空 1 槽，把 33 号线圈沉边嵌入，随即就把另边嵌入槽 2，完成第 1 个线圈整嵌；接着再隔空 1 槽，把 31 号线圈沉边嵌入，再把浮边嵌至槽 36，完成第 2 个线圈整嵌。如此类推，直至整嵌段最后一个线圈 3 嵌入槽内（沉边），最后才把另边嵌入槽 8，完成整嵌段操作。

③ 浮边段 浮边段是结束段，并与沉边段相对应，也只有两个边，即线圈 1 和线圈 35 原先吊起的浮边，这时所有沉边都已嵌满，将此 2 边分别嵌入槽 6 和槽 4，则整个单层链式绕组嵌线工序结束。

3) 单层绕组整嵌法嵌线表解读

单层绕组布线有显极和庶极两种型式。如果是显极整嵌，三相绕组将在端部形成三平面结构，因其端部厚度大，整形困难，形成的端部喇叭口极不规整，因此，除了跨距特别大的绕组，通常极少选用。而整嵌法最适宜用于单层庶极绕组，它的端部将呈双平面结构，故有称"双平面整嵌"。图 1-25 是单层同心式庶极绕组端面图，它的嵌线表如表 1-6 所示。

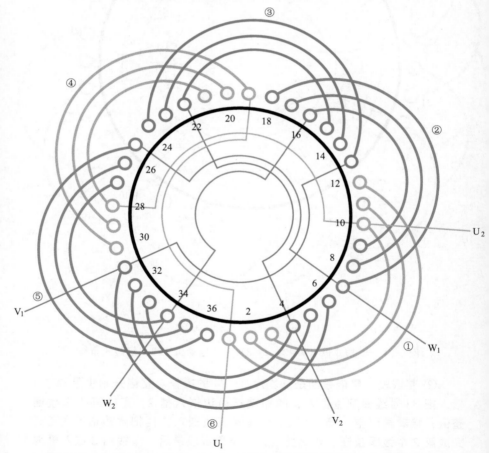

图 1-25　36 槽 4 极（$S=3$、$a=2$）三相电动机绕组单层同心式（庶极）布线

表 1-6　整嵌法

| 嵌绕次序 | | 1 | 2 | 3 | 4 | 5 | 6 | 7 | 8 | 9 | 10 | 11 | 12 | 13 | 14 | 15 | 16 | 17 | 18 |
|---|---|---|---|---|---|---|---|---|---|---|---|---|---|---|---|---|---|---|---|
| 槽号 | 下平面 | 3 | 10 | 2 | 11 | 1 | 12 | 15 | 22 | 14 | 23 | 13 | 24 | 27 | 34 | 26 | 35 | 25 | 36 |
| | 上平面 | | | | | | | | | | | | | | | | | | |

| 嵌绕次序 | | 19 | 20 | 21 | 22 | 23 | 24 | 25 | 26 | 27 | 28 | 29 | 30 | 31 | 32 | 33 | 34 | 35 | 36 |
|---|---|---|---|---|---|---|---|---|---|---|---|---|---|---|---|---|---|---|---|
| 槽号 | 下平面 | | | | | | | | | | | | | | | | | | |
| | 上平面 | 9 | 16 | 8 | 17 | 7 | 18 | 21 | 28 | 20 | 29 | 19 | 30 | 33 | 4 | 32 | 5 | 31 | 6 |

由表 1-6 可见，单层嵌线表整嵌时有下平面和上平面两部分线圈。所以，下面也分两个节段进行解述。

① 下平面段　由于整嵌是以线圈组为单元进行的，为更清楚解述，特将端面图每线圈组标注编号。嵌线开始先将①组嵌入相应槽内，而每组中习惯先嵌节距小的线圈。所以表中第 1 次操作是嵌入槽 3，第 2 次是把另边嵌入槽 10，完成 1 个线圈的整嵌。接着第 3、4 次操作，分别把线圈（2—11）嵌入；随之再把大节距线圈（1—12）嵌入相应槽，即经 6 次操作把线圈组①整嵌完成。然后，隔空线圈组②暂不嵌入，继续嵌线圈组③。同样，也是先整嵌小线圈（15—22）两边，然后再顺次整嵌线圈（14—23）；（13—24），则完成②组整嵌。以此类推，隔空 1 组再嵌 1 组。最后，同理对线圈组⑤的线圈分别整嵌。这时由图可见，以上各组线圈的端部并无交叠，而是处于同一平面，则整嵌绕组的下平面形成。

② 上平面段　上平面绕组的嵌线与前面相同，嵌线可以从⑥组或②组开始，而本例先嵌线圈组②，而小线圈（9—16）先嵌，再嵌线圈（8—17），最后嵌大线圈（7—18）；同理，整嵌线圈组④各线圈到相应槽内；最后再把线圈组⑥的线圈（33—4）、（32—5）和（31—6）嵌入槽，则这三组线圈也构成同一平面，且其端部叠于前嵌线圈组之上，故称上平面。从而使整个绕组端部形成双平面结构。至此，单层同心式庶极绕组嵌线完成。

4）单层庶极绕组交叠法嵌线表解读

单层庶极也可采用交叠法嵌线，嵌线操作类似于单层链式，也属于不连续嵌线，但退空的槽数为 $S$（$S$ 是每组线圈数）。因此，单层同心式庶极绕组的嵌线规律是：嵌入 $S$ 槽，退空（隔）$S$ 槽，再嵌 $S$ 槽，再退空 $S$ 槽……。下面仍以图 1-25 为例进行嵌线表解读。

表 1-7 是单层同心式庶极绕组的嵌线表，也分三个节段。

表 1-7　交叠法

| 嵌绕次序 | | 1 | 2 | 3 | 4 | 5 | 6 | 7 | 8 | 9 | 10 | 11 | 12 | 13 | 14 | 15 | 16 | 17 | 18 |
|---|---|---|---|---|---|---|---|---|---|---|---|---|---|---|---|---|---|---|---|
| 槽号 | 沉边 | 3 | 2 | 1 | 33 | | 32 | | 31 | | 27 | | 26 | | 25 | | 21 | | 20 |
| | 浮边 | | | | | 4 | | 5 | | 6 | | 34 | | 35 | | 36 | | 28 | |
| 嵌绕次序 | | 19 | 20 | 21 | 22 | 23 | 24 | 25 | 26 | 27 | 28 | 29 | 30 | 31 | 32 | 33 | 34 | 35 | 36 |
| 槽号 | 沉边 | 19 | | 15 | | 14 | | 13 | | 9 | | 8 | | 7 | | | | | |
| | 浮边 | 29 | | 30 | | 22 | | 23 | | 24 | | 16 | | 17 | | 18 | 10 | 11 | 12 |

① 沉边段　它在表的前段，相当于双叠绕组交叠嵌线的下层段，其吊边数和隔空槽数均等于每组圈数（$S$）。每组线圈习惯从小线圈起嵌，因此，第 1 次先把①组最小线圈左侧有效边嵌入槽 3，另边吊起；第 2 次嵌入槽 2，另边也吊起；第 3 次再把大线圈嵌入槽 1，另边吊起。至此，沉边段 3 个线圈边操作完成。

② 整嵌段　整嵌线圈是从 4～33 次序的操作，即隔空 3 槽后，把⑥组左侧小线圈作为沉边嵌入槽 33，随即再把右侧浮边嵌入槽 4，完成第 1 只线圈整嵌。随后，相继把槽 32 沉边和槽 5 浮边嵌入；然后再把大线圈整嵌入槽 31—6。这样就完成⑥组线圈整嵌。同理，隔空 3 槽后再把⑤组线圈 27—34，26—35，25—36 嵌入。如此类推，操作嵌至次序 33，则整嵌段完成。

③ 浮边段　浮边段与沉边段相对应，所以也只有 3 个吊边。即把①组右侧原吊边从小到大嵌入槽 10、11、12。这时，浮边段嵌线完成，即整个单层庶极绕组交叠嵌线操作完成。

# 第2章

# 2极电动机定子修理资料

交流 2 极电动机同步转速为 3000r/min，而与极数（2p）关系为 $n_c = 120f/(2p)$。在感应电动机中属高转速机；其转矩与转速关系为 $T = 9555P/n$。所以 2 极电动机又属转矩较小（同等功率而言）的机种。为此常用于水泵、抽风机之类启动阻力矩较小的离心式负载。在磁场结构上，二极电动机定子铁芯极面较宽，每极所含槽齿面积也大，故其气隙磁密和齿部磁密都较宽松；但轭部磁密会较高，故 2 极定子铁芯轭部要比其他极数电动机要高。相对于其他极数，2 极绕组的线圈节距大，即所跨槽数多，故在交叠嵌线时吊边数也多，使其嵌线的难度增加。

## 2.1　2极电动机绕组极性规律与接线方法

新系列2极电动机绕组采用的型式主要有单层同心式、单层交叉式、单层同心交叉式及双层叠式。虽然型式多样，但三相显极式接线原则是不变的。因Y系列2极绕组只有显极布线，故每相由2组线圈组成；但每相接线可以有两种。为简明清晰，特用彩色方块圆图表示绕组接线。

（1）2极1路串联接线

这是小功率电动机常用的接线，每相2组线圈根据显极接线的原则是使同相相邻线圈组的极性相反；即两组线圈"尾接尾"反向串联，构成一正一反的极性，如图2-1所示。

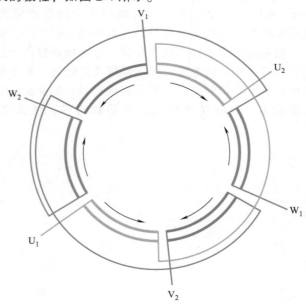

图2-1　2极绕组1路串联简化接线（方块）图

（2）2极2路并联接线

并联接法用于功率较大的电动机，二极绕组每相2组线圈并联成2路，即每个支路仅1组线圈；同样，为了符合显极布线的原则，必须使两组线圈极性一正一反，即反极性并联。图2-2是三相2极电动机2路并联的简化接线圆图。

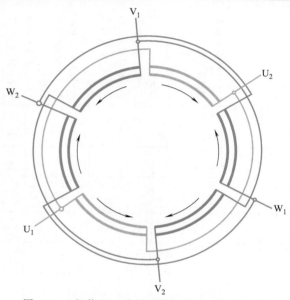

图 2-2　2 极绕组 2 路并联简化接线（方块）图

由于绕组的线圈组数 $u = 2pm$，与槽数无关；故对 2 极电动机来说，无论定子有多少槽，总线圈数都是 6 组（即 6 个方块）。不同的是每组所含线圈数，如槽数多的，每组含线圈数就多，但每相只有 2 组是不变的。因此，凡二极电动机绕组采用的接线方法也仅有上述两种。此外，由于三相绕组在相位上互差 120° 电角度，在圆图上的三相任何一对相邻线圈组（方块）的极性（箭头）也是相反的。否则，说明接线有错。这也是检验的原则。

## 2.2　2 极电动机铁芯及绕组数据

本节是新系列电动机绕组修理必备的参考资料，它包括 2 极电动机的基本系列和派生（专用）系列。表 2-1 是由新系列 2 极电动机修理数据统编而成；本节所含电动机规格 404 种，为便于读者查阅，表 2-1 中系列类型数据按表 2-2 排序。

表 2-2 资料排序为全书通用。但由于 YR 等系列的绕线型异步没有 2 极产品，故在表 2-1 的数据中未列入。

表2-1 2极电动机定子铁芯及绕组数据

| 系列类型 | 电动机规格 | 额定参数 | | | 定子铁芯/mm | | | 定/转槽数 | 定子绕组 | | | | | | | 备注 |
|---|---|---|---|---|---|---|---|---|---|---|---|---|---|---|---|---|
| | | 功率/kW | 电流/A | 电压/V | 外径 | 内径 | 长度 | | 布线型式 | 接法 | 节距 | 线圈匝数 | 线规/n-mm | 空载电流/A | 绕组图号 | |
| Y系列(IP44)380V,50Hz 2极电动机 | 801-2 | 0.75 | 1.8 | 380 | 120 | 67 | 65 | 18/16 | 单层交叉 | 1Y | 8,7 | 111 | 1-0.63 | 0.65 | 图2-3 | (1)栏中匝数系指线圈匝数。<br>(2)线规 n 是并绕根数;mm 是单根导线直径。<br>(3)布线型式栏中的单层交叉是单层同心交叉式之简称。<br>(4)Y系列(IP44)属封闭式笼型异步电动机。<br>(5)栏中"—"是查无资料,暂缺。 |
| | 802-2 | 1.1 | 2.5 | | | | 80 | | | | | 90 | 1-0.71 | 0.82 | | |
| | 90S-2 | 1.5 | 3.4 | | 130 | 72 | 85 | 18/16 | | | | 74 | 1-0.80 | 1.24 | 图2-5 | |
| | 90L-2 | 2.2 | 4.7 | | | | 110 | | | | | 58 | 1-0.95 | 1.60 | | |
| | 100L-2 | 3.0 | 6.4 | | 155 | 94 | 100 | 24/20 | 单层同心 | 1Y | 11.9 | 40 | 1-1.18 | 2.2 | | |
| | 112M-2 | 4.0 | 8.2 | | 175 | 98 | 105 | | | 1△ | | 48 | 1-1.06 | 2.7 | | |
| | 132S1-2 | 5.5 | 11 | | 210 | 116 | 105 | 30/26 | 单层同交 | 1△ | 15,13,11 | 44 | 1-0.90<br>1-0.95 | 3.0 | 图2-7 | |
| | 132S2-2 | 7.5 | 15 | | | | 125 | | | | 11 | 37 | 1-1.0<br>1-1.06 | 3.5 | | |
| | 160M1-2 | 11 | 22 | | 260 | 150 | 125 | 30/26 | 单层同交 | 1△ | 15,13,11 | 28 | 2-1.18<br>1-1.25 | 6.0 | 图2-7 | |
| | 160M2-2 | 15 | 29 | | | | 155 | | | | 11 | 23 | 2-1.12<br>2-1.18 | 7.1 | | |
| | 160L-2 | 18.5 | 36 | | | | 195 | | | | | 19 | 3-1.12<br>2-1.18 | 8.0 | | |
| | 180M-2 | 22 | 42 | | 290 | 160 | 175 | 36/28 | 双层叠式 | 2△ | 13 | 8 | 2-1.3<br>2-1.4 | 12.3 | 图2-10 | |
| | 200L1-2 | 30 | 57 | | 327 | 182 | 180 | | | | | 14 | 2-1.12<br>2-1.18 | 15.9 | | |
| | 200L2-2 | 37 | 70 | | | | 210 | | | | | 12 | 1-1.4<br>2-1.5 | 18.7 | | |

续表

| 系列类型 | 电动机规格 | 额定参数 | | | 定子铁芯/mm | | | 定/转槽数 | 定子绕组 | | | | | 空载电流/A | 绕组图号 | 备注 |
|---|---|---|---|---|---|---|---|---|---|---|---|---|---|---|---|---|
| | | 功率/kW | 电流/A | 电压/V | 外径 | 内径 | 长度 | | 布线型式 | 接法 | 节距 | 线圈匝数 | 线规/n-mm | | | |
| Y系列(IP44) 380V, 50Hz 2极电动机 | 225M-2 | 45 | 84 | | 368 | 210 | 210 | 36/28 | 双层叠式 | | 13 | 11 | 3-1.4<br>1-1.5 | 24.3 | 图2-10 | (1) 栏中匝数系指线圈匝数。<br>(2) 线规 n 是并绕根数；mm 是导线直径。<br>(3) 布线型式中的单层同心交叉是单层交叉式之简称。<br>(4) Y系列(IP44)属封闭式笼型异步电动机。<br>(5) 栏中"—"是暂缺查无资料。 |
| | 250M-2 | 55 | 103 | | 400 | 225 | 195 | | | | | 10 | 6-1.4<br>1-1.5 | 26.2 | | |
| | 280S-2 | 75 | 140 | 380 | 445 | 225 | 225 | 42/34 | 双层叠式 | 2△ | 15 | 7 | 7-1.5 | 38.5 | 图2-13 | |
| | 280M-2 | 90 | 167 | | 445 | 225 | 260 | | | | | 6 | 8-1.5 | 46.4 | | |
| | 315S-2 | 110 | 200 | | 520 | 300 | 290 | 48/40 | | | 17 | 4.5 | 10-1.5<br>4-1.6 | — | | |
| | 315M1-2 | 132 | 237 | | 520 | 300 | 340 | | 双层叠式 | | | 4 | 5-1.4 | — | 图2-16 | |
| | 315M2-2 | 160 | 286 | | 520 | 300 | 380 | | | | | 3.5 | 12-1.5<br>17-1.6 | — | | |
| Y系列(IP23) 380V, 50Hz 2极电动机 | 160M-2 | 15 | 29 | | 290 | 160 | 100 | 36/28 | 双层叠式 | 1△ | 13 | 12 | 2-1.06<br>1-1.12 | 7.1 | 图2-9 | Y系列(IP23)属防护式笼型异步电动机 |
| | 160L1-2 | 18.5 | 36 | | 290 | 160 | 125 | | | | | 10 | 1-1.4<br>1-1.5 | 8.0 | | |
| | 160L2-2 | 22 | 42 | 380 | 290 | 160 | 135 | | | | | 9 | 1-1.5<br>1-1.6 | 12.3 | | |
| | 180M-2 | 30 | 57 | | 327 | 182 | 135 | 36/28 | 双层叠式 | 2△ | 13 | 16 | 2-1.3 | 15.9 | | |
| | 180L-2 | 37 | 70 | | 327 | 182 | 160 | | | | | 13.5 | 2-1.4 | 38 | | |
| | 200M-2 | 45 | 84 | | 368 | 210 | 155 | 36/28 | 双层叠式 | 2△ | 13 | 12 | 2-1.25<br>2-1.3 | 24.3 | 图2-10 | |
| | 200L-2 | 55 | 103 | | 368 | 210 | 185 | | | | | 10.5 | 3-1.4 | 29.9 | | |

续表

| 系列类型 | 电动机规格 | 功率/kW | 电流/A | 电压/V | 定子铁芯 外径/mm | 定子铁芯 内径/mm | 定子铁芯 长度/mm | 定/转 槽数 | 布线型式 | 接法 | 节距 | 线圈匝数 | 线规/n-mm | 空载电流/A | 绕组图号 | 备注 |
|---|---|---|---|---|---|---|---|---|---|---|---|---|---|---|---|---|
| Y系列(IP23)380V、50Hz 2极电动机 | 225M-2 | 75 | 140 | 380 | 400 | 225 | 185 | 36/28 | 双层叠式 | 2△ | 13 | 9 | 3-1.6 | 38.5 | 图2-10 | Y系列(IP23)属防护式鼠笼型异步电动机 |
| | 250S-2 | 90 | 167 | 380 | 445 | 225 | 170 | 42/34 | 双层叠式 | 2△ | 15 | 8 | 2-1.3/3-1.4 | 46.4 | | |
| | 250M-2 | 110 | 201 | 380 | 445 | 225 | 195 | 42/34 | 双层叠式 | 2△ | 15 | 7 | 4-1.5/1-1.6 | — | 图2-13 | |
| | 280M-2 | 132 | 241 | 380 | 493 | 280 | 200 | 42/34 | 双层叠式 | 2△ | 15 | 6 | 6-1.5 | — | | |
| Y系列(IP44)220V/380V、50Hz 2极电动机 | 801-2 | 0.75 | 3.1/1.8 | 220/380 | 120 | 75 | 80 | 18/— | 单层交叉 | 1△/1Y | 8,7 | 111 | 1-0.63 | — | 图2-3 | (1) 220/380V、50Hz电动机是适应某些国家(地区)标准或配套设备出口而生产。此外，本派生产品也用于国内的农机械和煤矿部门套用的选煤机械用电动机。(2) 本系列参考张彦伦《电机数据手册》定子铁芯绕组数据补入 |
| | 802-2 | 1.1 | 4.4/2.5 | 220/380 | 120 | 75 | 90 | 18/— | 单层交叉 | 1△/1Y | 8,7 | 90 | 1-0.71 | — | | |
| | 90S-2 | 1.5 | 6/3.4 | 220/380 | 130 | 80 | — | 24/— | | 1△/1Y | 11,9 | 80 | 1-0.85 | — | | |
| | 90L-2 | 2.2 | 8.1/4.6 | 220/380 | 130 | 80 | 106 | 24/— | | 1△/1Y | 11,9 | 61 | 1-0.95 | — | 图2-5 | |
| | 100L-2 | 3 | 11/6.3 | 220/380 | 155 | 98 | 135 | 24/— | 单层同心 | 1△/1Y | 15、13、11 | 40 | 1-1.18 | — | | |
| | 112M-2 | 4 | 14/8.1 | 220/380 | 175 | 110 | 135 | 30/— | | 1△/1Y | 11 | 28 | 1-1.06/1-0.90 | — | | |
| | 132S1-2 | 5.5 | 19/11 | 220/380 | 210 | 136 | 115 | 30/— | 单层同交 | 1△/1Y | 15、13、11 | 25 | 1-1.18/1-1.25 | — | 图2-7 | |
| | 132S2-2 | 7.5 | 25.7/14.9 | 220/380 | 210 | 136 | 160 | 30/— | 单层同交 | 1△/1Y | 11 | 21 | 2-1.06/2-1.12 | — | | |

续表

| 系列类型 | 电动机规格 | 额定参数 | | | 定子铁芯/mm | | | 定/转槽数 | 定子绕组 | | | | | 空载电流/A | 绕组图号 | 备注 |
|---|---|---|---|---|---|---|---|---|---|---|---|---|---|---|---|---|
| | | 功率/kW | 电流/A | 电压/V | 外径 | 内径 | 长度 | | 布线型式 | 接法 | 节距 | 线圈匝数 | 线规/n-mm | | | |
| Y系列（IP44）220V/380V、50Hz 2极电动机 | 160M1-2 | 11 | 37.2/21.5 | 220/380 | 260 | 170 | 155 | 30/— | 单层同心式 | 1△/1Y | 15、13、11 | 16 | 1-1.3 3-1.4 | — | 图2-7 | （1）220/380V、50Hz 电动机是国家（地区）标准或配套设备出口而生产。此外，本派生产品也用于国内的农业机械和煤矿部门的选煤机械配套用电动机。（2）本派生数据参考张彦伦《电机铁芯绕组数据手册》补入 |
| | 160M2-2 | 15 | 50.2/28.7 | | | | 195 | | | | | 13 | 2-1.3 3-1.4 | — | | |
| | 160L-2 | 18.5 | 60.6/35.1 | | | | 190 | | | | | 11 | 2-1.3 4-1.4 | — | | |
| | 180M-2 | 22 | 72/41 | | 290 | 187 | 220 | | | | | 9 | 2-1.4 1-1.5 | — | | |
| | 200L1-2 | 30 | 97.2/56.3 | | 327 | 210 | 230 | 36/— | 双层叠式 | 1△/1Y | 13 | 8 | 4-1.5 | — | 图2-9 | |
| | 200L2-2 | 37 | 119.2/69 | | | | 200 | | | | | 7 | 5-1.5 | — | | |
| | 225M-2 | 45 | 143/83.1 | | 368 | 245 | 235 | | | | | 6 | 6-1.4 1-1.5 | — | | |
| | 250M-2 | 55 | 175/102 | | 400 | 260 | 240 | | | | | 6 | 9-1.5 | — | | |

续表

| 系列类型 | 电动机规格 | 额定参数 功率/kW | 电流/A | 电压/V | 定子铁芯/mm 外径 | 内径 | 长度 | 定转槽数 | 定子绕组 布线型式 | 接法 | 节距 | 线圈匝数 | 线规/n-mm | 空载电流/A | 绕组图号 | 备注 |
|---|---|---|---|---|---|---|---|---|---|---|---|---|---|---|---|---|
| Y系列（IP44）420V、50Hz 2极电动机 | 801-2 | 0.75 | 1.61 | | 120 | 67 | 65 | 18/— | 单层交叉 | 1Y | 8,7 | 121 | 1-0.60 | — | 图2-3 | Y系列（IP44）420V是应出口某些国家（或地区）设备配套的派生产品 |
| | 802-2 | 1.1 | 2.25 | | | | 80 | | | | | 99 | 1-0.67 | — | | |
| | 90S-2 | 1.5 | 3.07 | | 130 | 72 | 80 | | | | | 87 | 1-0.80 | — | | |
| | 90L-2 | 2.2 | 4.24 | | | | 110 | | | | | 67 | 1-0.90 | — | | |
| | 100L-2 | 3 | 5.71 | | 155 | 84 | 100 | | | | | 44 | 1-1.12 | — | | |
| | 112M-2 | 4 | 7.31 | | 175 | 98 | 105 | | | | | 53 | 2-0.71 | — | | |
| | 132S1-2 | 5.5 | 9.93 | | 210 | 116 | 105 | | | | | 48 | 2-0.90 | — | | |
| | 132S2-2 | 7.5 | 13.4 | | | | 125 | | | | | 41 | 2-1.0 | — | | |
| | 160M1-2 | 11 | 19.5 | | | 125 | 125 | 30/— | 单层同交 | 1△ | 15、13、11 | 31 | 2-1.18<br>1-1.12 | — | 图2-7 | |
| | 160M2-2 | 15 | 26.3 | | 260 | 150 | 155 | | | | | 25 | 2-1.25<br>1-1.30 | — | | |
| | 160L-2 | 18.5 | 31.7 | 420 | | | 195 | | | | | 21 | 2-1.18<br>2-1.25 | — | | |
| | 180M-2 | 22 | 37.8 | | 290 | 160 | 175 | 36/— | 双层叠式 | 1△ | 13 | 9 | 2-1.30<br>2-1.25 | — | 图2-9 | |
| | 200L1-2 | 30 | 50.9 | | 327 | 182 | 180 | | | | | 15 | 3-1.40<br>1-1.30 | — | | |
| | 200L2-2 | 37 | 62.5 | | | | 210 | | | | | 13 | 3-1.30<br>1-1.40 | — | | |
| | 225M-2 | 45 | 75.1 | | 368 | 210 | 210 | | | | | 12 | 4-1.30<br>1-1.40 | — | | |
| | 250M-2 | 55 | 91.8 | | 400 | 225 | 195 | | | | | 11 | 4-1.30<br>2-1.40 | — | | |
| | 280S-2 | 75 | 125 | | 445 | 225 | 225 | 42/34 | 双层叠式 | 1△ | 15 | 8 | 5-1.40<br>2-1.50 | — | 图2-12 | |
| | 280M-2 | 90 | 149 | | | | 260 | | | | | 7 | 6-1.40<br>2-1.50 | — | | |

续表

| 系列类型 | 电动机规格 | 功率/kW | 电流/A | 电压/V | 铁芯外径/mm | 内径/mm | 长度/mm | 定转槽数 | 布线型式 | 接法 | 节距 | 线圈匝数 | 线规/n-mm | 空载电流/A | 绕组图号 | 备注 |
|---|---|---|---|---|---|---|---|---|---|---|---|---|---|---|---|---|
| YX系列高效率三相异步2极电动机 | 100L-2 | 3 | 5.9 | 380 | 155 | 84 | 115 | 24/20 | 单层同心 | 1Y | 11,9 | 38 | 2-0.85 | — | 图2-5 | YX系列是Y系列的电气派生高效率电动机。下同 |
| | 112M-2 | 4 | 7.7 | | 175 | 98 | 130 | | | | | 37 | 1-1.18 | — | | |
| | 132S1-2 | 5.5 | 10.6 | | 210 | 116 | 110 | | | | | 34 | 1-1.0 / 1-1.06 | — | | |
| | 132S2-2 | 7.5 | 14.3 | | | | 145 | 36/28 | 单层同心 | 1△ | 17、15、13 | 26 | 2-1.18 | — | 图2-8 | |
| | 160M1-2 | 11 | 20.9 | | 260 | 150 | 150 | | | | | 20 | 3-1.25 | — | | |
| | 160M2-2 | 15 | 27.8 | | | | 195 | | | | | 16 | 2-1.18 / 2-1.25 | — | | |
| | 160L-2 | 18.5 | 34.3 | | 290 | 160 | 215 | | 双层叠式 | 2△ | | 14 | 4-1.30 | — | | |
| | 180M-2 | 22 | 40.1 | | | | 205 | | | | | 14 | 2-1.25 / 1-1.18 | — | 图2-10 | |
| | 200L1-2 | 30 | 54.5 | | 327 | 182 | 200 | 36/28 | | | 13 | 14 | 3-1.40 | — | | |
| | 200L2-2 | 37 | 67 | | | | 235 | | | | | 12 | 4-1.30 | — | | |
| | 225M-2 | 45 | 80.8 | | 368 | 210 | 220 | | | | | 10 | 5-1.40 | — | | |
| | 250M-2 | 55 | 99.7 | | 400 | 225 | 240 | 42/34 | | | 16 | 8 | 5-1.50 / 1-1.60 | — | | |
| | 280S-2 | 75 | 135.8 | | 445 | 255 | 245 | | | | | 8 | 9-1.50 | — | 图2-14 | |
| | 280M-2 | 90 | 162.6 | | | | 275 | | | | | 6 | 6-1.50 / 4-1.60 | — | | |

续表

| 系列类型 | 电动机规格 | 额定参数 | | | 定子铁芯/mm | | | 定转槽数 | 定子绕组 | | | | | 空载电流/A | 绕组图号 | 备注 |
|---|---|---|---|---|---|---|---|---|---|---|---|---|---|---|---|---|
| | | 功率/kW | 电流/A | 电压/V | 外径 | 内径 | 长度 | | 布线型式 | 接法 | 节距 | 线圈匝数 | 线规/n-mm | | | |
| YA系列低压增安型2极防爆电动机 | 160M2-2 | 11 | — | — | 260 | 150 | 155 | 30/26 | 单层同交 | 1△ | 15、13、11 | 26 | 3-1.25 | — | 图2-7 | YA系列本表经多方查核，缺额定电压数据，但查得电压为380V；另外，定子绕组中"匝数"也无法核定是每槽匝数或是线圈匝数，而且校核结果都有问题。故校核结果为准。原始数据以图号与表中绕组图号是对应机绕组图则是对应可用。下同。 |
| | 160L-2 | 15 | — | | | | 195 | | | | | 21 | 2-1.18、2-1.25 | — | | |
| | 180M-2 | 18.5 | — | | 290 | 160 | 185 | 36/28 | 双层叠式 | 2△ | | 36 | 1-1.33、1-1.38 | — | | |
| | 200L1-2 | 22 | — | | 327 | 182 | 180 | | | | | 34 | 1-1.33、1-1.26 | — | 图2-10 | |
| | 200L2-2 | 30 | — | | | | 210 | | | | 13 | 28 | 2-1.20、2-1.26 | — | | |
| | 225M-2 | 37 | — | | 368 | 210 | 210 | | | | | 13 | 4-1.30 | — | | |
| | 250M-2 | 45 | — | | 400 | 225 | 195 | | | | | 12 | 5-1.40 | — | | |
| | 315S-2 | 90 | — | | 520 | 300 | 290 | 48/40 | | 2△ | 17 | 6 | 12-1.50 | — | | |
| | 315M-2 | 110 | — | | | | 340 | | | | | 5 | 14-1.50 | — | | |
| | 315L-2 | 132 | — | | | | 380 | | | | | 4.5 | 16-1.50 | — | | |
| | 355S1-2 | 160 | — | | 590 | 327 | 300 | | | | | 4.5 | 23-1.50 | — | | |
| | 355S2-2 | 185 | — | | | | 340 | 48/40 | | 2△ | 17 | 4 | 26-1.50 | — | 图2-16 | |
| | 355M1-2 | 200 | — | | | | 400 | | | | | 3.5 | 29-1.50 | — | | |
| | 355M2-2 | 220 | — | | | | 440 | | | | | 3.5 | 29-1.50 | — | | |
| | 355L-2 | 250 | — | | | | 500 | | | | | 3 | 35-1.50 | — | | |

续表

| 系列类型 | 电动机规格 | 额定参数 功率/kW | 额定参数 电流/A | 额定参数 电压/V | 定子铁芯/mm 外径 | 内径 | 长度 | 定/转槽数 | 定子绕组 布线型式 | 接法 | 节距 | 线圈匝数 | 线规/n-mm | 空载电流/A | 绕组图号 | 备注 |
|---|---|---|---|---|---|---|---|---|---|---|---|---|---|---|---|---|
| YB系列低压隔爆型2极防爆电动机 | 801-2 | 0.75 | — | 380 | 120 | 67 | 65 | 18/16 | 单层交叉 | 1Y | 8,7 | 111 | 1-0.63 | — | | (1)YB系列电动机匝数栏是线圈面数。(2)额定电流查无实据暂缺。下同 |
| | 802-2 | 1.1 | — | | 120 | 67 | 80 | 18/16 | 单层交叉 | 1Y | 8,7 | 90 | 1-0.71 | — | 图2-3 | |
| | 90S-2 | 1.5 | — | | 130 | 72 | 85 | 18/16 | 单层交叉 | 1Y | 8,7 | 74 | 1-0.85 | — | | |
| | 90L-2 | 2.2 | — | | 130 | 72 | 110 | 18/16 | 单层交叉 | 1Y | 8,7 | 58 | 1-0.95 | — | 图2-5 | |
| | 100L-2 | 3 | — | | 155 | 84 | 100 | 24/20 | 单层同心 | 1Y | 11,9 | 40 | 1-0.71 | — | | |
| | 112M-2 | 4 | — | | 175 | 98 | 105 | 30/26 | 单层同交 | 1△ | 15,13、11 | 48 | 1-0.95 1-1.06 | — | 图2-7 | |
| | 132S1-2 | 5.5 | — | | 210 | 116 | 105 | 30/26 | 单层同交 | 1△ | 15,13、11 | 44 | 1-0.90 1-0.95 | — | | |
| | 132S2-2 | 7.5 | — | | 210 | 116 | 125 | 30/26 | 单层同交 | 1△ | | 37 | 1-1.0 1-1.06 | — | | |
| | 160M1-2 | 11 | — | | 260 | 150 | 125 | | 单层同交 | 1△ | 15,13、11 | 28 | 2-1.18 1-1.25 | — | | |
| | 160M2-2 | 15 | — | | 260 | 150 | 155 | 30/26 | 单层同交 | 1△ | 11 | 23 | 2-1.12 2-1.18 | — | 图2-9 | |
| | 160L-2 | 18.5 | — | | | | 195 | | 单层同交 | 1△ | | 19 | 3-1.12 2-1.18 | — | | |
| | 180M-2 | 22 | — | | 290 | 160 | 175 | 36/28 | 双层叠式 | 1△ | 13 | 8 | 2-1.30 2-1.40 | — | | |
| | 200L1-2 | 30 | — | | 327 | 182 | 180 | 36/28 | 双层叠式 | 2△ | 13 | 14 | 2-1.12 2-1.18 | — | 图2-10 | |
| | 200L2-2 | 37 | — | | | | 210 | | 双层叠式 | | | 12 | 2-1.40 2-1.50 | — | | |

续表

| 系列类型 | 电动机规格 | 额定参数 功率/kW | 电流/A | 电压/V | 定子铁芯 外径 | 内径 | 长度/mm | 定/转槽数 | 布线型式 | 接法 | 节距 | 线圈匝数 | 线规/n-mm | 空载电流/A | 绕组图号 | 备注 |
|---|---|---|---|---|---|---|---|---|---|---|---|---|---|---|---|---|
| YB系列低压隔爆型2极防爆电动机 | 225M-2 | 45 | — | 380 | 368 | 210 | 210 | 36/28 | 双层叠式 | 2△ | 13 | 11 | 1-1.40 | — | 图2-10 | (1)YB系列栏中匝数是线圈匝数。(2)额定电流查无实据暂缺。下同 |
| | 250M-2 | 55 | — | | 400 | 225 | 195 | 36/28 | 双层叠式 | 2△ | 13 | 10 | 3-1.50 | — | | |
| | 280S-2 | 75 | — | | 445 | 255 | 225 | 42/34 | 双层叠式 | 2△ | 15 | 7 | 6-1.40 | — | 图2-13 | |
| | 280M-2 | 90 | — | | | | 260 | | | | | 6 | 8-1.50 | — | | |
| | 315S-2 | 110 | — | | 520 | 300 | 290 | 48/40 | 双层叠式 | 2△ | 17 | 4.5 | 13-1.50 | — | | |
| | 315M-2 | 132 | — | | | | 340 | | | | | 4 | 16-1.50 | — | | |
| | 315L-2 | 160 | — | | | | 380 | | | | | 3.5 | 21-1.50 | — | | |
| | 355S1-2 | 185 | — | | 589 | 327 | 300 | 48/40 | 双层叠式 | 2△ | 17 | 4 | 24-1.50 | — | 图2-16 | |
| | 355S2-2 | 200 | — | | | | 340 | | | | | 3.5 | 27-1.50 | — | | |
| | 355S3-2 | 220 | — | | | | 340 | | | | 17 | 3.5 | 30-1.50 | — | 图2-15 | |
| | 355S4-2 | 250 | — | | 590 | 327 | 400 | 48/40 | 双层叠式 | 2△ | 17 | 3 | 34-1.50 | — | | |
| | 355M-2 | 280 | — | | | | 440 | | | | 16 | 3 | 37-1.50 | — | 图2-16 | |
| | 355L-2 | 315 | — | | | | 500 | | | | 17 | 2.5 | 42-1.50 | — | | |
| YB2系列低压隔爆型2极防爆电动机 | 801-2 | 0.75 | — | 380 | 120 | 67 | 60 | 18/16 | 单层交叉 | 1Y | 8,7 | 109 | 1-0.60 | — | 图2-3 | YB2系列额定电压及额定电流查无资料,暂缺。此外,线圈匝数项查对有标"匝数"、"每槽线数"或"线圈匝数"、"线数"值,但数据有但其数据均有差误。故其数据维修理时供用,但同一问题修理时绕组图无误。下同 |
| | 802-2 | 1.1 | — | | | | 75 | | | | | 87 | 1-0.67 | — | | |
| | 90S-2 | 1.5 | — | | 130 | 72 | 80 | | | | | 76 | 1-0.80 | — | | |
| | 90L-2 | 2.2 | — | | | | 105 | | | | | 58 | 1-0.90 | — | | |
| | 100L-2 | 3.0 | — | | 155 | 84 | 90 | 24/20 | 单层同心 | 1△ | 11,9 | 44 | 1-1.06 | — | 图2-5 | |
| | 112M-2 | 4.0 | — | | 175 | 98 | 90 | | | | | 53 | 2-0.67 | — | 图2-7 | |
| | 132S1-2 | 5.5 | — | | 210 | 116 | 95 | 30/26 | 单层交叉 | 1△ | 15,13,11 | 43 | 1-0.90 1-0.95 | — | | |
| | 132S2-2 | 7.5 | — | | | | 110 | | | | | 36 | 2-1.0 | — | | |

续表

| 系列类型 | 电动机规格 | 额定参数 功率/kW | 电流/A | 电压/V | 定子铁芯/mm 外径 | 内径 | 长度 | 定/转槽数 | 定子绕组 布线型式 | 接法 | 节距 | 线圈匝数 | 线规/n-mm | 空载电流/A | 绕组图号 | 备注 |
|---|---|---|---|---|---|---|---|---|---|---|---|---|---|---|---|---|
| YB2系列低压隔爆型2极防爆电动机 | 160M1-2 | 11 | | 380 | 260 | 150 | 110 | 30/26 | 单层同心式 | 1△ | 15、13、11 | 27 | 2-1.25 | — | | YB2系列额定电压查无资料,暂缺。此外,此项查有标"匝数"或"每槽线数",但数值"线圈匝数"都不变。故其数据有问题修理时慎用。但电动机对应绕组图无误。下同 |
| | 160M2-2 | 15 | | | | | 140 | | | | | 22 | 3-1.12 | — | 图2-7 | |
| | 160L-2 | 18.5 | | | | | 165 | | | | 11 | 19 | 2-1.18、1-1.25 | — | | |
| | 180M-2 | 22 | | | 290 | 165 | 165 | 36/28 | | | 13 | 34 | 2-1.25 | — | 图2-10 | |
| | 200L1-2 | 30 | | | | | 165 | | | | | 30 | 1-1.18、2-1.25 | — | | |
| | 200L2-2 | 37 | | | 327 | 187 | 195 | | | | | 26 | 2-1.30、1-1.40 | — | | |
| | 225M-2 | 45 | | | 368 | 210 | 180 | 42/34 | 双层叠式 | 2△ | 14 | 22 | 1-1.30、3-1.40 | — | 图2-11 | |
| | 250M-2 | 55 | | | 400 | 225 | 185 | | | | 13 | 20 | 1-1.40、3-1.50 | — | 图2-10 | |
| | 280S-2 | 75 | | | 445 | 255 | 185 | | | | 15 | 16 | 6-1.30、1-1.40 | — | 图2-13 | |
| | 280L-2 | 90 | | | | | 215 | | | | | 14 | 6-1.30、2-1.40 | — | | |
| YQS系列充水式井用潜水泵2极电动机 | 150-3 | 3 | 7.9 | 380 | 130 | 65 | 267 | 18/16 | 单层同心式 | 1Y | 9、7 | 34 | 1-1.06 | — | 图2-4 | |
| | 150-4 | 4 | 10.3 | | | | 280 | | | | | 32 | 1-1.12 | — | | |
| | 150-5.5 | 5.5 | 13.7 | | | | 335 | | | | | 27 | 1-1.30 | — | | |
| | 150-7.5 | 7.5 | 18.5 | | | | 410 | | | | | 22 | 1-1.50 | — | | |
| | 150-9.2 | 9.2 | 22.1 | | | | 450 | | | | | 20 | 1-1.60 | — | | |
| | 150-11 | 11 | 26.3 | | | | 530 | | | | | 17 | 1-1.80 | — | | |

续表

| 系列类型 | 电动机规格 | 额定参数 | | | 定子铁芯/mm | | | 定/转槽数 | 定子绕组 | | | | | | 绕组图号 | 备注 |
|---|---|---|---|---|---|---|---|---|---|---|---|---|---|---|---|---|
| | | 功率/kW | 电流/A | 电压/V | 外径 | 内径 | 长度 | | 布线型式 | 接法 | 节距 | 线圈匝数 | 线规/n-mm | 空载电流/A | | |
| YQS系列充水式井用潜水泵2极电动机 | 150-13 | 13 | 30.9 | 380 | 130 | 65 | 560 | 18/16 | 单层同交 | 1Y | 9,7 | 16 | 1-1.85 | — | 图2-4 | YQS等系列潜水泵电动机工作条件不同于一般电动机,它的定子内腔充满净水或绝缘油,其绕组绝缘要求耐水性或耐油性,故修理时应选用耐水绕组线。由于潜水泵电动机属派生专用电动机,修理规范可参考机工版的《电动机修理手册》。下同 |
| | 150-15 | 15 | 35.6 | | | | 635 | | | | | 14 | 1-2.0 | — | | |
| | 175-5.5 | 5.5 | 13.6 | | 155 | 76 | 210 | 24/20 | 单层同心 | | | 23 | 1-1.50 | | | |
| | 175-7.5 | 7.5 | 18.4 | | | | 230 | | | | | 21 | 1-1.65 | | | |
| | 175-9.2 | 9.2 | 22.1 | | | | 246 | | | 1Y | | 20 | 1-1.70 | | | |
| | 175-11 | 11 | 26.1 | | | | 330 | | | | | 24 | 1-1.50 | | 图2-5 | |
| | 175-13 | 13 | 30.1 | 380 | | | 355 | | | | | 22 | 1-1.56 | | | |
| | 175-15 | 15 | 34.7 | | | | 380 | | | 1△ | | 21 | 1-1.65 | | | |
| | 175-18.5 | 18.5 | 42.6 | | | | 400 | | | | | 20 | 1-1.70 | | | |
| | 175-22 | 22 | 49.7 | | | | 505 | | | | | 16 | 1-1.80 | | | |
| | 175-25 | 25 | 56.5 | | | | 540 | | | 2Y | | 15 | 1-1.90 | | 图2-6 | |
| | 175-30 | 30 | 67.0 | | | | 630 | | | | 11,9 | 15 | 1-1.90 | | | |
| | 175-37 | 37 | 82.6 | | | | 725 | | | | | 13 | 1-2.12 | | | |
| | 200-4 | 4 | 10.1 | | 175 | 83 | 143 | | | | | 30 | 1-1.40 | | | |
| | 200-5.5 | 5.5 | 13.6 | | | | 157 | | | 1Y | | 27 | 1-1.50 | | | |
| | 200-7.5 | 7.5 | 18.0 | | | | 175 | | | | | 24 | 1-1.60 | | | |
| | 200-9.2 | 9.2 | 21.7 | | | | 221 | | | | | 33 | 1-1.30 | | | |
| | 200-11 | 11 | 25.8 | 380 | | | 245 | | | | | 30 | 1-1.40 | | 图2-5 | |
| | 200-13 | 13 | 29.7 | | | | 272 | | | 1△ | | 27 | 1-1.50 | | | |
| | 200-15 | 15 | 33.9 | | | 85 | 305 | | | | | 24 | 1-1.60 | | | |
| | 200-18.5 | 18.5 | 41.6 | | | | 355 | | | 1Y | | 12 | 1-1.60 | | | |
| | 200-22 | 22 | 48.2 | | | | 400 | | | 1△ | | 17 | 1-1.85 | | | |
| | 200-25 | 25 | 54.5 | | | | 455 | | | | | 15 | 1-2.0 | | | |

续表

| 系列类型 | 电动机规格 | 功率/kW | 电流/A | 电压/V | 定子铁芯/mm 外径 | 内径 | 长度 | 定/转槽数 | 布线型式 | 接法 | 节距 | 线圈匝数 | 线规/n-mm | 空载电流/A | 绕组图号 | 备注 |
|---|---|---|---|---|---|---|---|---|---|---|---|---|---|---|---|---|
| | 200-30 | 30 | 65.4 | 380 | 175 | 85 | 565 | 24/20 | 单层同心 | 1Y | 11,9 | 7 | 7-1.0 | — | 图2-5 | YQS等系列潜水泵电动机工作条件不同于一般电动机,它的定子内腔充满净水或绝缘油,其绕组绝缘要求耐水性或耐油性,故修理时应选用SQYN等型号的耐水绕组线。由于潜水泵电动机属派生专用电动机,修理规范可参考机工版的《电动机修理手册》。下同 |
| | 200-37 | 37 | 79.7 | | | | 670 | | | | | 6 | 7-1.12 | — | | |
| YQS系列充水式井用潜电动机 2极 | 250-7.5 | 7.5 | 18.0 | | 210 | 100 | 130 | | | 1△ | | 43 | 1-1.25 | — | 图2-5 | |
| | 250-9.2 | 9.2 | 22.0 | | | | 140 | | | | | 40 | 1-1.30 | — | | |
| | 250-11 | 11 | 25.8 | | | | 150 | | | | | 37 | 1-1.40 | — | | |
| | 250-13 | 13 | 30.0 | | | | 170 | | | | | 33 | 1-1.50 | — | | |
| | 250-15 | 15 | 33.9 | | | | 194 | | | | | 29 | 1-1.60 | — | | |
| | 250-18.5 | 18.5 | 40.8 | | | | 220 | | | 1Y | | 15 | 2-1.60 | — | | |
| | 250-22 | 22 | 47.9 | | | | 275 | | | | | 21 | 2-1.30 | — | | |
| | 250-25 | 25 | 53.8 | 380 | 210 | 100 | 305 | 24/20 | 单层同心 | 1△ | 11,9 | 19 | 2-1.40 | — | | |
| | 250-30 | 30 | 64.2 | | | | 338 | | | | | 17 | 2-1.50 | — | | |
| | 250-37 | 37 | 77.8 | 380 | | | 380 | | | | | 15 | 2-1.60 | — | | |
| | 250-45 | 45 | 94.1 | | | 104 | 530 | | | | | 7 | 19-0.85 | — | | |
| | 250-55 | 55 | 114.3 | | | | 620 | | | 1Y | | 6 | 19-0.95 | — | | |
| | 250-64 | 64 | 130.9 | | | | 750 | | | | | 5 | 19-1.06 | — | | |
| | 250-75 | 75 | 152.3 | | | | 860 | | | | | 4 | 19-1.20 | — | | |
| | 250-90 | 90 | 182.8 | | | | 980 | | | 1△ | | 6 | 19-0.85 | — | | |
| YQS系列改进型充水式井用潜水2极电动机 | 150-3 | 3 | 7.9 | | 134 | 63 | 225 | 18/16 | 单层同交 | 1Y | 9,7 | 36 | 1-1.0 | — | 图2-4 | |
| | 150-4 | 4 | 10.3 | | | | 258 | | | | | 31 | 1-1.12 | — | | |
| | 150-5.5 | 5.5 | 13.7 | 380 | | | 280 | | | | | 28 | 1-1.25 | — | | |
| | 150-7.5 | 7.5 | 18.5 | | | | 310 | | | | | 25 | 1-1.40 | — | | |
| | 150-9.2 | 9.2 | 22.1 | | | 65 | 352 | | | | | 20 | 1-1.50 | — | | |
| | 150-11 | 11 | 26.3 | | | | 415 | | | 1△ | | 17 | 1-1.65 | — | | |

续表

| 系列类型 | 电动机规格 | 额定参数 功率/kW | 电流/A | 电压/V | 定子铁芯/mm 外径 | 内径 | 长度 | 定/转槽数 | 布线型式 | 定子绕组 接法 | 节距 | 线圈匝数 | 线规/n-mm | 空载电流/A | 绕组图号 | 备注 |
|---|---|---|---|---|---|---|---|---|---|---|---|---|---|---|---|---|
| | 150-13 | 13 | 30.9 | 380 | 134 | 65 | 505 | 18/16 | 单层同交 | 1Y | 9,7 | 14 | 1-1.80 | — | 图2-4 | |
| | 150-15 | 15 | 35.6 | | | | 540 | | | | | 13 | 1-1.90 | — | | |
| | 200-4 | 4 | 10.1 | | | | 133 | | | | | 42 | 1-1.20 | — | | |
| | 200-5.5 | 5.5 | 13.6 | | 173 | 78 | 138 | 18/22 | 单层同交 | 1Y | 9,7 | 39 | 1-1.32 | — | 图2-4 | |
| | 200-7.5 | 7.5 | 18.0 | | | | 150 | | | | | 35 | 1-1.45 | — | | |
| | 200-9.2 | 9.2 | 21.7 | 380 | | | 175 | | | | | 30 | 1-1.56 | — | | |
| | 200-11 | 11 | 25.8 | | | | 203 | | | | | 26 | 1-1.68 | — | | |
| | 200-13 | 13 | 29.8 | | | | 242 | | | 1△ | | 38 | 1-1.35 | — | | |
| | 200-15 | 15 | 33.9 | | | | 263 | | | | | 35 | 1-1.45 | — | | |
| YQS系列改进型无水式井用潜水2极电动机 | 200-18.5 | 18.5 | 41.6 | | 172 | 82 | 355 | 24/22 | 单层同心 | 1Y | 11,9 | 12 | 2-1.56 | — | 图2-5 | |
| | 200-22 | 22 | 48.2 | | | | 425 | | | | | 10 | 7-0.90 | — | | |
| | 200-25 | 25 | 54.5 | | | | 472 | | | | | 9 | 7-0.96 | — | 图2-5 | |
| | 200-30 | 30 | 65.4 | 380 | | | 530 | | | | | 8 | 7-1.04 | — | | |
| | 200-37 | 37 | 79.7 | | | | 601 | | | | | 7 | 7-1.12 | — | | |
| | 200-45 | 45 | 96.9 | | | | 703 | | | | | 6 | 19-0.75 | — | | |
| | 250-11 | 11 | 25.8 | | 220 | 100 | 118 | 24/22 | 单层同心 | 1Y | 11,9 | 25 | 1-1.74 | — | 图2-5 | |
| | 250-13 | 13 | 30.1 | | | | 140 | | | 1△ | | 37 | 1-1.45 | — | | |
| | 250-15 | 15 | 33.9 | | | | 154 | | | | | 39 | 1-1.40 | — | | |
| | 250-18.5 | 18.5 | 40.8 | 380 | | | 190 | | | 2Y | | 32 | 1-1.56 | — | 图2-6 | |
| | 250-22 | 22 | 47.9 | | | | 236 | | | | | 26 | 1-1.70 | — | | |
| | 250-25 | 25 | 53.8 | | | | 275 | | | 2△ | | 39 | 1-1.40 | — | | |
| | 250-30 | 30 | 64.2 | | | | 287 | | | | | 37 | 1-1.45 | — | | |
| | 250-37 | 37 | 77.8 | | | | 357 | | | | | 30 | 1-1.62 | — | | |

续表

| 系列类型 | 电动机规格 | 额定参数 功率/kW | 额定参数 电流/A | 额定参数 电压/V | 定子铁芯/mm 外径 | 定子铁芯/mm 内径 | 定子铁芯/mm 长度 | 定/转槽数 | 定子绕组 布线型式 | 定子绕组 接法 | 定子绕组 节距 | 定子绕组 线圈匝数 | 定子绕组 线规/n-mm | 空载电流/A | 绕组图号 | 备注 |
|---|---|---|---|---|---|---|---|---|---|---|---|---|---|---|---|---|
| YQS系列改进型充水式井用2极潜水电动机 | 250-45 | 45 | 94.1 | 380 | 220 | 104 | 417 | 24/22 | 单层同心 | 1Y | 11,9 | 8 | 19-0.85 | — | 图2-5 | |
| | 250-55 | 55 | 114.5 | | | | 477 | | | | | 7 | 19-0.95 | — | | |
| | 250-63 | 63 | 130.9 | | | | 558 | | | | | 6 | 19-1.0 | — | | |
| | 250-75 | 75 | 152.3 | | | | 735 | | | 1△ | | 8 | 19-0.85 | — | | |
| | 250-90 | 90 | 182.8 | | | | 840 | | | | | 7 | 19-0.95 | — | | |
| | 250-100 | 100 | 203.1 | | | | 985 | | | | | 6 | 19-1.0 | — | | |
| | 300-37 | 37 | 77.8 | | 262 | 122 | 290 | 24/22 | 单层同心 | 1Y | 11,9 | 9 | 19-0.85 | — | 图2-5 | |
| | 300-45 | 45 | 94.6 | | | | 325 | | | | | 8 | 19-0.95 | — | | |
| | 300-55 | 55 | 115.0 | | | | 370 | | | | | 7 | 19-1.0 | — | | |
| | 300-63 | 63 | 131.7 | | | | 440 | | | | | 6 | 19-1.12 | — | | |
| | 300-75 | 75 | 154.1 | | | | 525 | | | | | 5 | 19-1.25 | — | | |
| | 300-90 | 90 | 183.8 | 380 | | | 655 | | | 1△ | | 7 | 19-1.0 | — | | |
| | 300-110 | 110 | 220.8 | | | | 760 | | | | | 6 | 19-1.12 | — | | |
| | 300-125 | 125 | 249.5 | | | | 890 | | | 2Y | | 6 | 19-1.12 | — | 图2-6 | |
| | 300-140 | 140 | 277.8 | | | | 915 | | | 1△ | | 5 | 19-1.25 | — | 图2-5 | |
| | 300-160 | 160 | 317.5 | | | | 1070 | | | 2Y | | 5 | 19-1.25 | — | 图2-6 | |
| | 300-185 | 185 | 367.1 | | | | 1070 | | | | | 5 | 19-1.25 | — | | |
| YQSY系列充油式井用2极电动机 | 100-1.1 | 1.1 | 3.4 | | 89 | 50 | 145 | 24/18 | 单层同心 | 1Y | 11,9 | 52 | 1-0.69 | — | 图2-5 | |
| | 100-1.5 | 1.5 | 4.4 | | | | 180 | | | | | 43 | 1-0.75 | — | | |
| | 100-1.5 | 1.5 | 4.4 | | 92 | 50 | 185 | 18/16 | 单层交叉 | | 8,7 | 46 | 1-0.80 | — | 图2-3 | |
| | 100-2.2 | 2.2 | 6.2 | 380 | | | 250 | | | | | 34 | 1-0.93 | — | | |
| | 100-3.0 | 3.0 | 8.3 | | | | 295 | | | | | 29 | 1-1.0 | — | | |
| | 200-4 | 4 | 10.0 | | 167 | 87 | 100 | 24/20 | 单层同心 | 1△ | 11,9 | 66 | 1-1.0 | — | 图2-5 | |

续表

| 系列类型 | 电动机规格 | 额定参数 | | | 定子铁芯/mm | | | 定/转槽数 | 定子绕组 | | | | | 空载电流/A | 绕组图号 | 备注 |
| | | 功率/kW | 电流/A | 电压/V | 外径 | 内径 | 长度 | | 布线型式 | 接法 | 节距 | 线圈匝数 | 线规/n-mm | | | |
| --- | --- | --- | --- | --- | --- | --- | --- | --- | --- | --- | --- | --- | --- | --- | --- | --- |
| YQSY系列充油式井用潜水2极电动机 | 200-5.5 | 5.5 | 13.6 | 380 | 167 | 87 | 135 | 24/20 | 单层同心 | 1△ | 11,9 | 50 | 1-1.18 | — | 图2-5 | |
| | 200-7.5 | 7.5 | 18.2 | | | | 160 | | | | | 42 | 1-1.30 | — | | |
| | 200-9.2 | 9.2 | 22.1 | | | | 185 | | | | | 36 | 1-1.40 | — | | |
| | 200-11 | 11 | 26.3 | | | | 215 | | | 1Y | | 18 | 2-1.40 | — | | |
| | 200-13 | 13 | 30.5 | | | | 240 | | | | | 28 | 2-1.12 | — | | |
| | 200-15 | 15 | 34.7 | | | | 290 | | | | | 23 | 2-1.25 | — | | |
| | 200-18.5 | 18.5 | 42.6 | | | | 345 | | | 1△ | | 21 | 2-1.35 | — | | |
| | 200-22 | 22 | 49.7 | | | | 400 | | | | | 18 | 3-1.18 | — | | |
| | 200-25 | 25 | 56.2 | | | | 450 | | | | | 16 | 3-1.30 | — | | |
| | 200-30 | 30 | 66.6 | | | | 520 | | | | | 14 | 3-1.40 | — | | |
| | 200-37 | 37 | 80.6 | | | | 605 | | | | | 12 | 4-1.30 | — | | |
| | 200-45 | 45 | 97.5 | | | | 725 | | | | | 10 | 5-1.30 | — | | |
| | 250-17 | 17 | 39.8 | 380 | 205 | 112 | 140 | 24/22 | 单层同心 | 1Y | 11,9 | 19 | 3-1.25 | — | 图2-5 | |
| | 250-22 | 22 | 50.4 | | | | 170 | | | | | 15 | 3-1.40 | — | | |
| | 250-28 | 28 | 63.4 | | | | 220 | | | | | 12 | 4-1.35 | — | | |
| | 250-34 | 34 | 75.0 | | | | 250 | | | 2Y | | 21 | 2-1.45 | — | 图2-6 | |
| | 250-40 | 40 | 87.6 | | | | 310 | | | | | 17 | 3-1.30 | — | | |
| | 250-15 | 15 | 35.2 | | 210 | 102 | 160 | 24/22 | 单层同心 | 1△ | 11,9 | 33 | 2-1.40 | — | 图2-5 | |
| | 250-18.5 | 18.5 | 43.1 | | | | 185 | | | | | 29 | 3-1.25 | — | | |
| | 250-22 | 22 | 50.3 | | | | 215 | | | | | 25 | 3-1.30 | — | | |
| | 250-25 | 25 | 56.5 | | | | 245 | | | | | 22 | 3-1.40 | — | | |
| | 250-30 | 30 | 66.2 | | | | 285 | | | | | 19 | 4-1.30 | — | | |
| | 250-37 | 37 | 81.1 | | | | 335 | | | | | 16 | 5-1.25 | — | | |

续表

| 系列类型 | 电动机规格 | 额定参数 功率/kW | 额定参数 电流/A | 额定参数 电压/V | 定子铁芯/mm 外径 | 定子铁芯/mm 内径 | 定子铁芯/mm 长度 | 定/转槽数 | 布线型式 | 定子绕组 接法 | 定子绕组 节距 | 定子绕组 线圈匝数 | 定子绕组 线规/n-mm | 定子绕组 空载电流/A | 绕组图号 | 备注 |
|---|---|---|---|---|---|---|---|---|---|---|---|---|---|---|---|---|
| YQSY系列充式井用潜水2极电动机 | 250-45 | 45 | 98.1 |  |  |  | 420 | 24/22 | 单层同心 | 1△ | 11,9 | 13 | 6-1.30 | — | 图2-5 |  |
|  | 250-55 | 55 | 118.4 |  |  |  | 480 |  |  |  |  | 23 | 4-1.20 | — |  |  |
|  | 250-64 | 64 | 137.0 | 380 | 210 | 102 | 550 |  |  | 2△ |  | 20 | 4-1.30 | — | 图2-6 |  |
|  | 250-75 | 75 | 158.7 |  |  |  | 645 |  |  |  |  | 17 | 4-1.40 | — |  |  |
|  | 250-90 | 90 | 189.3 |  |  |  | 740 |  |  |  |  | 15 | 5-1.35 | — |  |  |
|  | 250-110 | 110 | 231.3 |  |  |  | 850 |  |  |  |  | 13 | 6-1.30 | — |  |  |
|  | 250-132 | 132 | 271.2 |  |  |  | 1000 |  |  |  |  | 11 | 6-1.45 | — |  |  |
|  | 100-1.5 | 1.5 | 4.4 |  | 92 | 50 | 170 | 18/16 | 单层同交 | 1Y | 9,7 | 50 | 1-0.75 | — | 图2-4 | 本项绕组布线部分采用单层交叉布线,这时如图2-3所示 |
|  | 100-2.2 | 2.2 | 6.2 |  |  |  | 225 |  |  |  |  | 38 | 1-0.85 | — |  |  |
|  | 100-3 | 3.0 | 8.3 |  |  |  | 285 |  |  |  |  | 30 | 1-1.0 | — |  |  |
|  | 200-4 | 4.0 | 9.9 |  | 172 | 87 | 85 | 24/20 | 单层同心 | 1Y | 11,9 | 39 | 1-1.40 | — |  |  |
|  | 200-5.5 | 5.5 | 13.4 |  |  |  | 95 |  |  |  |  | 34 | 1-1.50 | — |  |  |
|  | 200-7.5 | 7.5 | 17.8 |  |  |  | 118 |  |  |  |  | 48 | 1-1.25 | — | 图2-5 |  |
|  | 200-9.2 | 9.2 | 21.7 |  |  |  | 135 |  |  | 1△ |  | 42 | 1-1.35 | — |  |  |
|  | 200-11 | 11 | 25.8 | 380 |  |  | 155 |  |  | 1Y |  | 21 | 2-1.35 | — |  |  |
|  | 200-13 | 13 | 29.7 |  |  |  | 182 |  |  |  |  | 18 | 2-1.45 | — |  |  |
|  | 200-15 | 15 | 33.9 |  |  |  | 210 |  |  | 1△ |  | 27 | 2-1.18 | — |  |  |
|  | 200-18.5 | 18.5 | 41.6 |  |  |  | 235 |  |  |  |  | 24 | 2-1.25 | — |  |  |
| YQSY系列充改进型充油式井用潜水2极电动机 | 250-15 | 15 | 34.9 |  | 210 | 102 | 135 | 24/22 | 单层同心 | 1△ | 11,9 | 39 | 2-1.30 | — | 图2-5 |  |
|  | 250-18.5 | 18.5 | 42.8 |  |  |  | 160 |  |  |  |  | 33 | 2-1.45 | — |  |  |
|  | 250-22 | 22 | 49.7 |  |  |  | 185 |  |  |  |  | 29 | 3-1.25 | — |  |  |
|  | 250-25 | 25 | 55.1 |  |  |  | 215 |  |  |  |  | 25 | 3-1.35 | — |  |  |
|  | 250-30 | 30 | 64.6 |  |  |  | 245 |  |  |  |  | 22 | 3-1.45 | — |  |  |

续表

| 系列类型 | 电动机规格 | 额定参数 | | | 定子铁芯/mm | | | 定/转槽数 | 定子绕组 | | | | | 空载电流/A | 绕组图号 | 备注 |
|---|---|---|---|---|---|---|---|---|---|---|---|---|---|---|---|---|
| | | 功率/kW | 电流/A | 电压/V | 外径 | 内径 | 长度 | | 布线型式 | 接法 | 节距 | 线圈匝数 | 线规/n-mm | | | |
| YQSY系列改进型充油式井用潜水2极电动机 | 250-37 | 37 | 78.3 | 380 | 210 | 102 | 285 | 24/22 | 单层同心 | 1△ | 11,9 | 19 | 2-1.35 | — | 图2-5 | |
| | 250-45 | 45 | 94.6 | | | | 335 | | | | | 16 | 2-1.40 | — | | |
| | 250-55 | 55 | 116 | | | | 400 | | | | | 26 | 5-1.35 | — | | |
| | 250-63 | 63 | 130 | | | | 460 | | | | | 23 | 3-1.45 / 3-1.35 | — | 图2-6 | |
| | 250-75 | 75 | 155 | | | | 550 | | | | | 19 | 4-1.35 | — | | |
| | 250-90 | 90 | 185 | | | | 660 | | | | | 16 | 3-1.30 / 2-1.35 | — | | |
| | 250-110 | 110 | 222 | | | | 820 | | | | | 13 | 5-1.50 | — | | |
| | 250-125 | 125 | 252 | | | | 885 | | | | | 12 | 6-1.40 | — | | |
| YLB系列立式深井泵2极电动机 | 132-1-2 | 5.5 | 11.3 | 380 | 210 | 116 | 105 | 30/— | 单层叠式 | 1△ | 15,13,11 | 44 | 1-0.95 | — | 图2-7 | YLB系列电动机不属潜水泵,其修理规范与普通电动机相同 |
| | 132-2-2 | 7.5 | 15.3 | | | | 125 | | | | 11 | 37 | 1-1.0 | — | | |
| | 160-1-2 | 11 | 22.5 | | 290 | 160 | 85 | 36/— | 双层叠式 | 1△ | 13 | 29 | 2-1.06 / 2-1.0 | — | 图2-9 | |
| | 160-2-2 | 15 | 30.3 | | | | 100 | | | | | 24 | 1-0.95 / 2-1.60 | — | | |
| | 180-1-2 | 18.5 | 36.7 | | 327 | 182 | 105 | 36/— | 双层叠式 | 2△ | 13 | 42 | 1-1.12 / 1-1.16 | — | 图2-10 | |
| | 180-2-2 | 22 | 43.4 | | | | 115 | | | | | 38 | 2-0.95 / 1-1.0 | — | | |
| | 200-1-2 | 30 | 58.9 | | 368 | 210 | 115 | 36/— | 双层叠式 | 2△ | 13 | 32 | 1-1.30 / 1-1.40 | — | 图2-10 | |
| | 200-2-2 | 37 | 72.2 | | | | 135 | | | | | 28 | 1-1.40 / 1-1.50 | — | | |

续表

| 系列类型 | 电动机规格 | 功率/kW | 电流/A | 电压/V | 定子铁芯/mm 外径 | 内径 | 长度 | 定/转槽数 | 布线型式 | 接法 | 节距 | 线圈匝数 | 线规/n-mm | 空载电流/A | 绕组图号 | 备注 |
|---|---|---|---|---|---|---|---|---|---|---|---|---|---|---|---|---|
| YQS2 系列充水式井用潜水泵 2 极电动机 | 150-3 | 3 | 7.8 | | 134 | 65 | 205 | 18/16 | 单层同交 | 1Y | 9,7 | 36 | 1-1.06 | — | 图 2-4 | |
| | 150-4 | 4 | 10.0 | | | | 300 | | | | | 30 | 1-1.25 | — | | |
| | 150-5.5 | 5.5 | 13.3 | | | | 340 | | | | | 26 | 1-1.40 | — | | |
| | 150-7.5 | 7.5 | 17.8 | | | | 375 | | | | | 23 | 1-1.50 | — | | |
| | 150-9.2 | 9.2 | 21.2 | 380 | | | 395 | | | | | 19 | 1-1.60 | — | | |
| | 150-11 | 11 | 25.2 | | | | 470 | | | | | 16 | 1-1.70 | — | | |
| | 150-13 | 13 | 29.7 | | | | 580 | | | | | 13 | 1-1.90 | — | | |
| | 150-15 | 15 | 34.1 | | | | 625 | | | | | 12 | 1-2.0 | — | | |
| | 200-4 | 4 | 10.0 | | 172 | 78 | 135 | 18/22 | 单层同交 | 1Y | 9,7 | 44 | 1-1.25 | — | 图 2-4 | |
| | 200-5.5 | 5.5 | 13.4 | | | | 152 | | | | | 39 | 1-1.40 | — | | |
| | 200-7.5 | 7.5 | 17.8 | | | | 185 | | | | | 32 | 1-1.50 | — | | |
| | 200-9.2 | 9.2 | 21.3 | | | | 210 | | | | | 28 | 1-1.60 | — | | |
| | 200-11 | 11 | 25.2 | | | | 260 | | | | | 23 | 1-1.80 | — | | |
| | 200-13 | 13 | 29.4 | | | | 270 | | | | | 22 | 1-1.90 | — | | |
| | 200-15 | 15 | 33.3 | | | | 300 | | | | | 20 | 1-2.0 | — | | |
| | 200-18.5 | 18.5 | 40.3 | | 172 | | 360 | 24/22 | 单层同心 | 1Y | 11,9 | 12 | 1-2.24 | — | 图 2-5 | |
| | 200-22 | 22 | 47.7 | | | | 435 | | | | | 10 | 1-2.50 | — | | |
| | 200-25 | 25 | 53.8 | | | | 500 | | 1△ | | 15 | 1-2.0 | — | | |
| | 200-30 | 30 | 64.6 | | | | 580 | | | | 13 | 1-2.12 | — | | |
| | 200-37 | 37 | 79.2 | | | | 685 | | | | 11 | 1-2.36 | — | | |
| | 200-45 | 45 | 94.6 | | | | 725 | | 2Y | | 12 | 1-2.24 | — | 图 2-6 | |
| | 250-11 | 11 | 25.5 | 380 | 220 | 98 | 140 | 24/22 | 单层同心 | 1△ | 11,9 | 38 | 1-1.40 | — | 图 2-5 | |
| | 250-13 | 13 | 29.7 | | | | 162 | | | | | 33 | 1-1.50 | — | | |

续表

| 系列类型 | 电动机规格 | 功率/kW | 电流/A | 电压/V | 定子铁芯/mm 外径 | 内径 | 长度 | 定/转槽数 | 布线型式 | 接法 | 节距 | 线圈匝数 | 线规/n-mm | 空载电流/A | 绕组图号 | 备注 |
|---|---|---|---|---|---|---|---|---|---|---|---|---|---|---|---|---|
| YQS2系列充水式井用潜水电动机 2极电动机水泵 | 250-15 | 15 | 33.5 | 380 | 220 | 98 | 180 |  |  | 1△ |  | 30 | 1-1.60 | — | 图2-5 |  |
|  | 250-18.5 | 18.5 | 39.8 |  |  |  | 255 |  |  |  |  | 13 | 1-2.50 | — |  |  |
|  | 250-22 | 22 | 46.8 |  |  |  | 275 |  |  |  |  | 12 | 7-1.0 | — |  |  |
|  | 250-25 | 25 | 52.6 |  |  |  | 300 |  |  |  |  | 11 | 7-1.12 | — |  |  |
|  | 250-30 | 30 | 63.1 |  |  |  | 370 |  |  | 1Y |  | 9 | 19-0.75 | — |  |  |
|  | 250-37 | 37 | 76.0 |  | 220 | 104 | 420 |  |  |  |  | 8 | 19-0.80 | — |  |  |
|  | 250-45 | 45 | 92.4 |  |  |  | 475 |  |  |  |  | 7 | 19-0.90 | — |  |  |
|  | 250-55 | 55 | 111.7 |  |  |  | 555 |  |  |  |  | 6 | 19-0.95 | — |  |  |
|  | 250-63 | 63 | 127.9 |  |  |  | 645 |  |  | 1△ |  | 9 | 19-0.75 | — | 图2-6 |  |
|  | 250-75 | 75 | 149.7 |  |  |  | 755 |  |  | 2Y |  | 9 | 19-0.75 | — |  |  |
|  | 250-90 | 90 | 179.6 |  |  |  | 895 |  |  | 2△ |  | 13 | 7-1.0 | — |  |  |
|  | 250-100 | 100 | 199.6 |  |  |  | 970 | 24/22 | 单层同心 | 2Y | 11,9 | 7 | 19-0.90 | — | 图2-5 |  |
|  | 300-55 | 55 | 113.0 |  |  |  | 450 |  |  | 1Y |  | 6 | 19-1.12 | — |  |  |
|  | 300-63 | 63 | 129.4 |  |  |  | 520 |  |  | 1△ |  | 9 | 19-0.90 | — |  |  |
|  | 300-75 | 75 | 152.3 |  | 262 | 122 | 585 |  |  |  |  | 8 | 19-0.95 | — |  |  |
|  | 300-90 | 90 | 181.7 |  |  |  | 680 |  |  | 1Y |  | 4 | 19-1.40 | — |  |  |
|  | 300-110 | 110 | 219.6 | 380 |  |  | 780 |  |  | 1△ |  | 6 | 19-1.12 | — |  |  |
|  | 300-125 | 125 | 248.1 |  |  |  | 910 |  |  | 2Y |  | 6 | 19-1.12 | — | 图2-6 |  |
|  | 300-140 | 140 | 276.3 |  |  |  | 935 |  |  | 1△ |  | 5 | 19-1.25 | — | 图2-5 |  |
|  | 300-160 | 160 | 315.7 |  |  |  | 1095 |  |  | 2Y |  | 5 | 19-1.25 | — | 图2-6 |  |
|  | 300-185 | 185 | 363.0 |  |  |  | 1095 |  |  |  |  | 5 | 19-1.25 | — |  |  |

续表

| 系列类型 | 电动机规格 | 功率/kW | 电流/A | 电压/V | 外径 | 内径 | 长度 | 定/转槽数 | 布线型式 | 接法 | 节距 | 线圈匝数 | 线规/n-mm | 空载电流/A | 绕组图号 | 备注 |
|---|---|---|---|---|---|---|---|---|---|---|---|---|---|---|---|---|
| Y2系列 (IP44) 380V, 50Hz 2极电动机 | 801-2 | 0.75 | 1.8 | 380 | 120 | 67 | 60 | 18/16 | 单层交叉 | 1Y | 8,7 | 109 | 1-0.60 | — | 图2-3 | Y2系列(IP44)是20世纪90年代研制的新系列第二代产品的基本系列。是目前应用最普遍的电机产品 |
|  | 802-2 | 1.1 | 2.5 |  |  |  | 75 | 18/16 | 单层交叉 | 1Y | 8,7 | 87 | 1-0.67 | — |  |  |
|  | 90S-2 | 1.5 | 3.4 |  | 130 | 72 | 80 | 18/16 | 单层交叉 | 1Y | 8,7 | 77 | 1-0.80 | — | 图2-3 |  |
|  | 90L-2 | 2.2 | 4.8 |  |  |  | 105 |  |  |  |  | 59 | 1-0.95 | — |  |  |
|  | 100L-2 | 3.0 | 6.3 |  | 155 | 84 | 90 | 24/20 | 单层同心 | 1Y |  | 43 | 2-0.80 | — | 图2-5 |  |
|  | 112M-2 | 4.0 | 8.2 |  | 175 | 98 | 90 | 30/26 | 单层同交 | 1△ | 15,13,11 | 54 | 1-0.95 | — | 图2-7 |  |
|  | 132S1-2 | 5.5 | 11.1 |  | 210 | 116 | 90 | 30/26 | 单层同交 | 1△ | 15,13,11 | 44 | 2-0.90 | — | 图2-7 |  |
|  | 132S2-2 | 7.5 | 15.0 |  |  |  | 105 |  |  |  |  | 38 | 1-1.0 | — |  |  |
|  | 160M1-2 | 11 | 21.3 |  | 260 | 150 | 115 | 30/26 | 单层同交 | 1△ | 15,13,11 | 28 | 3-1.06 | — | 图2-7 |  |
|  | 160M2-2 | 15 | 28.7 |  |  |  | 140 |  |  |  |  | 23 | 3-1.18 | — |  |  |
|  | 160L-2 | 18.5 | 34.7 |  |  |  | 175 |  |  |  |  | 19 | 2-0.90 4-0.95 | — |  |  |
|  | 180M-2 | 22 | 41.2 |  | 290 | 165 | 165 | 36/28 | 双层叠式 | 2△ | 13 | 17 | 2-1.25 | — | 图2-10 |  |
|  | 200L1-2 | 30 | 55.3 |  | 327 | 187 | 160 | 36/28 | 双层叠式 | 2△ | 13 | 15.5 | 1-1.18 2-1.25 | — |  |  |
|  | 200L2-2 | 37 | 67.9 |  |  |  | 195 | 36/28 | 双层叠式 | 2△ | 13 | 13 | 2-1.12 2-1.18 | — |  |  |
|  | 225M-2 | 45 | 82.1 |  | 368 | 210 | 175 | 36/28 | 双层叠式 | 2△ | 13 | 12 | 3-1.50 | — |  |  |
|  | 250M-2 | 55 | 100.1 |  | 400 | 225 | 190 | 36/28 | 双层叠式 | 2△ | 13 | 10 | 1-1.30 4-1.40 | — |  |  |

续表

| 系列类型 | 电动机规格 | 功率/kW | 电流/A | 电压/V | 定子铁芯/mm 外径 | 内径 | 长度 | 定/转槽数 | 定子绕组 布线型式 | 接法 | 节距 | 线圈匝数 | 线规/n-mm | 空载电流/A | 绕组图号 | 备注 |
|---|---|---|---|---|---|---|---|---|---|---|---|---|---|---|---|---|
| Y2系列(IP44)380V、50Hz 2极电动机 | 280S-2 | 75 | 134.0 | 380 | 445 | 255 | 185 | 42/34 | 双层叠式 | 2△ | 15 | 8 | 6-1.30 | — | 图2-13 | Y2系列(IP44)是20世纪90年代研制的新系列第二代产品，是目前应用最普遍的电机产品 |
| | 280M-2 | 90 | 160.2 | | | | 215 | | | | | 7 | 6-1.30<br>2-1.40 | — | | |
| | 315S-2 | 110 | 195.4 | | 445 | 255 | 260 | 48/40 | 双层叠式 | 2△ | 17 | 5 | 12-1.40<br>3-1.50 | — | 图2-16 | |
| | 315M-2 | 132 | 233.3 | | | | 300 | | | | | 4.5 | 8-1.40<br>8-1.50 | — | | |
| | 315L1-2 | 160 | 279.4 | | | | 340 | | | | | 4 | 10-1.40<br>8-1.50 | — | | |
| | 315L2-2 | 200 | 347.8 | | | | 385 | | | | | 3.5 | 15-1.40<br>6-1.50 | — | | |
| | 355M-2 | 250 | 432.5 | | 590 | 350 | 410 | 48/40 | 双层叠式 | 2△ | 17 | 3 | 20-1.50<br>11-1.40 | — | 图2-16 | |
| | 355L-2 | 315 | 543.2 | | | | 530 | | | | | 2.5 | 30-1.50<br>11-1.40 | — | | |
| Y2系列(IP54)380V、50Hz 2极电动机 | 631-2 | 0.18 | 0.51 | 380 | 96 | 50 | 36 | 18/16 | 单层交叉 | 1Y | 8,7 | 234 | 1-0.315 | — | 图2-3 | |
| | 632-2 | 0.25 | 0.67 | | | | 42 | | | | | 196 | 1-0.355 | — | | |
| | 711-2 | 0.37 | 0.98 | | 110 | 58 | 40 | | | | | 160 | 1-0.40 | — | | |
| | 712-2 | 0.55 | 1.33 | | | | 58 | | | | | 116 | 1-0.50 | — | | |
| | 801-2 | 0.75 | 1.78 | | 120 | 67 | 60 | | | | | 109 | 1-0.60 | — | | |
| | 802-2 | 1.1 | 2.49 | | | | 75 | | | | | 87 | 1-0.67 | — | | |
| | 90S-2 | 1.5 | 3.34 | | 130 | 72 | 80 | | | | | 77 | 1-0.80 | — | | |
| | 90L-2 | 2.2 | 4.69 | | | | 105 | | | | | 59 | 1-0.95 | — | | |

续表

| 系列类型 | 电动机规格 | 功率/kW | 电流/A | 电压/V | 定子铁芯外径/mm | 定子铁芯内径/mm | 定子铁芯长度/mm | 定/转槽数 | 布线型式 | 接法 | 节距 | 线圈匝数 | 线规/n-mm | 空载电流/A | 绕组图号 | 备注 |
|---|---|---|---|---|---|---|---|---|---|---|---|---|---|---|---|---|
| Y2系列(IP54) 380V、50Hz 2极电动机 | 100L-2 | 3 | 6.14 | 380 | 155 | 84 | 90 | 24/20 | 单层同心 | 1Y | 11,9 | 43 | 2-0.80 | — | 图 2-5 | |
| | 112M-2 | 4 | 7.83 | | 175 | 98 | 90 | | | | | 54 | 1-0.95 | — | | |
| | 132S1-2 | 5.5 | 10.7 | | 210 | 116 | 90 | 30/26 | 单层同交 | 1△ | 15,13,11 | 44 | 2-0.90 | — | 图 2-7 | |
| | 132S2-2 | 7.5 | 14.2 | | | | 105 | | | | | 38 | 1-0.95 / 1-1.0 | — | | |
| | 160M1-2 | 11 | 20.9 | | 260 | 150 | 115 | | | | | 28 | 3-1.06 | — | | |
| | 160M2-2 | 15 | 27.9 | | | | 140 | | | | | 23 | 3-1.18 | — | | |
| | 160L-2 | 18.5 | 33.9 | | | | 175 | | | | | 19 | 3-1.32 | — | | |
| | 180M-2 | 22 | 40.5 | | 290 | 165 | 165 | | | | | 17 | 2-1.25 | — | | |
| | 200L1-2 | 30 | 54.8 | | 327 | 187 | 160 | 36/28 | 双层叠式 | 2△ | 13 | 15.5 | 1-1.18 / 2-1.25 | — | | |
| | 200L2-2 | 37 | 66.6 | | 368 | 210 | 195 | | | | | 13 | 2-1.12 / 2-1.18 | — | 图 2-10 | |
| | 225M-2 | 45 | 81.0 | | | | 175 | 42/34 | | | 15 | 12 | 3-1.50 | — | | |
| | 250M-2 | 55 | 99.6 | | 400 | 225 | 190 | | | | | 10 | 1-1.30 / 4-1.40 | — | | |
| | 280S-2 | 75 | 133.3 | | 445 | 255 | 185 | | | | | 8 | 6-1.30 / 1-1.40 | — | | |
| | 280M-2 | 90 | 158.2 | | | | 215 | | | | | 7 | 6-1.30 / 2-1.40 | — | 图 2-13 | |
| | 315S-2 | 110 | 195.1 | | 520 | 300 | 250 | 48/40 | | | 17 | 5 | 11-1.40 / 4-1.50 | — | | |
| | 315M-2 | 132 | 231.6 | | | | 280 | | | | | 4.5 | 7-1.40 / 9-1.50 | — | 图 2-16 | |

续表

| 系列类型 | 电动机规格 | 功率/kW | 电流/A | 电压/V | 外径 | 内径 | 长度 | 定/转槽数 | 布线型式 | 接法 | 节距 | 线圈匝数 | 线规/n-mm | 空载电流/A | 绕组图号 | 备注 |
|---|---|---|---|---|---|---|---|---|---|---|---|---|---|---|---|---|
| Y2系列<br>(IP54)<br>380V、<br>50Hz<br>2极电动机 | 315L1-2 | 160 | 279.6 | 380 | | | 315 | 48/40 | 双层叠式 | 2△ | 17 | 4 | 7-1.40<br>11-1.50 | — | 图2-16 | |
| | 315L2-2 | 200 | 347.7 | | 520 | 300 | 360 | | | | | 3.5 | 13-1.40<br>8-1.50 | — | | |
| | 355M-2 | 250 | 429.4 | | 590 | 327 | 410 | | | | | 3 | 14-1.40<br>19-1.50 | — | | |
| | 355L-2 | 315 | 538.9 | | | | 495 | | | | | 2.5 | 20-1.40<br>20-1.50 | — | | |
| Y2-E<br>系列<br>(IP54)<br>380V、<br>50Hz<br>2极高效<br>电动机 | 801-2E | 0.75 | 1.76 | 380 | 120 | 67 | 65 | 18/16 | 单层交叉 | 1Y | 8,7 | 104 | 1-0.60 | — | 图2-3 | Y2-E系列是最新系列电动机派生的第二代高效率电动机 |
| | 802-2E | 1.1 | 2.49 | | | | 80 | | | | | 83 | 1-0.67 | — | | |
| | 90S-2E | 1.5 | 3.32 | | 130 | 72 | 85 | | | | | 73 | 1-0.85 | — | | |
| | 90L-2E | 2.2 | 4.70 | | | | 115 | | | | | 54 | 1-0.67<br>1-0.71 | — | | |
| | 100L-2E | 3 | 6.08 | | 155 | 84 | 100 | 24/20 | 单层同心 | 1Y | 11,9 | 40 | 1-0.80<br>1-0.85 | — | 图2-5 | |
| | 112M-2E | 4 | 7.76 | | 175 | 98 | 100 | | | | | 50 | 1-0.67<br>1-0.71 | — | | |
| | 132S1-2E | 5.5 | 10.4 | | 210 | 116 | 105 | 30/26 | 单层同交 | 1△ | 15,13,11 | 42 | 1-0.90 | — | 图2-7 | |
| | 132S2-2E | 7.5 | 14.2 | | | | 115 | | | | | 36 | 1-0.95 | — | | |
| | 160M1-2E | 11 | 20.3 | | 260 | 150 | 130 | | | | | 26 | 2-1.0 | — | | |
| | 160M2-2E | 15 | 27.2 | | | | 160 | | | | | 21 | 3-1.12<br>3-1.25 | — | | |

续表

| 系列类型 | 电动机规格 | 功率/kW | 电流/A | 电压/V | 定子铁芯/mm 外径 | 内径 | 长度 | 定/转槽数 | 布线型式 | 接法 | 节距 | 线圈匝数 | 线规/n-mm | 空载电流/A | 绕组图号 | 备注 |
|---|---|---|---|---|---|---|---|---|---|---|---|---|---|---|---|---|
| Y2-E系列(IP54)380V、50Hz 2级高效电动机 | 160L-2E | 18.5 | 33 | 380 | 260 | 150 | 195 | 30/26 | 单层同交 | 1△ | 15、13、11 | 18 | 1-1.30 2-1.40 | — | 图2-7 | Y2-E系列是新系列电动机派生的第二代高效率电动机 |
| | 180M-2E | 22 | 39.8 | | 290 | 165 | 180 | | | | | 8 | 3-1.18 2-1.25 | — | | |
| | 200L1-2E | 30 | 53.1 | | 327 | 187 | 180 | 36/28 | 双层叠式 | 2△ | 13 | 15 | 3-1.18 1-1.12 | — | 图2-10 | |
| | 200L2-2E | 37 | 65.1 | | | | 205 | | | | | 13 | 3-1.25 | — | | |
| | 225M-2E | 45 | 78.3 | 380 | 368 | 210 | 200 | | | | | 6 | 1-1.30 10-1.30 | — | | |
| | 250M-2E | 55 | 96.8 | | 400 | 225 | 200 | | | | | 5 | 9-1.50 | — | | |
| | 280S-2E | 75 | 130.1 | | 445 | 225 | 215 | 42/34 | 双层叠式 | 2△ | 15 | 8 | 3-1.40 6-1.50 | — | 图2-13 | |
| | 280M-2E | 90 | 155.1 | | | | 245 | | | | | 7 | 3-1.50 6-1.60 | — | | |
| Y3系列(IP55)380V、50Hz 2级电动机 | 631-2 | 0.18 | 0.50 | | 96 | 50 | 33 | 18/16 | 单层交叉 | 1Y | 8、7 | 233 | 1-0.315 | — | 图2-3 | Y3系列是新系列电动机第三代基本系列。是由设计部分厂家联合设计的产品，但尚未投入批量生产 |
| | 632-2 | 0.25 | 0.65 | | 96 | 50 | 40 | | | | | 193 | 1-0.355 | — | | |
| | 711-2 | 0.37 | 0.95 | | 110 | 58 | 39 | | | | | 157 | 1-0.40 | — | | |
| | 712-2 | 0.55 | 1.3 | 380 | 110 | 58 | 56 | | | | | 114 | 1-0.50 | — | | |
| | 801-2 | 0.75 | 1.77 | | 120 | 67 | 56 | | | | | 109 | 1-0.60 | — | | |
| | 802-2 | 1.1 | 2.46 | | 120 | 67 | 70 | | | | | 88 | 1-0.67 | — | | |
| | 90S-2 | 1.5 | 3.28 | | 130 | 72 | 78 | | | | | 76 | 1-0.80 | — | | |
| | 90L-2 | 2.2 | 4.6 | | 130 | 72 | 105 | | | | | 57 | 1-0.95 | — | | |
| | 100L-2 | 3 | 5.97 | | 155 | 84 | 87 | 24/20 | 单层同心 | 1Y | 11、9 | 45 | 1-0.85 | — | 图2-5 | |

续表

| 系列类型 | 电动机规格 | 功率/kW | 电流/A | 电压/V | 定子铁芯外径/mm | 定子铁芯内径/mm | 定子铁芯长度/mm | 定/转槽数 | 布线型式 | 接法 | 节距 | 线圈匝数 | 线规/n-mm | 空载电流/A | 绕组图号 | 备注 |
|---|---|---|---|---|---|---|---|---|---|---|---|---|---|---|---|---|
| Y3系列(IP55) 380V、50Hz 2极电动机 | 112M-2 | 4 | 7.86 | 380 | 175 | 98 | 88 | — | 单层同交 | 1△ | 15,13、11 | 52 | 1-0.90、1-1.0 | — | | Y3系列是新系列电动机第三代基本系列。是由部分厂家联合设计的产品，但尚未投入批量生产 |
| | 132S1-2 | 5.5 | 10.8 | | 210 | 116 | 82 | 30/26 | | | | 45 | 2-0.85 | — | 图2-7 | |
| | 132S2-2 | 7.5 | 14.3 | | | | 100 | | 单层同交 | 1△ | 15,13、11 | 38 | 1-0.90、1-1.0 | — | | |
| | 160M1-2 | 11 | 20.8 | | 260 | 150 | 105 | 36/28 | | | | 24 | 3-1.0 | — | | |
| | 160M2-2 | 15 | 27.7 | | | | 135 | | 单层同心 | | 17,15、13 | 19 | 2-1.40 | — | 图2-8 | |
| | 160L-2 | 18.5 | 33.6 | | | | 165 | | | | | 16 | 1-1.18、2-1.25 | — | | |
| | 180M-2 | 22 | 40.2 | | 290 | 165 | 160 | | 双层叠式 | 2△ | 13 | 17 | 3-1.12 | — | | |
| | 200L1-2 | 30 | 54.3 | | 327 | 187 | 155 | | | | | 15 | 1-1.25、2-1.30 | — | | |
| | 200L2-2 | 37 | 66.0 | | | | 180 | | | | | 13 | 3-1.18、1-1.25 | — | | |
| | 225M-2 | 45 | 81.0 | | 368 | 210 | 160 | | | | | 13 | 3-1.50 | — | 图2-10 | |
| | 250M-2 | 55 | 99.1 | | 400 | 225 | 175 | | | | 15 | 12 | 1-1.30、3-1.40 | — | | |
| | 280S-2 | 75 | 132.5 | | 445 | 255 | 185 | 42/34 | | | | 10 | 1-1.40、5-1.50 | — | | |
| | 280M-2 | 90 | 159.1 | | | | 200 | | | | | 8 | 3-1.40、4-1.50 | — | 图2-13 | |

表 2-2  新系列 2 极电动机名称

| 序号 | 电动机系列类型 | 适用电网 | 电动机名称 |
|---|---|---|---|
| 1 | Y 系列（IP44） | 380V、50Hz | 三相封闭式笼型异步电动机第一代基本系列 |
| 2 | Y 系列（IP23） | 380V、50Hz | 三相防护式笼型异步电动机第一代产品 |
| 3 | Y 系列（IP44） | 220V/380V、50Hz | 三相封闭式笼型异步电动机派生系列 |
| 4 | Y 系列（IP44） | 420V、50Hz | 三相封闭式笼型异步电动机派生系列 |
| 5 | YX 系列 | 380V、50Hz | 三相封闭式笼型异步电动机第一代派生高效率产品 |
| 6 | YA 系列 | — | 低压增安型防爆电动机（派生系列） |
| 7 | YB 系列 | 380V、50Hz | 低压隔爆型防爆电动机（第一代派生产品） |
| 8 | YB2 系列 | — | 低压隔爆型防爆电动机（第二代派生产品） |
| 9 | YQS 系列 | 380V、50Hz | 充水式井用潜水泵电动机派生系列 |
| 10 | YQS 系列 | 380V、50Hz | 充水式井用潜水泵电动机（改进型）派生系列 |
| 11 | YQSY 系列 | 380V、50Hz | 充油式井用潜水泵电动机派生系列 |
| 12 | YQSY 系列 | 380V、50Hz | 充油式井用潜水泵电动机（改进型）派生系列 |
| 13 | YLB 系列 | 380V、50Hz | 立式深井泵电动机派生系列 |
| 14 | YQS2 系列 | 380V、50Hz | 充水式井用潜水泵电动机（第二代派生产品） |
| 15 | Y2 系列（IP44） | 380V、50Hz | 三相封闭式笼型异步电动机第二代基本系列 |
| 16 | Y2 系列（IP54） | 380V、50Hz | 三相高防护笼型异步电动机第二代派生系列 |
| 17 | Y3 系列（IP55） | 380V、50Hz | 三相高防护笼型异步电动机第三代基本系列 |
| 18 | YR 系列（IP44） | 380V、50Hz | 三相封闭式绕线型异步电动机（定子） |
| 19 | YR 系列（IP23） | 380V、50Hz | 三相防护式绕线型异步电动机（定子） |
| 20 | YZ 系列 | 380V、50Hz | 三相冶金、起重用笼型异步电动机 |
| 21 | YZR 系列 | 380V、50Hz | 三相冶金、起重用绕线型异步电动机（定子）第一代产品 |
| 22 | YZR2 系列 | 380V、50Hz | 三相冶金、起重用绕线型异步电动机（定子）第二代产品 |

# 2.3  2极电动机端面模拟绕组彩图

新系列 2 极电动机采用的绕组布接线共 13 例，并用潘氏画法绘制成彩色绕组端面模拟图，与 2.2 节绕组数据表中"绕组图号"相对应，以便读者修理时查阅。

### 2.3.1　18槽2极（$a=1$）三相电动机绕组单层交叉式布线

（1）绕组结构参数

定子槽数　$Z=18$　　每组圈数　$S=1$、2　　并联路数　$a=1$

电机极数　$2p=2$　　极相槽数　$q=3$　　　线圈节距　$y=8$、7

总线圈数　$Q=9$　　绕组极距　$\tau=9$　　　绕组系数　$K_{dp}=0.96$

线圈组数　$u=6$　　　每槽电角　$\alpha=20°$　　出线根数　$c=6$

（2）绕组布接线特点及应用举例

本例为显极式不等距布线，大联为节距 $y_D=1$—9 的双圈；小联是 $y_X=1$—8 单圈，每相由大、小两联串联而成，两组间的接线是"尾接尾"，使极性相反。此绕组是交叉链绕组的基本型式，应用实例主要是小型电动机，如 Y90S-2、Y2-802-2、YB801-2、YB2-802-2 等新系列电动机；如将绕组接成一路丫形，引出 3 根电源线可应用于各种电动工具，如 S3S-100、125、150，3CT-100 等手提砂轮机；S3SR-200 软轴砂轮机；JOSF-200 台式砂轮机；B11 平面振动器等专用电动机。也用于 Z2D-50 直联插入式混凝土振动器三相中频电动机。

（3）绕组嵌线方法

本例采用交叠法嵌线，因是不等距布线，嵌线从大联（双圈）开始，嵌线次序见表 2-3（a）；嵌线从小联（单圈）开始则嵌线次序见表 2-3（b），但吊边数均为 3。

**表 2-3（a）　交叠法（双圈始嵌）**

| 嵌绕次序 | | 1 | 2 | 3 | 4 | 5 | 6 | 7 | 8 | 9 | 10 | 11 | 12 | 13 | 14 | 15 | 16 | 17 | 18 |
|---|---|---|---|---|---|---|---|---|---|---|---|---|---|---|---|---|---|---|---|
| 槽号 | 沉边 | 2 | 1 | 17 | 14 | | 13 | | 11 | | 8 | | 7 | | 5 | | | | |
| | 浮边 | | | | | 4 | | 3 | | 18 | | 16 | | 15 | | 12 | 10 | 9 | 6 |

**表 2-3（b）　交叠法（单圈始嵌）**

| 嵌绕次序 | | 1 | 2 | 3 | 4 | 5 | 6 | 7 | 8 | 9 | 10 | 11 | 12 | 13 | 14 | 15 | 16 | 17 | 18 |
|---|---|---|---|---|---|---|---|---|---|---|---|---|---|---|---|---|---|---|---|
| 槽号 | 沉边 | 5 | 2 | 1 | 17 | | 14 | | 13 | | 11 | | 8 | | 7 | | | | |
| | 浮边 | | | | | 6 | | 4 | | 3 | | 18 | | 16 | | 15 | 12 | 10 | 9 |

(4) 绕组端面布接线

如图 2-3 所示。

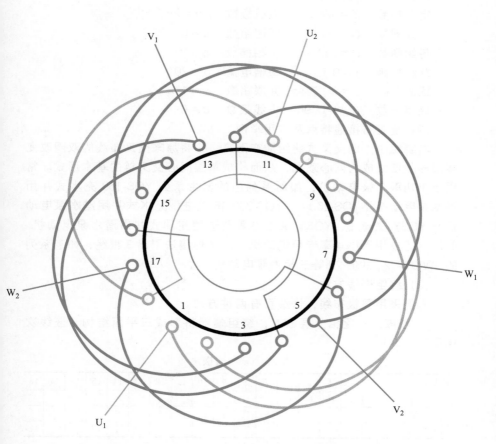

图 2-3　18 槽 2 极（$a=1$）三相电动机绕组单层交叉式布线

## 2.3.2 18槽2极（$S=2/1$、$a=1$）三相电动机绕组单层同心交叉式布线

（1）绕组结构参数

定子槽数 $Z=18$ 　　　电机极数 $2p=2$

总线圈数 $Q=9$ 　　　　线圈组数 $u=6$

每组圈数 $S=2/1$ 　　　极相槽数 $q=3$

绕组极距 $\tau=9$ 　　　　每槽电角 $\alpha=20°$

线圈节距 $y=9$、7 　　　并联路数 $a=1$

绕组系数 $K_{dp}=0.96$ 　出线根数 $c=6$

（2）绕组布接线特点及应用举例

本绕组由上例交叉式绕组演变而来，它将原来交叉布线的双圈改变端部形状使之成为同心双圈，从而构成单层同心交叉链的基本形式。常用于小功率2极电动机，如新系列中的派生系列 YQS-150 充水式井用潜水泵电动机、YQS-200-4、YQS-200-15 改进型充水式井用潜水泵电动机及 YQSY100-1.5、YQSY100-3.0 等改进型充油式井用潜水泵电动机。此外，还应用于小功率专用电动机，用 Y 形接法引出3根线，如老系列的 JW-07A-2、JYB-22 等三相油泵电动机。

（3）绕组嵌线方法

本例采用显极布线，嵌线可有两种方法。

① 整嵌法　逐相分层嵌入，绕组端部将形成三平面结构。嵌线次序见表2-4（a）。

表 2-4（a）　整嵌法

| 嵌绕次序 | | 1 | 2 | 3 | 4 | 5 | 6 | 7 | 8 | 9 | 10 | 11 | 12 | 13 | 14 | 15 | 16 | 17 | 18 |
|---|---|---|---|---|---|---|---|---|---|---|---|---|---|---|---|---|---|---|---|
| 槽号 | 下平面 | 2 | 9 | 1 | 10 | 11 | 18 | | | | | | | | | | | | |
| | 中平面 | | | | | | | 8 | 15 | 7 | 16 | 17 | 6 | | | | | | |
| | 上平面 | | | | | | | | | | | | | 14 | 3 | 13 | 4 | 5 | 12 |

② 交叠法　交叠法嵌线是嵌2槽退空1槽，再嵌1槽空2槽，吊边数为3。嵌线次序见表2-4（b）。

表 2-4（b）　交叠法

| 嵌绕次序 | | 1 | 2 | 3 | 4 | 5 | 6 | 7 | 8 | 9 | 10 | 11 | 12 | 13 | 14 | 15 | 16 | 17 | 18 |
|---|---|---|---|---|---|---|---|---|---|---|---|---|---|---|---|---|---|---|---|
| 槽号 | 沉边 | 2 | 1 | 17 | 14 | | 13 | | 11 | | 8 | | 7 | | 5 | | | | |
| | 浮边 | | | | 3 | | 4 | | 18 | | 15 | | 16 | | 12 | 9 | 10 | 6 | |

(4) 绕组端面布接线
如图 2-4 所示。

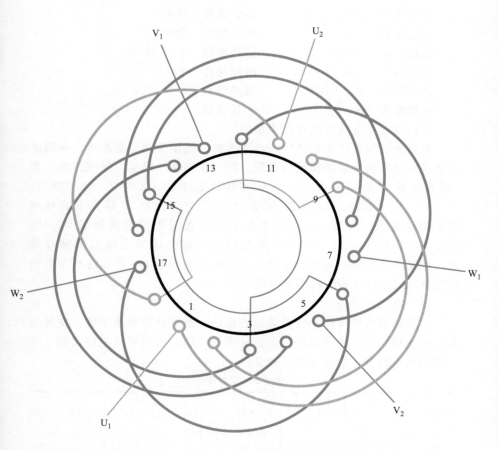

图 2-4　18 槽 2 极（$S=2/1$、$a=1$）三相电动机绕组单层同心交叉式布线

## 2.3.3  24槽2极（$S=2$、$a=1$）三相电动机绕组单层同心式布线

（1）绕组结构参数

| | | | |
|---|---|---|---|
| 定子槽数 | $Z=24$ | 每组圈数 | $S=2$ |
| 并联路数 | $a=1$ | 电机极数 | $2p=2$ |
| 极相槽数 | $q=4$ | 线圈节距 | $y=11$、9 |
| 总线圈数 | $Q=12$ | 绕组极距 | $\tau=12$ |
| 绕组系数 | $K_{dp}=0.958$ | 线圈组数 | $u=6$ |
| 每槽电角 | $\alpha=15°$ | 出线根数 | $c=6$ |

（2）绕组布接线特点及应用举例

本例为2极电机常用绕组布接线方案，绕组采用显极布线，一路串联接法，每相组间接法是反向串联，即"尾与尾"相接。此绕组在小型2极电动机中应用很多，如新系列电动机中的 Y100L-2、Y3-100L-2、Y2-100L-2E、YX100L-2、以及 YQS-175-5.5、YQS200-13 等充水式井用潜水泵电动机，另外，还有老系列配用的直流电弧焊焊接机 AX-165（AB-165）、AX3-300-2、AR-300 的拖动用三相交流异步电动机等都采用。如果将星点接在内部，引出三根引线则应用于 QX 系列污水泵电动机以及 BJQ2-31-2 等隔爆型异步电动机。

（3）绕组嵌线方法

本例绕组嵌线可采用交叠法或整嵌法，整嵌法可参考下例；交叠法嵌线可使绕组端部整齐美观，但嵌线需吊4边，嵌线要点是嵌两槽、隔空两槽再嵌两槽，嵌线次序见表2-5。

表 2-5  交叠法

| 嵌绕次序 | | 1 | 2 | 3 | 4 | 5 | 6 | 7 | 8 | 9 | 10 | 11 | 12 | 13 | 14 | 15 | 16 | 17 | 18 | 19 | 20 | 21 | 22 | 23 | 24 |
|---|---|---|---|---|---|---|---|---|---|---|---|---|---|---|---|---|---|---|---|---|---|---|---|---|---|
| 槽号 | 沉边 | 2 | 1 | 22 | 21 | 18 | | 17 | | 14 | | 13 | | 10 | | 9 | | 6 | | 5 | | | | | |
| | 浮边 | | | | | | 3 | | 4 | | 23 | | 24 | | 19 | | 20 | | 15 | | 16 | 12 | 11 | 8 | 7 |

（4）绕组端面布接线

如图 2-5 所示。

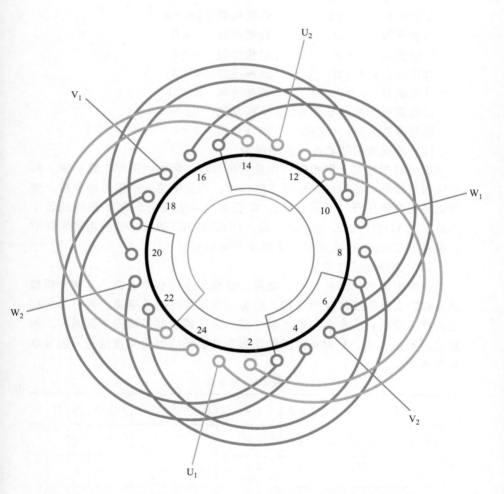

图 2-5　24 槽 2 极（$S=2$、$a=1$）三相电动机绕组单层同心式布线

## 2.3.4　24槽2极（$S=2$、$a=2$）三相电动机绕组单层同心式布线

(1) 绕组结构参数

定子槽数　$Z=24$　　　电机极数　$2p=2$

总线圈数　$Q=24$　　　线圈组数　$u=6$

每组圈数　$S=2$　　　　极相槽数　$q=4$

绕组极距　$\tau=12$　　　线圈节距　$y=11$、9

并联路数　$a=2$　　　　每槽电角　$\alpha=15°$

分布系数　$K_d=0.958$　节距系数　$K_p=1.0$

绕组系数　$K_{dp}=0.958$　出线根数　$c=6$

(2) 绕组布接线特点及应用举例

本绕组布线与上例相同，均是显极布线，但本例采用二路并联，每相仅两组线圈，故每一支路仅1组线圈，两支路在同一极距内并接，使两组线圈电流相反（即反极性）。本绕组实际应用主要有Y系列的派生产品，如YQS175-30、YQS250-22、YQS300-160等充水式井用潜水泵电动机；YQSY250-64充油式井用潜水泵电动机。

(3) 绕组嵌线方法

绕组嵌线可用两种方法，交叠法嵌线顺序可参考上例。本例介绍整嵌方法，它是将线圈逐相整嵌，嵌好一相后垫好端部绝缘，再将另一相嵌入相应槽内；完成后再嵌入第3相，使三相端部形成三平面结构。用整嵌法不用吊边，故对小内腔的2极电动机嵌线时也常被选用。嵌线次序见表2-6。

表2-6　整嵌法

| 嵌绕次序 | | 1 | 2 | 3 | 4 | 5 | 6 | 7 | 8 | 9 | 10 | 11 | 12 | 13 | 14 | 15 | 16 | 17 | 18 |
|---|---|---|---|---|---|---|---|---|---|---|---|---|---|---|---|---|---|---|---|
| 槽号 | 下平面 | 2 | 11 | 1 | 12 | 14 | 23 | 13 | 24 | | | | | | | | | | |
| | 中平面 | | | | | | | | | 10 | 19 | 9 | 20 | 22 | 7 | 21 | 8 | | |
| 嵌绕次序 | | 19 | 20 | 21 | 22 | 23 | 24 | 25 | 26 | | | | | | | | | | |
| 槽号 | 上平面 | 18 | 3 | 17 | 4 | 6 | 15 | 5 | 16 | | | | | | | | | | |

（4）绕组端面布接线

如图 2-6 所示。

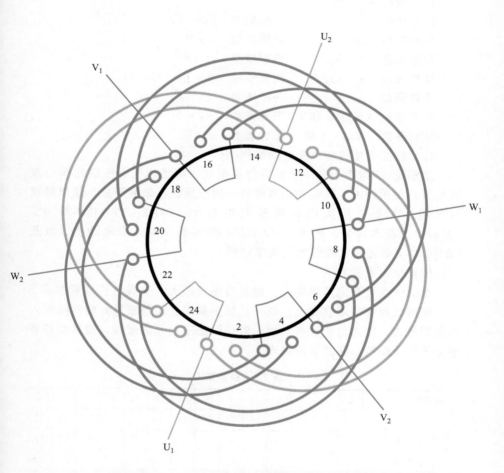

图 2-6　24 槽 2 极（$S=2$、$a=2$）三相电动机绕组单层同心式布线

## 2.3.5 30 槽 2 极 ($S=3/2$、$a=1$) 三相电动机绕组 单层同心交叉式布线

(1) 绕组结构参数

| | | | |
|---|---|---|---|
| 定子槽数 | $Z=30$ | 电机极数 | $2p=2$ |
| 总线圈数 | $Q=15$ | 线圈组数 | $u=6$ |
| 每组圈数 | $S=3/2$ | 极相槽数 | $q=5$ |
| 绕组极距 | $\tau=15$ | 线圈节距 | $y=15$、$13$、$11$ |
| 并联路数 | $a=1$ | 每槽电角 | $\alpha=12°$ |
| 分布系数 | $K_d=0.957$ | 节距系数 | $K_p=1$ |
| 绕组系数 | $K_{dp}=0.957$ | 出线根数 | $c=6$ |

(2) 绕组布接线特点及应用举例

本例是 30 槽定子应用较多的绕组型式。绕组由同心三联和同心双联构成;每相则由大联组和小联组各一组按反极性串联而成,故属显极式布线。主要应用实例有新系列中的 Y160M1-2、Y2-112M-2、Y3-132S2-2 等基本系列;还用于 Y2-180M-2E 等派生高效率电动机,以及 YB160M2-2 等派生的隔爆型防爆电动机。

(3) 绕组嵌线方法

本例绕组可采用两种嵌法,但其线圈跨距大,交叠法嵌线需吊起 5 边,使嵌线操作的难度加大,故一般极少采用;而整嵌是分相整圈嵌入而无需吊边,故常为修理者选用。嵌线时是逐相分层嵌线,故其端部将形成三平面结构。嵌线次序见表 2-7。

表 2-7　整嵌法

| 嵌绕次序 | | 1 | 2 | 3 | 4 | 5 | 6 | 7 | 8 | 9 | 10 | 11 | 12 | 13 | 14 | 15 |
|---|---|---|---|---|---|---|---|---|---|---|---|---|---|---|---|---|
| 槽号 | 下平面 | 3 | 14 | 2 | 15 | 1 | 16 | 18 | 29 | 17 | 30 | | | | | |
| | 中平面 | | | | | | | | | | | 13 | 24 | 12 | 25 | 11 |
| | 上平面 | | | | | | | | | | | | | | | |

| 嵌绕次序 | | 16 | 17 | 18 | 19 | 20 | 21 | 22 | 23 | 24 | 25 | 26 | 27 | 28 | 29 | 30 |
|---|---|---|---|---|---|---|---|---|---|---|---|---|---|---|---|---|
| 槽号 | 下平面 | | | | | | | | | | | | | | | |
| | 中平面 | 26 | 28 | 9 | 27 | 10 | | | | | | | | | | |
| | 上平面 | | | | | | 23 | 4 | 22 | 5 | 21 | 6 | 8 | 19 | 7 | 20 |

（4）绕组端面布接线
如图 2-7 所示。

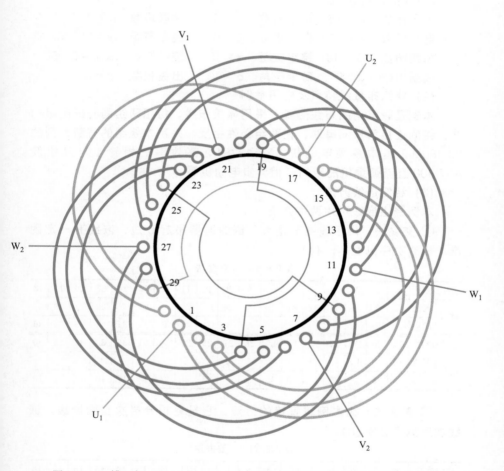

图 2-7　30 槽 2 极（$S=3/2$、$a=1$）三相电动机绕组单层同心交叉式布线

## 2.3.6 36槽2极（$S=3$、$a=1$）三相电动机绕组单层同心式布线

(1) 绕组结构参数

| | | | | | |
|---|---|---|---|---|---|
| 定子槽数 | $Z=36$ | 每组圈数 | $S=3$ | 并联路数 | $a=1$ |
| 电机极数 | $2p=2$ | 极相槽数 | $q=6$ | 线圈节距 | $y=17、15、13$ |
| 总线圈数 | $Q=18$ | 绕组极距 | $\tau=18$ | 绕组系数 | $K_{dp}=0.956$ |
| 线圈组数 | $u=6$ | 每槽电角 | $\alpha=10°$ | 出线根数 | $c=6$ |

(2) 绕组布接线特点及应用举例

本例是较常用的布线形式，采用显极布线，每相两组同心三圈组构成，组间连接为反向串联，使两组极性相反。采用本绕组的有新系列的Y3-180M-2基本系列电动机、YX-132S1-2高效率三相异步电动机及AX7-400直流弧焊机配用的三相异步电动机等。

(3) 绕组嵌线方法

本例绕组嵌线可用两种方法。

① 交叠法 由于线圈节距大，嵌线时要吊起6边，嵌线有一定困难。嵌线次序见表2-8（a）。

表2-8（a） 交叠法

| 嵌绕次序 | | 1 | 2 | 3 | 4 | 5 | 6 | 7 | 8 | 9 | 10 | 11 | 12 | 13 | 14 | 15 | 16 | 17 | 18 |
|---|---|---|---|---|---|---|---|---|---|---|---|---|---|---|---|---|---|---|---|
| 槽号 | 沉边 | 3 | 2 | 1 | 33 | 32 | 31 | 27 | | 26 | | 25 | | 21 | | 20 | | 19 | |
| | 浮边 | | | | | | | | 4 | | 5 | | 6 | | 34 | | 35 | | 36 |

| 嵌绕次序 | | 19 | 20 | 21 | 22 | 23 | 24 | 25 | 26 | 27 | 28 | 29 | 30 | 31 | 32 | 33 | 34 | 35 | 36 |
|---|---|---|---|---|---|---|---|---|---|---|---|---|---|---|---|---|---|---|---|
| 槽号 | 沉边 | 15 | | 14 | | 13 | | 9 | | 8 | | 7 | | | | | | | |
| | 浮边 | | 28 | | 29 | | 30 | | 22 | | 23 | | 24 | 18 | 17 | 16 | 12 | 11 | 10 |

② 整嵌法 为本例较宜选的方法，它是逐相分层次整圈嵌线。嵌线次序见表2-8（b）。

表2-8（b） 整嵌法

| 嵌绕次序 | | 1 | 2 | 3 | 4 | 5 | 6 | 7 | 8 | 9 | 10 | 11 | 12 | 13 | 14 | 15 | 16 | 17 | 18 |
|---|---|---|---|---|---|---|---|---|---|---|---|---|---|---|---|---|---|---|---|
| 槽号 | 下平面 | 3 | 16 | 2 | 17 | 1 | 18 | 21 | 34 | 20 | 35 | 19 | 36 | | | | | | |
| | 中平面 | | | | | | | | | | | | | 15 | 28 | 14 | 29 | 13 | 30 |

| 嵌绕次序 | | 19 | 20 | 21 | 22 | 23 | 24 | 25 | 26 | 27 | 28 | 29 | 30 | 31 | 32 | 33 | 34 | 35 | 36 |
|---|---|---|---|---|---|---|---|---|---|---|---|---|---|---|---|---|---|---|---|
| 槽号 | 中平面 | 33 | 10 | 32 | 11 | 31 | 12 | | | | | | | | | | | | |
| | 上平面 | | | | | | | 27 | 4 | 26 | 5 | 25 | 6 | 9 | 22 | 8 | 23 | 7 | 24 |

（4）绕组端面布接线

如图 2-8 所示。

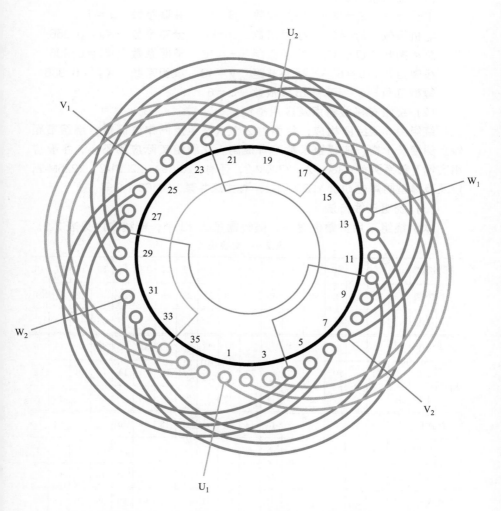

图 2-8　36 槽 2 极（$S=3$、$a=1$）三相电动机绕组单层同心式布线

## 2.3.7　36槽2极（$y=13$、$a=1$）三相电动机绕组双层叠式布线

（1）绕组结构参数

| | | | | | |
|---|---|---|---|---|---|
| 定子槽数 | $Z=36$ | 每组圈数 | $S=6$ | 并联路数 | $a=1$ |
| 电机极数 | $2p=2$ | 极相槽数 | $q=6$ | 分布系数 | $K_d=0.956$ |
| 总线圈数 | $Q=36$ | 绕组极距 | $\tau=18$ | 节距系数 | $K_p=0.906$ |
| 线圈组数 | $u=6$ | 线圈节距 | $y=13$ | 绕组系数 | $K_{dp}=0.866$ |
| 每槽电角 | $\alpha=10°$ | 出线根数 | $c=6$ | | |

（2）绕组布接线特点及应用举例

绕组由6组线圈构成，每相由2个六联组反向串联而成；绕组节距较上例增长1槽，使绕组系数略有提高。此绕组实际应用不多，主要应用实例有新系列如Y180L-2、Y225M-2，还有420V的Y200L1-2、Y225M-2，以及隔爆型防爆电动机YB200L1-2；立式深井泵YLB160-1-2等。

（3）绕组嵌线方法

本例绕组采用交叠嵌线法，嵌线需吊边13个，嵌线次序见表2-9。

表2-9　交叠法

| 嵌绕次序 | | 1 | 2 | 3 | 4 | 5 | 6 | 7 | 8 | 9 | 10 | 11 | 12 | 13 | 14 | 15 | 16 | 17 | 18 |
|---|---|---|---|---|---|---|---|---|---|---|---|---|---|---|---|---|---|---|---|
| 槽号 | 下层 | 36 | 35 | 34 | 33 | 32 | 31 | 30 | 29 | 28 | 27 | 26 | 25 | 24 | 23 | | 22 | | 21 |
| | 上层 | | | | | | | | | | | | | | | 36 | | 35 | |

| 嵌绕次序 | | 19 | 20 | 21 | 22 | 23 | 24 | 25 | 26 | 27 | 28 | 29 | 30 | 31 | 32 | 33 | 34 | 35 | 36 |
|---|---|---|---|---|---|---|---|---|---|---|---|---|---|---|---|---|---|---|---|
| 槽号 | 下层 | | 20 | | 19 | | 18 | | 17 | | 16 | | 15 | | 14 | | 13 | | 12 |
| | 上层 | 34 | | 33 | | 32 | | 31 | | 30 | | 29 | | 28 | | 27 | | 26 | |

| 嵌绕次序 | | 37 | 38 | 39 | 40 | 41 | 42 | 43 | 44 | 45 | 46 | 47 | 48 | 49 | 50 | 51 | 52 | 53 | 54 |
|---|---|---|---|---|---|---|---|---|---|---|---|---|---|---|---|---|---|---|---|
| 槽号 | 下层 | | 11 | | 10 | | 9 | | | | 6 | | 5 | | 4 | | 3 | | |
| | 上层 | 25 | | 24 | | 23 | | 22 | | 21 | | 20 | | 19 | | 18 | | 17 | |

| 嵌绕次序 | | 55 | 56 | 57 | 58 | 59 | 60 | 61 | 62 | 63 | 64 | 65 | 66 | 67 | 68 | 69 | 70 | 71 | 72 |
|---|---|---|---|---|---|---|---|---|---|---|---|---|---|---|---|---|---|---|---|
| 槽号 | 下层 | | 2 | | 1 | | | | | | | | | | | | | | |
| | 上层 | 16 | | 15 | | 14 | 13 | 12 | 11 | 10 | 9 | 8 | 7 | 6 | 5 | 4 | 3 | 2 | 1 |

（4）绕组端面布接线

如图 2-9 所示。

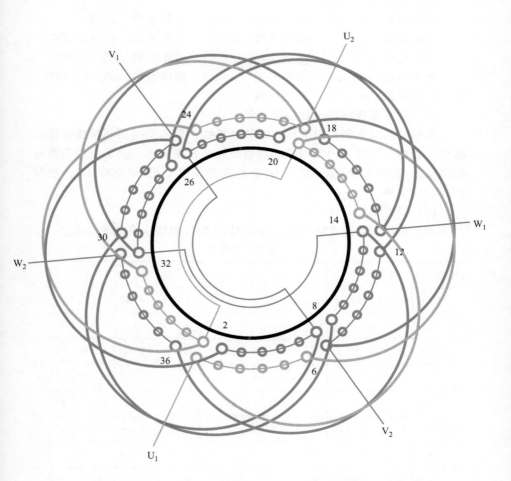

图 2-9　36 槽 2 极（$y=13$、$a=1$）三相电动机绕组双层叠式布线

## 2.3.8　36槽2极（$y=13$、$a=2$）三相电动机绕组双层叠式布线

（1）绕组结构参数

| | | | |
|---|---|---|---|
| 定子槽数 $Z=36$ | 每组圈数 $S=6$ | 并联路数 $a=2$ |
| 电机极数 $2p=2$ | 极相槽数 $q=6$ | 分布系数 $K_d=0.956$ |
| 总线圈数 $Q=36$ | 绕组极距 $\tau=18$ | 节距系数 $K_p=0.906$ |
| 线圈组数 $u=6$ | 线圈节距 $y=13$ | 绕组系数 $K_{dp}=0.866$ |
| 每槽电角 $\alpha=10°$ | 出线根数 $c=6$ | |

（2）绕组布接线特点及应用举例

本例特点同上例，但采用二路并联接线，要求同相相邻两线圈组反极性，故将上下层边同相同槽的两线圈线头并接引出。主要应用实例有Y250M-2、铝绕组电动机JO2L-61-2及高效率电动机YX-200L1-2，还有Y3-200L2-2等。

（3）绕组嵌线方法

本例绕组采用交叠法嵌线，吊边数为13。嵌线次序见表2-10。

表2-10　交叠法

| 嵌绕次序 | | 1 | 2 | 3 | 4 | 5 | 6 | 7 | 8 | 9 | 10 | 11 | 12 | 13 | 14 | 15 | 16 | 17 | 18 |
|---|---|---|---|---|---|---|---|---|---|---|---|---|---|---|---|---|---|---|---|
| 槽号 | 下层 | 6 | 5 | 4 | 3 | 2 | 1 | 36 | 35 | 34 | 33 | 32 | 31 | 30 | 29 | | 28 | | 27 |
| | 上层 | | | | | | | | | | | | | | | 6 | | 5 | |

| 嵌绕次序 | | 19 | 20 | 21 | 22 | 23 | 24 | 25 | 26 | 27 | 28 | 29 | 30 | 31 | 32 | 33 | 34 | 35 | 36 |
|---|---|---|---|---|---|---|---|---|---|---|---|---|---|---|---|---|---|---|---|
| 槽号 | 下层 | | 26 | | 25 | | 24 | | 23 | | 22 | | 21 | | 20 | | 19 | | 18 |
| | 上层 | 4 | | 3 | | 2 | | 1 | | 36 | | 35 | | 34 | | 33 | | 32 | |

| 嵌绕次序 | | 37 | 38 | 39 | 40 | 41 | 42 | 43 | 44 | 45 | 46 | 47 | 48 | 49 | 50 | 51 | 52 | 53 | 54 |
|---|---|---|---|---|---|---|---|---|---|---|---|---|---|---|---|---|---|---|---|
| 槽号 | 下层 | | 17 | | 16 | | 15 | | 14 | | 13 | | 12 | | 11 | | 10 | | 9 |
| | 上层 | 31 | | 30 | | 29 | | 28 | | 27 | | 26 | | 25 | | 24 | | 23 | |

| 嵌绕次序 | | 55 | 56 | 57 | 58 | 59 | 60 | 61 | 62 | 63 | 64 | 65 | 66 | 67 | 68 | 69 | 70 | 71 | 72 |
|---|---|---|---|---|---|---|---|---|---|---|---|---|---|---|---|---|---|---|---|
| 槽号 | 下层 | | 8 | | 7 | | | | | | | | | | | | | | |
| | 上层 | 22 | | 21 | | 20 | 19 | 18 | 17 | 16 | 15 | 14 | 13 | 12 | 11 | 10 | 9 | 8 | 7 |

（4）绕组端面布接线
如图 2-10 所示。

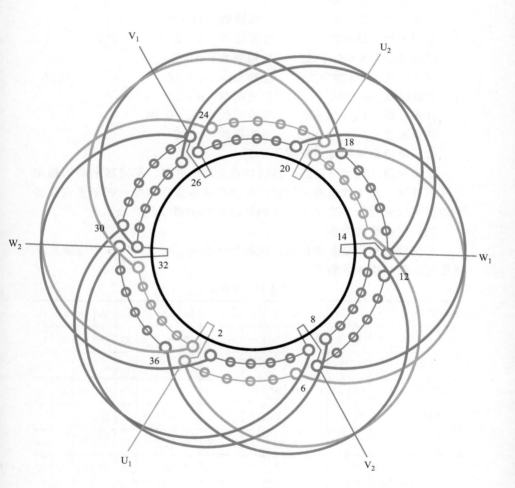

图 2-10  36 槽 2 极（$y=13$、$a=2$）三相电动机绕组双层叠式布线

## 2.3.9　36槽2极（$y=14$、$a=2$）三相电动机绕组双层叠式布线

（1）绕组结构参数

| | |
|---|---|
| 定子槽数　$Z=36$ | 电机极数　$2p=2$ |
| 总线圈数　$Q=36$ | 线圈组数　$u=6$ |
| 每组圈数　$S=6$ | 极相槽数　$q=6$ |
| 绕组极距　$\tau=18$ | 线圈节距　$y=14$ |
| 并联路数　$a=2$ | 每槽电角　$\alpha=10°$ |
| 分布系数　$K_d=0.956$ | 节距系数　$K_p=0.94$ |
| 绕组系数　$K_{dp}=0.899$ | 出线根数　$c=6$ |

（2）绕组布接线特点及应用举例

本例采用二路并联接线，接线特点是双向并联，即进线后将同相相邻两组并接，其尾线也并联抽出。此绕组实际应用不多，在新系列众多电动机中仅见用于 YB2-225M2-2 的防爆电动机第二代产品。

（3）绕组嵌线方法

本例绕组采用交叠法嵌线，嵌线吊边数为 14，从第 15 个线圈起开始整嵌。嵌线次序见表 2-11。

表 2-11　交叠法

| 嵌绕次序 | | 1 | 2 | 3 | 4 | 5 | 6 | 7 | 8 | 9 | 10 | 11 | 12 | 13 | 14 | 15 | 16 | 17 | 18 |
|---|---|---|---|---|---|---|---|---|---|---|---|---|---|---|---|---|---|---|---|
| 槽号 | 下层 | 6 | 5 | 4 | 3 | 2 | 1 | 36 | 35 | 34 | 33 | 32 | 31 | 30 | 29 | 28 | | 27 | |
| | 上层 | | | | | | | | | | | | | | | | 6 | 5 | |

| 嵌绕次序 | | 19 | 20 | 21 | 22 | 23 | 24 | 25 | 26 | 27 | 28 | …… | 49 | 50 | 51 | 52 | 53 | 54 |
|---|---|---|---|---|---|---|---|---|---|---|---|---|---|---|---|---|---|---|
| 槽号 | 下层 | 26 | | 25 | | 24 | | 23 | | 22 | | …… | 11 | | 10 | | 9 | |
| | 上层 | | 4 | | 3 | | 2 | | 36 | | | …… | | 25 | | 24 | | 23 |

| 嵌绕次序 | | 55 | 56 | 57 | 58 | 59 | 60 | 61 | 62 | 63 | 64 | 65 | 66 | 67 | 68 | 69 | 70 | 71 | 72 |
|---|---|---|---|---|---|---|---|---|---|---|---|---|---|---|---|---|---|---|---|
| 槽号 | 下层 | 8 | | 7 | | | | | | | | | | | | | | | |
| | 上层 | | 22 | | 21 | 20 | 19 | 18 | 17 | 16 | 15 | 14 | 13 | 12 | 11 | 10 | 9 | 8 | 7 |

(4) 绕组端面布接线
如图 2-11 所示。

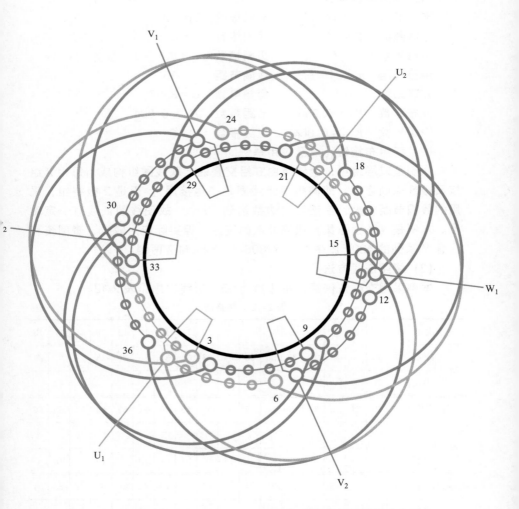

图 2-11　36 槽 2 极（$y=14$、$a=2$）三相电动机绕组双层叠式布线

## 2.3.10 42槽2极（$y=15$、$a=1$）三相电动机绕组双层叠式布线[*]

（1）绕组结构参数

| | | | |
|---|---|---|---|
| 定子槽数 | $Z=42$ | 电机极数 | $2p=2$ |
| 总线圈数 | $Q=42$ | 线圈组数 | $u=6$ |
| 每组圈数 | $S=7$ | 极相槽数 | $q=7$ |
| 绕组极距 | $\tau=21$ | 线圈节距 | $y=15$ |
| 并联路数 | $a=1$ | 每槽电角 | $\alpha=8.57°$ |
| 分布系数 | $K_d=0.956$ | 节距系数 | $K_p=0.904$ |
| 绕组系数 | $K_{dp}=0.864$ | 出线根数 | $c=6$ |

（2）绕组布接线特点及应用举例

本例是双层绕组，全绕组由6组交叠的七联线圈组构成，每相2组按反极性原则连接，即同相两组线圈是"尾接尾"。因是2极绕组，采用的线圈节距较大，使嵌线吊边数达到15个，故使线圈嵌线有一定难度。本例是《彩图总集》遗漏补入的绕组，但实际应用较少，查阅资料仅有Y系列的420V派生产品Y280S-2、Y280M-2两例。

（3）绕组嵌线方法

本例采用交叠法嵌线，吊边数为15。嵌线次序见表2-12。

表2-12 交叠法

| 嵌绕次序 | | 1 | 2 | 3 | 4 | 5 | 6 | 7 | 8 | 9 | 10 | 11 | 12 | 13 | 14 | 15 | 16 | 17 | 18 |
|---|---|---|---|---|---|---|---|---|---|---|---|---|---|---|---|---|---|---|---|
| 槽号 | 下层 | 42 | 41 | 40 | 39 | 38 | 37 | 36 | 35 | 34 | 33 | 32 | 31 | 30 | 29 | 28 | 27 | | 26 |
| | 上层 | | | | | | | | | | | | | | | | | 42 | |

| 嵌绕次序 | | 19 | 20 | 21 | 22 | 23 | …… | 56 | 57 | 58 | 59 | 60 | 61 | 62 | 63 | 64 | 65 | 66 |
|---|---|---|---|---|---|---|---|---|---|---|---|---|---|---|---|---|---|---|
| 槽号 | 下层 | | 25 | | 24 | | …… | | 7 | | 6 | | 5 | | 4 | | 3 | | 2 |
| | 上层 | 41 | | 40 | | 39 | …… | | 22 | | 21 | | 20 | | 19 | | 18 | |

| 嵌绕次序 | | 67 | 68 | 69 | 70 | 71 | 72 | 73 | 74 | 75 | 76 | 77 | 78 | 79 | 80 | 81 | 82 | 83 | 84 |
|---|---|---|---|---|---|---|---|---|---|---|---|---|---|---|---|---|---|---|---|
| 槽号 | 下层 | | 1 | | | | | | | | | | | | | | | | |
| | 上层 | 17 | | 16 | 15 | 14 | 13 | 12 | 11 | 10 | 9 | 8 | 7 | 6 | 5 | 4 | 3 | 2 | 1 |

(4) 绕组端面布接线

如图 2-12 所示。

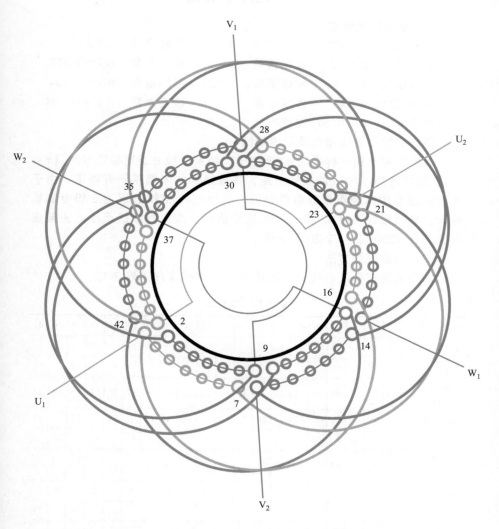

图 2-12　42 槽 2 极（$y=15$、$a=1$）三相电动机绕组双层叠式布线

## 2.3.11　42槽2极（$y=15$、$a=2$）三相电动机绕组双层叠式布线

(1) 绕组结构参数

| | | |
|---|---|---|
| 定子槽数　$Z=42$ | 每组圈数　$S=7$ | 并联路数　$a=2$ |
| 电机极数　$2p=2$ | 极相槽数　$q=7$ | 分布系数　$K_d=0.956$ |
| 总线圈数　$Q=42$ | 绕组极距　$\tau=21$ | 节距系数　$K_p=0.904$ |
| 线圈组数　$u=6$ | 线圈节距　$y=15$ | 绕组系数　$K_{dp}=0.864$ |
| 每槽电角　$\alpha=8.57°$ | 出线根数　$c=6$ | |

(2) 绕组布接线特点及应用举例

本绕组和上例一样采用42槽定子，绕制2极时绕组极距很大（$\tau=21$），即使选用$y=15$的较短节距，其嵌线操作依然感到有难度。由于选用过短节距其绕组系数显得较低。此外，42槽铁芯仅为2极电动机设计，其他极数采用42槽一般都是非标产品或自行改绕产品。主要应用实例有Y280S-2、Y2-280M-2等。

(3) 绕组嵌线方法

本例采用交叠法嵌线，吊边数为15。嵌线次序见表2-13。

表2-13　交叠法

| 嵌绕次序 | 1 | 2 | 3 | 4 | 5 | 6 | 7 | 8 | 9 | 10 | 11 | 12 | 13 | 14 | 15 | 16 | 17 | 18 | 19 | 20 | 21 |
|---|---|---|---|---|---|---|---|---|---|---|---|---|---|---|---|---|---|---|---|---|---|
| 槽号 下层 | 42 | 41 | 40 | 39 | 38 | 37 | 36 | 35 | 34 | 33 | 32 | 31 | 30 | 29 | 28 | 27 | | 26 | | 25 | |
| 槽号 上层 | | | | | | | | | | | | | | | | | 42 | | 41 | | 40 |

| 嵌绕次序 | 22 | 23 | 24 | 25 | 26 | 27 | 28 | 29 | 30 | 31 | 32 | 33 | 34 | 35 | 36 | 37 | 38 | 39 | 40 | 41 | 42 |
|---|---|---|---|---|---|---|---|---|---|---|---|---|---|---|---|---|---|---|---|---|---|
| 槽号 下层 | 24 | | 23 | | 22 | | 21 | | 20 | | 19 | | 18 | | 17 | | 16 | | 15 | | 14 |
| 槽号 上层 | | 39 | | 38 | | 37 | | 36 | | 35 | | 34 | | 33 | | 32 | | 31 | | 30 | |

| 嵌绕次序 | 43 | 44 | 45 | 46 | 47 | 48 | 49 | 50 | 51 | 52 | 53 | 54 | 55 | 56 | 57 | 58 | 59 | 60 | 61 | 62 | 63 |
|---|---|---|---|---|---|---|---|---|---|---|---|---|---|---|---|---|---|---|---|---|---|
| 槽号 下层 | | 13 | | 12 | | 11 | | 10 | | 9 | | 8 | | 7 | | 6 | | 5 | | 4 | |
| 槽号 上层 | 29 | | 28 | | 27 | | 26 | | 25 | | 24 | | 23 | | 22 | | 21 | | 20 | | 19 |

| 嵌绕次序 | 64 | 65 | 66 | 67 | 68 | 69 | 70 | 71 | 72 | 73 | 74 | 75 | 76 | 77 | 78 | 79 | 80 | 81 | 82 | 83 | 84 |
|---|---|---|---|---|---|---|---|---|---|---|---|---|---|---|---|---|---|---|---|---|---|
| 槽号 下层 | 3 | | 2 | | 1 | | | | | | | | | | | | | | | | |
| 槽号 上层 | | 18 | | 17 | | 16 | 15 | 14 | 13 | 12 | 11 | 10 | 9 | 8 | 7 | 6 | 5 | 4 | 3 | 2 | 1 |

（4）绕组端面布接线
如图 2-13 所示。

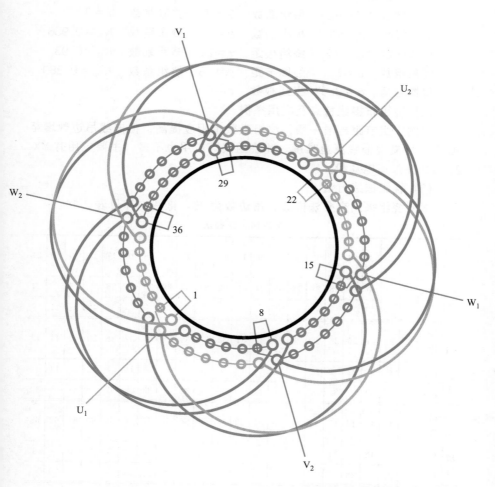

图 2-13　42 槽 2 极（$y=15$、$a=2$）三相电动机绕组双层叠式布线

## 2.3.12　42槽2极（$y=16$、$a=2$）三相电动机绕组双层叠式布线

（1）绕组结构参数

定子槽数　$Z=42$　　每组圈数　$S=7$　　并联路数　$a=2$

电机极数　$2p=2$　　极相槽数　$q=7$　　分布系数　$K_d=0.956$

总线圈数　$Q=42$　　绕组极距　$\tau=21$　　节距系数　$K_p=0.93$

线圈组数　$u=6$　　　线圈节距　$y=16$　　绕组系数　$K_{dp}=0.889$

每槽电角　$\alpha=8.57°$　出线根数　$c=6$

（2）绕组布接线特点及应用举例

本例绕组节距再增一槽，绕组系数也相应提高，但嵌线吊边数增至16个，使交叠嵌线更显难度。此绕组实际应用也不多，主要应用有 YX-280S-2 高效率电动机。

（3）绕组嵌线方法

本例绕组采用交叠法嵌线，吊边数为 16。嵌线次序见表 2-14。

表 2-14　交叠法

| 嵌绕次序 | | 1 | 2 | 3 | 4 | 5 | 6 | 7 | 8 | 9 | 10 | 11 | 12 | 13 | 14 | 15 | 16 | 17 | 18 | 19 | 20 | 21 |
|---|---|---|---|---|---|---|---|---|---|---|---|---|---|---|---|---|---|---|---|---|---|---|
| 槽号 | 下层 | 42 | 41 | 40 | 39 | 38 | 37 | 36 | 35 | 34 | 33 | 32 | 31 | 30 | 29 | 28 | 27 | 26 | | 25 | | 24 |
| | 上层 | | | | | | | | | | | | | | | | | | 42 | | 41 | |
| 嵌绕次序 | | 22 | 23 | 24 | 25 | 26 | 27 | 28 | 29 | 30 | 31 | 32 | 33 | 34 | 35 | 36 | 37 | 38 | 39 | 40 | 41 | 42 |
| 槽号 | 下层 | | 23 | | 22 | | 21 | | 20 | | 19 | | 18 | | 17 | | 16 | | 15 | | 14 | |
| | 上层 | 40 | | 39 | | 38 | | 37 | | 36 | | 35 | | 34 | | 33 | | 32 | | 31 | | 30 |
| 嵌绕次序 | | 43 | 44 | 45 | 46 | 47 | 48 | 49 | 50 | 51 | 52 | 53 | 54 | 55 | 56 | 57 | 58 | 59 | 60 | 61 | 62 | 63 |
| 槽号 | 下层 | 13 | | 12 | | 11 | | 10 | | 9 | | 8 | | 7 | | 6 | | 5 | | 4 | | 3 |
| | 上层 | | 29 | | 28 | | 27 | | 26 | | 25 | | 24 | | 23 | | 22 | | 21 | | 20 | |
| 嵌绕次序 | | 64 | 65 | 66 | 67 | 68 | 69 | 70 | 71 | 72 | 73 | 74 | 75 | 76 | 77 | 78 | 79 | 80 | 81 | 82 | 83 | 84 |
| 槽号 | 下层 | | 2 | | 1 | | | | | | | | | | | | | | | | | |
| | 上层 | 19 | | 18 | | 17 | 16 | 15 | 14 | 13 | 12 | 11 | 10 | 9 | 8 | 7 | 6 | 5 | 4 | 3 | 2 | 1 |

（4）绕组端面布接线

如图 2-14 所示。

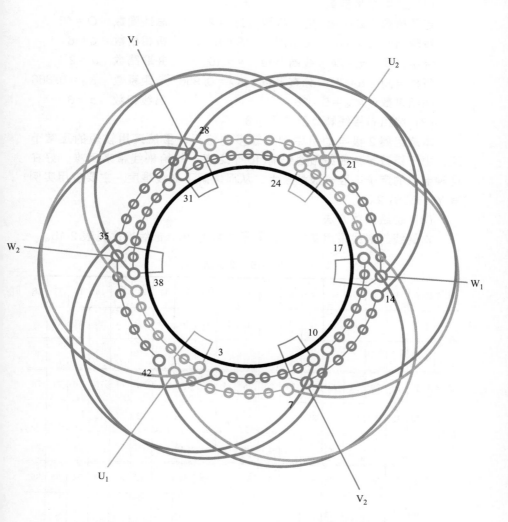

图 2-14　42 槽 2 极（$y=16$、$a=2$）三相电动机绕组双层叠式布线

## 2.3.13　48槽2极（$y=16$、$a=2$）三相电动机绕组双层叠式布线

（1）绕组结构参数

| | | | | | |
|---|---|---|---|---|---|
| 定子槽数 | $Z=48$ | 电机极数 | $2p=2$ | 总线圈数 | $Q=48$ |
| 线圈组数 | $u=6$ | 每组圈数 | $S=8$ | 极相槽数 | $q=8$ |
| 绕组极距 | $\tau=24$ | 线圈节距 | $y=16$ | 并联路数 | $a=2$ |
| 每槽电角 | $\alpha=7.5°$ | 分布系数 | $K_d=0.956$ | 节距系数 | $K_p=0.866$ |
| 绕组系数 | $K_{dp}=0.828$ | | | 出线根数 | $c=6$ |

（2）绕组布接线特点及应用举例

本绕组属2极电动机中槽数较多的绕组，虽然采用较短的正常节距，由于槽多，嵌线吊边仍有16个之多，故给嵌线带来困难，好在这种电机的定子内腔一般都较大，从而缓解了嵌线难度。主要应用实例有 YB-355S1-2。

（3）绕组嵌线方法

本例绕组嵌线采用交叠法，需吊边数为16。嵌线次序见表2-15。

**表 2-15　交叠法**

| 嵌绕次序 | | 1 | 2 | 3 | 4 | 5 | 6 | 7 | 8 | 9 | 10 | 11 | 12 | 13 | 14 | 15 | 16 | 17 | 18 |
|---|---|---|---|---|---|---|---|---|---|---|---|---|---|---|---|---|---|---|---|
| 槽号 | 下层 | 8 | 7 | 6 | 5 | 4 | 3 | 2 | 1 | 48 | 47 | 46 | 45 | 44 | 43 | 42 | 41 | 40 | |
| | 上层 | | | | | | | | | | | | | | | | | | 8 |

| 嵌绕次序 | | 19 | 20 | 21 | 22 | 23 | 24 | 25 | 26 | 27 | | 73 | 74 | 75 | 76 | 77 | 78 |
|---|---|---|---|---|---|---|---|---|---|---|---|---|---|---|---|---|---|
| 槽号 | 下层 | 39 | | 38 | | 37 | | 36 | | 35 | …… | 12 | | 11 | | 10 | |
| | 上层 | | 7 | | 6 | | 5 | | 4 | | …… | | 28 | | 27 | | 26 |

| 嵌绕次序 | | 79 | 80 | 81 | 82 | 83 | 84 | 85 | 86 | 87 | 88 | 89 | 90 | 91 | 92 | 93 | 94 | 95 | 96 |
|---|---|---|---|---|---|---|---|---|---|---|---|---|---|---|---|---|---|---|---|
| 槽号 | 下层 | 9 | | | | | | | | | | | | | | | | | |
| | 上层 | | 25 | 24 | 23 | 22 | 21 | 20 | 19 | 18 | 17 | 16 | 15 | 14 | 13 | 12 | 11 | 10 | 9 |

（4）绕组端面布接线

如图 2-15 所示。

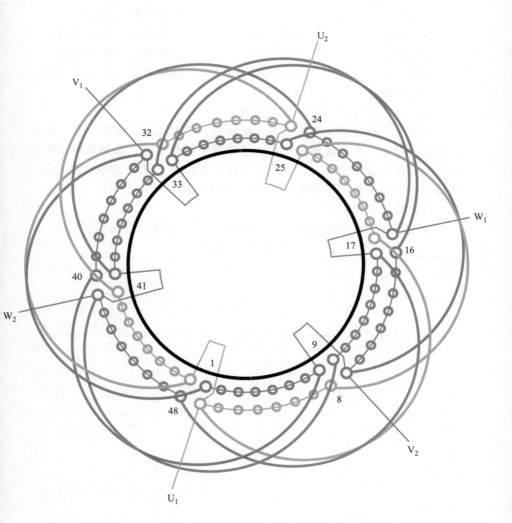

图 2-15　48 槽 2 极（$y=16$、$a=2$）三相电动机绕组双层叠式布线

## 2.3.14　48槽2极（$y=17$、$a=2$）三相电动机绕组双层叠式布线

（1）绕组结构参数

定子槽数　$Z=48$　　每组圈数　$S=8$　　并联路数　$a=2$

电机极数　$2p=2$　　极相槽数　$q=8$　　分布系数　$K_d=0.956$

总线圈数　$Q=48$　　绕组极距　$\tau=24$　　节距系数　$K_p=0.897$

线圈组数　$u=6$　　　线圈节距　$y=17$　　绕组系数　$K_{dp}=0.858$

每槽电角　$\alpha=7.5°$　出线根数　$c=6$

（2）绕组布接线特点及应用举例

本例为2极绕组，全绕组仅6组线圈，每相两组线圈按一正一反并联而成，每组由8只线圈组成。由于2极电机极距大，虽然采用了较短的节距，但吊边数仍有17个，故一般只宜用于定子内腔较大的铁芯。主要应用不多，有新系列电动机Y2-315L1-2及Y315S-2等。

（3）绕组嵌线方法

本例绕组嵌线采用交叠法，吊边数为17。嵌线次序见表2-16。

表2-16　交叠法

| 嵌绕次序 | | 1 | 2 | 3 | 4 | 5 | 6 | 7 | 8 | 9 | 10 | 11 | 12 | 13 | 14 | 15 | 16 | 17 | 18 | 19 | 20 | 21 | 22 | 23 | 24 |
|---|---|---|---|---|---|---|---|---|---|---|---|---|---|---|---|---|---|---|---|---|---|---|---|---|---|
| 槽号 | 下层 | 48 | 47 | 46 | 45 | 44 | 43 | 42 | 41 | 40 | 39 | 38 | 37 | 36 | 35 | 34 | 33 | 32 | 31 | | 30 | | 29 | | 28 |
| | 上层 | | | | | | | | | | | | | | | | | | | 48 | | 47 | | 46 | |

| 嵌绕次序 | | 25 | 26 | 27 | 28 | 29 | 30 | 31 | 32 | 33 | 34 | 35 | 36 | 37 | 38 | 39 | 40 | 41 | 42 | 43 | 44 | 45 | 46 | 47 | 48 |
|---|---|---|---|---|---|---|---|---|---|---|---|---|---|---|---|---|---|---|---|---|---|---|---|---|---|
| 槽号 | 下层 | | 27 | | 26 | | 25 | | 24 | | 23 | | 22 | | 21 | | 20 | | 19 | | 18 | | 17 | | 16 |
| | 上层 | 45 | | 44 | | 43 | | 42 | | 41 | | 40 | | 39 | | 38 | | 37 | | 36 | | 35 | | 34 | |

| 嵌绕次序 | | 49 | 50 | 51 | 52 | 53 | 54 | 55 | 56 | 57 | 58 | 59 | 60 | 61 | 62 | 63 | 64 | 65 | 66 | 67 | 68 | 69 | 70 | 71 | 72 |
|---|---|---|---|---|---|---|---|---|---|---|---|---|---|---|---|---|---|---|---|---|---|---|---|---|---|
| 槽号 | 下层 | | 15 | | 14 | | 13 | | 12 | | 11 | | 10 | | 9 | | 8 | | 7 | | 6 | | 5 | | 4 |
| | 上层 | 33 | | 32 | | 31 | | 30 | | 29 | | 28 | | 27 | | 26 | | 25 | | 24 | | 23 | | 22 | |

| 嵌绕次序 | | 73 | 74 | 75 | 76 | 77 | 78 | 79 | 80 | 81 | 82 | 83 | 84 | 85 | 86 | 87 | 88 | 89 | 90 | 91 | 92 | 93 | 94 | 95 | 96 |
|---|---|---|---|---|---|---|---|---|---|---|---|---|---|---|---|---|---|---|---|---|---|---|---|---|---|
| 槽号 | 下层 | | 3 | | 2 | | 1 | | | | | | | | | | | | | | | | | | |
| | 上层 | 21 | | 20 | | 19 | | 18 | 17 | 16 | 15 | 14 | 13 | 12 | 11 | 10 | 9 | 8 | 7 | 6 | 5 | 4 | 3 | 2 | 1 |

（4）绕组端面布接线

如图 2-16 所示。

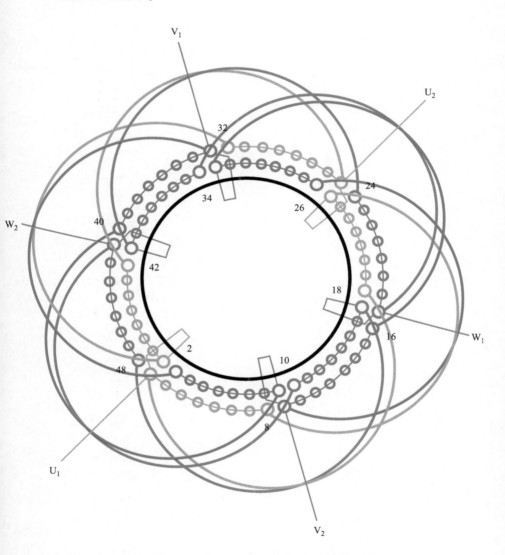

图 2-16   48 槽 2 极（$y=17$、$a=2$）三相电动机绕组双层叠式布线

# 第 3 章

# 4极电动机定子修理资料

交流电动机磁场转速 $n_c = 120f/2p$，则 4 极异步电动机同步转速 $n_c = 1500r/min$，除去异步转差则额定转速约在 1390～1490r/min 之间。在感应电动机中属中速偏高的机种。由于转速比 2 极少一半，在等功率条件下，其转矩则较 2 极大一倍。为此，广为机械设备所选用，是实际应用最多的转速机型。在磁路结构上，4 极极面较 2 极收窄而使气隙磁密（$B_g$）和齿部磁密（$B_t$）偏紧，但轭部磁密 $B_C = 1.16DB_g/2ph_C$，由于 $2p$ 较 2 极倍增，使轭部磁密显得宽松。因此，多极数电动机的定子轭高要比少极数的轭高有明显的缩减。此外，4 极绕组的线圈节距比 2 极小，交叠嵌线时吊边数也少，从而使嵌线难度相应降低。

# 3.1　4极电动机绕组极性规律与接线方法

　　新系列4极电动机绕组型式除个别小电动机采用单层链式和单层交叉式之外，其余均用双层叠式布线，而且都属显极形式，故其接线原则也与2极相同。即同相相邻线圈组的极性相反。而4极每相有4组线圈，所以其极性（电流方向）是：正—反—正—反。4极绕组有多种接法，为简明清晰，特用彩色方块圆图表示绕组接线。

　　(1)　4极1路（短跳）串联接线

　　这是小电动机常用的接线。每相4组线圈构成一个支路，接线如图3-1所示，即正—反—正—反，将4组线圈（方块）串联而成。由图可见，这种接法属"短跳"连接，即每相按相邻线圈组顺次连接。另外还可以采用"长跳"接线，但4极1路串联极少应用长跳。

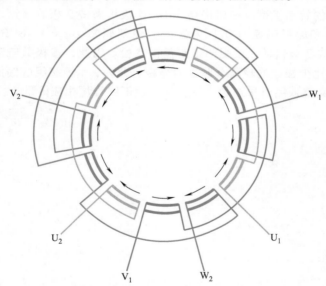

图3-1　4极绕组1路（短跳）串联简化接线（方块）图

　　(2)　4极2路并联接线

　　功率稍大的电动机常用2路并联，即每相4组线圈分为2个支路，每支路有2组线圈，因此可以采用2种接法。

　　①2极2路短跳并联　它的接线是沿同一方向进行，即把同相相邻

2 组反串成一支路，另 2 组也同样反串为另一支路，然后把两支路并联，如图 3-2 所示。其实并联接线的"长跳"或"短跳"仅指每一串联支路接法而言。

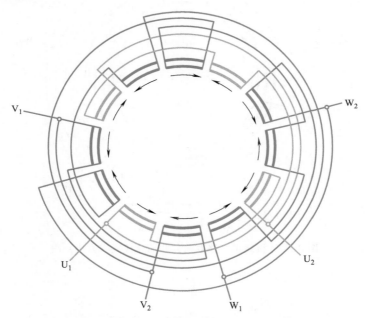

图 3-2 4 极绕组 2 路短跳并联简化接线（方块）图

② 4 极 2 路双向并联 双向并联如图 3-3 所示。每相进线后分两支路向左右两方向走线，将相邻两组线圈（方块）一正一反串联，构成每支路短跳接线，然后将两支路并联。

以上两种并联接法都是常用的接线，两种接法都有人采用，但似乎双向并联时的接线长度会略短些。

（3）4 极 4 路并联接线

本接法主要用于功率大的电动机，它把每相绕组分成 4 支路，故 4 极电动机每支路就仅有一组线圈，所以无所谓"长跳"与"短跳"之分。

① 4 极 4 路顺向并联 它是在进线后用两根并联电源线顺沿一个方向，把 4 个线圈组按相邻反极性并接于两线上，构成 4 个支路，每支路仅 1 组线圈，如图 3-4 所示。这种接法的两根电源线要承受 4 个支路电流之和。

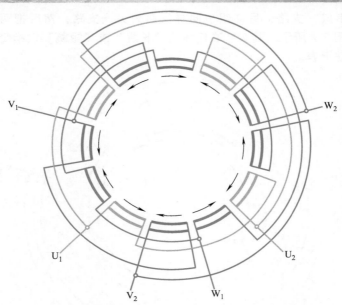

图 3-3　4 极绕组 2 路双向并联简化接线（方块）图

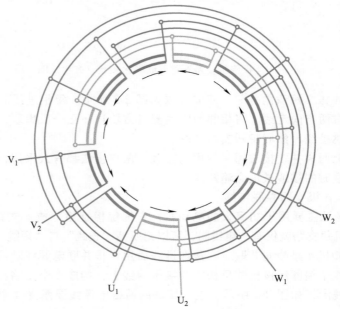

图 3-4　4 极绕组 4 路顺向并联简化接线（方块）图

② 4 极 4 路双向并联　双向并联是在进线层分左右两侧并接，如图 3-5 所示。由于左右两侧都并联接入两个支路，使每相电流不致过分集中而分流于两侧；但 4 组线圈的极性也必须符合相邻极性相反的原则。

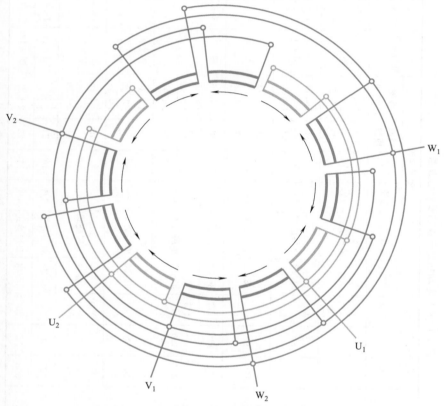

图 3-5　4 极绕组 4 路双向并联简化接线（方块）图

## 3.2　4 极电动机铁芯及绕组数据

本节是 4 极电动机绕组修理必备的参考资料，其中包括新系列电动机的基本系列和派生（专用）系列。表 3-1 是由新系列 4 极电动机修理数据统编而成，表中所列包括新系列的各种类型共 307 台规格电动机产品。为便于读者查阅，表 3-1 中的系列类型排序可参考 2.2 节表 2-2 所列排序。

表3-1　4极电动机定子铁芯及绕组数据

| 系列类型 | 电动机规格 | 额定参数 | | | 定子铁芯/mm | | | 定/转槽数 | 布线型式 | 接法 | 定子绕组 | | | 绕组图号 | 空载电流/A | 备注 |
| --- | --- | --- | --- | --- | --- | --- | --- | --- | --- | --- | --- | --- | --- | --- | --- | --- |
| | | 功率/kW | 电流/A | 电压/V | 外径 | 内径 | 长度 | | | | 节距 | 线圈匝数 | 线规/n-mm | | | |
| Y系列(IP44) 380V、50Hz 4极电动机 | 801-4 | 0.55 | 1.5 | 380 | 120 | 75 | 65 | 24/22 | 单层链式 | 1Y | 5 | 128 | 1-0.56 | 图3-6 | 0.76 | Y系列(IP44)是新系列第一代产品。详见表2-2相应系列 |
| | 802-4 | 0.75 | 2.0 | | 120 | 75 | 80 | 24/22 | 单层链式 | 1Y | 5 | 103 | 1-0.63 | 图3-6 | 0.97 | |
| | 90S-4 | 1.1 | 2.8 | | 130 | 80 | 90 | 24/22 | 单层链式 | 1Y | 5 | 81 | 1-0.71 | 图3-7 | 1.3 | |
| | 90L-4 | 1.5 | 3.7 | | 130 | 80 | 120 | 24/22 | 单层链式 | 1Y | 5 | 63 | 1-0.80 | 图3-6 | 1.6 | |
| | 100L1-4 | 2.2 | 5.0 | | 155 | 98 | 105 | 36/32 | 单层交叉 | 1△ | 8.7 | 41 | 2-0.71 | 图3-7 | 2.1 | |
| | 100L2-4 | 3.0 | 6.8 | | 155 | 98 | 135 | 36/32 | 单层交叉 | 1△ | 8.7 | 31 | 1-1.18 | 图3-7 | 3.0 | |
| | 112M-4 | 4.0 | 8.8 | | 175 | 110 | 135 | 36/32 | 单层交叉 | 1△ | 8.7 | 46 | 1-1.06 | 图3-7 | 3.8 | |
| | 132S-4 | 5.5 | 12 | | 210 | 136 | 115 | 36/32 | 单层交叉 | 1△ | 8.7 | 47 | 1-0.90 1-0.95 | 图3-7 | 4.2 | |
| | 132M-4 | 7.5 | 15 | | 210 | 136 | 160 | 36/32 | 单层交叉 | 1△ | 8.7 | 35 | 2-1.06 | 图3-7 | 5.4 | |
| | 160M-4 | 11 | 23 | | 260 | 170 | 155 | 36/26 | 单层交叉 | 2△ | 8.7 | 56 | 1-1.30 | 图3-8 | 7.6 | |
| | 160L-4 | 15 | 30 | | 260 | 170 | 195 | 36/26 | 单层交叉 | 1△ | 8.7 | 22 | 2-1.25 1-1.18 | 图3-7 | 10 | |
| | 180M-4 | 18.5 | 36 | | 290 | 187 | 190 | 48/44 | 双层叠式 | 2△ | 10 | 16 | 2-1.18 | 图3-14 | 13.5 | |
| | 180L-4 | 22 | 43 | | 290 | 187 | 220 | 48/44 | 双层叠式 | 2△ | 10 | 14 | 2-1.30 | 图3-14 | 15.2 | |
| | 200L-4 | 30 | 57 | | 327 | 210 | 230 | 48/44 | 双层叠式 | 2△ | 10 | 24 | 1-1.06 1-1.12 | 图3-14 | 19.4 | |
| | 225S-4 | 37 | 70 | | 368 | 245 | 200 | 48/44 | 双层叠式 | 4△ | 11 | 23 | 2-1.25 | 图3-17 | 21.3 | |

续表

| 系列类型 | 电动机规格 | 额定参数 | | | 定子铁芯/mm | | | 定/转槽数 | 定子绕组 | | | | | | 空载电流/A | 备注 |
|---|---|---|---|---|---|---|---|---|---|---|---|---|---|---|---|---|
| | | 功率/kW | 电流/A | 电压/V | 外径 | 内径 | 长度 | | 布线型式 | 接法 | 节距 | 线圈匝数 | 线规/n-mm | 绕组图号 | | |
| Y系列(IP44) 380V、50Hz 4极电动机 | 225M-4 | 45 | 84 | 380 | 368 | 245 | 235 | 48/44 | 双层叠式 | 4△ | 11 | 20 | 1-1.30 1-1.40 | 图3-17 | 23.6 | Y系列(IP44)是第一代新系列产品。详见表2-2相应系列 |
| | 250M-4 | 55 | 103 | | 400 | 260 | 240 | 48/44 | | 4△ | 11 | 18 | 3-1.30 | | 29.9 | |
| | 280S-4 | 75 | 140 | | 445 | 300 | 240 | 60/50 | | 4△ | 13 | 13 | 2-1.25 2-1.30 | 图3-19 | 38.8 | |
| | 280M-4 | 90 | 164 | | | | 325 | | | | | | 5-1.30 | | 47.1 | |
| | 315S-4 | 110 | 201 | | 520 | 350 | 300 | 72/64 | | 4△ | 16 | 8 | 3-1.30 4-1.40 | 图3-22 | — | |
| | 315M1-4 | 132 | 241 | | | | 350 | | | | | 7 | 3-1.30 4-1.50 | | — | |
| | 315M2-4 | 160 | 291 | | | | 400 | | | | | 6 | 2-1.40 6-1.50 | | — | |
| Y系列(IP23) 380V、50Hz 4极电动机 | 160M-4 | 11 | 21 | 380 | 290 | 187 | 100 | 48/44 | 双层叠式 | 2△ | | 27 | 1-1.18 | 图3-14 | 7.6 | Y系列(IP23)是防护式笼型异步电动机第一代产品的派生系列 |
| | 160L1-4 | 15 | 30 | | | | 130 | | | 1△ | 10 | 21 | 1-1.30 | 图3-13 | 10 | |
| | 160L2-4 | 18.5 | 37 | | 327 | 210 | 150 | | | 2△ | | 9 | 1-1.40 | 图3-14 | 13.5 | |
| | 180M-4 | 22 | 43 | | | | 135 | | | | 10 | 18 | 2-1.12 | | 15.2 | |
| | 180L-4 | 30 | 58 | | | | 175 | | | | | 16 | 2-1.30 | 图3-14 | 19.4 | |
| | 200M-4 | 37 | 71 | | 368 | 245 | 155 | | | 2△ | | 13 | 1-1.12 2-1.18 | 图3-14 | 21.3 | |
| | 200L-4 | 45 | 86 | | | | 185 | | | | 10 | 11 | 3-1.30 | | 23.6 | |
| | 225M-4 | 55 | 104 | | 400 | 260 | 185 | | | 4△ | 11 | 20 | 1-1.25 1-1.30 | 图3-17 | 29.2 | |

续表

| 系列类型 | 电动机规格 | 功率/kW | 电流/A | 电压/V | 定子铁芯/mm 外径 | 内径 | 长度 | 定转槽数 | 布线型式 | 接法 | 节距 | 线圈匝数 | 线规/n-mm | 绕组图号 | 空载电流/A | 备注 |
|---|---|---|---|---|---|---|---|---|---|---|---|---|---|---|---|---|
| Y系列(IP23) 380V 50Hz 4极电动机 | 250S-4 | 75 | 141 | 380 | 445 | 300 | 185 | 60/50 | 双层叠式 | 2△ | 13 | 7 | 2-1.25 3-1.30 | 图3-18 | 38.8 | Y系列(IP23)是防护式笼型异步电动机第一代产品的派生系列 |
| | 250M-4 | 90 | 168 | | 445 | 300 | 215 | 60/50 | | 2△ | 13 | 6 | 4-1.25 3-1.30 | 图3-18 | 47.1 | |
| | 280S-4 | 110 | 205 | | 493 | 330 | 200 | 60/50 | | 4△ | 13 | 12 | 4-1.25 | 图3-19 | — | |
| | 280M-4 | 132 | 245 | | 493 | 330 | 240 | 60/50 | | 4△ | 13 | 10 | 4-1.40 | 图3-19 | — | |
| Y系列(IP44) 220V/380V 4极电动机 | 801-4 | 0.55 | 2.6/1.5 | 220/380 | 120 | 75 | 65 | 24/— | 单层链式 | 1△/1Y | 5 | 128 | 1-0.56 | 图3-6 | — | 220V/380V是Y电动机的派生产品,主要用于出口某些三相220V通和380V的地区。故中前面数据是电源电压为220V的△形接法;后者是380V的Y形接法 |
| | 802-4 | 0.75 | 3.5/2 | | 120 | 75 | 90 | | | 1△/1Y | | 103 | 1-0.63 | 图3-6 | — | |
| | 90S-4 | 1.1 | 4.7/2.7 | | 130 | 80 | 120 | | | 1△/1Y | 5 | 81 | 1-0.71 | 图3-6 | — | |
| | 90L-4 | 1.5 | 6.3/3.6 | | 130 | 80 | 105 | | | 1△/1Y | | 63 | 1-0.80 | 图3-6 | — | |
| | 100L1-4 | 2.2 | 8.6/5 | | 155 | 98 | 135 | 36/— | 单层交叉 | 1△/1Y | 8,7 | 41 | 2-0.71 | 图3-7 | — | |
| | 100L2-4 | 3.0 | 11.7/6.8 | | 155 | 98 | 135 | | | 1△/1Y | | 31 | 1-1.18 | 图3-7 | — | |
| | 112M-4 | 4.0 | 15.1/8.7 | | 175 | 110 | 115 | | | 1△/1Y | 8,7 | 27 | 2-1.0 | 图3-7 | — | |
| | 132S-4 | 5.5 | 20/11.6 | | 210 | 136 | 160 | | | 1△/1Y | | 28 | 2-1.18 | 图3-7 | — | |
| | 132M-4 | 7.5 | 26.5/15.3 | | 210 | 136 | 155 | | | | | 20 | 1-1.12 2-1.18 | | — | |
| | 160M-4 | 11 | 38.8/22.5 | | 260 | 170 | 195 | | | 2△/2Y | | 16 | 3-1.40 | 图3-8 | — | |
| | 160L-4 | 15 | 52/30 | | 260 | 170 | 190 | | | 2△/2Y | | 26 | 3-1.12 | 图3-8 | — | |

续表

| 系列类型 | 电动机规格 | 额定参数 | | | 定子铁芯/mm | | | 定/转槽数 | 定子绕组 | | | | | | 空载电流/A | 备注 |
|---|---|---|---|---|---|---|---|---|---|---|---|---|---|---|---|---|
| | | 功率/kW | 电流/A | 电压/V | 外径 | 内径 | 长度 | | 布线型式 | 接法 | 节距 | 线圈面数 | 线规/n-mm | 绕组图号 | | |
| Y系列(IP44) 220V,380V 4极电动机 | 180M-4 | 18.5 | 61.7/35.7 | 220/380 | 290 | 187 | 220 | 48/— | 双层叠式 | 2△/2Y | 10 | 9 | 2-1.25,1-1.30 | 图3-14 | — | 220V/380V电动机是Y系列产品的派生品，主要用于出口某些和380V通用电压的地区，故前面数项中前面是220V，据是电压△形接法；后者是380V Y形接法 |
| | 180L-4 | 22 | 73/42.2 | 220/380 | 290 | 187 | 230 | 48/— | 双层叠式 | 2△/2Y | 10 | 8 | 3-1.40 | 图3-14 | — | |
| | 200L-4 | 30 | 97.6/56.5 | 220/380 | 327 | 210 | 230 | 48/— | 双层叠式 | 2△/2Y | 10 | 7 | 3-1.40,1-1.50 | 图3-14 | — | |
| | 225S-4 | 37 | 121/70 | 220/380 | 368 | 245 | 230 | 48/— | 双层叠式 | 4△/4Y | 11 | 13 | 1-1.40,2-1.30 | 图3-17 | — | |
| | 225M-4 | 45 | 145/84 | 220/380 | 368 | 245 | 200 | 48/— | 双层叠式 | 4△/4Y | 11 | 11 | 3-1.25,1-1.30 | 图3-17 | — | |
| | 250M-4 | 55 | 176/102 | 220/380 | 400 | 260 | 235 | 48/— | 双层叠式 | 4△/4Y | 11 | 10 | 4-1.50 | 图3-17 | — | |
| Y系列(IP44) 420V,50Hz 4极电动机 | 801-4 | 0.55 | 1.36 | 420 | 120 | 75 | 65 | 24/— | 单层链式 | 1Y | 5 | 141 | 1-0.53 | 图3-6 | — | Y系列420V是派生产品，详见表2-1相应系列 |
| | 802-4 | 0.75 | 1.81 | 420 | 120 | 75 | 80 | 24/— | 单层链式 | 1Y | 5 | 115 | 1-0.60 | 图3-6 | — | |
| | 90S-4 | 1.1 | 2.44 | 420 | 130 | 80 | 90 | 24/— | 单层链式 | 1Y | 5 | 89 | 1-0.67 | 图3-6 | — | |
| | 90L-4 | 1.5 | 3.35 | 420 | 130 | 80 | 120 | 24/— | 单层链式 | 1Y | 5 | 70 | 1-0.75 | 图3-6 | — | |
| | 100L1-4 | 2.2 | 4.53 | 420 | 155 | 110 | 105 | 24/— | 单层链式 | 1Y | 5 | 45 | 1-0.95 | 图3-6 | — | |
| | 100L2-4 | 3.0 | 6.13 | 420 | 155 | 136 | 135 | 24/— | 单层链式 | 1Y | 5 | 34 | 1-1.12 | 图3-6 | — | |
| | 112M-4 | 4.0 | 7.9 | 420 | 175 | 136 | 135 | 36/— | 单层交叉 | 1△ | 8,7 | 51 | 2-0.71 | 图3-7 | — | |
| | 132S-4 | 5.5 | 10.5 | 420 | 210 | 170 | 115 | 36/— | 单层交叉 | 1△ | 8,7 | 51 | 2-0.85 | 图3-7 | — | |
| | 132M-4 | 7.5 | 13.9 | 420 | 210 | 170 | 160 | 36/— | 单层交叉 | 1△ | 8,7 | 38 | 2-1.0 | 图3-7 | — | |

续表

| 系列类型 | 电动机规格 | 额定参数 | | | 定子铁芯/mm | | | 定/转槽数 | 定子绕组 | | | | | | 空载电流/A | 备注 |
|---|---|---|---|---|---|---|---|---|---|---|---|---|---|---|---|---|
| | | 功率/kW | 电流/A | 电压/V | 外径 | 内径 | 长度 | | 布线型式 | 接法 | 节距 | 线圈匝数 | 线规/n-mm | 绕组图号 | | |
| Y系列(IP44) 420V、50Hz 4极电动机 | 160M-4 | 11 | 20.3 | | 260 | 187 | 155 | 36/— | 单层交叉 | 1△ | 8,7 | 31 | 1-1.18 / 1-1.30 | 图3-7 | — | Y系列 420V是派生产品,详见表2-1备用系列 |
| | 160L-4 | 15 | 27.3 | | 260 | 187 | 195 | | | | | 24 | 3-1.18 | | — | |
| | 180M-4 | 18.5 | 32.3 | | 290 | 187 | 190 | | | 4△ | 10 | 35 | 1-1.12 | 图3-15 | — | |
| | 180L-4 | 22 | 38.2 | 420 | 290 | 187 | 220 | 48/— | 双层叠式 | | | 15 | 2-1.25 | 图3-14 | — | |
| | 200L-4 | 30 | 51.1 | | 327 | 210 | 230 | | | 2△ | 10 | 13 | 1-1.40 / 1-1.50 | 图3-17 | — | |
| | 225S-4 | 37 | 63.3 | | 368 | 245 | 200 | | | 4△ | | 25 | 2-1.18 | 图3-16 | — | |
| | 225M-4 | 45 | 75.7 | | 400 | 260 | 235 | | | | 11 | 11 | 1-1.25 / 3-1.30 | | — | |
| | 250M-4 | 55 | 92.3 | | 400 | 260 | 240 | | | 2△ | | 10 | 3-1.30 / 2-1.40 | | — | |
| | 280S-4 | 75 | 126 | | 445 | 300 | 240 | 60/— | | 4△ | 13 | 14 | 3-1.40 | 图3-19 | — | |
| | 280M-4 | 90 | 148 | | 445 | 300 | 325 | | | | | 11 | 1-1.30 / 3-1.40 | | — | |
| YX系列 高效率 三相 4极电动机 | 100L1-4 | 2.2 | 4.7 | 380 | 155 | 98 | 135 | 36/32 | 单层交叉 | 1Y | 8,7 | 35 | 1-1.18 | | — | YX系列电动机见表2-1备注 |
| | 100L2-4 | 3.0 | 6.4 | | 155 | 98 | 160 | | | | | 29 | 1-1.30 | | — | |
| | 112M-4 | 4.0 | 8.3 | | 175 | 110 | 160 | | | 1△ | | 46 | 1-1.25 | 图3-7 | — | |
| | 132S-4 | 5.5 | 11.2 | | 210 | 136 | 145 | | | | | 40 | 1-0.90 / 2-0.85 | | — | |
| | 132M-4 | 7.5 | 14.8 | | 210 | 136 | 180 | | | | | 32 | 2-1.18 | | — | |

续表

| 系列类型 | 电动机规格 | 功率/kW | 电流/A | 电压/V | 外径 | 内径 | 长度 | 定转槽数 | 布线型式 | 接法 | 节距 | 线圈匝数 | 线规/n-mm | 线组图号 | 空载电流/A | 备注 |
|---|---|---|---|---|---|---|---|---|---|---|---|---|---|---|---|---|
| YX系列高效率三相4极电动机 | 160M-4 | 11 | 20.9 | 380 | 260 | 170 | 175 | 48/44 | 双层叠式 | 1△ | | 10 | 2-1.18 / 1-1.25 | 图3-13 | — | YX系列电动机见表2-1备注 |
| | 160L-4 | 15 | 28.5 | | | | 215 | | | | | 8 | 1-1.12 / 3-1.18 | | — | |
| | 180M-4 | 18.5 | 35.2 | | 290 | 187 | 220 | | | 4△ | 10 | 30 | 2-0.95 | 图3-15 | — | |
| | 180L-4 | 22 | 41.7 | | | | 250 | | | | | 26 | 1-1.06 / 1-0.95 | | — | |
| | 200L-4 | 30 | 56 | | 327 | 210 | 250 | 48/44 | 双层叠式 | 2△ | 10 | 13 | 3-1.40 | 图3-14 | — | |
| | 225S-4 | 37 | 68.9 | | 368 | 245 | 235 | | | 4△ | | 21 | 1-1.30 / 1-1.50 | 图3-17 | — | |
| | 225M-4 | 45 | 83.5 | | | | 260 | | | | 11 | 19 | 2-1.50 | | — | |
| | 250M-4 | 55 | 100.2 | | 400 | 260 | 260 | | | | | 17 | 2-1.40 / 1-1.30 | | — | |
| | 280S-4 | 75 | 136.7 | | 445 | 300 | 290 | 60/50 | | | 13 | 12 | 4-1.30 / 1-1.40 | 图3-19 | — | |
| | 280M-4 | 90 | 161.7 | | | | 345 | | | | | 10 | 2-1.40 / 3-1.50 | | — | |
| YA系列低压增安型4极防爆电动机 | 160M-4 | 11 | — | — | 260 | 170 | 155 | 36/26 | 单层交叉 | 1△ | 8,7 | 29 | 2-1.30 | 图3-7 | — | 参阅1YA系列备注 |
| | 160L-4 | 15 | — | | | | 195 | | | | | 23 | 3-1.18 | | — | |
| | 180L-4 | 18.5 | — | | 290 | 180 | 220 | 48/44 | 双层叠式 | 2△ | 10 | 16 | 1-1.33 / 1-1.26 | 图3-14 | — | |
| | 200L-4 | 22 | — | | 327 | 210 | 230 | 48/44 | 双层叠式 | 2△ | 10 | 14 | 1-1.58 / 1-1.48 | 图3-17 | — | |
| | 225S-4 | 30 | — | | 368 | 245 | 200 | 48/44 | 双层叠式 | 4△ | 11 | 12.5 | 2-1.18 | 图3-14 | — | |
| | 225M-4 | 37 | — | | | | 235 | | | 2△ | | 5.5 | 2-1.30 / 2-1.25 | 图3-16 | — | |

续表

| 系列类型 | 电动机规格 | 功率/kW | 电流/A | 电压/V | 外径 | 内径 | 长度 | 定转槽数 | 布线型式 | 接法 | 节距 | 线圈匝数 | 线规/n-mm | 绕组图号 | 空载电流/A | 备注 |
|---|---|---|---|---|---|---|---|---|---|---|---|---|---|---|---|---|
| YA系列低压增安型4极防爆电动机 | 250M-4 | 45 | — | | 400 | 260 | 240 | 48/44 | 双层叠式 | 4△ | 11 | 10.5 | 2-1.40 | 图3-17 | — | 参阅表2-1YA系列备注 |
| | 315S-4 | 90 | — | | 520 | 350 | 290 | | 双层叠式 | 4△ | 15 | 5 | 2-1.50 | | — | |
| | 315M-4 | 110 | — | | | | 380 | | | | | | 3-1.40 | | — | |
| | 315L-4 | 132 | — | 380 | | | 420 | | | | | 4.25 | 4-1.40 | | — | |
| | 355S1-4 | 160 | — | | 590 | 380 | 340 | 72/64 | 双层叠式 | 4△ | 15 | 3.75 | 2-1.50<br>5-1.40 | 图3-21 | — | |
| | 355S2-4 | 185 | — | | | | 420 | | | | | 3.25 | 10-1.50 | | — | |
| | 355M1-4 | 200 | — | | | | 450 | | | | | 3 | 12-1.50 | | — | |
| | 355M2-4 | 220 | — | | | | 520 | | | | | 2.75 | 13-1.50 | | — | |
| | 355L-4 | 250 | — | | | | 590 | | | | | 2.5 | 14-1.50<br>15-1.50 | | — | |
| YB系列低压隔爆型4极防爆电动机 | 801-4 | 0.55 | — | | 120 | 75 | 65 | 24/22 | 单层链式 | 1Y | 5 | 128 | 1-0.56 | 图3-6 | — | |
| | 802-4 | 0.75 | — | | | | 80 | | | | | 103 | 1-0.63 | | — | |
| | 90S-4 | 1.1 | — | | 130 | 80 | 90 | | | | | 81 | 1-0.71 | | — | |
| | 90L-4 | 1.5 | — | | | | 120 | | | | | 63 | 1-0.80 | | — | |
| | 100L1-4 | 2.2 | — | | 155 | 98 | 105 | 36/26 | 单层交叉 | 1Y | 8,7 | 41 | 2-0.71 | 图3-7 | — | |
| | 100L2-4 | 3.0 | — | | | | 135 | | | | | 31 | 1-0.71<br>1-0.95 | | — | |

续表

| 系列类型 | 电动机规格 | 额定参数 | | | 定子铁芯/mm | | | 定转槽数 | 定子绕组 | | | | | 绕组图号 | 空载电流/A | 备注 |
|---|---|---|---|---|---|---|---|---|---|---|---|---|---|---|---|---|
| | | 功率/kW | 电流/A | 电压/V | 外径 | 内径 | 长度 | | 布线型式 | 接法 | 节距 | 线圈匝数 | 线规/n-mm | | | |
| | 112M-4 | 4.0 | — | | 175 | 110 | 135 | | 单层交叉 | | | 46 | 1-1.06 | | — | |
| | 132S-4 | 5.5 | — | | 210 | 136 | 115 | 36/26 | 单层交叉 | 1△ | 8,7 | 47 | 1-0.90 1-0.95 | 图3-7 | — | |
| | 132M-4 | 7.5 | — | | 210 | 136 | 160 | 36/26 | 单层交叉 | 1△ | 8,7 | 35 | 2-1.06 | 图3-7 | — | |
| | 160M-4 | 11 | — | 380 | 260 | 170 | 155 | | 单层交叉 | | | 28 | 2-1.30 | | — | |
| YB系列 低压隔爆型4极防爆电动机 | 160L-4 | 15 | — | | 260 | 170 | 195 | | 单层交叉 | | | 22 | 2-1.25 1-1.18 | | — | |
| | 180M-4 | 18.5 | — | | 290 | 180 | 190 | 48/44 | 双层叠式 | 2△ | 10 | 16 | 2-1.18 | 图3-14 | — | |
| | 180L-4 | 22 | — | | 290 | 180 | 220 | 48/44 | 双层叠式 | 2△ | 10 | 14 | 2-1.30 | 图3-14 | — | |
| | 200L-4 | 30 | — | | 327 | 210 | 230 | | 双层叠式 | 4△ | 11 | 12 | 2-1.06 2-1.12 | 图3-17 | — | |
| | 225S-4 | 37 | — | | 368 | 245 | 200 | 48/44 | 双层叠式 | 2△ | 11 | 23 | 2-1.25 | 图3-16 | — | |
| | 225M-4 | 45 | — | | 368 | 245 | 235 | 48/44 | 双层叠式 | 4△ | 11 | 10 | 2-1.40 2-1.30 | 图3-17 | — | |
| | 250M-4 | 55 | — | | 400 | 260 | 240 | | 双层叠式 | 4△ | 11 | 18 | 3-1.30 | 图3-17 | — | |
| | 280S-4 | 75 | — | | 445 | 300 | 240 | 60/50 | 双层叠式 | 4△ | 13 | 13 | 2-1.25 2-1.30 | 图3-19 | — | |
| | 280M-4 | 90 | — | | 445 | 300 | 325 | 60/50 | 双层叠式 | 4△ | 13 | 10 | 5-1.30 | 图3-19 | — | |
| | 315S-4 | 110 | — | | 520 | 350 | 290 | 72/64 | 双层叠式 | 4△ | 15 | 8.5 | 2-1.50 4-1.40 | 图3-21 | — | |
| | 315M-4 | 132 | — | | 520 | 350 | 380 | 72/64 | 双层叠式 | 4△ | 15 | 7 | 2-1.50 5-1.40 | 图3-21 | — | |
| | 315L-4 | 160 | — | | 520 | 350 | 420 | 72/64 | 双层叠式 | 4△ | 15 | 6 | 8-1.50 | 图3-21 | — | |

续表

| 系列类型 | 电动机规格 | 功率/kW | 电流/A | 电压/V | 外径 | 内径 | 长度 | 定/转槽数 | 布线型式 | 接法 | 节距 | 线圈匝数 | 线规/n·mm | 绕组图号 | 空载电流/A | 备注 |
|---|---|---|---|---|---|---|---|---|---|---|---|---|---|---|---|---|
| YB系列低压隔爆型4极防爆电动机 | 355S1-4 | 185 | | 380 | | | 340 | | | | | 6.5 | 12-1.50 | | — | |
| | 355S2-4 | 200 | | | | | 340 | 72/64 | 双层叠式 | 4△ | 15 | 6.5 | 12-1.50 | 图3-21 | — | |
| | 355S3-4 | 220 | | | 590 | 380 | 420 | | | | | 5.5 | 13-1.50 | | — | |
| | 355S4-4 | 250 | | | | | 450 | | | | | 5 | 15-1.50 | | — | |
| | 355M-4 | 280 | | | | | 520 | | | | | 4.5 | 17-1.50 | | — | |
| YB2系列低压隔爆型4极防爆电动机 | 801-4 | 0.55 | | | 120 | 75 | 60 | 24/22 | 单层链式 | 1Y | 5 | 129 | 1-0.53 | 图3-6 | — | 参看备注2-1 |
| | 802-4 | 0.75 | | | | | 70 | | | | | 110 | 1-0.60 | | — | |
| | 90S-4 | 1.1 | | | 130 | 80 | 80 | | | | | 85 | 1-0.67 | | — | |
| | 90L-4 | 1.5 | | | | | 110 | | | | | 63 | 1-0.80 | | — | |
| | 100L1-4 | 2.2 | | | 155 | 98 | 95 | 36/28 | 单层交叉 | 1Y | 8,7 | 42 | 2-0.67 | 图3-7 | — | |
| | 100L2-4 | 3.0 | | | | | 125 | | | | | 33 | 1-1.12 | | — | |
| | 112M-4 | 4.0 | | | 175 | 120 | 120 | | | | | 51 | 1-0.67 / 1-0.71 | | — | |
| | 132S1-4 | 5.5 | | | 210 | 136 | 110 | | | 1△ | | 46 | 1-0.85 / 1-0.90 | | — | |
| | 132S2-4 | 7.5 | | | | | 145 | | | | | 36 | 2-1.0 | | — | |
| | 160M-4 | 11 | | | 260 | 170 | 135 | | | | | 29 | 1-1.0 / 2-1.06 | | — | |
| | 160L-4 | 15 | | | | | 180 | | | | | 22 | 3-1.18 | | — | |

续表

| 系列类型 | 电动机规格 | 额定参数 | | | 定子铁芯/mm | | | 定/转槽数 | 定子绕组 | | | | | 绕组图号 | 空载电流/A | 备注 |
|---|---|---|---|---|---|---|---|---|---|---|---|---|---|---|---|---|
| | | 功率/kW | 电流/A | 电压/V | 外径 | 内径 | 长度 | | 布线型式 | 接法 | 节距 | 线圈匝数 | 线规/n-mm | | | |
| YB2系列低压隔爆型4极防爆电动机 | 180M-4 | 18.5 | | | 290 | 187 | 170 | | 双层叠式 | 2△ | 10 | 34 | 1-1.06 | 图3-14 | — | |
| | 180L-4 | 22 | | | 290 | 187 | 190 | 48/38 | | | | 30 | 1-1.12 | | — | |
| | 200L-4 | 30 | | | 327 | 210 | 195 | 48/38 | | | 10 | 26 | 2-1.18 | | — | |
| | 225S-4 | 37 | | | 368 | 245 | 180 | | | 4△ | 11 | 48 | 1-1.12<br>1-1.18 | 图3-17 | — | |
| | 225M-4 | 45 | | | 368 | 245 | 205 | | | | 11 | 42 | 2-1.25 | | — | |
| | 250M-4 | 55 | | | 400 | 260 | 205 | 48/38 | 双层叠式 | 4△ | 11 | 38 | 2-1.12<br>1-1.18 | 图3-17 | — | |
| | 280S-4 | 75 | | | 445 | 300 | 215 | 60/50 | | | 14 | 26 | 2-1.30<br>1-1.40 | 图3-20 | — | |
| | 280L-4 | 90 | | | 445 | 300 | 270 | | | | 14 | 22 | 2-1.40<br>1-1.50 | | — | |
| YQS系列充水式井用潜水泵4极电动机 | 350-30 | 30 | 65.4 | 380 | 310 | 195 | 245 | 36/32 | 单层交叉 | 1Y | 8,7 | 10 | 7-1.12 | 图3-7 | — | 参看表2-1 |
| | 350-45 | 45 | 96.9 | | | | 290 | | | | | 8 | 19-0.80 | | — | |
| | 350-55 | 55 | 118.5 | | | | 330 | | | | | 7 | 19-0.85 | | — | |
| | 350-63 | 63 | 132.5 | | | | 400 | | | | | 6 | 19-0.95 | | — | |
| | 350-75 | 75 | 157.7 | | | | 470 | | | | | 5 | 19-1.0 | | — | |
| | 350-90 | 90 | 187.1 | | | | 510 | | | 1△ | | 8 | 19-0.85 | | — | |
| | 350-110 | 110 | 224.7 | | | | 590 | | | | | 7 | 19-0.90 | | — | |

续表

| 系列类型 | 电动机规格 | 额定参数 功率/kW | 额定参数 电流/A | 额定参数 电压/V | 定子铁芯/mm 外径 | 定子铁芯/mm 内径 | 定子铁芯/mm 长度 | 定转槽数 | 定子绕组 布线型式 | 定子绕组 接法 | 定子绕组 节距 | 定子绕组 线圈匝数 | 定子绕组 线规/n-mm | 绕组组图号 | 空载电流/A | 备注 |
|---|---|---|---|---|---|---|---|---|---|---|---|---|---|---|---|---|
| YQS系列充水式井用潜水泵4极电动机 | 350-125 | 125 | 255.4 | 380 | 310 | 195 | 690 | 36/32 | 单层交叉 | 1△ | 8,7 | 6 | 19-1.0 | 图3-7 | — | 参看表2-1 |
|  | 350-140 | 140 | 284.4 | 380 | 310 | 195 | 690 | 36/32 | 单层交叉 | 1△ | 8,7 | 6 | 19-1.0 | 图3-7 | — |  |
|  | 350-160 | 160 | 325.0 |  | 310 | 195 | 830 |  | 单层交叉 |  |  | 5 | 19-1.12 | 图3-7 | — |  |
| YLB系列立式深井泵4极电动机 | 160-1-4 | 11 | 22.7 | 380 | 290 | 187 | 100 | 48/— | 双层叠式 | 2△ | 10 | 27 | 1-1.18 | 图3-14 | — | 参看表2-1 |
|  | 160-2-4 | 15 | 30.3 |  | 290 | 187 | 130 | 48/— | 双层叠式 | 2△ | 10 | 21 | 1-1.30 | 图3-14 | — |  |
|  | 180-1-4 | 18.5 | 37.1 |  | 327 | 210 | 120 |  | 双层叠式 |  |  | 20 | 1-1.06 1-1.12 | 图3-14 | — |  |
|  | 180-2-4 | 22 | 43.9 |  | 327 | 210 | 135 |  | 双层叠式 |  |  | 18 | 2-1.12 | 图3-14 | — |  |
|  | 200-1-4 | 30 | 58.5 |  | 368 | 245 | 125 | 48/— | 双层叠式 | 2△ | 10 | 16 | 2-1.30 | 图3-14 | — |  |
|  | 200-2-4 | 37 | 71.8 |  | 368 | 245 | 155 |  | 双层叠式 |  |  | 13 | 1-1.12 2-1.18 | 图3-14 | — |  |
|  | 200-3-4 | 45 | 86.8 |  | 368 | 245 | 185 | 60/— | 双层叠式 |  | 13 | 11 | 3-1.30 | 图3-14 | — |  |
|  | 250-1-4 | 55 | 104 |  | 445 | 300 | 145 |  | 双层叠式 | 2△ |  | 9 | 1-1.40 2-1.50 | 图3-18 | — |  |
|  | 250-2-4 | 75 | 141 |  | 445 | 300 | 185 |  | 双层叠式 |  |  | 7 | 3-1.25 3-1.30 | 图3-18 | — |  |
|  | 250-3-4 | 90 | 170 |  | 445 | 300 | 215 |  | 双层叠式 |  | 13 | 6 | 4-1.25 2-1.30 | 图3-18 | — |  |
|  | 280-1-4 | 110 | 206 |  | 493 | 330 | 200 |  | 双层叠式 | 4△ |  | 12 | 4-1.25 | 图3-19 | — |  |
|  | 280-2-4 | 132 | 248 |  | 493 | 330 | 240 |  | 双层叠式 |  |  | 10 | 4-1.40 | 图3-19 | — |  |

续表

| 系列类型 | 电动机规格 | 额定参数 | | | 定子铁芯/mm | | | 定/转槽数 | 定子绕组 | | | | | | 空载电流/A | 备注 |
|---|---|---|---|---|---|---|---|---|---|---|---|---|---|---|---|---|
| | | 功率/kW | 电流/A | 电压/V | 外径 | 内径 | 长度 | | 布线型式 | 接法 | 节距 | 线圈匝数 | 线规/n-mm | 绕组图号 | | |
| Y2系列(IP44) 380V、50Hz 4极电动机 | 801-4 | 0.55 | 1.5 | 380 | 120 | 75 | 60 | | | | | 129 | 1-0.53 | | — | 参看表2-1备注 |
| | 802-4 | 0.75 | 2.0 | | 120 | 75 | 70 | | 单层链式 | 1Y | | 110 | 1-0.60 | 图3-6 | — | |
| | 90S-4 | 1.1 | 2.8 | | 130 | 80 | 75 | 24/22 | | | 5 | 90 | 1-0.67 | | — | |
| | 90L-4 | 1.5 | 3.7 | | 130 | 80 | 105 | | | | | 67 | 1-0.80 | | — | |
| | 100L1-4 | 2.2 | 5.1 | | 155 | 98 | 90 | 36/28 | 单层交叉 | 1Y | | 44 | 1-0.67 / 1-0.71 | 图3-7 | — | |
| | 100L2-4 | 3.0 | 6.7 | | 155 | 98 | 120 | | | | | 34 | 1-1.12 | | — | |
| | 112M-4 | 4.0 | 8.8 | | 175 | 120 | 95 | 36/28 | 单层交叉 | 1△ | 8,7 | 50 | 1-1.0 | 图3-7 | — | |
| | 132S-4 | 5.5 | 11.7 | | 210 | 136 | 105 | | | | | 47 | 1-1.18 | | — | |
| | 132M-4 | 7.5 | 15.6 | | 210 | 136 | 145 | 36/28 | 单层交叉 | 1△ | | 35 | 2-0.95 | | — | |
| | 160M-4 | 11 | 22.3 | | 260 | 170 | 135 | | | | | 29 | 1-1.18 / 1-1.25 | | — | |
| | 160L-4 | 15 | 30.1 | | 260 | 170 | 180 | | | | | 22 | 1-1.12 / 1-1.18 | | — | |
| | 180M-4 | 18.5 | 36.4 | | 290 | 187 | 170 | 48/38 | 双层叠式 | 2△ | 10 | 17 | 1-1.06 / 1-1.12 | 图3-14 | — | |
| | 180L-4 | 22 | 43.1 | | 290 | 187 | 190 | | | | | 15 | 2-1.18 | | — | |
| | 200L-4 | 30 | 57.6 | | 327 | 210 | 195 | | | | | 13 | 3-1.18 | | — | |
| | 225S-4 | 37 | 69.8 | | 368 | 245 | 180 | | | 4△ | 11 | 25 | 3-0.95 | 图3-17 | — | |
| | 225M-4 | 45 | 84.5 | | 368 | 245 | 200 | | | | | 20.5 | 3-1.30 | | — | |

续表

| 系列类型 | 电动机规格 | 额定参数 | | | 定子铁芯/mm | | | 定转槽数 | 布线型式 | 接法 | 节距 | 线圈匝数 | 线规/n·mm | 绕组图号 | 空载电流/A | 备注 |
|---|---|---|---|---|---|---|---|---|---|---|---|---|---|---|---|---|
| | | 功率/kW | 电流/A | 电压/V | 外径 | 内径 | 长度 | | | | | | | | | |
| Y2系列(IP44) 380V、50Hz 4极 电动机 | 250M-4 | 55 | 103.1 | 380 | 400 | 260 | 205 | 48/38 | 双层叠式 | 2△ | 10 | 10 | 1-1.40 3-1.50 | 图3-14 | — | |
| | 280S-4 | 75 | 139.7 | | 445 | 300 | 215 | 60/50 | 双层叠式 | 4△ | 13 | 14 | 3-1.40 | 图3-19 | — | |
| | 280M-4 | 90 | 166.9 | | | | 270 | | | | | 11 | 1-1.30 3-1.40 | | — | |
| | 315S-4 | 110 | 201.0 | | 520 | 350 | 265 | | | | | 9 | 5-1.40 1-1.50 | | — | |
| | 315M-4 | 132 | 240.5 | 380 | | | 325 | 72/64 | 双层叠式 | 4△ | 15 | 7.5 | 4-1.40 3-1.50 | 图3-21 | — | 参看表2-1备注 |
| | 315L1-4 | 160 | 287.9 | | | | 370 | | | | | 6.5 | 4-1.40 1-1.50 | | — | |
| | 315L2-4 | 200 | 385.8 | | 520 | 350 | 450 | 72/64 | | | | 5.5 | 9-1.40 1-1.50 | 图3-21 | — | |
| | 355M-4 | 250 | 442.1 | | 590 | 400 | 410 | 72/64 | | | | 5.5 | 13-1.50 14-1.50 | | — | |
| | 355L-4 | 315 | 555.3 | | | | 510 | | | | | 4.5 | 2-1.40 | | — | |
| Y2系列(IP54) 380V、50Hz 4极 电动机 | 631-4 | 0.12 | 0.43 | 380 | 96 | 58 | 42 | 24/22 | 单层链式 | 1Y | 5 | 284 | 1-0.28 | 图3-6 | — | |
| | 632-4 | 0.18 | 0.61 | | | | 52 | | | | | 220 | 1-0.315 | | — | |
| | 711-4 | 0.25 | 0.76 | | 110 | 67 | 45 | | | | | 206 | 1-0.40 | | — | |
| | 712-4 | 0.37 | 1.07 | | | | 53 | | | | | 166 | 1-0.45 | | — | |
| | 801-4 | 0.55 | 1.54 | | 120 | 75 | 60 | | | | | 129 | 1-0.53 | | — | |
| | 802-4 | 0.75 | 1.99 | | | | 70 | | | | | 110 | 1-0.60 | | — | |

续表

| 系列类型 | 电动机规格 | 额定参数 | | | 定子铁芯/mm | | | 定/转槽数 | 定子绕组 | | | | | | 空载电流/A | 备注 |
|---|---|---|---|---|---|---|---|---|---|---|---|---|---|---|---|---|
| | | 功率/kW | 电流/A | 电压/V | 外径 | 内径 | 长度 | | 布线型式 | 接法 | 节距 | 线圈匝数 | 线规/n-mm | 绕组图号 | | |
| Y2系列（IP54）380V，50Hz 4极电动机 | 90S-4 | 1.1 | 2.8 | 380 | 130 | 80 | 75 | 24/22 | 单层链式 | 1Y | 5 | 90 | 1-0.67 | 图3-6 | — | |
| | 90L-4 | 1.5 | 3.65 | | 130 | 80 | 105 | 24/22 | 单层链式 | 1Y | 5 | 67 | 1-0.80 | 图3-6 | — | |
| | 100L1-4 | 2.2 | 5.05 | | 155 | 98 | 90 | 36/28 | 单层交叉 | 1Y | 8,7 | 44 | 1-0.67 | 图3-7 | — | |
| | 100L2-4 | 3.0 | 6.64 | | 155 | 98 | 120 | 36/28 | 单层交叉 | 1Y | 8,7 | 34 | 1-0.71 | 图3-7 | — | |
| | 112M-4 | 4.0 | 8.62 | | 175 | 110 | 120 | 36/28 | 单层交叉 | 1△ | 8,7 | 52 | 1-1.12 | 图3-7 | — | |
| | 132S-4 | 5.5 | 11.5 | | 210 | 136 | 105 | 36/28 | 单层交叉 | 1△ | 8,7 | 47 | 1-1.0 | 图3-7 | — | |
| | 132M-4 | 7.5 | 15.3 | | 210 | 136 | 145 | 36/28 | 单层交叉 | 1△ | 8,7 | 35 | 1-1.18 | 图3-7 | — | |
| | 160M-4 | 11 | 22.2 | | 260 | 170 | 135 | 36/28 | 单层交叉 | 1△ | 8,7 | 29 | 2-0.95 | 图3-7 | — | |
| | 160L-4 | 15 | 29.8 | | 260 | 170 | 180 | 48/38 | 双层叠式 | 2△ | 10 | 22 | 1-1.18<br>1-1.25 | 图3-14 | — | |
| | 180M-4 | 18.5 | 36.1 | | 290 | 187 | 170 | 48/38 | 双层叠式 | 2△ | 10 | 17 | 1-1.25<br>2-1.18 | 图3-14 | — | |
| | 180L-4 | 22 | 42.6 | | 290 | 187 | 190 | 48/38 | 双层叠式 | 4△ | 11 | 15 | 2-1.06 | 图3-17 | — | |
| | 200L-4 | 30 | 57.2 | | 327 | 210 | 195 | 48/38 | 双层叠式 | 4△ | 11 | 13 | 2-1.18 | 图3-17 | — | |
| | 225S-4 | 37 | 69.6 | | 368 | 245 | 180 | 48/38 | 双层叠式 | 4△ | 11 | 25 | 3-1.18 | 图3-17 | — | |
| | 225M-4 | 45 | 84 | | 368 | 245 | 220 | 48/38 | 双层叠式 | 2△ | 10 | 20.5 | 3-0.95<br>2-1.30 | 图3-14 | — | |
| | 250M-4 | 55 | 102.9 | | 400 | 260 | 205 | 48/38 | 双层叠式 | 2△ | 10 | 10 | 1-1.40<br>3-1.50 | 图3-14 | — | |

续表

| 系列类型 | 电动机规格 | 额定参数 | | | 定子铁芯/mm | | | 定/转槽数 | 定子绕组 | | | | | 绕组图号 | 空载电流/A | 备注 |
|---|---|---|---|---|---|---|---|---|---|---|---|---|---|---|---|---|
| | | 功率/kW | 电流/A | 电压/V | 外径 | 内径 | 长度 | | 布线型式 | 接法 | 节距 | 线圈匝数 | 线规/n·mm | | | |
| Y2系列(IP54) 380V、50Hz 4极 电动机 | 280S-4 | 75 | 138 | 380 | 445 | 300 | 215 | 60/50 | 双层叠式 | 4△ | 13 | 14 | 3-1.40 | 图3-19 | — | |
| | 280M-4 | 90 | 165.6 | | | | 270 | | | | | 11 | 1-1.30<br>3-1.40 | | — | |
| | 315S-4 | 110 | 200.2 | | 520 | 350 | 280 | | | | | 8.5 | 2-1.40<br>4-1.50 | | — | |
| | 315M-4 | 132 | 239.1 | | | | 315 | | | | | 7.5 | 3-1.40<br>4-1.50 | | — | |
| | 315L1-4 | 160 | 288 | | | | 370 | 72/64 | | 4△ | 15 | 6.5 | 3-1.40<br>5-1.50 | 图3-21 | — | |
| | 315L2-4 | 200 | 358.9 | | 590 | 400 | 435 | | | | | 5.5 | 8-1.40<br>2-1.50 | | — | |
| | 355M-4 | 250 | 437.5 | | | | 420 | | | | | 5.5 | 7-1.40<br>8-1.50 | | — | |
| | 355L-4 | 315 | 547.4 | | | | 520 | | | | | 4.5 | 6-1.40<br>12-1.50 | | — | |
| Y2-E系列(IP54) 380V、50Hz 4极 电动机 | 801-4E | 0.55 | 1.49 | 380 | 120 | 75 | 65 | 24/22 | 单层链式 | 1Y | 5 | 126 | 1-0.56 | 图3-6 | — | 参看表2-1备注 |
| | 802-4E | 0.75 | 1.95 | | | | 80 | | | | | 102 | 1-0.63 | | — | |
| | 90S-4E | 1.1 | 2.76 | | 130 | 80 | 80 | | | | | 86 | 1-0.71 | | — | |
| | 90L-4E | 1.5 | 3.65 | | | | 115 | | | | | 62 | 1-0.85 | | — | |
| | 100L1-4E | 2.2 | 4.96 | | 155 | 98 | 105 | 36/28 | 单层交叉 | 1Y | 8,7 | 40 | 1-0.71<br>1-0.75 | 图3-7 | — | |
| | 100L2-4E | 3.0 | 6.62 | | | | 130 | | | | | 32 | 1-0.80<br>1-0.85 | | — | |

续表

| 系列类型 | 电动机规格 | 额定参数 功率/kW | 额定参数 电流/A | 额定参数 电压/V | 定子铁芯/mm 外径 | 定子铁芯/mm 内径 | 定子铁芯/mm 长度 | 定/转槽数 | 定子绕组 布线型式 | 定子绕组 接法 | 定子绕组 节距 | 定子绕组 线圈匝数 | 定子绕组 线规/n-mm | 定子绕组 绕组图号 | 定子绕组 空载电流/A | 备注 |
|---|---|---|---|---|---|---|---|---|---|---|---|---|---|---|---|---|
| Y2-E系列(IP54) 380V、50Hz 4级电动机 | 112M-4E | 4.0 | 8.59 | 380 | 175 | 110 | 130 | 36/28 | 单层交叉 | 1△ | 8,7 | 49 | 2-0.75 | 图3-7 | — | 参看表2-1备注 |
| | 132S-4E | 5.5 | 11.4 | | 210 | 136 | 115 | | | | | 44 | 2-0.85 | | — | |
| | 132M-4E | 7.5 | 15.1 | | 210 | 136 | 160 | | | | | 34 | 1-0.95 1-1.0 | | — | |
| | 160M-4E | 11 | 21.6 | | 260 | 170 | 145 | | | | | 28 | 1-1.25 1-1.30 | | — | |
| | 160L-4E | 15 | 29.1 | | 260 | 170 | 195 | | | | | 21 | 2-1.18 1-1.25 | | — | |
| | 180M-4E | 18.5 | 34.9 | | 290 | 187 | 195 | 48/38 | 双层叠式 | 2△ | 10 | 17 | 1-1.30 1-1.40 | 图3-14 | — | |
| | 180L-4E | 22 | 41.2 | | 290 | 187 | 220 | | | | | 15 | 1-1.40 1-1.50 | | — | |
| | 200L-4E | 30 | 56 | | 327 | 210 | 230 | | | | | 12 | 1-1.40 2-1.30 | | — | |
| | 225S-4E | 37 | 67.5 | | 368 | 245 | 200 | | | | 11 | 13 | 2-1.60 1-1.50 | 图3-16 | — | |
| | 225M-4E | 45 | 81.7 | | 368 | 245 | 235 | | | | | 11 | 3-1.50 1-1.30 | | — | |
| | 250M-4E | 55 | 100.5 | | 400 | 260 | 235 | 48/38 | | 4△ | 10 | 19 | 2-1.30 1-1.40 | 图3-15 | — | |
| | 280S-4E | 75 | 137.1 | | 445 | 300 | 255 | 60/50 | | | 14 | 12 | 1-1.30 3-1.40 | 图3-20 | — | |
| | 280M-4E | 90 | 163.2 | | 445 | 300 | 310 | | | | | 10 | 4-1.50 | | — | |
| Y3系列(IP55) 380V、50Hz 4极电动机 | 631-4 | 0.12 | 0.40 | 380 | 96 | 58 | 38 | 24/22 | 单层链式 | 1Y | 5 | 283 | 1-0.28 | 图3-6 | — | |
| | 632-4 | 0.18 | 0.57 | | 96 | 58 | 48 | | | | | 217 | 1-0.315 | | — | |
| | 711-4 | 0.25 | 0.73 | | 110 | 67 | 43 | | | | | 204 | 1-0.40 | | — | |
| | 712-4 | 0.37 | 1.05 | | 110 | 67 | 50 | | | | | 166 | 1-0.45 | | — | |

续表

| 系列类型 | 电动机规格 | 功率/kW | 电流/A | 电压/V | 外径 | 内径 | 长度 | 定/转槽数 | 布线型式 | 接法 | 节距 | 线圈匝数 | 线规/n-mm | 绕组图图号 | 空载电流/A | 备注 |
|---|---|---|---|---|---|---|---|---|---|---|---|---|---|---|---|---|
| Y3系列(IP55) 380V、50Hz 4极 电动机 | 801-4 | 0.55 | 1.52 | 380 | 120 | 75 | 57 | 24/22 | 单层链式 | 1Y | 5 | 130 | 1-0.53 | 图3-6 | — | |
| | 802-4 | 0.75 | 1.75 | | | | 67 | | | | | 111 | 1-0.60 | | — | |
| | 90S-4 | 1.1 | 2.80 | | 130 | 80 | 76 | | | | | 88 | 1-0.71 | | — | |
| | 90L-4 | 1.5 | 3.63 | | | | 110 | | | | | 64 | 1-0.85 | | — | |
| | 100L1-4 | 2.2 | 4.96 | | 155 | 98 | 95 | | | | | 43 | 1-0.71 / 1-0.75 | | — | |
| | 100L2-4 | 3.0 | 6.60 | | | | 120 | | | | | 34 | 1-0.80 / 1-0.85 | 图3-7 | — | |
| | 112M-4 | 4.0 | 8.67 | | 175 | 110 | 115 | 36/28 | 单层交叉 | 1△ | 8,7 | 53 | 1-0.71 / 1-0.75 | | — | 参看表 2-1 备注 |
| | 132S-4 | 5.5 | 11.66 | | 210 | 136 | 100 | | | | | 47 | 1-1.18 | | — | |
| | 132M-4 | 7.5 | 15.4 | | | | 135 | | | | | 36 | 2-0.95 | 图3-7 | — | |
| | 160M-4 | 11 | 22.18 | | 260 | 170 | 130 | 36/28 | 单层交叉 | 1△ | 8,7 | 29 | 2-1.18 | | — | |
| | 160L-4 | 15 | 29.65 | | | | 175 | | | | | 22 | 3-1.12 | | — | |
| | 180M-4 | 18.5 | 35.68 | | 290 | 187 | 155 | 48/38 | 双层叠式 | 2△ | 10 | 18 | 1-1.06 / 1-1.12 | 图3-14 | — | |
| | 180L-4 | 22 | 41.97 | | | | 175 | | | | | 16 | 2-1.18 | | — | |
| | 200L-4 | 30 | 57.09 | | 327 | 210 | 185 | | | | | 13 | 1-1.12 / 1-1.18 | | — | |

续表

| 系列类型 | 电动机规格 | 额定参数 | | | 定子铁芯/mm | | | 定/转槽数 | 定子绕组 | | | | | 绕组图号 | 空载电流/A | 备注 |
|---|---|---|---|---|---|---|---|---|---|---|---|---|---|---|---|---|
| | | 功率/kW | 电流/A | 电压/V | 外径 | 内径 | 长度 | | 布线型式 | 接法 | 节距 | 线圈匝数 | 线规/n-mm | | | |
| Y3系列(IP55)380V,50Hz 4极电动机 | 225S-4 | 37 | 69.32 | 380 | 368 | 245 | 170 | 48/38 | 双层叠式 | 4△ | 11 | 25 | 1-1.12<br>1-1.18 | 图3-17 | — | 参看表2-1备注 |
| | 225M-4 | 45 | 83.4 | | | | 205 | | | | | 21 | 1-1.25<br>1-1.30 | | — | |
| | 250M-4 | 55 | 102.4 | | 400 | 260 | 195 | | | 2△ | 10 | 10 | 1-1.40<br>3-1.50 | 图3-14 | — | |
| | 280S-4 | 75 | 137.3 | | 445 | 300 | 205 | 60/50 | | 4△ | 13 | 14 | 2-1.40<br>1-1.50 | 图3-19 | — | |
| | 280M-4 | 90 | 164.5 | | | | 260 | | | | | 11 | 1-1.40<br>3-1.40 | | — | |
| YR系列(IP44)绕线式异步电动机(4极定子) | 132M1-4 | 4.0 | 9.3 | 380 | 210 | 136 | 115 | 36/24 | 双层叠式 | 2△ | 8 | 51 | 1-0.80 | 图3-10 | — | YR系列(IP44)是封闭式结构的一般用旋绕型线圈的异步电动机第一代产品。本表仅列出定子绕组数据。而转子绕组数据见于第6章 |
| | 132M2-4 | 5.5 | 12.6 | | | | 155 | | | | | 37 | 1-0.95 | | — | |
| | 160M-4 | 7.5 | 15.7 | | 260 | 170 | 130 | | | 4△ | 8 | 37 | 1-1.12 | 图3-11 | — | |
| | 160L-4 | 11 | 22.5 | | | | 185 | | | | | 26 | 2-0.95 | | — | |
| | 180L-4 | 15 | 30 | | 290 | 187 | 205 | 48/36 | | 4△ | 10 | 16 | 2-1.06 | 图3-15 | — | |
| | 200L1-4 | 18.5 | 36.7 | | 327 | 210 | 175 | | | 4△ | 10 | 32 | 1-1.18 | 图3-15 | — | |
| | 200L2-4 | 22 | 43.2 | | | | 205 | | | 2△ | | 27 | 1-1.30 | | — | |
| | 225M2-4 | 30 | 57.6 | | 368 | 245 | 215 | | | | 10 | 11 | 3-1.25 | 图3-14 | — | |
| | 250M1-4 | 37 | 71.4 | | 400 | 260 | 220 | | | 4△ | 11 | 20 | 2-1.25 | 图3-17 | — | |
| | 250M2-4 | 45 | 85.9 | | | | 260 | | | | | 17 | 3-1.12 | | — | |
| | 280S-4 | 55 | 103.8 | | 445 | 325 | 240 | 60/48 | | 4△ | 13 | 13 | 2-1.50 | 图3-19 | — | |
| | 280M-4 | 75 | 140 | | | | — | | | | | 9 | 1-1.40<br>2-1.50 | | — | |

续表

| 系列类型 | 电动机规格 | 额定参数 | | | 定子铁芯/mm | | | 定/转槽数 | 定子绕组 | | | | | 绕组图号 | 空载电流/A | 备注 |
|---|---|---|---|---|---|---|---|---|---|---|---|---|---|---|---|---|
| | | 功率/kW | 电流/A | 电压/V | 外径 | 内径 | 长度 | | 布线型式 | 接法 | 节距 | 线圈匝数 | 线规/n-mm | | | |
| YR系列(IP23)绕线式异步电动机(4极定子) | 160M-4 | 7.5 | 16 | 380 | 290 | 187 | 85 | 48/36 | 双层叠式 | 1△ | 10 | 17 | 1-1.50 | 图3-13 | — | YR系列(IP23)是防护式结构,一般用途型异步电动机第一代产品。本表仅列出定子绕组数据,而转子绕组数据另列于第6章;余见表4-1的6极电动机备注 |
| | 160L1-4 | 11 | 22.7 | 380 | 290 | 187 | 115 | | | | | 25 | 2-0.85 | 图3-14 | — | |
| | 160L2-4 | 15 | 30.8 | 380 | 290 | 187 | 150 | | | 2△ | | 19 | 2-1.0 | | — | |
| | 180M-4 | 18.5 | 36.7 | 380 | 327 | 210 | 135 | | | | | 20 | 2-1.12 | 图3-15 | — | |
| | 180L-4 | 22 | 43.2 | 380 | 327 | 210 | 155 | | | 4△ | | 17 | 1-1.18 / 1-1.25 | | — | |
| | 200M-4 | 30 | 58.2 | 380 | 368 | 245 | 140 | | | | | 31 | 2-0.95 | | — | |
| | 200L-4 | 37 | 71.8 | 380 | 368 | 245 | 175 | | | | | 25 | 2-1.0 | | — | |
| | 225M1-4 | 45 | 87.3 | 380 | 400 | 260 | 155 | 60/48 | | 2△ | 11 | 12 | 1-1.12 / 3-1.18 | 图3-16 | — | |
| | 225M2-4 | 55 | 105.5 | 380 | 400 | 260 | 185 | | | 4△ | | 20 | 1-1.25 / 1-1.30 | 图3-17 | — | |
| | 250S-4 | 75 | 141.5 | 380 | 445 | 300 | 185 | | | 2△ | 13 | 7 | 2-1.25 / 3-1.30 | 图3-18 | — | |
| | 250M-4 | 90 | 168.8 | 380 | 445 | 300 | 215 | | | 2△ | 13 | 6 | 4-1.25 / 2-1.30 | 图3-18 | — | |
| | 280S-4 | 110 | 205.2 | 380 | 445 | 300 | 200 | | | 4△ | 13 | 12 | 4-1.25 | 图3-19 | — | |
| | 280M-4 | 132 | 243.6 | 380 | 493 | 330 | 240 | | | | | 10 | 4-1.40 | | — | |

续表

| 系列类型 | 电动机规格 | 额定参数 功率/kW | 电流/A | 电压/V | 定子铁芯/mm 外径 | 内径 | 长度 | 定/转槽数 | 定子绕组 布线型式 | 接法 | 节距 | 线圈匝数 | 线规/n-mm | 绕组图号 | 空载电流/A | 备注 |
|---|---|---|---|---|---|---|---|---|---|---|---|---|---|---|---|---|
| YZR2系列冶金起重用绕线式异步电动机（4极定子） | 100L-4 | 2.2 | — | 380 | 155 | 102 | 100 | | 单层交叉 | 1Y | | 40 | 1-0.75 | | — | YZR2系列绕线型冶金起重用异步电动机产品第一代，无第二代产品；本表所列4极规格定子绕组数据，绕组数据见第六章；定子绕组数暂缺；电流暂缺；余见表4-1 6极电动机备注 |
| | 112M-4 | 3.0 | — | | 182 | 124 | 85 | 36/24 | | | 8,7 | 34 | 1-0.71 | 图3-7 | — | |
| | 112M2-4 | 4.0 | — | | | | 105 | | | | | 28 | 2-0.75 | | — | |
| | 132M1-4 | 5.5 | — | | 210 | 138 | 110 | | | | 8 | 26 | 1-0.85 / 1-0.80 | 图3-10 | — | |
| | 132M2-4 | 6.3 | — | | | | 120 | | | | | 24 | 1-0.75 / 1-0.85 | | — | |
| | 160M1-4 | 7.5 | — | | 245 | 165 | 110 | | | 2Y | | 17 | 1-0.80 | 图3-16 | — | |
| | 160M2-4 | 11 | — | | | | 145 | | | | 11 | 13 | 2-0.85 | | — | |
| | 160L-4 | 15 | — | | | | 180 | 48/36 | | | | 10 | 1-1.0 / 1-0.95 | 图3-16 | — | |
| | 180L-4 | 22 | — | | 280 | 195 | 180 | | 双层叠式 | | | 9 | 2-1.12 | 图3-14 | — | |
| | 200L-4 | 30 | — | | 327 | 220 | 175 | | | | | 8 | 2-1.06 / 1-1.18 | | — | |
| | 225M-4 | 37 | — | | | | 230 | | | | 11 | 6 | 3-1.32 / 1-1.40 | 图3-16 | — | |
| | 250M1-4 | 45 | — | | 368 | 250 | 220 | 60/48 | | | 14 | 10 | 3-1.18 | 图3-20 | — | |
| | 250M2-4 | 55 | — | | | | 270 | | | | | 9 | 3-1.25 | 图3-19 | — | |
| | 280S1-4 | 63 | — | | 423 | 290 | 280 | | | 4Y | 13 | 9 | 5-1.32 | | — | |
| | 280S2-4 | 75 | — | | | | 260 | 60/48 | | | | 8 | 5-1.40 | 图3-19 | — | |
| | 280M-4 | 90 | — | | | | 300 | | | | 13 | 7 | 4-1.40 / 2-1.32 | | — | |
| | 315S-4 | 110 | — | | 493 | 340 | 290 | 96/72 | | | 22 | 4 | 6-1.32 | 图3-23 | — | |
| | 315M-4 | 132 | — | | | | 370 | | | | 23 | 3 | 7-1.40 | 图3-24 | — | |

## 3.3　4极电动机端面模拟绕组彩图

新系列4极电动机应用绕组布接线图共19例，并用潘氏画法绘制成彩色绕组端面模拟图，与3.2节电动机绕组数据表中的"绕组图号"相对应，以便读者修理时查阅。

### 3.3.1　24槽4极（$y=5$、$a=1$）三相电动机绕组单层链式布线

(1) 绕组结构参数

定子槽数　$Z=24$　　每组圈数　$S=1$　　并联路数　$a=1$
电机极数　$2p=4$　　极相槽数　$q=2$　　线圈节距　$y=5$
总线圈数　$Q=12$　　绕组极距　$\tau=6$　　绕组系数　$K_{dp}=0.966$
线圈组数　$u=12$　　每槽电角　$\alpha=30°$　　出线根数　$c=6$

(2) 绕组布接线特点及应用举例

本例是4极电动机常用的布线型式之一，无论是一般用途电动机或专用电动机都有较多的应用如新系列中的 Y801-4、Y90S-4、Y2-802-4、Y2-632-4；新系列中的高效率电动机 Y2-90S-4 等。此外，还有老型号的 JO2-21-4、FAL-8600、OJF4-400、600JA12-4、JF-400 等排风扇电动机及 JOF31-4600 轴流通风机等专用电动机都有应用。

(3) 绕组嵌线方法

本例绕组嵌线可用交叠法或整嵌法。

① 交叠法　交叠法嵌线吊2边，嵌入1槽空出1槽，再嵌1槽，再空出1槽，按此规律将全部线圈嵌完。嵌线次序见表3-2（a）

表3-2（a）　交叠法

| 嵌绕次序 | | 1 | 2 | 3 | 4 | 5 | 6 | 7 | 8 | 9 | 10 | 11 | 12 | 13 | 14 | 15 | 16 | 17 | 18 | 19 | 20 | 21 | 22 | 23 | 24 |
|---|---|---|---|---|---|---|---|---|---|---|---|---|---|---|---|---|---|---|---|---|---|---|---|---|---|
| 槽号 | 沉边 | 1 | 23 | 21 | | 19 | | 17 | | 15 | | 13 | | 11 | | 9 | | 7 | | 5 | | 3 | | | |
| | 浮边 | | | | 2 | | 24 | | 22 | | 20 | | 18 | | 16 | | 14 | | 12 | | 10 | | 8 | 6 | 4 |

② 整嵌法　因是显极绕组，采用整嵌将构成三平面绕组，操作时采用分相整嵌，将一相线圈嵌入相应槽内，垫好绝缘再嵌第2相、第3相。嵌线次序见表3-2（b）。

表3-2（b）　整嵌法

| 嵌绕次序 | | 1 | 2 | 3 | 4 | 5 | 6 | 7 | 8 | 9 | 10 | 11 | 12 | 13 | 14 | 15 | 16 |
|---|---|---|---|---|---|---|---|---|---|---|---|---|---|---|---|---|---|
| 槽号 | 下平面 | 19 | 24 | 13 | 18 | 7 | 12 | 1 | 6 | | | | | | | | |
| | 中平面 | | | | | | | | | 23 | 4 | 17 | 22 | 11 | 16 | 5 | 10 |
| 嵌绕次序 | | 17 | 18 | 19 | 20 | 21 | 22 | 23 | 24 | | | | | | | | |
| 槽号 | 上平面 | 3 | 8 | 21 | 2 | 15 | 20 | 9 | 14 | | | | | | | | |

（4）绕组端面布接线

如图 3-6 所示。

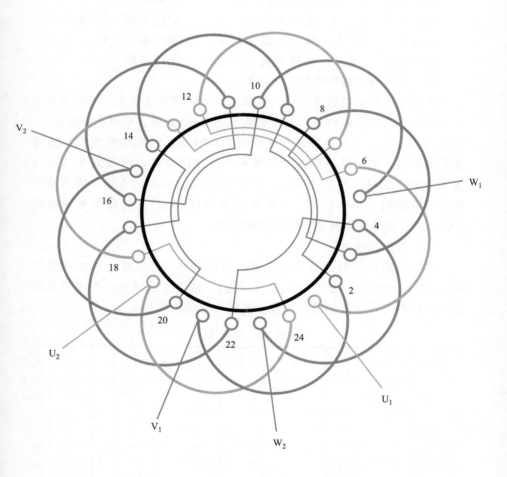

图 3-6　24 槽 4 极（$y=5$、$a=1$）三相电动机绕组单层链式布线

## 3.3.2　36槽4极（$a=1$）三相电动机绕组单层交叉式布线

（1）绕组结构参数

| | | | | | |
|---|---|---|---|---|---|
| 定子槽数 | $Z=36$ | 每组圈数 | $S=1\frac{1}{2}$ | 并联路数 | $a=1$ |
| 电机极数 | $2p=4$ | 极相槽数 | $q=3$ | 线圈节距 | $y=8、7$ |
| 总线圈数 | $Q=18$ | 绕组极距 | $\tau=9$ | 绕组系数 | $K_{dp}=0.96$ |
| 线圈组数 | $u=12$ | 每槽电角 | $\alpha=20°$ | 出线根数 | $c=6$ |

（2）绕组布接线特点及应用举例

本例为不等距显极式布线，属单层交叉式的常规布线。每相由2个大联组和2个单联组构成，大联节距 $y_D=1—9$ 双圈，小联节距是 $y_X=1—8$ 单圈，大、小联线圈组交替轮换对称分布。组间极性相反，接线是反向串联。本例是小型电动机最常用的绕组型式，新系列 Y100L2-4 老系列 JO2-51-4、JO3T-100L-4、JO3L-140S-4、JO4-61-4 等一般用途三相异步电动机采用此绕组；专用电机中的 BJO2-31-4 隔爆型电动机及 YX100L2-4 等高效率电动机都采用此绕组。

（3）绕组嵌线方法

本例绕组一般都用交叠法嵌线，吊边数为3。习惯上常从双圈嵌起，嵌入2槽沉边，退空出1槽（浮边），嵌入1槽沉边，再退空2槽沉边，以后可循此规律进行整嵌。嵌线次序见表3-3。

表 3-3　交叠法

| 嵌绕次序 | | 1 | 2 | 3 | 4 | 5 | 6 | 7 | 8 | 9 | 10 | 11 | 12 | 13 | 14 | 15 | 16 | 17 | 18 |
|---|---|---|---|---|---|---|---|---|---|---|---|---|---|---|---|---|---|---|---|
| 槽号 | 沉边 | 2 | 1 | 35 | 32 | | 31 | | 29 | | 26 | | 25 | | 23 | | 20 | | 19 |
| | 浮边 | | | | | 4 | | 3 | | 36 | | 34 | | 33 | | 30 | | 28 | |
| 嵌绕次序 | | 19 | 20 | 21 | 22 | 23 | 24 | 25 | 26 | 27 | 28 | 29 | 30 | 31 | 32 | 33 | 34 | 35 | 36 |
| 槽号 | 沉边 | | 17 | | 14 | | 13 | | 11 | | 8 | | 7 | | 5 | | | | |
| | 浮边 | 27 | | 24 | | 22 | | 21 | | 18 | | 16 | | 15 | | 12 | 10 | 9 | 6 |

（4）绕组端面布接线
如图 3-7 所示。

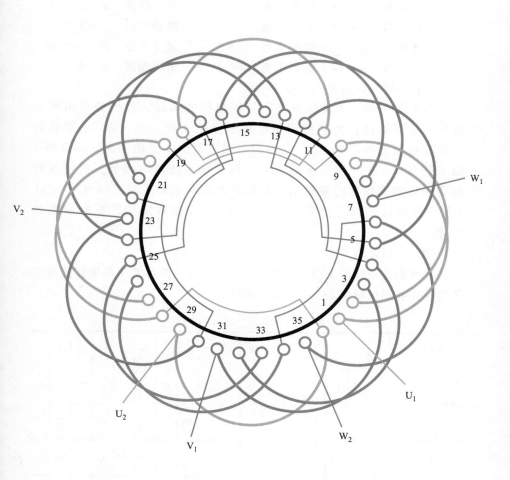

图 3-7　36 槽 4 极（$a=1$）三相电动机绕组单层交叉式布线

### 3.3.3　36 槽 4 极（$a=2$）三相电动机绕组单层交叉式布线

（1）绕组结构参数

| | | | | | |
|---|---|---|---|---|---|
| 定子槽数 | $Z=36$ | 每组圈数 | $S=1\frac{1}{2}$ | 并联路数 | $a=2$ |
| 电机极数 | $2p=4$ | 极相槽数 | $q=3$ | 线圈节距 | $y=8、7$ |
| 总线圈数 | $Q=18$ | 绕组极距 | $\tau=9$ | 绕组系数 | $K_{dp}=0.96$ |
| 线圈组数 | $u=12$ | 每槽电角 | $\alpha=20°$ | 出线根数 | $c=6$ |

（2）绕组布接线特点及应用举例

与上例一样，本例也采用不等距显极式布线，每相分别由两大联和两小联构成，大联线圈节距短于极距 1 槽，$y_D=8$，小联线圈节距短极距 2 槽，$y_x=7$。绕组为二路并联，每支路由大、小联各 1 组串联而成，并用短跳反向连接，两支路走线方向相反，但接线时必需保证同相相邻线圈组极性相反的原则。主要应用实例有 Y160M-4 型一般用途三相异步电动机和 BJO2-32-4 型隔爆型三相异步电动机等。

（3）绕组嵌线方法

本例绕组嵌线同上例，可参考表 3-3 进行。如习惯用前进式嵌线工艺的操作者则可根据表 3-4 的次序嵌线。

**表 3-4　交叠法**（前进式嵌线）

| 嵌绕次序 | | 1 | 2 | 3 | 4 | 5 | 6 | 7 | 8 | 9 | 10 | 11 | 12 | 13 | 14 | 15 | 16 | 17 | 18 |
|---|---|---|---|---|---|---|---|---|---|---|---|---|---|---|---|---|---|---|---|
| 槽号 | 沉边 | 9 | 10 | 12 | 15 | | 16 | | 18 | | 21 | | 22 | | 24 | | 27 | | 28 |
| | 浮边 | | | | | 7 | | 8 | | 11 | | 13 | | 14 | | 17 | | 19 | |
| 嵌绕次序 | | 19 | 20 | 21 | 22 | 23 | 24 | 25 | 26 | 27 | 28 | 29 | 30 | 31 | 32 | 33 | 34 | 35 | 36 |
| 槽号 | 沉边 | | 30 | | 33 | | 34 | | 36 | | 3 | | 4 | | 6 | | | | |
| | 浮边 | 20 | | 23 | | 25 | | 26 | | 29 | | 31 | | 32 | | 35 | 1 | 2 | 5 |

(4) 绕组端面布接线
如图 3-8 所示。

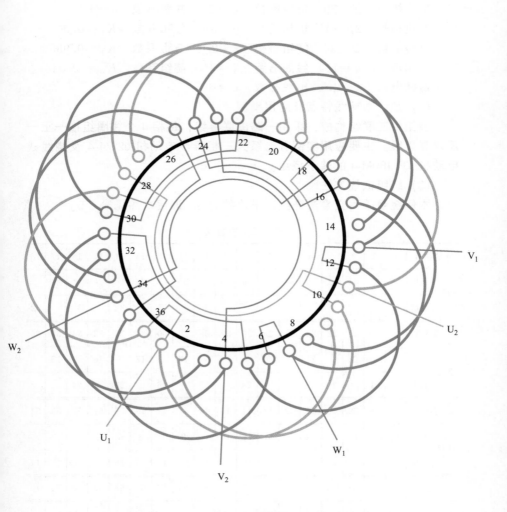

图 3-8　36 槽 4 极（$a=2$）三相电动机绕组单层交叉式布线

### 3.3.4  36槽4极（$y=8$、$a=1$）三相电动机绕组双层叠式布线

（1）绕组结构参数

| | | | |
|---|---|---|---|
| 定子槽数 $Z=36$ | 每组圈数 $S=3$ | 并联路数 $a=1$ | |
| 电机极数 $2p=4$ | 极相槽数 $q=3$ | 分布系数 $K_d=0.96$ | |
| 总线圈数 $Q=36$ | 绕组极距 $\tau=9$ | 节距系数 $K_p=0.985$ | |
| 线圈组数 $u=12$ | 线圈节距 $y=8$ | 绕组系数 $K_{dp}=0.946$ | |
| 每槽电角 $\alpha=20°$ | 出线根数 $c=6$ | | |

（2）绕组布接线特点及应用举例

绕组由三联组构成，采用一路串联接线，每相4个线圈组按一正一反串联接线。主要应用实例有老系列三相异步电动机 J2-71-4 及绕线式电动机 YR-180M-4 的转子绕组。

（3）绕组嵌线方法

本例绕组采用交叠法嵌线，吊边数为8。嵌线次序见表3-5。

表3-5  交叠法

| 嵌绕次序 | | 1 | 2 | 3 | 4 | 5 | 6 | 7 | 8 | 9 | 10 | 11 | 12 | 13 | 14 | 15 | 16 | 17 | 18 |
|---|---|---|---|---|---|---|---|---|---|---|---|---|---|---|---|---|---|---|---|
| 槽号 | 下层 | 36 | 35 | 34 | 33 | 32 | 31 | 30 | 29 | 28 | | 27 | | 26 | | 25 | | 24 | |
| | 上层 | | | | | | | | | | 36 | | 35 | | 34 | | 33 | | 32 |
| 嵌绕次序 | | 19 | 20 | 21 | 22 | 23 | 24 | 25 | 26 | 27 | 28 | 29 | 30 | 31 | 32 | 33 | 34 | 35 | 36 |
| 槽号 | 下层 | 23 | | 22 | | 21 | | 20 | | 19 | | 18 | | 17 | | 16 | | 15 | |
| | 上层 | | 31 | | 30 | | 29 | | 28 | | 27 | | 26 | | 25 | | 24 | | 23 |
| 嵌绕次序 | | 37 | 38 | 39 | 40 | 41 | 42 | 43 | 44 | 45 | 46 | 47 | 48 | 49 | 50 | 51 | 52 | 53 | 54 |
| 槽号 | 下层 | 14 | | 13 | | 12 | | 11 | | 10 | | 9 | | 8 | | 7 | | 6 | |
| | 上层 | | 22 | | 21 | | 20 | | 19 | | 18 | | 17 | | 16 | | 15 | | 14 |
| 嵌绕次序 | | 55 | 56 | 57 | 58 | 59 | 60 | 61 | 62 | 63 | 64 | 65 | 66 | 67 | 68 | 69 | 70 | 71 | 72 |
| 槽号 | 下层 | 5 | | 4 | | 3 | | 2 | | 1 | | | | | | | | | |
| | 上层 | | 13 | | 12 | | 11 | | 10 | | 9 | 8 | 7 | 6 | 5 | 4 | 3 | 2 | 1 |

（4）绕组端面布接线

如图 3-9 所示。

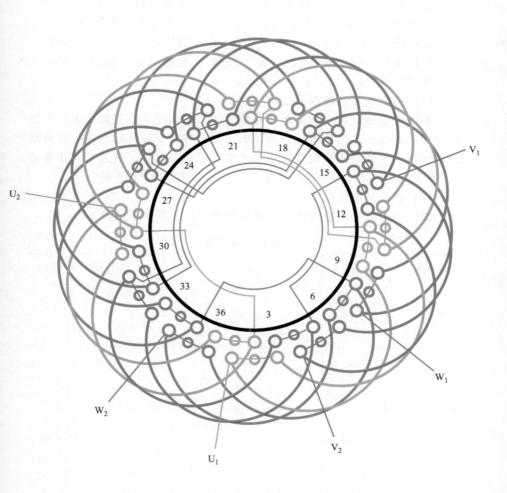

图 3-9　36 槽 4 极（$y=8$、$a=1$）三相电动机绕组双层叠式布线

### 3.3.5 36槽4极（$y=8$、$a=2$）三相电动机绕组双层叠式布线

（1）绕组结构参数

| | | |
|---|---|---|
| 定子槽数 $Z=36$ | 每组圈数 $S=3$ | 并联路数 $a=2$ |
| 电机极数 $2p=4$ | 极相槽数 $q=3$ | 分布系数 $K_d=0.96$ |
| 总线圈数 $Q=36$ | 绕组极距 $\tau=9$ | 节距系数 $K_p=0.985$ |
| 线圈组数 $u=12$ | 线圈节距 $y=8$ | 绕组系数 $K_{dp}=0.946$ |
| 每槽电角 $\alpha=20°$ | 出线根数 $c=6$ | |

（2）绕组布接线特点及应用举例

本例绕组每联由3只等距线圈顺串而成，每相4个联组，采用二路并联接线，每一支路的两组线圈反向串联，并且在进线后分左、右两路长跳连接。主要应用实例有三相异步电动机 JO2-72-4、绕线式异步电动机 YR-132M2-4、及冶金起重用第二代产品 YZR2-132M1-4 等。

（3）绕组嵌线方法

本例绕组采用交叠法嵌线，吊边数为8。嵌线次序见表3-6。

**表 3-6 交叠法**

| 嵌绕次序 | | 1 | 2 | 3 | 4 | 5 | 6 | 7 | 8 | 9 | 10 | 11 | 12 | 13 | 14 | 15 | 16 | 17 | 18 |
|---|---|---|---|---|---|---|---|---|---|---|---|---|---|---|---|---|---|---|---|
| 槽号 | 下层 | 36 | 35 | 34 | 33 | 32 | 31 | 30 | 29 | 28 | | 27 | | 26 | | 25 | | 24 | |
| | 上层 | | | | | | | | | | 36 | | 35 | | 34 | | 33 | | 32 |

| 嵌绕次序 | | 19 | 20 | 21 | 22 | 23 | …… | 45 | 46 | 47 | 48 | 49 | 50 | 51 | 52 | 53 | 54 |
|---|---|---|---|---|---|---|---|---|---|---|---|---|---|---|---|---|---|
| 槽号 | 下层 | 23 | | 22 | | 21 | …… | 10 | | 9 | | 8 | | 7 | | 6 | |
| | 上层 | | 31 | | 30 | | …… | | 18 | | 17 | | 16 | | 15 | | 14 |

| 嵌绕次序 | | 55 | 56 | 57 | 58 | 59 | 60 | 61 | 62 | 63 | 64 | 65 | 66 | 67 | 68 | 69 | 70 | 71 | 72 |
|---|---|---|---|---|---|---|---|---|---|---|---|---|---|---|---|---|---|---|---|
| 槽号 | 下层 | 5 | | 4 | | 3 | | 2 | | 1 | | | | | | | | | |
| | 上层 | | 13 | | 12 | | 11 | | 10 | | 9 | 8 | 7 | 6 | 5 | 4 | 3 | 2 | 1 |

（4）绕组端面布接线

如图 3-10 所示。

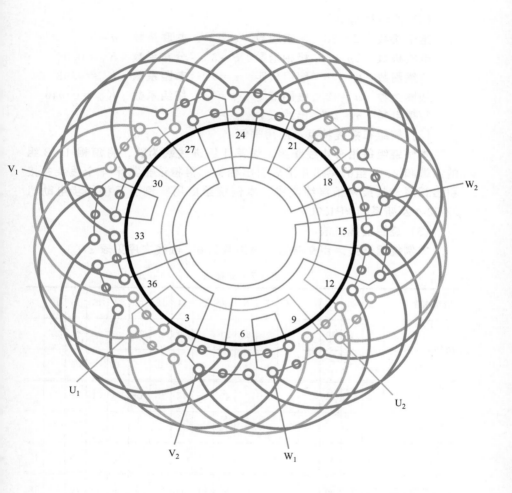

图 3-10　36 槽 4 极（$y=8$、$a=2$）三相电动机绕组双层叠式布线

## 3.3.6　36槽4极（$y=8$、$a=4$）三相电动机绕组双层叠式布线

（1）绕组结构参数

| | | | | | |
|---|---|---|---|---|---|
| 定子槽数 | $Z=36$ | 每组圈数 | $S=3$ | 并联路数 | $a=4$ |
| 电机极数 | $2p=4$ | 极相槽数 | $q=3$ | 分布系数 | $K_d=0.96$ |
| 总线圈数 | $Q=36$ | 绕组极距 | $\tau=9$ | 节距系数 | $K_p=0.985$ |
| 线圈组数 | $u=12$ | 线圈节距 | $y=8$ | 绕组系数 | $K_{dp}=0.946$ |
| 每槽电角 | $\alpha=20°$ | 出线根数 | $c=6$ | | |

（2）绕组布接线特点及应用举例

本例绕组每相有4线圈组，设第1组进线端为头，将每相1、3组的头端和2、4组的尾端并接后引出相头；再将该相其余4个线头并接引出相尾。其余两相接线类推。本例绕组应用实例有三相异步电动机J2-72-4及新系列 YR180L-4 等。

（3）绕组嵌线方法

本例绕组嵌线采用交叠法，吊边数为8。嵌线次序见表3-7。

表 3-7　交叠法

| 嵌绕次序 | | 1 | 2 | 3 | 4 | 5 | 6 | 7 | 8 | 9 | 10 | 11 | 12 | 13 | 14 | 15 | 16 | 17 | 18 |
|---|---|---|---|---|---|---|---|---|---|---|---|---|---|---|---|---|---|---|---|
| 槽号 | 下层 | 3 | 2 | 1 | 36 | 35 | 34 | 33 | 32 | 31 | | 30 | | 29 | | 28 | | 27 | |
| | 上层 | | | | | | | | | | 3 | | 2 | | 1 | | 36 | | 35 |

| 嵌绕次序 | | 19 | 20 | 21 | 22 | 23 | …… | 45 | 46 | 47 | 48 | 49 | 50 | 51 | 52 | 53 | 54 |
|---|---|---|---|---|---|---|---|---|---|---|---|---|---|---|---|---|---|
| 槽号 | 下层 | 26 | | 25 | | 24 | …… | 13 | | 12 | | 11 | | 10 | | 9 | |
| | 上层 | | 34 | | 33 | | …… | | 21 | | 20 | | 19 | | 18 | | 17 |

| 嵌绕次序 | | 55 | 56 | 57 | 58 | 59 | 60 | 61 | 62 | 63 | 64 | 65 | 66 | 67 | 68 | 69 | 70 | 71 | 72 |
|---|---|---|---|---|---|---|---|---|---|---|---|---|---|---|---|---|---|---|---|
| 槽号 | 下层 | 8 | | 7 | | 6 | | 5 | | 4 | | | | | | | | | |
| | 上层 | | 16 | | 15 | | 14 | | 13 | | 12 | 11 | 10 | 9 | 8 | 7 | 6 | 5 | 4 |

(4) 绕组端面布接线

如图 3-11 所示。

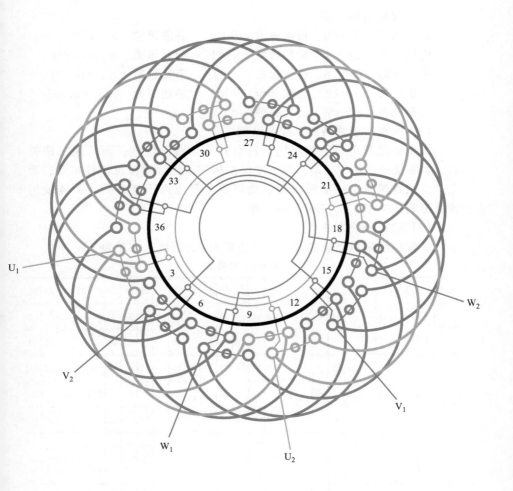

图 3-11　36 槽 4 极 （$y=8$、$a=4$）三相电动机绕组双层叠式布线

## 3.3.7 48槽4极（$y=9$、$a=2$）三相电动机绕组双层叠式布线

(1) 绕组结构参数

定子槽数 $Z=48$　每组圈数 $S=4$　并联路数 $a=2$

电机极数 $2p=4$　极相槽数 $q=4$　分布系数 $K_d=0.958$

总线圈数 $Q=48$　绕组极距 $\tau=12$　节距系数 $K_p=0.924$

线圈组数 $u=12$　线圈节距 $y=9$　绕组系数 $K_{dp}=0.885$

每槽电角 $\alpha=15°$　出线根数 $c=6$

(2) 绕组布接线特点及应用举例

本例绕组节距与上例相同，每组有4只线圈组成，而采用二路并联，故每相分为两个支路，每一支路由相邻两组线圈按反极性串联，而二个支路首尾分别并接后出线。此绕组主要应用于老系列 J-81-4 及同步发电机 T2-225L-4、T2-225M-4 等。

(3) 绕组嵌线方法

本例绕组采用交叠法嵌线，吊边数为9。嵌线次序见表3-8。

表 3-8 交叠法

| 嵌绕次序 | | 1 | 2 | 3 | 4 | 5 | 6 | 7 | 8 | 9 | 10 | 11 | 12 | 13 | 14 | 15 | 16 | 17 | 18 | 19 | 20 | 21 | 22 | 23 | 24 |
|---|---|---|---|---|---|---|---|---|---|---|---|---|---|---|---|---|---|---|---|---|---|---|---|---|---|
| 槽号 | 下层 | 48 | 47 | 46 | 45 | 44 | 43 | 42 | 41 | 40 | 39 | | 38 | | 37 | | 36 | | 35 | | 34 | | 33 | | 32 |
| | 上层 | | | | | | | | | | | 48 | | 47 | | 46 | | 45 | | 44 | | 43 | | 42 | |

| 嵌绕次序 | | 25 | 26 | 27 | 28 | 29 | 30 | 31 | 32 | 33 | 34 | 35 | 36 | 37 | 38 | 39 | 40 | 41 | 42 | 43 | 44 | 45 | 46 | 47 | 48 |
|---|---|---|---|---|---|---|---|---|---|---|---|---|---|---|---|---|---|---|---|---|---|---|---|---|---|
| 槽号 | 下层 | | 31 | | 30 | | 29 | | 28 | | 27 | | 26 | | 25 | | 24 | | 23 | | 22 | | 21 | | 20 |
| | 上层 | 41 | | 40 | | 39 | | 38 | | 37 | | 36 | | 35 | | 34 | | 33 | | 32 | | 31 | | 30 | |

| 嵌绕次序 | | 49 | 50 | 51 | 52 | 53 | 54 | 55 | 56 | 57 | 58 | 59 | 60 | 61 | 62 | 63 | 64 | 65 | 66 | 67 | 68 | 69 | 70 | 71 | 72 |
|---|---|---|---|---|---|---|---|---|---|---|---|---|---|---|---|---|---|---|---|---|---|---|---|---|---|
| 槽号 | 下层 | | 19 | | 18 | | 17 | | 16 | | 15 | | 14 | | 13 | | 12 | | 11 | | 10 | | 9 | | 8 |
| | 上层 | 29 | | 28 | | 27 | | 26 | | 25 | | 24 | | 23 | | 22 | | 21 | | 20 | | 19 | | 18 | |

| 嵌绕次序 | | 73 | 74 | 75 | 76 | 77 | 78 | 79 | 80 | 81 | 82 | 83 | 84 | 85 | 86 | 87 | 88 | 89 | 90 | 91 | 92 | 93 | 94 | 95 | 96 |
|---|---|---|---|---|---|---|---|---|---|---|---|---|---|---|---|---|---|---|---|---|---|---|---|---|---|
| 槽号 | 下层 | | 7 | | 6 | | 5 | | 4 | | 3 | | 2 | | 1 | | | | | | | | | | |
| | 上层 | 17 | | 16 | | 15 | | 14 | | 13 | | 12 | | 11 | 10 | 9 | 8 | 7 | 6 | 5 | 4 | 3 | 2 | 1 |

（4）绕组端面布接线

如图 3-12 所示。

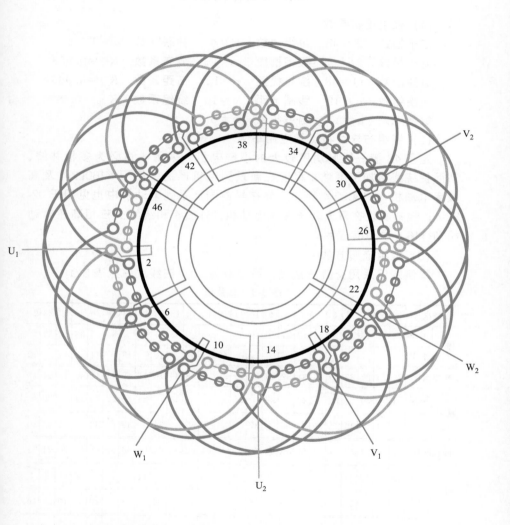

图 3-12　48 槽 4 极（$y=9$、$a=2$）三相电动机绕组双层叠式布线

## 3.3.8  48槽4极（$y=10$、$a=1$）三相电动机绕组双层叠式布线

(1) 绕组结构参数

| | | |
|---|---|---|
| 定子槽数 $Z=48$ | 每组圈数 $S=4$ | 并联路数 $a=1$ |
| 电机极数 $2p=4$ | 极相槽数 $q=4$ | 分布系数 $K_d=0.958$ |
| 总线圈数 $Q=48$ | 绕组极距 $\tau=12$ | 节距系数 $K_p=0.966$ |
| 线圈组数 $u=12$ | 线圈节距 $y=10$ | 绕组系数 $K_{dp}=0.92$ |
| 每槽电角 $\alpha=15°$ | 出线根数 $c=6$ | |

(2) 绕组布接线特点及应用举例

定子48槽一般属功率较大的小型电机，采用一路必为多根并绕，从而使绕线增加了困难，目前在新系列电机产品中用于 Y160L2-4 及高效率电动机 YX160L2-4 等。此外在早前国产系列电动机中也见用于 J2-82-4；但却发现在双笼转子高压电动机 JS115-4 和绕线式三相高压电动机 JR116-4 中也有应用。

(3) 绕组嵌线方法

本例绕组采用交叠法嵌线，吊边数为10。嵌线次序见表3-9。

表3-9  交叠法

| 嵌绕次序 | 1 | 2 | 3 | 4 | 5 | 6 | 7 | 8 | 9 | 10 | 11 | 12 | 13 | 14 | 15 | 16 | 17 | 18 | 19 | 20 | 21 | 22 | 23 | 24 |
|---|---|---|---|---|---|---|---|---|---|---|---|---|---|---|---|---|---|---|---|---|---|---|---|---|
| 槽号 下层 | 48 | 47 | 46 | 45 | 44 | 43 | 42 | 41 | 40 | 39 | 38 | | 37 | | 36 | | 35 | | 34 | | 33 | | 32 | |
| 槽号 上层 | | | | | | | | | | | | 48 | | 47 | | 46 | | 45 | | 44 | | 43 | | 42 |

| 嵌绕次序 | 25 | 26 | 27 | 28 | 29 | 30 | 31 | 32 | 33 | 34 | 35 | 36 | 37 | 38 | 39 | 40 | 41 | 42 | 43 | 44 | 45 | 46 | 47 | 48 |
|---|---|---|---|---|---|---|---|---|---|---|---|---|---|---|---|---|---|---|---|---|---|---|---|---|
| 槽号 下层 | 31 | | 30 | | 29 | | 28 | | 27 | | 26 | | 25 | | 24 | | 23 | | 22 | | 21 | | 20 | |
| 槽号 上层 | | 41 | | 40 | | 39 | | 38 | | 37 | | 36 | | 35 | | 34 | | 33 | | 32 | | 31 | | 30 |

| 嵌绕次序 | 49 | 50 | 51 | 52 | 53 | 54 | 55 | 56 | 57 | 58 | 59 | 60 | 61 | 62 | 63 | 64 | 65 | 66 | 67 | 68 | 69 | 70 | 71 | 72 |
|---|---|---|---|---|---|---|---|---|---|---|---|---|---|---|---|---|---|---|---|---|---|---|---|---|
| 槽号 下层 | 19 | | 18 | | 17 | | 16 | | 15 | | 14 | | 13 | | 12 | | 11 | | 10 | | 9 | | 8 | |
| 槽号 上层 | | 29 | | 28 | | 27 | | 26 | | 25 | | 24 | | 23 | | 22 | | 21 | | 20 | | 19 | | 18 |

| 嵌绕次序 | 73 | 74 | 75 | 76 | 77 | 78 | 79 | 80 | 81 | 82 | 83 | 84 | 85 | 86 | 87 | 88 | 89 | 90 | 91 | 92 | 93 | 94 | 95 | 96 |
|---|---|---|---|---|---|---|---|---|---|---|---|---|---|---|---|---|---|---|---|---|---|---|---|---|
| 槽号 下层 | 7 | | 6 | | 5 | | 4 | | 3 | | 2 | | 1 | | | | | | | | | | | |
| 槽号 上层 | | 17 | | 16 | | 15 | | 14 | | 13 | | 12 | 11 | 10 | 9 | 8 | 7 | 6 | 5 | 4 | 3 | 2 | 1 | |

(4) 绕组端面布接线
如图 3-13 所示。

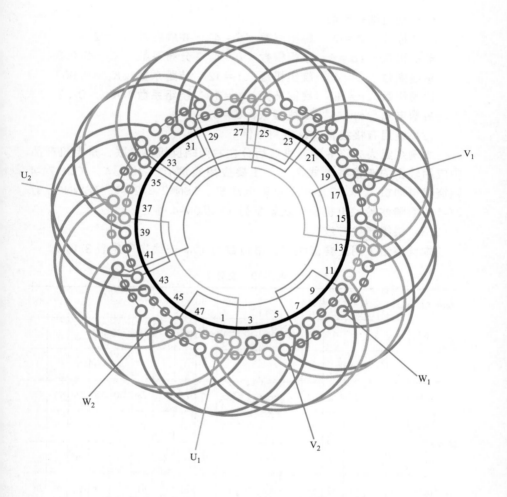

图 3-13　48 槽 4 极（$y=10$、$a=1$）三相电动机绕组双层叠式布线

### 3.3.9  48槽4极（$y=10$、$a=2$）三相电动机绕组双层叠式布线

(1) 绕组结构参数

定子槽数　$Z=48$　　每组圈数　$S=4$　　并联路数　$a=2$

电机极数　$2p=4$　　极相槽数　$q=4$　　分布系数　$K_d=0.958$

总线圈数　$Q=48$　　绕组极距　$\tau=12$　　节距系数　$K_p=0.966$

线圈组数　$u=12$　　线圈节距　$y=10$　　绕组系数　$K_{dp}=0.92$

每槽电角　$\alpha=15°$　　出线根数　$c=6$

(2) 绕组布接线特点及应用举例

本例绕组为二路并联，进线后分左右两路反极性串联，是电机产品中应用较多的布接线型式之一。主要应用实例有 Y-180L-4、JO2L-71-4 铝绕组电动机，YX-200L-4 高效率电动机、TSN42.3/27-4、TSWN42.3/27-4 小容量水轮发电机，以及新系列 Y3-250M-4 等。

(3) 绕组嵌线方法

本例绕组采用交叠嵌线法，吊边数为10。嵌线次序见表3-10。

表 3-10  交叠法

| 嵌绕次序 | | 1 | 2 | 3 | 4 | 5 | 6 | 7 | 8 | 9 | 10 | 11 | 12 | 13 | 14 | 15 | 16 | 17 | 18 |
|---|---|---|---|---|---|---|---|---|---|---|---|---|---|---|---|---|---|---|---|
| 槽号 | 下层 | 4 | 3 | 2 | 1 | 48 | 47 | 46 | 45 | 44 | 43 | 42 | | 41 | | 40 | | 39 | |
| | 上层 | | | | | | | | | | | | 4 | | 3 | | 2 | | 1 |

| 嵌绕次序 | | 19 | 20 | 21 | 22 | 23 | …… | 69 | 70 | 71 | 72 | 73 | 74 | 75 | 76 | 77 | 78 |
|---|---|---|---|---|---|---|---|---|---|---|---|---|---|---|---|---|---|
| 槽号 | 下层 | 38 | | 37 | | 36 | …… | 13 | | 12 | | 11 | | 10 | | 9 | |
| | 上层 | | 48 | | 47 | …… | | 23 | | 22 | | 21 | | 20 | | 19 |

| 嵌绕次序 | | 79 | 80 | 81 | 82 | 83 | 84 | 85 | 86 | 87 | 88 | 89 | 90 | 91 | 92 | 93 | 94 | 95 | 96 |
|---|---|---|---|---|---|---|---|---|---|---|---|---|---|---|---|---|---|---|---|
| 槽号 | 下层 | 8 | | 7 | | 6 | | 5 | | | | | | | | | | | |
| | 上层 | | 18 | | 17 | | 16 | | 15 | 14 | 13 | 12 | 11 | 10 | 9 | 8 | 7 | 6 | 5 |

(4) 绕组端面布接线

如图 3-14 所示。

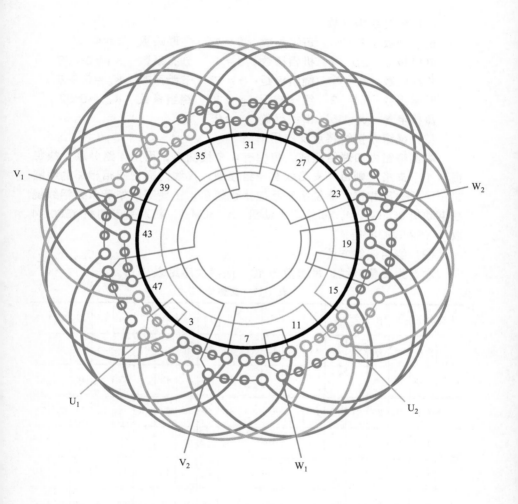

图 3-14 48 槽 4 极 ($y=10$、$a=2$) 三相电动机绕组双层叠式布线

## 3.3.10 48槽4极（$y=10$、$a=4$）三相电动机绕组双层叠式布线

（1）绕组结构参数

定子槽数　$Z=48$　　每组圈数　$S=4$　　并联路数　$a=4$

电机极数　$2p=4$　　极相槽数　$q=4$　　分布系数　$K_d=0.958$

总线圈数　$Q=48$　　绕组极距　$\tau=12$　　节距系数　$K_p=0.966$

线圈组数　$u=12$　　线圈节距　$y=10$　　绕组系数　$K_{dp}=0.92$

每槽电角　$\alpha=15°$　　出线根数　$c=6$

（2）绕组布接线特点及应用举例

本例绕组由四联组组成，每相有4个线圈组，因是4路并联，故每相分4个支路，则每一支路仅有一组线圈，接线时需把同相相邻的线圈组按一正一反并接。此绕组实际应用也较多，主要实例如老系列铝线绕组电动机 JO2L-72-4、高效率电动机 YX-180M-4、新系列电动机 Y200L-4以及 YR225M2-4 等。

（3）绕组嵌线方法

本例为交叠嵌线，吊边数为10。嵌线次序见表3-11。

表3-11　交叠法

| 嵌绕次序 | | 1 | 2 | 3 | 4 | 5 | 6 | 7 | 8 | 9 | 10 | 11 | 12 | 13 | 14 | 15 | 16 | 17 | 18 |
|---|---|---|---|---|---|---|---|---|---|---|---|---|---|---|---|---|---|---|---|
| 槽号 | 下层 | 48 | 47 | 46 | 45 | 44 | 43 | 42 | 41 | 40 | 39 | 38 | | 37 | | 36 | | 35 | |
| | 上层 | | | | | | | | | | | | 48 | | 47 | | 46 | | 45 |
| 嵌绕次序 | | 19 | 20 | 21 | 22 | 23 | ...... | | 69 | 70 | 71 | 72 | 73 | 74 | 75 | 76 | 77 | 78 |
| 槽号 | 下层 | 34 | | 33 | | 32 | ...... | | 9 | | 8 | | 7 | | 6 | | 5 | |
| | 上层 | | 44 | | 43 | | ...... | | | 19 | | 18 | | 17 | | 16 | | 15 |
| 嵌绕次序 | | 79 | 80 | 81 | 82 | 83 | 84 | 85 | 86 | 87 | 88 | 89 | 90 | 91 | 92 | 93 | 94 | 95 | 96 |
| 槽号 | 下层 | 4 | | 3 | | 2 | | 1 | | | | | | | | | | | |
| | 上层 | | 14 | | 13 | | 12 | | 11 | 10 | 9 | 8 | 7 | 6 | 5 | 4 | 3 | 2 | 1 |

（4）绕组端面布接线

如图 3-15 所示。

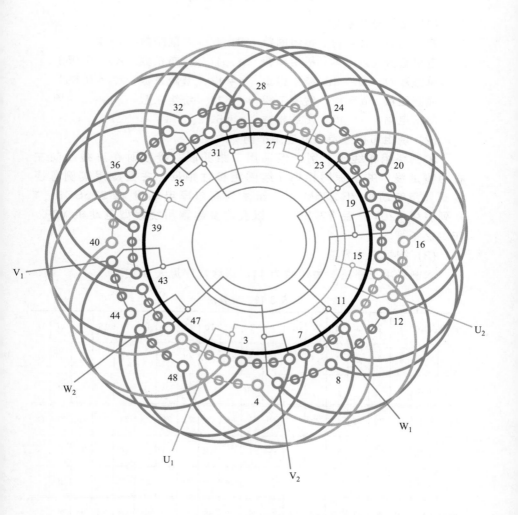

图 3-15　48 槽 4 极（$y=10$、$a=4$）三相电动机绕组双层叠式布线

## 3.3.11　48槽4极（$y=11$、$a=2$）三相电动机绕组双层叠式布线

（1）绕组结构参数

定子槽数　$Z=48$　　每组圈数　$S=4$　　并联路数　$a=2$

电机极数　$2p=4$　　极相槽数　$q=4$　　分布系数　$K_d=0.958$

总线圈数　$Q=48$　　绕组极距　$\tau=12$　　节距系数　$K_p=0.991$

线圈组数　$u=12$　　线圈节距　$y=11$　　绕组系数　$K_{dp}=0.949$

每槽电角　$\alpha=15°$　　出线根数　$c=6$

（2）绕组布接线特点及应用举例

本例绕组布线同上例，但采用二路并联，接线时在进线后向左右两侧走线，并确保同相相邻线圈组极性相反。主要应用实例有绕线式异步电动机 YR-225M1-4、新系列高效率电动机 Y2-225S-4E、Y系列派生 420V 产品 Y225M-4，以及冶金起重用绕线型电动机 YZR2-160M2-4 等。

（3）绕组嵌线方法

本例采用交叠法，吊边数为11。嵌线次序见表3-12。

表 3-12　交叠法

| 嵌绕次序 | | 1 | 2 | 3 | 4 | 5 | 6 | 7 | 8 | 9 | 10 | 11 | 12 | 13 | 14 | 15 | 16 | 17 | 18 |
|---|---|---|---|---|---|---|---|---|---|---|---|---|---|---|---|---|---|---|---|
| 槽号 | 下层 | 4 | 3 | 2 | 1 | 48 | 47 | 46 | 45 | 44 | 43 | 42 | 41 | | 40 | | 39 | | 38 |
| | 上层 | | | | | | | | | | | | | 4 | | 3 | | 2 | |

| 嵌绕次序 | | 19 | 20 | 21 | 22 | 23 | …… | 69 | 70 | 71 | 72 | 73 | 74 | 75 | 76 | 77 | 78 |
|---|---|---|---|---|---|---|---|---|---|---|---|---|---|---|---|---|---|
| 槽号 | 下层 | | 37 | | 36 | …… | 12 | | 11 | | 10 | | 9 | | 8 |
| | 上层 | 1 | | 48 | | 47 | …… | 24 | | 23 | | 22 | | 21 | | 20 |

| 嵌绕次序 | | 79 | 80 | 81 | 82 | 83 | 84 | 85 | 86 | 87 | 88 | 89 | 90 | 91 | 92 | 93 | 94 | 95 | 96 |
|---|---|---|---|---|---|---|---|---|---|---|---|---|---|---|---|---|---|---|---|
| 槽号 | 下层 | | 7 | | 5 | | | | | | | | | | | | | | |
| | 上层 | 19 | | 18 | | 17 | | 16 | 15 | 14 | 13 | 12 | 11 | 10 | 9 | 8 | 7 | 6 | 5 |

（4）绕组端面布接线

如图 3-16 所示。

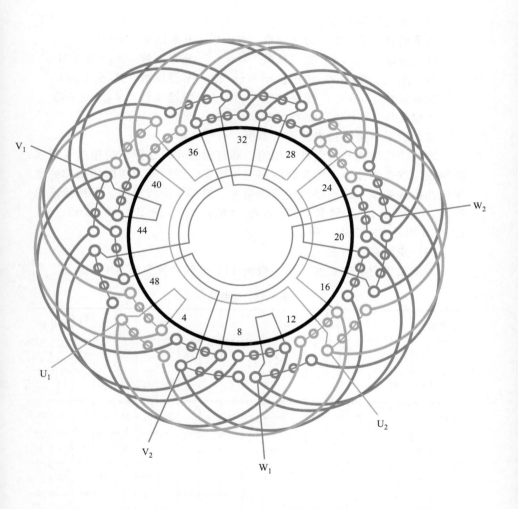

图 3-16　48 槽 4 极（$y=11$、$a=2$）三相电动机绕组双层叠式布线

## 3.3.12  48 槽 4 极（$y=11$、$a=4$）三相电动机绕组双层叠式布线

（1）绕组结构参数

| | | | | | |
|---|---|---|---|---|---|
| 定子槽数 | $Z=48$ | 每组圈数 | $S=4$ | 并联路数 | $a=4$ |
| 电机极数 | $2p=4$ | 极相槽数 | $q=4$ | 分布系数 | $K_d=0.958$ |
| 总线圈数 | $Q=48$ | 绕组极距 | $\tau=12$ | 节距系数 | $K_p=0.991$ |
| 线圈组数 | $u=12$ | 线圈节距 | $y=11$ | 绕组系数 | $K_{dp}=0.949$ |
| 每槽电角 | $\alpha=15°$ | 出线根数 | $c=6$ | | |

（2）绕组布接线特点及应用举例

本例绕组结构与上例基本相同，即每组有 4 只线圈，每相由 4 组线圈构成，故每相分为 4 个支路则每一支路仅一组线圈，按同相相邻线圈组极性相反并联。此绕组选用节距偏大，增加了嵌线难度，但绕组系数较高。主要应用实例有 Y 系列电动机，如 Y-225S-4、YR-250、Y2-225M-4 以及 Y3-225M-4 等。

（3）绕组嵌线方法

本例采用交叠法嵌线，吊边数为 11。嵌线次序见表 3-13。

表 3-13  交叠法

| 嵌绕次序 | | 1 | 2 | 3 | 4 | 5 | 6 | 7 | 8 | 9 | 10 | 11 | 12 | 13 | 14 | 15 | 16 | 17 | 18 |
|---|---|---|---|---|---|---|---|---|---|---|---|---|---|---|---|---|---|---|---|
| 槽号 | 下层 | 48 | 47 | 46 | 45 | 44 | 43 | 42 | 41 | 40 | 39 | 38 | 37 | | 36 | | 35 | | 34 |
| | 上层 | | | | | | | | | | | | | 48 | | 47 | | 46 | |

| 嵌绕次序 | | 19 | 20 | 21 | 22 | 23 | …… | 69 | 70 | 71 | 72 | 73 | 74 | 75 | 76 | 77 | 78 |
|---|---|---|---|---|---|---|---|---|---|---|---|---|---|---|---|---|---|
| 槽号 | 下层 | | 33 | | 32 | | …… | | 8 | | | | | | 5 | | 4 |
| | 上层 | 45 | | 44 | | 43 | …… | 20 | | 19 | | 18 | | 17 | | 16 | |

| 嵌绕次序 | | 79 | 80 | 81 | 82 | 83 | 84 | 85 | 86 | 87 | 88 | 89 | 90 | 91 | 92 | 93 | 94 | 95 | 96 |
|---|---|---|---|---|---|---|---|---|---|---|---|---|---|---|---|---|---|---|---|---|
| 槽号 | 下层 | | 3 | | 2 | | 1 | | | | | | | | | | | | |
| | 上层 | 15 | | 14 | | 13 | | 12 | 11 | 10 | 9 | 8 | 7 | 6 | 5 | 4 | 3 | 2 | 1 |

(4) 绕组端面布接线
如图 3-17 所示。

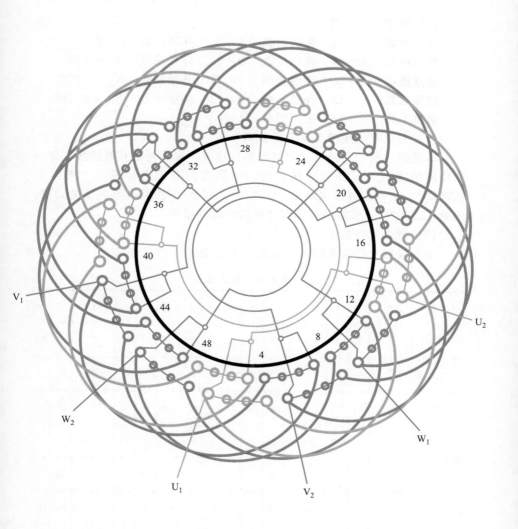

图 3-17　48 槽 4 极 ($y=11$、$a=4$) 三相电动机绕组双层叠式布线

## 3.3.13 60槽4极 （$y=13$、$a=2$）三相电动机 绕组双层叠式布线

(1) 绕组结构参数

定子槽数　$Z=60$　　每组圈数　$S=5$　　并联路数　$a=2$

电机极数　$2p=4$　　极相槽数　$q=5$　　分布系数　$K_d=0.957$

总线圈数　$Q=60$　　绕组极距　$\tau=15$　　节距系数　$K_p=0.978$

线圈组数　$u=12$　　线圈节距　$y=13$　　绕组系数　$K_{dp}=0.936$

每槽电角　$\alpha=12°$　　出线根数　$c=6$

(2) 绕组布接线特点及应用举例

本绕组线圈节距较长，故绕组系数较高，采用两路并联接线，每一支路两组线圈为反极性短跳连接。主要应用实例有新系列 Y250S-4、Y250M-4，立式深井泵电动机 YLB250-3-4 以及 YR250S-4 绕线型电动机，还有 YLB750-3-4 节能型长轴深井用异步电动机等。

(3) 绕组嵌线方法

本例采用交叠法嵌线，吊边数为 13。嵌线次序见表 3-14。

表 3-14　交叠法

| 嵌绕次序 | | 1 | 2 | 3 | 4 | 5 | 6 | 7 | 8 | 9 | 10 | 11 | 12 | 13 | 14 | 15 | 16 | 17 | 18 |
|---|---|---|---|---|---|---|---|---|---|---|---|---|---|---|---|---|---|---|---|
| 槽号 | 下层 | 5 | 4 | 3 | 2 | 1 | 60 | 59 | 58 | 57 | 56 | 55 | 54 | 53 | 52 | | 51 | | 50 |
| | 上层 | | | | | | | | | | | | | | | 5 | | 4 | |

| 嵌绕次序 | | 19 | 20 | 21 | 22 | 23 | 24 | 25 | 26 | 27 | …… | 97 | 98 | 99 | 100 | 101 | 102 |
|---|---|---|---|---|---|---|---|---|---|---|---|---|---|---|---|---|---|
| 槽号 | 下层 | | 49 | | 48 | | 47 | | 46 | | …… | | 10 | | 9 | | 8 |
| | 上层 | 3 | | 2 | | 1 | | 60 | | 59 | …… | 24 | | 23 | | 22 | |

| 嵌绕次序 | | 103 | 104 | 105 | 106 | 107 | 108 | 109 | 110 | 111 | 112 | 113 | 114 | 115 | 116 | 117 | 118 | 119 | 120 |
|---|---|---|---|---|---|---|---|---|---|---|---|---|---|---|---|---|---|---|---|
| 槽号 | 下层 | | 7 | | 6 | | | | | | | | | | | | | | |
| | 上层 | 21 | | 20 | | 19 | 18 | 17 | 16 | 15 | 14 | 13 | 12 | 11 | 10 | 9 | 8 | 7 | 6 |

(4) 绕组端面布接线

如图 3-18 所示。

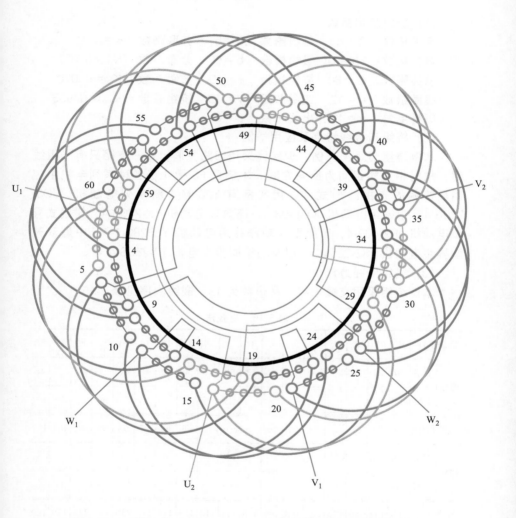

图 3-18 60 槽 4 极（$y=13$、$a=2$）三相电动机绕组双层叠式布线

## 3.3.14　60槽4极（$y=13$、$a=4$）三相电动机绕组双层叠式布线

（1）绕组结构参数

定子槽数　$Z=60$　　每组圈数　$S=5$　　并联路数　$a=4$

电机极数　$2p=4$　　极相槽数　$q=5$　　分布系数　$K_d=0.957$

总线圈数　$Q=60$　　绕组极距　$\tau=15$　　节距系数　$K_p=0.978$

线圈组数　$u=12$　　线圈节距　$y=13$　　绕组系数　$K_{dp}=0.936$

每槽电角　$\alpha=12°$　　出线根数　$c=6$

（2）绕组布接线特点及应用举例

本例绕组节距同上例，但接线采用四路并联，每一支路只有一组线圈，故同相线圈组间为反向并联。本例是60槽4极各种系列电机中应用最普遍的布接线形式，应用实例有 Y280M-4 新系列电动机、JO3-280S-4，铝绕组电动机 JO2L-93-4，高效率电动机 YX-280S-4，绕线式异步电动机 JR2-400-4，节能型长轴深井用电动机 YLB280-1-4，中型双笼型异步电动机 JS2-335M2-4 以及小型同步发电机 T2-280S-4 等。

（3）绕组嵌线方法

本例绕组采用交叠嵌线，吊边数为13。嵌线次序见表3-15。

表 3-15　交叠法

| 嵌绕次序 | | 1 | 2 | 3 | 4 | 5 | 6 | 7 | 8 | 9 | 10 | 11 | 12 | 13 | 14 | 15 | 16 | 17 | 18 |
|---|---|---|---|---|---|---|---|---|---|---|---|---|---|---|---|---|---|---|---|
| 槽号 | 下层 | 60 | 59 | 58 | 57 | 56 | 55 | 54 | 53 | 52 | 51 | 50 | 49 | 48 | 47 |  | 46 |  | 45 |
| | 上层 | | | | | | | | | | | | | | | 60 | | 59 | |

| 嵌绕次序 | | 19 | 20 | 21 | 22 | 23 | 24 | 25 | …… | 95 | 96 | 97 | 98 | 99 | 100 | 101 | 102 |
|---|---|---|---|---|---|---|---|---|---|---|---|---|---|---|---|---|---|
| 槽号 | 下层 | | 44 | | 43 | | 42 | | …… | | 6 | | 5 | | 4 | | 3 |
| | 上层 | 58 | | 57 | | 56 | | 55 | …… | 20 | | 19 | | 18 | | 17 | |

| 嵌绕次序 | | 103 | 104 | 105 | 106 | 107 | 108 | 109 | 110 | 111 | 112 | 113 | 114 | 115 | 116 | 117 | 118 | 119 | 120 |
|---|---|---|---|---|---|---|---|---|---|---|---|---|---|---|---|---|---|---|---|
| 槽号 | 下层 | | 2 | | 1 | | | | | | | | | | | | | | |
| | 上层 | 16 | | 15 | | 14 | 13 | 12 | 11 | 10 | 9 | 8 | 7 | 6 | 5 | 4 | 3 | 2 | 1 |

（4）绕组端面布接线
如图 3-19 所示。

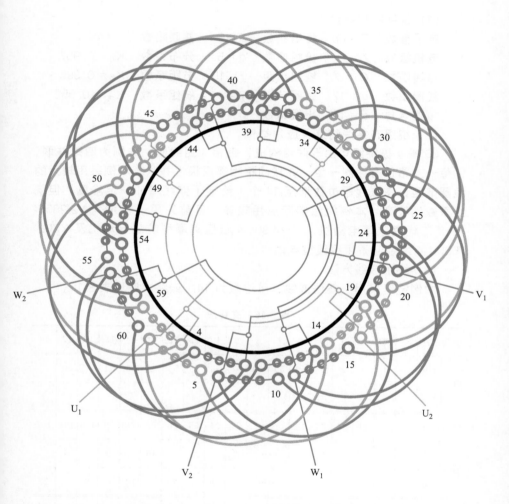

图 3-19　60 槽 4 极（$y=13$、$a=4$）三相电动机绕组双层叠式布线

### 3.3.15　60槽4极（$y=14$、$a=4$）三相电动机绕组双层叠式布线

(1) 绕组结构参数

定子槽数　$Z=60$　　每组圈数　$S=5$　　并联路数　$a=4$
电机极数　$2p=4$　　极相槽数　$q=5$　　分布系数　$K_d=0.957$
总线圈数　$Q=60$　　绕组极距　$\tau=15$　　节距系数　$K_p=0.995$
线圈组数　$u=12$　　线圈节距　$y=14$　　绕组系数　$K_{dp}=0.952$
每槽电角　$\alpha=12°$　　出线根数　$c=6$

(2) 绕组布接线特点及应用举例

60槽4极绕组均由五联组构成，每相4组线圈，本例为四路并联，则每一支路仅有线圈一组，并按同相相邻反极性并联。本例采用较大的线圈节距，使嵌线吊边数增至14个，给定子嵌线增加一定难度，但绕组系数则较高。本例绕组实际应用较多，目前见用于新系列 Y2-280S-4E 第二代高效率电动机、YB2-280L-4 低压隔爆型防爆电动机及 YZR2-250M1-4 冶金起重用绕线型电动机。

(3) 绕组嵌线方法

本例绕组采用交叠法嵌线，吊边数为14。嵌线次序见表3-16。

表 3-16　交叠法

| 嵌绕次序 | | 1 | 2 | 3 | 4 | 5 | 6 | 7 | 8 | 9 | 10 | 11 | 12 | 13 | 14 | 15 | 16 | 17 | 18 |
|---|---|---|---|---|---|---|---|---|---|---|---|---|---|---|---|---|---|---|---|
| 槽号 | 下层 | 5 | 4 | 3 | 2 | 1 | 60 | 59 | 58 | 57 | 56 | 55 | 54 | 53 | 52 | 51 | | 50 | |
| | 上层 | | | | | | | | | | | | | | | | 5 | | 4 |

| 嵌绕次序 | | 19 | 20 | 21 | 22 | 23 | 24 | …… | 93 | 94 | 95 | 96 | 97 | 98 | 99 | 100 | 101 | 102 |
|---|---|---|---|---|---|---|---|---|---|---|---|---|---|---|---|---|---|---|
| 槽号 | 下层 | 49 | | 48 | | 47 | | …… | 12 | | 11 | | 10 | | 9 | | 8 | |
| | 上层 | | 3 | | 2 | | 1 | …… | | 26 | | 25 | | 24 | | 23 | | 22 |

| 嵌绕次序 | | 103 | 104 | 105 | 106 | 107 | 108 | 109 | 110 | 111 | 112 | 113 | 114 | 115 | 116 | 117 | 118 | 119 | 120 |
|---|---|---|---|---|---|---|---|---|---|---|---|---|---|---|---|---|---|---|---|
| 槽号 | 下层 | 7 | | 6 | | | | | | | | | | | | | | | |
| | 上层 | | 21 | | 20 | 19 | 18 | 17 | 16 | 15 | 14 | 13 | 12 | 11 | 10 | 9 | 8 | 7 | 6 |

（4）绕组端面布接线
如图 3-20 所示。

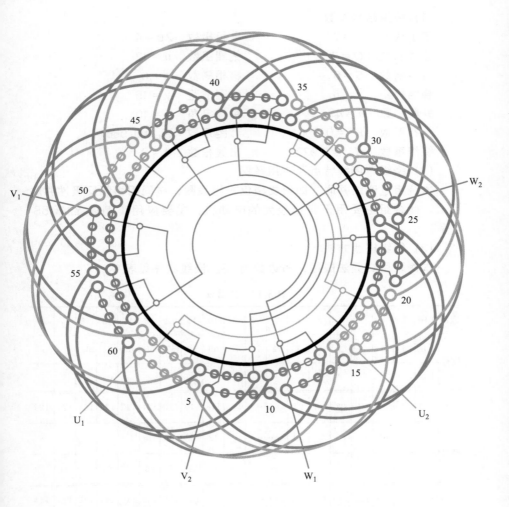

图 3-20　60 槽 4 极（$y=14$、$a=4$）三相电动机绕组双层叠式布线

### 3.3.16　72 槽 4 极（$y=15$、$a=4$）三相电动机绕组双层叠式布线

(1) 绕组结构参数

| | | | |
|---|---|---|---|
| 定子槽数 | $Z=72$ | 电机极数 | $2p=4$ |
| 总线圈数 | $Q=72$ | 线圈组数 | $u=12$ |
| 每组圈数 | $S=6$ | 极相槽数 | $q=6$ |
| 绕组极距 | $\tau=18$ | 线圈节距 | $y=15$ |
| 并联路数 | $a=4$ | 每槽电角 | $\alpha=10°$ |
| 分布系数 | $K_d=0.956$ | 节距系数 | $K_p=0.966$ |
| 绕组系数 | $K_{dp}=0.923$ | 出线根数 | $c=6$ |

(2) 绕组布接线特点及应用举例

本绕组是四路并联，即每支路仅一组线圈，按同相相邻反极性并联而成。此绕组主要用于容量较大的电动机，主要应用实例如 Y2-315S-4 等。

(3) 绕组嵌线方法

本例采用交叠法嵌线，吊边数为 15。嵌线次序见表 3-17。

表 3-17　交叠法

| 嵌绕次序 | | 1 | 2 | 3 | 4 | 5 | 6 | 7 | 8 | 9 | 10 | 11 | 12 | 13 | 14 | 15 | 16 | 17 | 18 |
|---|---|---|---|---|---|---|---|---|---|---|---|---|---|---|---|---|---|---|---|
| 槽号 | 下层 | 6 | 5 | 4 | 3 | 2 | 1 | 72 | 71 | 70 | 69 | 68 | 67 | 66 | 65 | 64 | 63 | | 62 |
| | 上层 | | | | | | | | | | | | | | | | 6 | | |
| 嵌绕次序 | | 19 | 20 | 21 | 22 | 23 | 24 | …… | 117 | 118 | 119 | 120 | 121 | 122 | 123 | 124 | 125 | 126 |
| 槽号 | 下层 | | 61 | | 60 | | 59 | …… | 12 | | 11 | | 10 | | 9 | | | 8 |
| | 上层 | 5 | | 4 | | 3 | | …… | 28 | | 27 | | 26 | | 25 | | 24 | |
| 嵌绕次序 | | 127 | 128 | 129 | 130 | 131 | 132 | 133 | 134 | 135 | 136 | 137 | 138 | 139 | 140 | 141 | 142 | 143 | 144 |
| 槽号 | 下层 | | 7 | | | | | | | | | | | | | | | | |
| | 上层 | 23 | | 22 | 21 | 20 | 19 | 18 | 17 | 16 | 15 | 14 | 13 | 12 | 11 | 10 | 9 | 8 | 7 |

（4）绕组端面布接线

如图 3-21 所示。

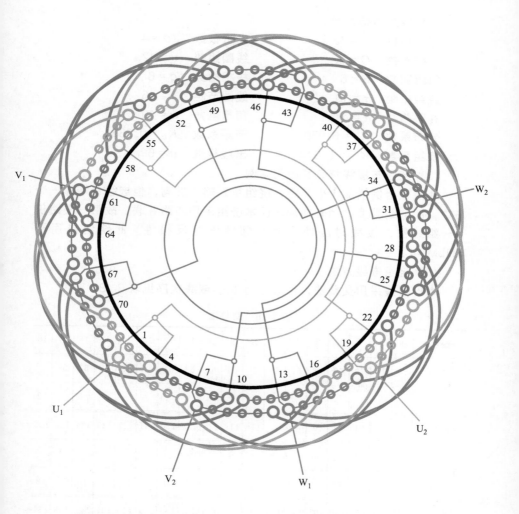

图 3-21　72 槽 4 极（$y=15$、$a=4$）三相电动机绕组双层叠式布线

### 3.3.17　72槽4极（$y=16$、$a=4$）三相电动机绕组双层叠式布线

（1）绕组结构参数

| | | | |
|---|---|---|---|
| 定子槽数 | $Z=72$ | 电机极数 | $2p=4$ |
| 总线圈数 | $Q=72$ | 线圈组数 | $u=12$ |
| 每组圈数 | $S=6$ | 极相槽数 | $q=6$ |
| 绕组极距 | $\tau=18$ | 线圈节距 | $y=16$ |
| 并联路数 | $a=4$ | 每槽电角 | $\alpha=10°$ |
| 分布系数 | $K_d=0.958$ | 节距系数 | $K_p=0.985$ |
| 绕组系数 | $K_{dp}=0.944$ | 出线根数 | $c=6$ |

（2）绕组布接线特点及应用举例

线圈较上例增加1槽节距，绕组系数略为提高，但嵌线也增加一个吊边，即嵌线难度也稍有增加。而本绕组采用四路并联，故每一支路仅有一组线圈，接线时应使同相相邻线圈组反极性。此绕组应用于Y315M1-4。

（3）绕组嵌线方法

本例嵌线采用交叠法，吊边数为16。嵌线次序见表3-18。

表3-18　交叠法

| 嵌绕次序 | | 1 | 2 | 3 | 4 | 5 | 6 | 7 | 8 | 9 | 10 | 11 | 12 | 13 | 14 | 15 | 16 | 17 | 18 |
|---|---|---|---|---|---|---|---|---|---|---|---|---|---|---|---|---|---|---|---|
| 槽号 | 下层 | 72 | 71 | 70 | 69 | 68 | 67 | 66 | 65 | 64 | 63 | 62 | 61 | 60 | 59 | 58 | 57 | 56 | |
| | 上层 | | | | | | | | | | | | | | | | | | 72 |

| 嵌绕次序 | | 19 | 20 | 21 | 22 | 23 | …… | 116 | 117 | 118 | 119 | 120 | 121 | 122 | 123 | 124 | 125 | 126 |
|---|---|---|---|---|---|---|---|---|---|---|---|---|---|---|---|---|---|---|
| 槽号 | 下层 | 55 | | 54 | | 53 | …… | 6 | | 5 | | 4 | | 3 | | 2 | | |
| | 上层 | | 71 | | 70 | | …… | 23 | | 22 | | 21 | | 20 | | 19 | | 18 |

| 嵌绕次序 | | 127 | 128 | 129 | 130 | 131 | 132 | 133 | 134 | 135 | 136 | 137 | 138 | 139 | 140 | 141 | 142 | 143 | 144 |
|---|---|---|---|---|---|---|---|---|---|---|---|---|---|---|---|---|---|---|---|
| 槽号 | 下层 | 1 | | | | | | | | | | | | | | | | | |
| | 上层 | | 17 | 16 | 15 | 14 | 13 | 12 | 11 | 10 | 9 | 8 | 7 | 6 | 5 | 4 | 3 | 2 | 1 |

（4）绕组端面布接线

如图 3-22 所示。

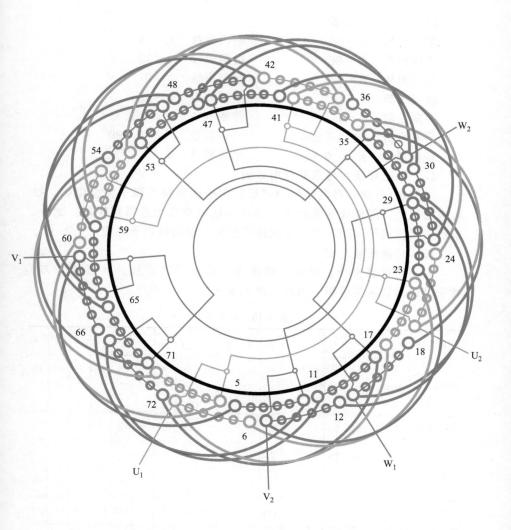

图 3-22　72 槽 4 极（$y=16$、$a=4$）三相电动机绕组双层叠式布线

### 3.3.18　96 槽 4 极（$y=22$、$a=4$）三相电动机绕组双层叠式布线

(1) 绕组结构参数

| | | | |
|---|---|---|---|
| 定子槽数 | $Z=96$ | 电机极数 | $2p=4$ |
| 总线圈数 | $Q=96$ | 线圈组数 | $u=12$ |
| 每组圈数 | $S=8$ | 极相槽数 | $q=8$ |
| 绕组极距 | $\tau=24$ | 线圈节距 | $y=22$ |
| 并联路数 | $a=4$ | 每槽电角 | $\alpha=7.5°$ |
| 分布系数 | $K_d=0.956$ | 节距系数 | $K_p=0.998$ |
| 绕组系数 | $K_{dp}=0.954$ | 出线根数 | $c=6$ |

(2) 绕组布接线特点及应用举例

本例是 96 槽 4 极电动机用绕组，由于此型铁芯属于大型电机，铁芯内腔较大，即使线圈跨距大，吊边嵌线的难度也会得到缓解。此外，本例主要应用于 YZR2-315S-4 绕线式起重型电动机定子绕组。

(3) 绕组嵌线方法

本例是双层叠绕，绕组必须采用交叠法吊边嵌线，吊边数为 22，属于吊边数较多的绕组。嵌线次序见表 3-19。

表 3-19　交叠法

| 嵌绕次序 | | 1 | 2 | 3 | 4 | 5 | 6 | 7 | 8 | 9 | 10 | 11 | 12 | 13 | 14 | 15 | 16 | 17 | 18 |
|---|---|---|---|---|---|---|---|---|---|---|---|---|---|---|---|---|---|---|---|
| 槽号 | 下层 | 96 | 95 | 94 | 93 | 92 | 91 | 90 | 89 | 88 | 87 | 86 | 85 | 84 | 83 | 82 | 81 | 80 | 79 |
| | 上层 | | | | | | | | | | | | | | | | | | |
| 嵌绕次序 | | 19 | 20 | 21 | 22 | 23 | 24 | 25 | 26 | …… | | 167 | 168 | 169 | 170 | 171 | 172 | 173 | 174 |
| 槽号 | 下层 | 78 | 77 | 76 | 75 | 74 | | 73 | | …… | | 2 | | 1 | | | | | |
| | 上层 | | | | | | 96 | | 95 | …… | | 24 | | 23 | 22 | 21 | 20 | 19 | |
| 嵌绕次序 | | 175 | 176 | 177 | 178 | 179 | 180 | 181 | 182 | 183 | 184 | 185 | 186 | 187 | 188 | 189 | 190 | 191 | 192 |
| 槽号 | 下层 | | | | | | | | | | | | | | | | | | |
| | 上层 | 18 | 17 | 16 | 15 | 14 | 13 | 12 | 11 | 10 | 9 | 8 | 7 | 6 | 5 | 4 | 3 | 2 | 1 |

（4）绕组端面布接线
如图 3-23 所示。

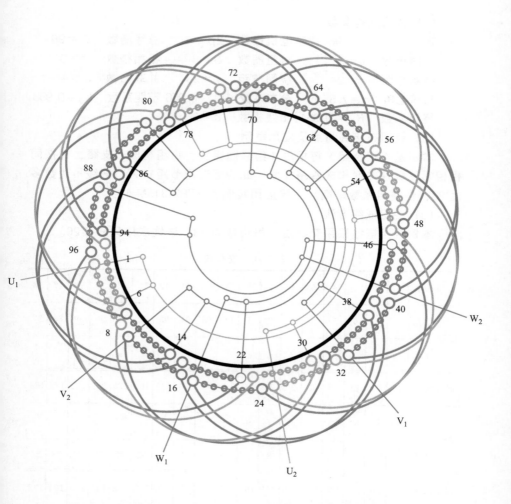

图 3-23　96 槽 4 极（$y=22$、$a=4$）三相电动机绕组双层叠式布线

## 3.3.19 96槽4极（$y=23$、$a=4$）三相电动机绕组双层叠式布线

（1）绕组结构参数

定子槽数 $Z=96$　　电机极数 $2p=4$　　总线圈数 $Q=96$

线圈组数 $u=12$　　每组圈数 $S=8$　　极相槽数 $q=8$

绕组极距 $\tau=24$　　绕圈节距 $y=23$　　并联路数 $a=4$

每槽电角 $\alpha=7.5°$　　分布系数 $K_d=0.956$　节距系数 $K_p=0.998$

绕组系数 $K_{dp}=0.954$　出线根数 $c=6$

（2）绕组布接线特点及应用举例

本例是4极绕组，每相由4组线圈组成，每组构成一支路，并按同相相邻反极性并联构成四路并联。此绕组选用节距较大，嵌线吊边数多达23，但绕组系数较高。主要应用实例有 YZR2-315M-4。

（3）绕组嵌线方法

本例绕组嵌线采用交叠法，吊边数为23。嵌线次序见表3-20。

表3-20　交叠法

| 嵌绕次序 | | 1 | 2 | 3 | 4 | 5 | 6 | 7 | 8 | 9 | 10 | 11 | 12 | 13 | 14 | 15 | 16 | 17 | 18 |
|---|---|---|---|---|---|---|---|---|---|---|---|---|---|---|---|---|---|---|---|
| 槽号 | 下层 | 8 | 7 | 6 | 5 | 4 | 3 | 2 | 1 | 96 | 95 | 94 | 93 | 92 | 91 | 90 | 89 | 88 | 87 |
| | 上层 | | | | | | | | | | | | | | | | | | |
| 嵌绕次序 | | 19 | 20 | 21 | 22 | 23 | 24 | 25 | 26 | …… | | 167 | 168 | 169 | 170 | 171 | 172 | 173 | 174 |
| 槽号 | 下层 | 86 | 85 | 84 | 83 | 82 | 81 | | 80 | …… | | 9 | | | | | | | |
| | 上层 | | | | | | | 8 | | …… | | 33 | | 32 | 31 | 30 | 29 | 28 | 27 |
| 嵌绕次序 | | 175 | 176 | 177 | 178 | 179 | 180 | 181 | 182 | 183 | 184 | 185 | 186 | 187 | 188 | 189 | 190 | 191 | 192 |
| 槽号 | 下层 | | | | | | | | | | | | | | | | | | |
| | 上层 | 26 | 25 | 24 | 23 | 22 | 21 | 20 | 19 | 18 | 17 | 16 | 15 | 14 | 13 | 12 | 11 | 10 | 9 |

（4）绕组端面布接线

如图 3-24 所示。

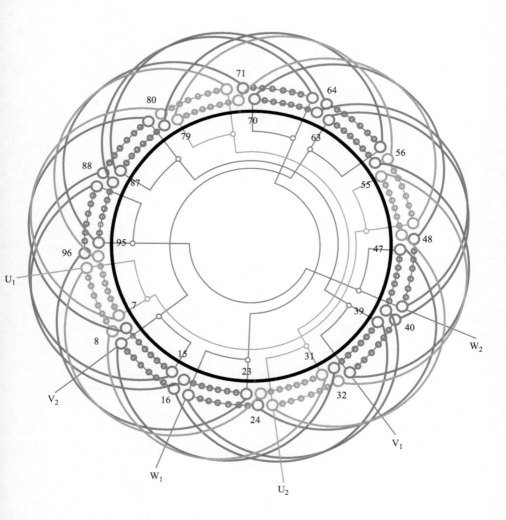

图 3-24　96 槽 4 极（$y=23$、$a=4$）三相电动机绕组双层叠式布线

# 第 4 章

# 6极电动机定子修理资料

6极电动机磁场转速是 1000r/min，除去异步转差则额定转速一般在 910～970r/min，在感应电动机中属中速偏慢的机种；同功率相比其转矩则大于 4 极，也是机械设备广为配用的转速。定子铁芯极面较 4 极进一步收窄，使气隙磁密和齿部磁密更趋偏紧，而随极数增加，轭部磁密会更宽松，可使轭部尺寸做得更小。另外，相同槽数的 6 极绕组节距比 4 极短，交叠嵌线时吊边数也少，使嵌线操作变得容易。

## 4.1　6极电动机绕组极性规律与接线方法

新系列6极电动机采用的绕组型式有单层链式、单层交叉式和双层叠式；而且只有显极布线，其接线原则与前面相同，即使同相相邻线圈组极性相反。此外，因三相绕组在定子铁芯安排互差120°电角；所以，三相相邻线圈组（方块）的极性（箭头方向）也必须相反。

6极绕组显极布线时共有线圈组数 $u = 18$ 组，即每相6组，可采用1路串联，2路、3路、6路并联接线，而且还可有不同的接法。为简明清晰，特用彩色方块圆图表示绕组的接线。

（1）6极1路（短跳）串联接线

小功率6极电动机常用1路串联，而6极绕组串联可用短跳或长跳接法，但因长跳未能显示其优点，所以实际只应用短跳，即顺次将相邻两组线圈反极性串联。如图4-1所示。

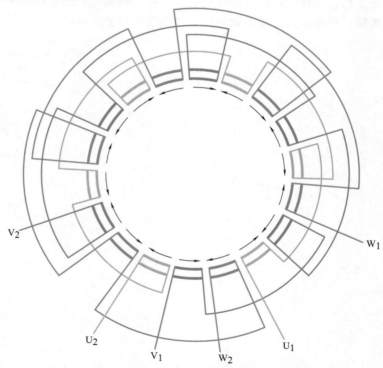

图 4-1　6极绕组1路（短跳）串联简化接线（方块）图

（2）6 极 2 路并联接线

2 路并联常用于功率稍大的电动机，它有几种接法。

① 6 极 2 路短跳并联　短跳是实施于每一支路，例如，6 极绕组每支路有 3 组线圈，接线时将同一方向相邻 3 组线圈按正—反—正串联；再把同向的另 3 组按反—正—反串联，然后再把两支路并联、出线。如图 4-2 所示。这时可见，同相相邻的任何一对线圈组（方块）的极性都必须是相反的。

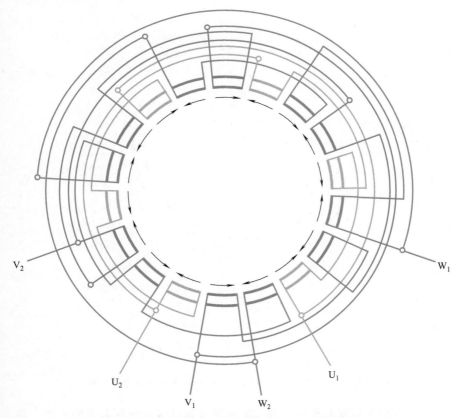

图 4-2　6 极绕组 2 路短跳并联简化接线（方块）图

② 6 极 2 路双向短跳并联　与上例不同的是采用双向走线。即两个支路从进线后分别沿左右两侧进行接线，每支路由相邻反极性的 3 组线圈短跳串联而成，最后将两支路的尾线并接后引出一相的尾端。如图

4-3 所示。与比较图 4-2 可见，它们的线圈组极性方向是一样的，也就是说，无论哪种接法，相邻线圈组的极性都必须是相反的。

2 路双向短跳并联的两个支路进线电源都较短，且接线也比较方便，故为所著彩图都用这种接法。

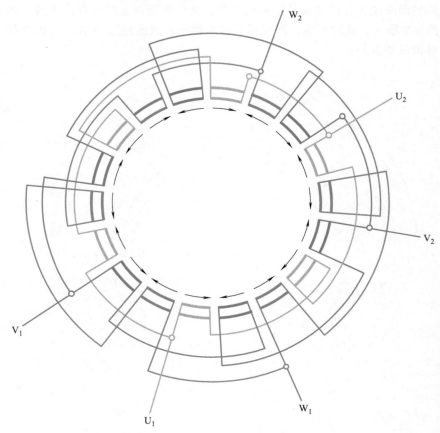

图 4-3　6 极绕组 2 路双向短跳并联简化接线（方块）图

③ 6 极 2 路双向长跳并联　这种接法是进线后向左右两侧走线，将右侧隔组的同一极性 3 组线圈顺走向串联成一个支路；再将左侧隔组的另一极性线圈组也顺走向串联成另一支路，然后把尾线并接后引出一相尾端。如图 4-4 所示。这种双向隔组连接的方法比较简便，而且可使引出线缩短，对极数较多的绕组而言，不失为一种较好的接法。

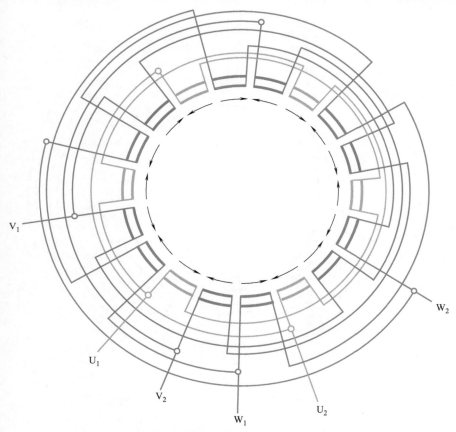

图 4-4　6 极绕组 2 路双向长跳并联简化接线（方块）图

(3) 6 极 3 路并联接线

功率再大的电动机就常用 3 路并联，这时 6 极绕组每个支路仅有两组线圈，可有两种接法。

①6 极 3 路短跳并联　6 极 3 路常用单向走线的短跳接法。它将每相 6 组分为 3 个支路，每支路由相邻两组反极性线圈串联而成，3 个支路的尾线并接后引出本相的尾端。如图 4-5 所示。

②6 极 3 路双向并联　除用上面的短跳接法外，6 极 3 路还可用双向并联。但由于 3 个支路在两个方向上只能是一个方向接 2 个支路；另一方向接一个支路。本书基本是用这种接法，如图 4-6 所示。由图可

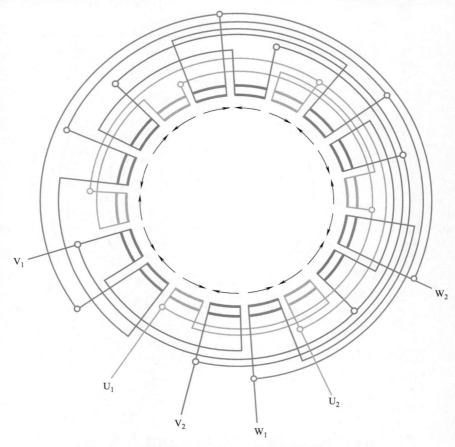

图 4-5　6 极绕组 3 路短跳并联简化接线（方块）图

见，右侧由 2 个支路构成，左侧只有 1 个支路。此外，由于每支路仅有 2 组线圈，故每支路都只能是短跳接线。

(4) 6 极 6 路并联接线

常用于大功率的小型电动机。由于每支路仅 1 组线圈，故无长跳短跳之分，但也有两种接法。

① 6 极 6 路顺向并联　因每支路仅有线圈 1 组，通常的接线是把电源线（相头、相尾进出线）沿一个方向摆置，然后把同相相邻的 6 个线圈组接反极性并联接入电源线。如图 4-7 所示。

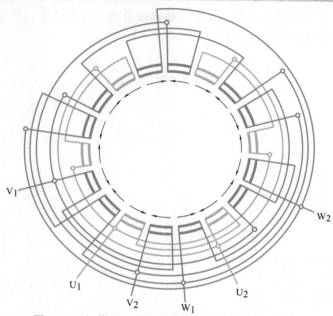

图 4-6　6 极绕组 3 路双向并联简化接线（方块）图

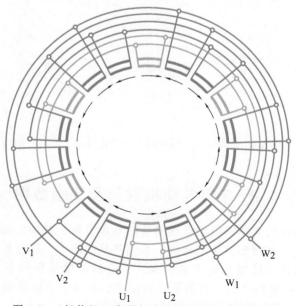

图 4-7　6 极绕组 6 路顺向并联简化接线（方块）图

②6极6路双向并联　每相两根电源进线向左右延伸，把每个方向的3组线圈按相邻反极性并联。如图4-8所示。

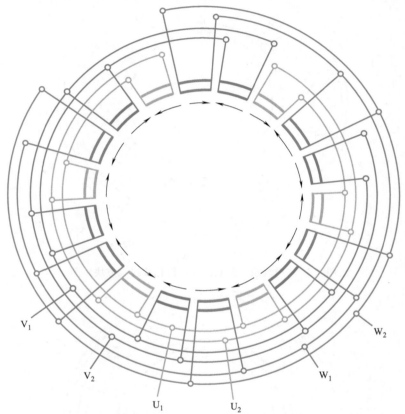

图 4-8　6 极绕组 6 路双向并联简化接线（方块）图

## 4.2　6 极电动机铁芯及绕组数据

本节是 6 极电动机绕组修理必备的参考资料，其中包括新系列 6 极电动机的基本系列和派生（专用）系列产品。表 4-1 是由 6 极的新系列电动机绕组修理数据统编而成。表 4-1 所列包括新系列各种类型共计 268 台电动机规格产品。为便于读者查阅，表 4-1 中的系列类型可参考 2.2 节表 2-2 所列排序。

## 表 4-1　6 极电动机定子铁芯及绕组数据

| 系列类型 | 电动机规格 | 额定参数 | | | 定子铁芯/mm | | | 定/转槽数 | 布线型式 | 接法 | 定子绕组 | | | 绕组图号 | 空载电流/A | 备注 |
|---|---|---|---|---|---|---|---|---|---|---|---|---|---|---|---|---|
| | | 功率/kW | 电流/A | 电压/V | 外径 | 内径 | 长度 | | | | 节距 | 线圈匝数 | 线规/n-mm | | | |
| Y系列(IP44)380V,50Hz 6极电动机 | 90S-6 | 0.75 | 2.3 | 380 | 130 | 86 | 100 | | 单层链式 | 1Y | 5 | 77 | 1-0.67 | | 1.30 | Y系列(IP44)是新系列第一代产品,详见表2-1 |
| | 90L-6 | 1.1 | 3.2 | | 130 | 86 | 125 | | | 1Y | 5 | 60 | 1-0.75 | 图4-10 | 1.60 | |
| | 100L-6 | 1.5 | 4.0 | | 155 | 106 | 100 | | | 1△ | 5 | 53 | 1-0.85 | | 2.10 | |
| | 112L-6 | 2.2 | 5.6 | | 175 | 120 | 110 | | | 1Y | 5 | 44 | 1-1.06 | | 2.9 | |
| | 132S-6 | 3.0 | 7.2 | | 210 | 148 | 110 | 36/33 | | | | 38 | 1-0.85 / 1-0.90 | | 3.5 | |
| | 132M1-6 | 4.0 | 9.4 | | 210 | 148 | 140 | | | 1△ | 5 | 52 | 1-1.06 | 图4-10 | 4.4 | |
| | 132M2-6 | 5.5 | 13 | | 260 | 180 | 180 | | | | | 42 | 1-1.25 | | 5.1 | |
| | 160M-6 | 7.5 | 17 | | 260 | 180 | 145 | | 双层叠式 | | 8 | 38 | 2-1.12 | | 7.8 | |
| | 160L-6 | 11 | 25 | | 290 | 205 | 195 | | | | | 28 | 4-0.95 | | 10.1 | |
| | 180L-6 | 15 | 31 | | 290 | 205 | 200 | | | 2△ | | 17 | 1-1.50 | 图4-19 | 13.3 | |
| | 200L1-6 | 18.5 | 38 | | 327 | 230 | 195 | 54/44 | | | | 16 | 1-1.12 / 1-1.18 | | 14.8 | |
| | 200L2-6 | 22 | 45 | | 327 | 230 | 220 | | | | | 14 | 2-1.25 | | 16.6 | |
| | 225M-6 | 30 | 60 | | 368 | 260 | 210 | 72/58 | 双层叠式 | 3△ | 11 | 13 | 2-1.40 / 1-1.30 | 图4-24 | 17.8 | |
| | 250M-6 | 37 | 72 | | 400 | 285 | 225 | | | | | 14 | 1-1.12 / 2-1.18 | | 19.4 | |

续表

| 系列类型 | 电动机规格 | 额定参数 功率/kW | 电流/A | 电压/V | 定子铁芯/mm 外径 | 内径 | 长度 | 定/转槽数 | 定子绕组 布线型式 | 接法 | 节距 | 线圈匝数 | 线规/n-mm | 绕组图号 | 空载电流/A | 备注 |
|---|---|---|---|---|---|---|---|---|---|---|---|---|---|---|---|---|
| Y系列(IP44) 380V,50Hz 6极电动机 | 280S-6 | 45 | 85 | 380 | 445 | 325 | 215 | 72/58 | 双层叠式 | 3△ | 11 | 13 | 2-1.30 | 图4-24 | 22.8 | Y系列(IP44)是最新系列第一代产品,详见表2-1 |
| | 280M-6 | 55 | 104 | | | | 260 | | | | | 11 | 1-1.40 2-1.50 | | 26.2 | |
| | 315S-6 | 75 | 141 | | 520 | 375 | 300 | | | 6△ | | 17 | 1-1.40 2-1.50 | 图4-22 | — | |
| | 315M1-6 | 90 | 168 | | | | 350 | | | | 10 | 15 | 1-1.50 2-1.60 | | — | |
| | 315M2-6 | 110 | 204 | | | | 400 | | | | | 12.5 | 3-1.40 1-1.50 | | — | |
| | 315M3-6 | 132 | 245 | | | | 455 | | | | | 11 | 1-1.50 3-1.60 | | — | |
| Y系列(IP23) 380V,50Hz 6极电动机 | 160M-6 | 7.5 | 17 | 380 | 290 | 205 | 95 | 54/44 | 双层叠式 | 1△ | | 16 | 1-1.40 | 图4-18 | 7.3 | |
| | 160L-6 | 11 | 25 | | | | 125 | | | | | 12 | 2-1.18 | | 10.1 | |
| | 180M-6 | 15 | 32 | | 327 | 230 | 125 | | | | | 22 | 1-1.40 | | 13.3 | |
| | 180L-6 | 18.5 | 38 | | | | 155 | | | | 8 | 18 | 2-1.06 | | 14.8 | |
| | 200M-6 | 22 | 44 | | 368 | 260 | 135 | | | 2△ | | 18 | 2-1.18 | 图4-19 | 16.6 | |
| | 200L-6 | 30 | 59 | | | | 165 | | | | | 15 | 1-1.30 1-1.40 | | 17.8 | |
| | 225M-6 | 37 | 71 | | 400 | 285 | 175 | | | 3△ | 11 | 15 | 1-1.18 1-1.25 | 图4-24 | 19.4 | |
| | 250S-6 | 45 | 87 | | 445 | 325 | 165 | | | | | 14 | 2-1.40 | | 22.8 | |
| | 250M-6 | 55 | 106 | | | | 195 | | | | | 12 | 4-1.06 | | 26.2 | |
| | 280S-6 | 75 | 143 | | 493 | 360 | 185 | | | | | 11 | 3-1.40 | | — | |
| | 280M-6 | 90 | 169 | | | | 240 | | | | | 9 | 3-1.50 | | — | |

续表

| 系列类型 | 电动机规格 | 功率/kW | 电流/A | 电压/V | 外径 | 内径 | 长度/mm | 定转槽数 | 布线型式 | 接法 | 节距 | 线圈匝数 | 线规/n-mm | 绕组图号 | 空载电流/A | 备注 |
|---|---|---|---|---|---|---|---|---|---|---|---|---|---|---|---|---|
| Y系列(IP44) 220V/380V, 50Hz 6极电动机 | 90S-6 | 0.75 | 3.9/2.3 | 220/380 | 130 | 86 | 100 | | 单层链式 | | | 77 | 1-0.67 | | | 本系列是派生产品,详见表2-2备注 |
| | 90L-6 | 1.1 | 5.4/3.1 | | 130 | 86 | 120 | | | | | 63 | 1-0.75 | | | |
| | 100L-6 | 1.5 | 6.8/3.9 | | 155 | 106 | 100 | | | | | 53 | 1-0.85 | | | |
| | 112M-6 | 2.2 | 9.6/5.6 | | 175 | 120 | 110 | | | | | 44 | 1-1.06 | | | |
| | 132S-6 | 3.0 | 12.4/7.2 | | 210 | 148 | 110 | 36/33 | | 1△/1Y | 5 | 38 | 2-0.90 | 图4-10 | | |
| | 132M1-6 | 4.0 | 16.1/9.3 | | 210 | 148 | 140 | | | | | 30 | 2-1.06 | | | |
| | 132M2-6 | 5.5 | 21.6/12.5 | | 210 | 148 | 180 | | | | | 24 | 2-1.18 | | | |
| | 160M-6 | 7.5 | 29.2/16.9 | | 260 | 180 | 145 | | | | | 23 | 2-1.18 1-1.25 | | | |
| | 160L-6 | 11 | 42.3/24.5 | | 260 | 180 | 195 | | | | | 16 | 1-1.40 2-1.50 | | | |
| | 180L-6 | 15 | 54/31.3 | | 290 | 205 | 200 | 54/44 | 双层叠式 | 2△/2Y | 8 | 10 | 2-1.40 | 图4-19 | | |
| | 200L1-6 | 18.5 | 64.8/37.5 | | 327 | 230 | 190 | | | | | 9 | 2-1.25 1-1.18 | | | |
| | 200L2-6 | 22 | 76.7/44.4 | | 327 | 230 | 220 | | | | | 8 | 2-1.30 1-1.40 | | | |
| | 225M-6 | 30 | 102/59 | | 400 | 285 | 225 | 72/58 | | 3△/3Y | 10 | 9 | 3-1.40 | 图4-21 | | |
| | 250M-6 | 37 | 124/71.6 | | 450 | 325 | 215 | | | | 11 | 8 | 3-1.50 | 图4-24 | | |

续表

| 系列类型 | 电动机规格 | 功率/kW | 电流/A | 电压/V | 外径 | 内径 | 长度 | 定/转槽数 | 布线型式 | 接法 | 节距 | 线圈匝数 | 线规/n-mm | 绕组图号 | 空载电流/A | 备注 |
|---|---|---|---|---|---|---|---|---|---|---|---|---|---|---|---|---|
| Y系列(IP44) 420V,50Hz 6极电动机 | 90S-6 | 0.75 | 2.03 | 420 | 130 | 86 | 100 | 36/33 | 单层链式 | 1Y | 5 | 85 | 1-0.63 | 图4-10 | | 本系列是派生产品,详见表2-2备注 |
| | 90L-6 | 1.1 | 2.86 | | 130 | 86 | 120 | | | | | 70 | 1-0.71 | | | |
| | 100L-6 | 1.5 | 3.57 | | 155 | 106 | 100 | | | | | 58 | 1-0.80 | | | |
| | 112M-6 | 2.2 | 5.05 | | 175 | 120 | 110 | | | | | 49 | 2-0.71 | | | |
| | 132S-6 | 3.0 | 6.5 | | 210 | 148 | 110 | | | 1△ | | 42 | 1-0.85 1-0.90 | | | |
| | 132M1-6 | 4.0 | 8.45 | | 210 | 148 | 140 | | | | | 58 | 1-1.06 | | | |
| | 132M2-6 | 5.5 | 11.3 | | 210 | 148 | 180 | | | | | 45 | 1-1.25 | | | |
| | 160M-6 | 7.5 | 15.3 | | 260 | 180 | 145 | 54/44 | 双层叠式 | 2△ | 8 | 43 | 2-1.06 | 图4-19 | | |
| | 160L-6 | 11 | 22.2 | | 260 | 180 | 195 | | | | | 31 | 3-1.06 | | | |
| | 180L-6 | 15 | 28.3 | | 290 | 205 | 200 | | | | 10 | 19 | 1-1.40 | | | |
| | 200L1-6 | 18.5 | 33.9 | | 327 | 230 | 190 | | | 3△ | | 17 | 2-1.12 | 图4-21 | | |
| | 200L2-6 | 22 | 40.2 | | 327 | 230 | 220 | | | | | 15 | 2-1.18 | | | |
| | 225M-6 | 30 | 53.5 | | 368 | 260 | 200 | 72/58 | | | 11 | 17 | 1-1.18 1-1.30 | 图4-24 | | |
| | 250M-6 | 37 | 64.8 | | 400 | 285 | 225 | | | | | 15 | 1-1.30 1-1.40 | | | |
| | 280S-6 | 45 | 76.9 | | 445 | 325 | 215 | | | | | 14 | 2-1.25 1-1.30 | | | |
| | 280M-6 | 55 | 94 | | 445 | 325 | 260 | | | | | 12 | 3-1.40 | | | |

184

续表

| 系列类型 | 电动机规格 | 功率/kW | 电流/A | 电压/V | 外径 | 内径 | 长度 | 定转槽数 | 布线型式 | 接法 | 节距 | 线圈匝数 | 线规/n-mm | 绕组图号 | 空载电流/A | 备注 |
|---|---|---|---|---|---|---|---|---|---|---|---|---|---|---|---|---|
| YX系列高效率三相6极电动机 | 100L-6 | 1.5 | 3.8 | 380 | 155 | 106 | 115 | 36/33 | 单层链式 | 1Y | | 50 | 1-0.95 | 图4-10 | | 本系列规格的180L-6由资料查得有72槽和54槽两种铁芯,本表选用72槽,也有两种绕组布线:如是双层绕组应选图4-20;若为单层绕组应选图4-16 |
| | 112M-6 | 2.2 | 5.3 | | 175 | 120 | 130 | | | | | 41 | 1-1.18 | | | |
| | 132S-6 | 3.0 | 6.9 | | 210 | 148 | 125 | 36/33 | | | 5 | 35 | 1-1.0 / 1-0.95 | | | |
| | 132M1-6 | 4.0 | 9.0 | | | | 150 | | | | | 49 | 2-0.85 | | | |
| | 132M2-6 | 5.5 | 12.1 | | | | 195 | | | 1△ | | 38 | 2-0.95 | | | |
| | 160M-6 | 7.5 | 16 | | 260 | 180 | 165 | 54/44 | 单层交叉 | | 8,7 | 24 | 1-1.25 / 1-1.30 | 图4-15 | | |
| | 160L-6 | 11 | 23.4 | | 290 | 205 | 235 | | | 3△ | | 18 | 2-1.18 / 1-1.25 | 图4-24 | | |
| | 180L-6 | 15 | 30.7 | | 327 | 230 | 215 | | | 2△ | | 24 | 2-0.95 | 图4-23 | | |
| | 200L1-6 | 18.5 | 36.9 | | | | 225 | | 双层叠式 | | | 12 | 2-1.0 / 1-1.06 | | | |
| | 200L2-6 | 22 | 43.2 | | 368 | 260 | 240 | 72/58 | | | 11 | 11 | 2-1.0 / 1-1.18 | | | |
| | 225M-6 | 30 | 57.7 | | 400 | 285 | 235 | | | 3△ | | 14 | 2-1.18 / 1-1.06 | 图4-24 | | |
| | 250M-6 | 37 | 70.8 | | | | 235 | | | | | 15 | 3-1.25 | | | |
| | 280S-6 | 45 | 84 | | 445 | 325 | 280 | | | | | 12 | 3-1.18 / 1-1.25 | | | |
| | 280M-6 | 55 | 102.4 | | | | | | | | | 10 | 2-1.25 / 1-1.60 | | | |
| YA系列低压增安型6极防爆电动机 | 160M-6 | 7.5 | — | 380 | 260 | 180 | 145 | 36/33 | 单层链式 | 1△ | 5 | 38 | 2-1.12 | 图4-10 | | YA系列资料中缺额定电流、电压资料,详见表2-2备注 |
| | 160L-6 | 11 | — | | | | 195 | | | | | 28 | 4-0.95 | | | |

185

续表

| 系列类型 | 电动机规格 | 额定参数 | | | 定子铁芯/mm | | | 定/转槽数 | 布线型式 | 定子绕组 | | | | 绕组图号 | 空载电流/A | 备注 |
|---|---|---|---|---|---|---|---|---|---|---|---|---|---|---|---|---|
| | | 功率/kW | 电流/A | 电压/V | 外径 | 内径 | 长度 | | | 接法 | 节距 | 线圈匝数 | 线规/n-mm | | | |
| YA系列低压增安型6极防爆电动机 | 180L-6 | 15 | — | | 290 | 205 | 200 | | | | | 34 | 1-1.58 | | | YA系列资料中缺额定电流、电压资料,详见表2-2备注 |
| | 200L1-6 | 18.5 | — | | 327 | 230 | 195 | 54/44 | 双层叠式 | 2△ | 8 | 32 | 1-1.26 / 1-1.20 | 图4-19 | | |
| | 200L2-6 | 22 | — | | | 230 | 230 | | | | | 28 | 2-1.33 | | | |
| | 225M-6 | 30 | — | | 368 | 260 | 200 | | | | | 14 | 2-1.30 / 1-1.40 | | | |
| | 250M-6 | 37 | — | 380 | 400 | 285 | 225 | 72/58 | | 3△ | 11 | 14 | 1-1.12 / 2-1.18 | 图4-24 | | |
| YB系列低压隔爆型6极防爆电动机 | 90S-6 | 0.75 | 2.3 | | 130 | 86 | 100 | | | | | 77 | 1-0.67 | | | YA系列资料中缺额定电流、电压资料,详见表2-2备注 |
| | 90L-6 | 1.1 | 3.2 | | | | 125 | | 单层链式 | 1Y | | 63 | 1-0.75 | | | |
| | 100L-6 | 1.5 | 4.0 | | 155 | 106 | 100 | | | | | 53 | 1-0.85 | | | |
| | 112M-6 | 2.2 | 5.6 | | 175 | 120 | 110 | 36/33 | | | 5 | 44 | 1-1.06 | 图4-10 | | |
| | 132S-6 | 3.0 | 7.2 | | 210 | 148 | 110 | | | | | 38 | 1-0.85 / 1-0.90 | | | |
| | 132M1-6 | 4.0 | 9.4 | | | | 140 | | | 1△ | | 52 | 1-1.06 | | | |
| | 132M2-6 | 5.5 | 12.6 | | | | 180 | | | | | 42 | 1-1.25 | | | |
| | 160M-6 | 7.5 | 17 | | 260 | 180 | 145 | | | | | 38 | 2-1.12 | | | |
| | 160L-6 | 11 | 24.6 | | | | 195 | | | | | 28 | 4-0.95 | | | |
| | 180L-6 | 15 | 31.6 | | 290 | 205 | 200 | | 双层叠式 | 2△ | 8 | 17 | 1-1.50 | 图4-19 | | |
| | 200L1-6 | 18.5 | 37.7 | | 327 | 230 | 195 | 54/44 | | | | 16 | 1-1.12 / 1-1.18 | | | |
| | 200L2-6 | 22 | 44.6 | | | | 220 | | | | | 14 | 2-1.25 | | | |

续表

| 系列类型 | 电动机规格 | 额定参数 | | | 定子铁芯/mm | | | 定转槽数 | 定子绕组 | | | | | | | 备注 |
|---|---|---|---|---|---|---|---|---|---|---|---|---|---|---|---|---|
| | | 功率/kW | 电流/A | 电压/V | 外径 | 内径 | 长度 | | 布线型式 | 接法 | 节距 | 线圈匝数 | 线规/n-mm | 绕组图号 | 空载电流/A | |
| YB 系列低压隔爆型 6 极防爆电动机 | 225M-6 | 30 | 59.5 | 380 | 368 | 260 | 210 | 54/44 | 双层叠式 | 2△ | 8 | 14 | 2-1.30 1-1.40 | 图 4-19 | | |
| | 250M-6 | 37 | 72 | | 400 | 285 | 225 | | | | | 14 | 1-1.12 | | | |
| | 280S-6 | 45 | 85.4 | | 445 | 325 | 215 | | | 3△ | 11 | 13 | 2-1.30 1-1.40 | 图 4-24 | | |
| | 280M-6 | 55 | 104.9 | | | | 260 | | | | | 11 | 1-1.40 2-1.50 | | | |
| | 315S-6 | 75 | 141.8 | | 520 | 375 | 290 | 72/58 | | | | 19 | 2-1.30 2-1.40 | | | |
| | 315M-6 | 90 | 168.1 | | | | 340 | | | 6△ | 10 | 16 | 1-1.40 2-1.50 | 图 4-22 | | |
| | 315L1-6 | 110 | 204.4 | | | | 380 | | | | | 14 | 2-1.40 2-1.50 | | | |
| | 315L2-6 | 132 | 245.2 | | | | 450 | | | | | 12 | 5-1.50 | | | |
| YB2 系列低压隔爆型 6 极防爆电动机 | 801-6 | 0.37 | — | | 120 | 78 | 65 | 36/28 | 单层链式 | 1Y | | 127 | 1-0.45 | 图 4-10 | | YB2 系列数据有疑,详见表 2-2 备注 |
| | 802-6 | 0.55 | — | | | | 85 | | | | | 98 | 1-0.53 | | | |
| | 90S-6 | 0.75 | — | | 130 | 86 | 85 | | | | | 85 | 1-0.67 | | | |
| | 90L-6 | 1.1 | — | | | | 115 | | | | | 63 | 1-0.80 | | | |
| | 100L-6 | 1.5 | — | | 155 | 106 | 90 | | | | 5 | 58 | 1-0.85 | | | |
| | 112M-6 | 2.2 | — | | 175 | 120 | 95 | | | | | 50 | 1-1.0 | | | |
| | 132S-6 | 3.0 | — | | 210 | | 90 | | | 1△ | | 44 | 1-0.80 1-0.85 | | | |
| | 132M1-6 | 4.0 | — | | | 148 | 115 | | | | | 60 | 1-1.0 | | | |
| | 132M2-6 | 5.5 | — | | | | 155 | | | | | 45 | 1-0.80 1-0.85 | | | |

续表

| 系列类型 | 电动机规格 | 功率/kW | 电流/A | 电压/V | 外径 | 内径 | 长度/mm | 定/转槽数 | 布线型式 | 接法 | 节距 | 线圈匝数 | 线规/n-mm | 绕组图号 | 空载电流/A | 备注 |
|---|---|---|---|---|---|---|---|---|---|---|---|---|---|---|---|---|
| YB2系列低压隔爆型6极防爆电动机 | 160M-6 | 7.5 | | 380 | 260 | 180 | 135 | 36/42 | 单层链式 | 1△ | 5 | 42 | 1-1.06 1-1.12 | 图4-10 | | |
| | 160L-6 | 11 | | | | | 180 | | | | | 31 | 1-1.25 1-1.30 | | | |
| | 180L-6 | 15 | | | 290 | 205 | 170 | | | | | 38 | 1-0.95 1-1.0 | | | |
| | 200L1-6 | 18.5 | | | 327 | 230 | 160 | 54/44 | 双层叠式 | 2△ | 8 | 36 | 2-1.12 | 图4-19 | | |
| | 200L2-6 | 22 | | | | | 175 | | | | | 32 | 2-1.18 | | | |
| | 225M-6 | 30 | | | 368 | 260 | 180 | | | 2△ | | 22 | 2-1.18 1-1.25 | 图4-23 | | |
| | 250M-6 | 37 | | | 400 | 285 | 190 | 72/58 | | 3△ | 11 | 30 | 1-1.0 2-1.12 | 图4-24 | | |
| | 280S-6 | 45 | | | 445 | 325 | 180 | | | | | 28 | 3-1.25 | | | |
| | 280L-6 | 55 | | | | | 215 | | | | | 24 | 2-1.30 1-1.40 | | | |
| Y2系列 (IP44) 380V、50Hz 6极电动机 | 801-6 | 0.37 | 1.3 | | 120 | 78 | 65 | 36/28 | 单层链式 | 1Y | 5 | 127 | 1-0.45 | 图4-10 | | 本系列是新系列的第二代产品,详见表2-1备注 |
| | 802-6 | 0.55 | 1.7 | | | | 85 | | | | | 98 | 1-0.53 | | | |
| | 90S-6 | 0.75 | 2.2 | | 130 | 86 | 85 | | | | | 84 | 1-0.63 | | | |
| | 90L-6 | 1.1 | 3.1 | | | | 115 | | | | | 63 | 1-0.75 | | | |
| | 100L-6 | 1.5 | 3.9 | | 155 | 106 | 85 | | | | | 61 | 1-0.85 | | | |
| | 112M-6 | 2.2 | 5.5 | | 175 | 120 | 95 | | | | | 50 | 1-1.0 | | | |

续表

| 系列类型 | 电动机规格 | 额定参数 功率/kW | 电流/A | 电压/V | 定子铁芯/mm 外径 | 内径 | 长度 | 定转槽数 | 定子绕组 布线型式 | 接法 | 节距 | 线圈匝数 | 线规/n-mm | 绕组图号 | 空载电流/A | 备注 |
|---|---|---|---|---|---|---|---|---|---|---|---|---|---|---|---|---|
| Y2系列(IP44) 380V、50Hz 6极电动机 | 132S-6 | 3.0 | 7.4 | 380 | 210 | 148 | 85 | 36/42 | 单层链式 | 1Y |  | 43 | 1-1.18 | 图4-10 |  | 本系列是新系列的第二代产品，详见表2-1备注 |
|  | 132M1-6 | 4.0 | 9.6 |  |  |  | 115 |  |  |  |  | 56 | 2-0.71 |  |  |  |
|  | 132M2-6 | 5.5 | 12.9 |  |  |  | 155 |  |  | 1△ | 5 | 43 | 1-1.18 |  |  |  |
|  | 160M-6 | 7.5 | 17.0 |  | 260 | 180 | 120 | 36/28 |  |  |  | 40 | 1-1.0 1-1.06 |  |  |  |
|  | 160L-6 | 11 | 24.2 |  |  |  | 170 |  |  |  |  | 29 | 2-1.25 |  |  |  |
|  | 180L-6 | 15 | 31.6 |  | 290 | 205 | 170 | 54/44 |  | 2△ | 8 | 19 | 1-1.95 1-1.0 | 图4-19 |  |  |
|  | 200L1-6 | 18.5 | 38.1 |  | 327 | 230 | 160 |  |  |  |  | 17 | 2-1.06 |  |  |  |
|  | 200L2-6 | 22 | 44.5 |  |  |  | 185 |  |  |  |  | 15 | 1-1.12 1-1.18 |  |  |  |
|  | 225M-6 | 30 | 58.6 |  | 368 | 260 | 180 |  |  | 3△ |  | 22 | 2-1.30 | 图4-20 |  |  |
|  | 250M-6 | 37 | 71.0 |  | 400 | 285 | 190 | 72/60 | 双层叠式 |  |  | 15 | 3-1.06 | 图4-24 |  |  |
|  | 280S-6 | 45 | 85.9 |  | 445 | 325 | 180 |  |  |  | 11 | 13 | 3-1.18 |  |  |  |
|  | 280M-6 | 55 | 104.7 |  |  |  | 215 |  |  |  |  | 11 | 3-1.30 |  |  |  |
|  | 315S-6 | 75 | 141.7 |  | 520 | 375 | 245 | 72/58 |  | 6△ | 10 | 20 | 3-1.40 | 图4-22 |  |  |
|  | 315M-6 | 90 | 169.5 |  |  |  | 290 |  |  |  |  | 17 | 3-1.30 1-1.40 |  |  |  |
|  | 315L1-6 | 110 | 206.8 |  |  |  | 360 |  |  |  |  | 14 | 1-1.40 3-1.50 |  |  |  |
|  | 315L2-6 | 132 | 244.8 |  |  |  | 415 |  |  |  |  | 12 | 4-1.40 1-1.50 |  |  |  |

续表

| 系列类型 | 电动机规格 | 额定参数 | | | 定子铁芯/mm | | | 定/转槽数 | 布线型式 | 定子绕组 | | | | 绕组图号 | 空载电流/A | 备注 |
|---|---|---|---|---|---|---|---|---|---|---|---|---|---|---|---|---|
| | | 功率/kW | 电流/A | 电压/V | 外径 | 内径 | 长度 | | | 接法 | 节距 | 线圈匝数 | 线规/n-mm | | | |
| Y2系列(IP44) 380V、50Hz 6极电动机 | 355M1-6 | 160 | 291 | 380 | 590 | 425 | 350 | 72/64 | 双层叠式 | 6△ | 11 | 12 | 3-1.30 3-1.40 | 图4-25 | | 本系列是新系列的第二代产品，详见表2-1备注 |
| | 355M2-6 | 200 | 364 | | | | 450 | | | | | 9.5 | 7-1.40 | | | |
| | 355L-6 | 250 | 455 | | | | 550 | | | | | 7.5 | 9-1.40 | | | |
| Y2系列(IP54) 380V、50Hz 6极电动机 | 711-6 | 0.18 | 0.71 | | 110 | 71 | 60 | 27/30 | 双层叠式 | 1Y | 4 | 107 | 1-0.355 | 图4-9 | | 本系列是新系列的第二代产品，详见表2-1备注 |
| | 712-6 | 0.25 | 0.92 | | | | 70 | | | | | 89 | 1-0.40 | | | |
| | 801-6 | 0.37 | 1.27 | | 120 | 78 | 65 | | 单层链式 | | | 127 | 1-0.45 | | | |
| | 802-6 | 0.55 | 1.74 | | | | 85 | | | | | 98 | 1-0.53 | | | |
| | 90S-6 | 0.75 | 2.23 | | 130 | 86 | 85 | 36/28 | | | | 84 | 1-0.63 | | | |
| | 90L-6 | 1.1 | 3.1 | | | | 115 | | | | | 63 | 1-0.75 | | | |
| | 100L-6 | 1.5 | 3.89 | | 155 | 106 | 85 | | | 1△ | 5 | 61 | 1-0.85 | 图4-10 | | |
| | 112M-6 | 2.2 | 5.46 | | 175 | 120 | 95 | | | | | 50 | 1-1.0 | | | |
| | 132S-6 | 3.0 | 7.1 | | 210 | 148 | 85 | | | | | 43 | 1-1.18 | | | |
| | 132M1-6 | 4.0 | 9.3 | | | | 115 | 36/42 | | | | 56 | 2-0.71 | | | |
| | 132M2-6 | 5.5 | 12.3 | | | | 155 | | | | | 43 | 1-1.18 | | | |
| | 160M-6 | 7.5 | 16.7 | | 260 | 180 | 120 | | | | | 40 | 1-1.0 1-1.06 | | | |
| | 160L-6 | 11 | 23.6 | | | | 170 | | | | | 29 | 2-1.25 | | | |
| | 180L-6 | 15 | 30.7 | | 290 | 205 | 170 | 54/44 | 双层叠式 | 2△ | 8 | 19 | 1-0.95 1-9.0 | 图4-19 | | |

续表

| 系列类型 | 电动机规格 | 功率/kW | 电流/A | 电压/V | 外径 | 内径 | 长度 | 定/转槽数 | 布线型式 | 接法 | 节距 | 线圈匝数 | 线规/n-mm | 绕组图号 | 空载电流/A | 备注 |
|---|---|---|---|---|---|---|---|---|---|---|---|---|---|---|---|---|
| Y2 系列<br>(IP54)<br>380V,50Hz,<br>6极电动机 | 200L1-6 | 18.5 | 37.7 | 380 | 327 | 230 | 160 | 54/44 | 双层叠式 | 2△ | 8 | 17 | 2-1.06 | 图4-19 | | 本系列是新一代系列的第二代产品,详见表2-1备注 |
| | 200L2-6 | 22 | 44.1 | | | | 185 | | | | | 15 | 1-1.12<br>1-1.18 | | | |
| | 225M-6 | 30 | 58.4 | | 368 | 260 | 180 | | | | | 22 | 2-1.30 | 图4-20 | | |
| | 250M-6 | 37 | 70.4 | | 400 | 285 | 190 | | | 3△ | | 14 | 1-1.30<br>1-1.40 | 图4-24 | | |
| | 280S-6 | 45 | 85.4 | | 445 | 325 | 180 | 72/58 | | | 11 | 13 | 3-1.18 | | | |
| | 280M-6 | 55 | 103 | | | | 215 | | | | | 11 | 3-1.30 | | | |
| | 315S-6 | 75 | 140 | | 520 | 375 | 245 | | | 6△ | | 20 | 1-1.18<br>3-1.25 | 图4-22 | | |
| | 315M-6 | 90 | 167 | | | | 290 | | | | 10 | 17 | 2-1.30<br>2-1.40 | | | |
| | 315L1-6 | 110 | 202 | | | | 360 | | | | | 14 | 4-1.50 | | | |
| | 315L2-6 | 132 | 242 | | | | 415 | | | 6△ | | 12 | 3-1.40<br>2-1.50 | 图4-22 | | |
| | 355M1-6 | 160 | 288 | | 590 | 423 | 370 | 72/84 | | | 10 | 12 | 6-1.50 | | | |
| | 355M2-6 | 200 | 358 | | | | 440 | | | | | 10 | 6-1.40<br>2-1.50 | | | |
| | 355L-6 | 250 | 445 | | | | 560 | | | | | 8 | 9-1.50 | | | |
| Y2-E 系列<br>(IP54)<br>380V,50Hz<br>6极高效<br>电动机 | 90S-6E | 0.75 | 2.19 | 380 | 130 | 86 | 95 | 36/28 | 单层链式 | 1Y | 5 | 79 | 1-0.67 | 图4-10 | | Y2-E是第二代派生产品,详见表2-2备注 |
| | 90L-6E | 1.1 | 3.13 | | | | 130 | | | | | 57 | 1-0.80 | | | |
| | 100L-6E | 1.5 | 3.83 | | 155 | 106 | 100 | | | | | 55 | 1-0.90 | | | |
| | 112M-6E | 2.2 | 5.45 | | 175 | 120 | 110 | | | | | 45 | 1-1.06 | | | |

续表

| 系列类型 | 电动机规格 | 功率/kW | 电流/A | 电压/V | 定子铁芯/mm 外径 | 内径 | 长度 | 定转槽数 | 布线型式 | 接法 | 节距 | 线圈匝数 | 线规/n-mm | 绕组图号 | 空载电流/A | 备注 |
|---|---|---|---|---|---|---|---|---|---|---|---|---|---|---|---|---|
| Y2-E系列 (IP54) 380V,50Hz 6极高效电动机 | 132S-6E | 3.0 | 6.97 | 380 | 210 | 148 | 110 | 36/42 | 单层链式 | 1Y | 5 | 37 | 1-1.25 | 图4-10 | | Y2-E是第二代派生产品,详见表2-2备注 |
| | 132M1-6E | 4.0 | 9.18 | | | | 135 | | | | | 51 | 1-1.06 | | | |
| | 132M2-6E | 5.5 | 12.5 | | | | 165 | | | 1△ | | 40 | 2-0.85 | | | |
| | 160M-6E | 7.5 | 15.8 | | 260 | 180 | 145 | | | | | 38 | 1-1.06<br>1-1.12 | | | |
| | 160L-6E | 11 | 22.7 | | | | 195 | | | | | 28 | 2-1.30 | | | |
| | 180L-6E | 15 | 30.5 | | 290 | 205 | 200 | 54/44 | 双层叠式 | 2△ | 8 | 17 | 1-1.06<br>1-1.12 | 图4-19 | | |
| | 200L1-6E | 18.5 | 36.8 | | 327 | 230 | 185 | | | | | 16 | 1-1.18<br>1-1.25 | | | |
| | 200L2-6E | 22 | 43.5 | | | | 210 | | | | | 14 | 2-1.30 | | | |
| | 225M-6E | 30 | 56.7 | | 368 | 260 | 205 | 72/58 | | 3△ | 11 | 15 | 1-1.18<br>3-1.25 | 图4-24 | | |
| | 250M-6E | 37 | 68.5 | | 400 | 285 | 210 | | | 6△ | | 14 | 2-1.18<br>1-1.25 | 图4-25 | | |
| | 280S-6E | 45 | 83.5 | | 445 | 325 | 215 | | | | | 25 | 1-1.18<br>1-1.25 | | | |
| | 280M-6E | 55 | 101 | | | | 260 | | | | | 21 | 2-1.30 | | | |
| Y3系列 (IP55) 380V,50Hz 6极电动机 | 711-6 | 0.18 | 0.68 | | 110 | 71 | 55 | 27/30 | 双层叠式 | 1Y | 4 | 107 | 1-0.355 | 图4-9 | | Y3是新系列第三代产品,详见表2-2备注 |
| | 712-6 | 0.25 | 0.88 | | | | 65 | | | | | 89 | 1-0.40 | | | |
| | 801-6 | 0.37 | 1.23 | | 120 | 78 | 62 | 36/28 | 单层链式 | | 5 | 128 | 1-0.45 | 图4-10 | | |
| | 802-6 | 0.55 | 1.7 | | | | 82 | | | | | 98 | 1-0.53 | | | |

续表

| 系列类型 | 电动机规格 | 额定参数 | | | 定子铁芯/mm | | | 定/转槽数 | 定子绕组 | | | | | 绕组图号 | 空载电流/A | 备注 |
|---|---|---|---|---|---|---|---|---|---|---|---|---|---|---|---|---|
| | | 功率/kW | 电流/A | 电压/V | 外径 | 内径 | 长度 | | 布线型式 | 接法 | 线圈节距 | 线圈匝数 | 线规/n-mm | | | |
| Y3系列<br>(IP55)<br>380V、50Hz<br>6极电动机 | 90S-6 | 0.75 | 2.22 | 380 | 130 | 86 | 80 | | 单层链式 | 1Y | | 86 | 1-0.63 | 图4-10 | | Y3是第三代新产品，详见备表2-2备注 |
| | 90L-6 | 1.1 | 3.03 | | | | 112 | | | | | 64 | 1-0.75 | | | |
| | 100L-6 | 1.5 | 3.95 | | 155 | 106 | 85 | | | | | 60 | 1-0.85 | | | |
| | 112M-6 | 2.2 | 5.64 | | 175 | 120 | 95 | | | | | 49 | 1-1.0 | | | |
| | 132S-6 | 3.0 | 7.44 | | 210 | 148 | 80 | 36/28 | | 1△ | 5 | 43 | 1-1.18 | | | |
| | 132M1-6 | 4.0 | 9.47 | | | | 105 | | | | | 59 | 2-0.71 | | | |
| | 132M2-6 | 5.5 | 12.4 | | | | 120 | | | | | 44 | 1-1.18 | | | |
| | 160M-6 | 7.5 | 16.6 | | 260 | 180 | 120 | 54/44 | 双层叠式 | | 8 | 41 | 2-1.0 | 图4-19 | | |
| | 160L-6 | 11 | 23.8 | | | | 165 | | | 2△ | | 30 | 1-1.18<br>1-1.25 | | | |
| | 180L-6 | 15 | 30.7 | | 290 | 205 | 155 | | | | | 20 | 2-0.95 | | | |
| | 200L1-6 | 18.5 | 37.6 | | 327 | 230 | 160 | | | | | 17 | 1-1.06<br>1-1.12 | 图4-20 | | |
| | 200L2-6 | 22 | 44.4 | | | | 180 | | | | | 15 | 3-0.95 | | | |
| | 225M-6 | 30 | 58 | | 368 | 260 | 175 | | | | | 22 | 2-1.30 | 图4-24 | | |
| | 250M-6 | 37 | 71.4 | | 400 | 285 | 180 | | | | 11 | 14 | 1-1.30<br>1-1.40 | | | |
| | 280S-6 | 45 | 85.9 | | 445 | 325 | 170 | 72/58 | | 3△ | | 13 | 1-1.06<br>2-1.25 | | | |
| | 280M-6 | 55 | 103 | | | | 205 | | | | | 11 | 3-1.30 | | | |

续表

| 系列类型 | 电动机规格 | 功率/kW | 电流/A | 电压/V | 定子铁芯/mm 外径 | 内径 | 长度 | 定/转槽数 | 布线型式 | 接法 | 节距 | 线圈匝数 | 线规/n-mm | 绕组图号 | 空载电流/A | 备注 |
|---|---|---|---|---|---|---|---|---|---|---|---|---|---|---|---|---|
| YR系列(IP44)绕线式异步电动机(6极定子) | 132M1-6 | 3.0 | 8.2 | 380 | 210 | 148 | 125 | 48/36 | 双层叠式 | 1△ | 7 | 23 | 1-1.0 | 图4-13 | | |
| | 132M2-6 | 4.0 | 10.7 | | | | 165 | | | | | 35 | 1-0.80 | | | |
| | 160M-6 | 5.5 | 13.4 | | 260 | 180 | 140 | | | | | 33 | 1-1.0 | 图4-14 | | |
| | 160L-6 | 7.5 | 17.9 | | | | 185 | | | | | 25 | 1-1.18 | | | |
| | 180L-6 | 11 | 23.6 | | 290 | 205 | 205 | 54/36 | | 2△ | 8 | 19 | 1-1.25 | 图4-19 | | |
| | 200L1-6 | 15 | 31.8 | | 327 | 230 | 190 | | | | | 17 | 1-1.06<br>1-1.12 | | | |
| | 225M1-6 | 18.5 | 38.3 | | 368 | 260 | 160 | | | | | 18 | 1-1.18<br>1-1.25 | | | |
| | 225M2-6 | 22 | 45 | | | | 190 | | | | | 15 | 1-1.30<br>1-1.40 | | | |
| | 250M1-6 | 30 | 60.4 | | 400 | 285 | 230 | 72/48 | | | 11 | 9 | 3-1.12<br>1-1.18 | | | |
| | 250M2-6 | 37 | 73.9 | | | | 260 | | | | | 8 | 3-1.40 | | | |
| | 280S-6 | 45 | 87.9 | | 445 | 325 | 250 | | | | | 7 | 3-1.40<br>1-1.50 | 图4-23 | | |
| | 280M-6 | 55 | 107 | | | | 290 | | | | | 6 | 3-1.50<br>1-1.60 | | | |
| YR系列(IP23)绕线式异步电动机(6极定子) | 160M-6 | 5.5 | 13.2 | | 290 | 205 | 95 | 54/36 | 双层叠式 | 1△ | 8 | 18 | 2-0.95 | 图4-18 | | |
| | 160L-6 | 7.5 | 17.5 | | | | 115 | | | | | 29 | 1-1.06 | 图4-19 | | |
| | 180M-6 | 11 | 25.4 | | 327 | 230 | 125 | | | 2△ | | 23 | 1-1.40 | | | |
| | 180L-6 | 15 | 33.7 | | | | 155 | | | | | 18 | 2-1.06 | | | |

194

续表

| 系列类型 | 电动机规格 | 额定参数 | | | 定子铁芯/mm | | | 定转槽数 | 布线型式 | 定子绕组 | | | | | 空载电流/A | 备注 |
|---|---|---|---|---|---|---|---|---|---|---|---|---|---|---|---|---|
| | | 功率/kW | 电流/A | 电压/V | 外径 | 内径 | 长度 | | | 接法 | 节距数 | 线圈匝数 | 线规/n-mm | 绕组图号 | | |
| YR系列（IP23）绕线式异步电动机（6极定子） | 200M-6 | 18 | 40.1 | 380 | 368 | 260 | 135 | 54/36 | 双层叠式 | 2△ | 8 | 18 | 2-1.18 | 图4-19 | — | |
| | 200L-6 | 22 | 46.6 | | 368 | 260 | 165 | | | | | 15 | 1-1.30 1-1.40 | | — | |
| | 225M1-6 | 30 | 61.3 | | 400 | 285 | 145 | 72/54 | 双层叠式 | 3△ | 11 | 19 | 2-1.12 | 图4-24 | — | |
| | 225M2-6 | 37 | 74.3 | | 400 | 285 | 175 | | | | | 15 | 1-1.18 1-1.25 | | — | |
| | 250S-6 | 45 | 90.4 | | 445 | 325 | 165 | | | | | 14 | 2-1.40 | | — | |
| | 250M-6 | 55 | 109 | | 445 | 325 | 195 | | | | | 12 | 4-1.06 | | — | |
| | 280S-6 | 75 | 143 | | 493 | 360 | 185 | | | | | 11 | 3-1.40 | | — | |
| | 280M-6 | 90 | 169 | | 493 | 360 | 240 | | | | | 9 | 3-1.50 | | — | |
| YZ系列冶金起重用6极电动机 | 112M-6 | 1.5 | 4.25 | | 182 | 127 | 100 | 45/41 | 双层叠式 | 1Y | 7 | 21 | 1-0.80 | 图4-12 | — | |
| | 132M1-6 | 2.2 | 5.9 | | 210 | 148 | 110 | | | | | 17 | 1-1.0 | | — | |
| | 132M2-6 | 3.7 | 8.8 | | 210 | 148 | 160 | | | | | 12 | 2-0.85 | | — | |
| | 160M1-6 | 5.5 | 12.5 | | 245 | 182 | 115 | 54/50 | 双层叠式 | 2Y | 8 | 20 | 1-1.0 | 图4-19 | — | |
| | 160M2-6 | 7.5 | 15.9 | | 245 | 182 | 150 | | | | | 15 | 1-1.18 | | — | |
| | 160L-6 | 11 | 24.6 | | 245 | 182 | 210 | | | | | 11 | 2-0.95 | | — | |
| YZR系列电冶金起重用绕线式异步电动机（6极定子） | 112M-6 | 1.5 | 4.6 | | 182 | 127 | 95 | 45/36 | 双层叠式 | 1Y | 7 | 21 | 1-0.75 | 图4-12 | 3.37 | YZR系列电动机属非连续工作制的派生产品，铭牌上的 |
| | 132M1-6 | 2.2 | 6.1 | | 210 | 148 | 100 | | | | | 17 | 1-0.95 | | 4.08 | |
| | 132M2-6 | 3.7 | 9.2 | | 210 | 148 | 150 | | | | | 12 | 2-0.85 | | 5.58 | |

续表

| 系列类型 | 电动机规格 | 额定参数 功率/kW | 电流/A | 电压/V | 定子铁芯/mm 外径 | 内径 | 长度 | 定/转槽数 | 定子绕组 布线型式 | 接法 | 节距 | 线圈匝数 | 线规/n-mm | 绕组图号 | 空载电流/A | 备注 |
|---|---|---|---|---|---|---|---|---|---|---|---|---|---|---|---|---|
| YZR系列冶金起重用绕线式异步电动机（6极定子） | 160M1-6 | 5.5 | 15 |  | 245 | 182 | 115 | 54/36 |  | 2Y |  | 20 | 1-1.0 |  | 7.95 | 额定功率和额定电流是指工作制为S3、负载率40%时的额定值 |
|  | 160M2-6 | 7.5 | 18 |  |  |  | 150 |  | 双层叠式 |  |  | 15 | 1-1.18 | 图4-19 | 11.2 |  |
|  | 160L-6 | 11 | 24.9 |  |  |  | 210 |  |  |  | 8 | 11 | 2-0.95 |  | 13 |  |
|  | 180L-6 | 15 | 33.8 | 380 | 280 | 210 | 200 |  |  |  |  | 14 | 2-0.90 |  | 18.8 |  |
|  | 200L-6 | 22 | 49.7 |  |  |  | 200 | 54/36 |  | 3Y |  | 12 | 2-1.25 | 图4-20 | 28.8 |  |
|  | 225M-6 | 30 | 62 |  | 327 | 245 | 255 |  |  |  | 7 | 10 | 2-1.40 | 图4-17 | 29.9 |  |
|  | 250M1-6 | 37 | 70.5 |  | 368 | 280 | 280 |  |  |  | 10 | 7 | 3-1.30 | 图4-21 | 26.5 |  |
|  | 250M2-6 | 45 | 84.5 |  |  |  | 330 | 72/48 |  | 6Y |  | 6 | 3-1.40 |  | 28.2 |  |
|  | 280S-6 | 55 | 102 |  | 423 | 310 | 285 |  |  |  | 11 | 12 | 2-1.18<br>1-1.12 | 图4-25 | 34 |  |
|  | 280M-6 | 75 | 143 |  |  |  | 360 |  |  |  |  | 9 | 3-1.18<br>1-1.12 |  | 52.6 |  |
| YZR2系列冶金起重用绕线式异步电动机（6极定子） | 112M1-6 | 1.5 | — |  | 182 | 124 | 85 |  |  |  |  | 23 | 1-0.90 |  | — | YZR2系列电动机属非连续工作制派生的第二代产品。铭牌上的额定功率是指工作制为S3、负载率40%时的额定值；余见表3-14极电动机备注 |
|  | 112M2-6 | 2.2 | — |  |  |  | 105 | 45/36 |  | 1Y |  | 18 | 1-0.75<br>1-0.71 | 图4-12 | — |  |
|  | 132M1-6 | 3.0 | — | 380 | 210 | 148 | 85 |  | 双层叠式 |  | 7 | 17 | 2-0.85 |  | — |  |
|  | 132M2-6 | 4.0 | — |  |  |  | 105 |  |  |  |  | 14 | 2-0.95 |  | — |  |
|  | 160M1-6 | 5.5 | — |  | 245 | 182 | 110 | 54/36 |  | 3Y |  | 28 | 1-0.85 | 图4-20 | — |  |
|  | 160M2-6 | 7.5 | — |  |  |  | 145 |  |  | 2Y | 8 | 14 | 2-0.85 |  | — |  |
|  | 160L-6 | 11 | — |  |  |  | 190 |  |  |  |  | 11 | 2-0.95 | 图4-19 | — |  |

续表

| 系列类型 | 电机规格 | 额定参数 功率/kW | 电流/A | 电压/V | 定子铁芯/mm 外径 | 内径 | 长度 | 定/转槽数 | 布线型式 | 定子绕组 接法 | 节距 | 线圈匝数 | 线规/n-mm | 绕组图号 | 空载电流/A | 备注 |
|---|---|---|---|---|---|---|---|---|---|---|---|---|---|---|---|---|
| YZR2系列冶金起重用绕线式异步电动机（6极定子） | 180L-6 | 15 | — | 380 | 280 | 210 | 200 | 54/36 | 双层叠式 | 2Y | 8 | 14 | 2-0.95 | 图4-19 | | YZR2系列电动机属非连续工作制派生的产品。铭牌上的额定功率是指工作制为S3,负载持续率40%时的额定值;余见表3-1 4极电动机备注 |
| | 200L-6 | 22 | — | | 327 | 245 | 185 | | | 3Y | | 11 | 1-1.25<br>1-1.18 | | | |
| | 225M-6 | 30 | — | | | | 240 | | | | | 8 | 1-1.50<br>1-1.40 | 图4-24 | | |
| | 250M1-6 | 37 | — | | 368 | 280 | 250 | 72/54 | | | | 7 | 3-1.32 | | | |
| | 250M2-6 | 45 | — | | | | 300 | | | | 11 | 6 | 2-1.40<br>1-1.50 | | | |
| | 280S1-6 | 55 | — | | 423 | 310 | 230 | | | 6Y | | 13 | 1-1.12<br>2-1.18 | | | |
| | 280S2-6 | 63 | — | | | | 260 | | | | | 11 | 2-1.25<br>1-1.32 | 图4-25 | | |
| | 280M-6 | 75 | — | | | | 320 | | | | | 10 | 2-1.32<br>1-1.40 | | | |
| | 315S-6 | 90 | — | | 493 | 370 | 300 | 90/72 | | | 13 | 7 | 2-1.32<br>2-1.25 | 图4-26 | | |
| | 315M-6 | 110 | — | | | | 380 | | | | | 6 | 3-1.40<br>1-1.32 | | | |

# 4.3  6极电动机端面模拟绕组彩图

本节收入6极电动机绕组布接线彩图18例补入，以供修理者参考。本节电动机绕组仍用潘氏画法绘制成彩色绕组端面模拟图，与4.2节电动机数据表中的"绕组图号"相对应，以便读者查阅。

## 4.3.1  27槽6极（$y=4$、$a=1$）三相电动机（分数）绕组双层叠式布线

（1）绕组结构参数

| | | |
|---|---|---|
| 定子槽数 $Z=27$ | 每组圈数 $S=1$、2 | 并联路数 $a=1$ |
| 电机极数 $2p=6$ | 极相槽数 $q=1\frac{1}{2}$ | 分布系数 $K_d=0.97$ |
| 总线圈数 $Q=27$ | 绕组极距 $\tau=4\frac{1}{2}$ | 节距系数 $K_p=0.985$ |
| 线圈组数 $u=18$ | 线圈节距 $y=4$ | 绕组系数 $K_{dp}=0.955$ |
| 每槽电角 $\alpha=40°$ | 出线根数 $c=6$ | |

（2）绕组布接线特点及应用举例

本例绕组每极每相占槽为分数，每组线圈数是$1\frac{1}{2}$而构成分数绕组方案。分组时应将其$\frac{1}{2}$圈归并成两圈（大联组）和单圈（小联组），即绕组分布的循环规律为2、1、2、1、2、1……。所以，每相绕组分别由6个大、小联组交替串联；接线仍保持同相相邻组间极性相反。主要应用实例有JO3-802-6、（原苏联）AOK2-42-6三相异步电动机及新系列Y2-711-6及Y3-712-6等。

（3）绕组嵌线方法

绕组嵌线次序见表4-2。

表 4-2  交叠法

| 嵌绕次序 | | 1 | 2 | 3 | 4 | 5 | 6 | 7 | 8 | 9 | 10 | 11 | 12 | 13 | 14 | 15 | 16 | 17 | 18 |
|---|---|---|---|---|---|---|---|---|---|---|---|---|---|---|---|---|---|---|---|
| 槽号 | 下层 | 27 | 26 | 25 | 24 | 23 | | 22 | | 21 | | 20 | | 19 | | 18 | | 17 | |
| | 上层 | | | | | | 27 | | 26 | | 25 | | 24 | | 23 | | 22 | | 21 |
| 嵌绕次序 | | 19 | 20 | 21 | 22 | 23 | 24 | 25 | 26 | 27 | 28 | 29 | 30 | 31 | 32 | 33 | 34 | 35 | 36 |
| 槽号 | 下层 | 16 | | 15 | | 14 | | 13 | | 12 | | 11 | | 10 | | 9 | | 8 | |
| | 上层 | | 20 | | 19 | | 18 | | 17 | | 16 | | 15 | | 14 | | 13 | | 12 |
| 嵌绕次序 | | 37 | 38 | 39 | 40 | 41 | 42 | 43 | 44 | 45 | 46 | 47 | 48 | 49 | 50 | 51 | 52 | 53 | 54 |
| 槽号 | 下层 | 7 | | 6 | | 5 | | 4 | | 3 | | 2 | | 1 | | | | | |
| | 上层 | | 11 | | 10 | | 9 | | 8 | | 7 | | 6 | | 5 | 4 | 3 | 2 | 1 |

（4）绕组端面布接线
如图 4-9 所示。

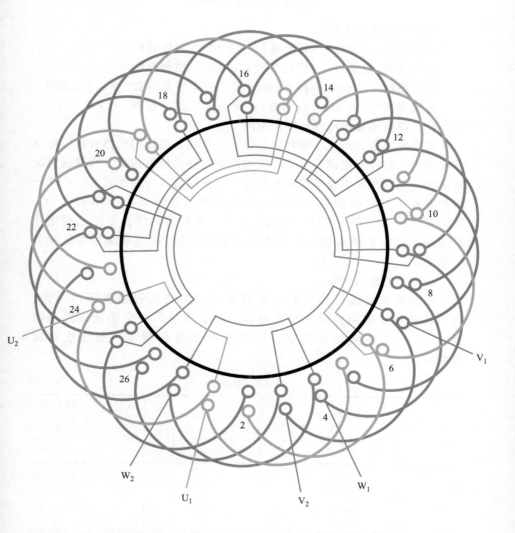

图 4-9　27 槽 6 极（$y=4$、$a=1$）三相电动机（分数）绕组双层叠式布线

## 4.3.2　36 槽 6 极（$y=5$、$a=1$）三相电动机
## 绕组单层链式布线

（1）绕组结构参数

定子槽数　$Z=36$　　每组圈数　$S=1$　　并联路数　$a=1$

电机极数　$2p=6$　　极相槽数　$q=2$　　线圈节距　$y=5$

总线圈数　$Q=18$　　绕组极距　$\tau=6$　　绕组系数　$K_{dp}=0.966$

线圈组数　$u=18$　　每槽电角　$\alpha=30°$　　出线根数　$c=6$

（2）绕组布接线特点及应用举例

本例为显极式布线，每相线圈数等于极数，每极相两槽有效边电流方向相同，故线圈端部反折，并使同相相邻线圈极性相反，即接线为反接串联。此绕组系小型 6 极电机中应用较多的基本布线型式之一。在一般用途新系列的小型电动机中，应用实例有 Y132S-6、Y160L-6、Y2-90S-6、Y2-112M-6E、Y3-802-6 型；此外，将星点内接，引出三根出线可应用于 JG2-41-6 型辊道专用电动机和 BJO2-52-6 型等隔爆型三相异步电动机。

（3）绕组嵌线方法

本例绕组嵌线可用交叠法或整嵌法，用整圈嵌线虽不用吊边，但只能分相整嵌而构成三平面绕组，故较少采用。交叠法嵌线吊边数为 2，第 3 线圈始可整嵌，嵌线并不会感到困难，嵌线次序见表4-3。

表 4-3　交叠法

| 嵌绕次序 | | 1 | 2 | 3 | 4 | 5 | 6 | 7 | 8 | 9 | 10 | 11 | 12 |
|---|---|---|---|---|---|---|---|---|---|---|---|---|---|
| 槽号 | 沉边 | 1 | 35 | 33 | | 31 | | 29 | | 27 | | 25 | |
| | 浮边 | | | | 2 | | 36 | | 34 | | 32 | | 30 |
| 嵌绕次序 | | 13 | 14 | 15 | 16 | 17 | 18 | 19 | 20 | 21 | 22 | 23 | 24 |
| 槽号 | 沉边 | 23 | | 21 | | 19 | | 17 | | 15 | | 13 | |
| | 浮边 | | 28 | | 26 | | 24 | | 22 | | 20 | | 18 |
| 嵌绕次序 | | 25 | 26 | 27 | 28 | 29 | 30 | 31 | 32 | 33 | 34 | 35 | 36 |
| 槽号 | 沉边 | 11 | | 9 | | 7 | | 5 | | 3 | | | |
| | 浮边 | | 16 | | 14 | | 12 | | 10 | | 8 | 6 | 4 |

（4）绕组端面布接线
如图 4-10 所示。

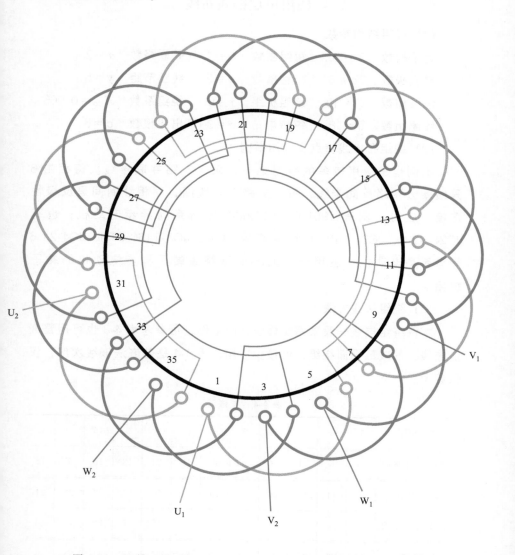

图 4-10　36 槽 6 极（$y=5$、$a=1$）三相电动机绕组单层链式布线

### 4.3.3　36槽6极（$y=5$、$a=2$）三相电动机绕组单层链式布线

（1）绕组结构参数

| | | | | | |
|---|---|---|---|---|---|
| 定子槽数 | $Z=36$ | 每组圈数 | $S=1$ | 并联路数 | $a=2$ |
| 电机极数 | $2p=6$ | 极相槽数 | $q=2$ | 线圈节距 | $y=5$ |
| 总线圈数 | $Q=18$ | 绕组极距 | $\tau=6$ | 绕组系数 | $K_{dp}=0.966$ |
| 线圈组数 | $u=18$ | 每槽电角 | $\alpha=30°$ | 出线根数 | $c=6$ |

（2）绕组布接线特点及应用举例

本例也是应用较多的绕组之一，采用二路并联接线。每相由6只线圈分两路反向走线，每一支路3只线圈，同相线圈间是反极性连接。应用实例有Y90L-6、Y112M-6等新系列异步电动机；也有JO2L-52-6、JO3L-140S-6铝绕组电动机，JO3-T160-6TH、JO4-21-6等老系列电动机；还用于YZR160L型绕线转子异步电动机的转子绕组。

（3）绕组嵌线方法

本例绕组嵌线一般采用交叠法，同上例，可参考表4-3也可用整嵌法嵌线，形成三平面绕组，但较少应用，表4-4是整嵌法嵌线次序，仅供参考。

表 4-4　整嵌法

| 嵌绕次序 | | 1 | 2 | 3 | 4 | 5 | 6 | 7 | 8 | 9 | 10 | 11 | 12 |
|---|---|---|---|---|---|---|---|---|---|---|---|---|---|
| 槽号 | 下平面 | 1 | 6 | 31 | 36 | 25 | 30 | 19 | 24 | 13 | 18 | 7 | 12 |
| 嵌绕次序 | | 13 | 14 | 15 | 16 | 17 | 18 | 19 | 20 | 21 | 22 | 23 | 24 |
| 槽号 | 中平面 | 5 | 10 | 35 | 4 | 29 | 34 | 23 | 28 | 17 | 22 | 11 | 16 |
| 嵌绕次序 | | 25 | 26 | 27 | 28 | 29 | 30 | 31 | 32 | 33 | 34 | 35 | 36 |
| 槽号 | 上平面 | 9 | 14 | 3 | 8 | 33 | 2 | 27 | 32 | 21 | 26 | 15 | 20 |

(4) 绕组端面布接线

如图 4-11 所示。

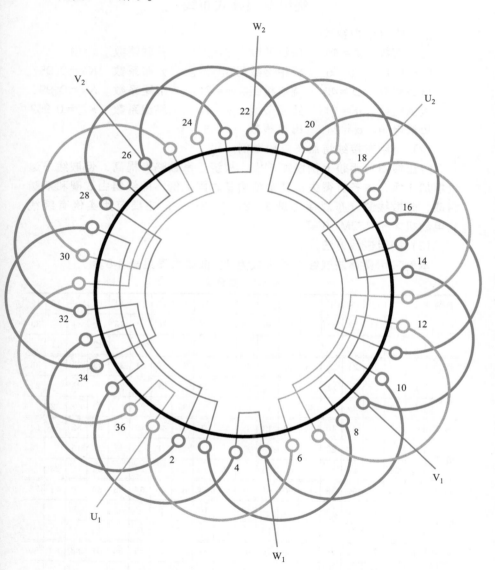

图 4-11　36 槽 6 极（$y = 5$、$a = 2$）三相电动机绕组单层链式布线

## 4.3.4　45槽6极（$y=7$、$a=1$）三相电动机（分数）绕组双层叠式布线

（1）绕组结构参数

| | | |
|---|---|---|
| 定子槽数　$Z=45$ | 每组圈数　$S=2\frac{1}{2}$ | 并联路数　$a=1$ |
| 电机极数　$2p=6$ | 极相槽数　$q=2\frac{1}{2}$ | 分布系数　$K_d=0.957$ |
| 总线圈数　$Q=45$ | 绕组极距　$\tau=7\frac{1}{2}$ | 节距系数　$K_p=0.995$ |
| 线圈组数　$u=18$ | 线圈节距　$y=7$ | 绕组系数　$K_{dp}=0.952$ |
| 每槽电角　$\alpha=24°$ | 出线根数　$c=6$ | |

（2）绕组布接线特点及应用举例

绕组线圈节距较上例增加1槽，故绕组系数略有提高，但嵌线吊边也增加1槽，故各有得失；其余结构基本同上例，即绕组由3圈和双圈组成，分数线圈分布规律仍是3、2、3、2……。主要应用实例有绕线式电动机 YZR-132M1-6 等。

（3）绕组嵌线方法

本例采用交叠法嵌线，吊边数为7。嵌线次序见表4-5。

表4-5　交叠法

| 嵌绕次序 | | 1 | 2 | 3 | 4 | 5 | 6 | 7 | 8 | 9 | 10 | 11 | 12 | 13 | 14 | 15 | 16 | 17 | 18 |
|---|---|---|---|---|---|---|---|---|---|---|---|---|---|---|---|---|---|---|---|
| 槽号 | 下层 | 45 | 44 | 43 | 42 | 41 | 40 | 39 | 38 | | 37 | | 36 | | 35 | | 34 | | 33 |
| | 上层 | | | | | | | | | 45 | | 44 | | 43 | | 42 | | 41 | |

| 嵌绕次序 | | 19 | 20 | 21 | 22 | 23 | 24 | 25 | 26 | 27 | 28 | 29 | 30 | 31 | 32 | 33 | 34 | 35 | 36 |
|---|---|---|---|---|---|---|---|---|---|---|---|---|---|---|---|---|---|---|---|
| 槽号 | 下层 | | 32 | | 31 | | 30 | | 29 | | 28 | | 27 | | 26 | | 25 | | 24 |
| | 上层 | 40 | | 39 | | 38 | | 37 | | 36 | | 35 | | 34 | | 33 | | 32 | |

| 嵌绕次序 | | 37 | 38 | 39 | 40 | 41 | 42 | 43 | 44 | 45 | 46 | 47 | 48 | 49 | 50 | 51 | 52 | 53 | 54 |
|---|---|---|---|---|---|---|---|---|---|---|---|---|---|---|---|---|---|---|---|
| 槽号 | 下层 | | 23 | | 22 | | 21 | | 20 | | 19 | | 18 | | 17 | | 16 | | 15 |
| | 上层 | 31 | | 30 | | 29 | | 28 | | 27 | | 26 | | 25 | | 24 | | 23 | |

| 嵌绕次序 | | 55 | 56 | 57 | 58 | 59 | 60 | 61 | 62 | 63 | 64 | 65 | 66 | 67 | 68 | 69 | 70 | 71 | 72 |
|---|---|---|---|---|---|---|---|---|---|---|---|---|---|---|---|---|---|---|---|
| 槽号 | 下层 | | 14 | | 13 | | 12 | | 11 | | 10 | | 9 | | 8 | | 7 | | 6 |
| | 上层 | 22 | | 21 | | 20 | | 19 | | 18 | | 17 | | 16 | | 15 | | 14 | |

| 嵌绕次序 | | 73 | 74 | 75 | 76 | 77 | 78 | 79 | 80 | 81 | 82 | 83 | 84 | 85 | 86 | 87 | 88 | 89 | 90 |
|---|---|---|---|---|---|---|---|---|---|---|---|---|---|---|---|---|---|---|---|
| 槽号 | 下层 | | | 5 | | 4 | | 3 | | 2 | | 1 | | | | | | | |
| | 上层 | 13 | | 12 | | 11 | | 10 | | 9 | | 8 | 7 | 6 | 5 | 4 | 3 | 2 | 1 |

（4）绕组端面布接线

如图 4-12 所示。

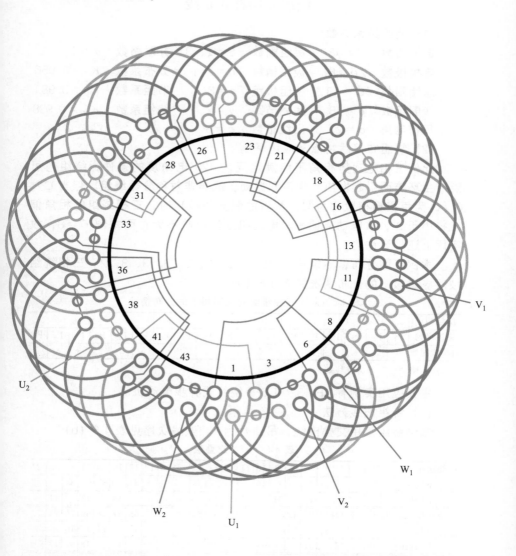

图 4-12　45 槽 6 极（$y=7$、$a=1$）三相电动机（分数）绕组双层叠式布线

### 4.3.5　48槽6极（$y=7$、$a=1$）三相电动机（分数）绕组双层叠式布线

（1）绕组结构参数

定子槽数　$Z=48$　　每组圈数　$S=2$、3　　并联路数　$a=1$

电机极数　$2p=6$　　极相槽数　$q=2\frac{2}{3}$　　分布系数　$K_d=0.956$

总线圈数　$Q=48$　　绕组极距　$\tau=8$　　节距系数　$K_p=0.981$

线圈组数　$u=18$　　线圈节距　$y=7$　　绕组系数　$K_{dp}=0.938$

每槽电角　$\alpha=22.5°$　出线根数　$c=6$

（2）绕组布接线特点及应用举例

此例三相电动势相角不能满足互差120°电角度的条件，绕组内可能产生环流而引起发热、噪声和振动，故属非对称分数绕组。但当 $C\geqslant$ 6（$C$ 为每极相槽数化为假分数后的假分子数）时，三相绕组的相角偏差将小于3°，其电动势偏差对电动机性能影响不大；而本例 $C=8$，故实用上还是允许的。

本例线圈分布循环规律为3、2、3、2、3、3、3、3、2。三相绕组按对应磁极下的分布情况见表4-6（a）。

表4-6（a）　三相绕组对应磁极下的分布情况

| 绕组相别 | U | | | | | | V | | | | | | W | | | | | |
|---|---|---|---|---|---|---|---|---|---|---|---|---|---|---|---|---|---|---|
| 磁极序列 | $P_1$ | $P_2$ | $P_3$ | $P_4$ | $P_5$ | $P_6$ | $P_1$ | $P_2$ | $P_3$ | $P_4$ | $P_5$ | $P_6$ | $P_1$ | $P_2$ | $P_3$ | $P_4$ | $P_5$ | $P_6$ |
| 每相线圈数 | <u>3</u> | 2 | 3 | 3 | 2 | 3 | 2 | <u>3</u> | 3 | 2 | 3 | 3 | <u>3</u> | 3 | 2 | 3 | 3 | 2 |

注：带"＿"者为进线端。

主要应用实例有 YR-132M1-6 等绕线式异步电动机。

（3）绕组嵌线方法

本例绕组采用交叠嵌线，吊边数为7。嵌线次序见表4-6（b）。

表4-6（b）　交叠法

| 嵌绕次序 | | 1 | 2 | 3 | 4 | 5 | 6 | 7 | 8 | 9 | 10 | 11 | 12 | 13 | 14 | 15 | 16 | 17 | 18 | 19 | 20 | 21 | 22 | 23 | 24 |
|---|---|---|---|---|---|---|---|---|---|---|---|---|---|---|---|---|---|---|---|---|---|---|---|---|---|
| 槽号 | 下层 | 48 | 47 | 46 | 45 | 44 | 43 | 42 | 41 | | 40 | | 39 | | 38 | | 37 | | 36 | | 35 | | 34 | | 33 |
| | 上层 | | | | | | | | | 48 | | 47 | | 46 | | 45 | | 44 | | 43 | | 42 | | 41 | |
| 嵌绕次序 | | 25 | 26 | 27 | 28 | 29 | 30 | 31 | 32 | ⋯⋯ | 60 | 61 | 62 | 63 | 64 | 65 | 66 | 67 | 68 | 69 | 70 | 71 | 72 |
| 槽号 | 下层 | 32 | | 31 | | 30 | | 29 | | ⋯⋯ | 15 | | 14 | | 13 | | 12 | | 11 | | 10 | | 9 |
| | 上层 | 40 | | 39 | | 38 | | 37 | | ⋯⋯ | 22 | | 21 | | 20 | | 19 | | 18 | | 17 | |
| 嵌绕次序 | | 73 | 74 | 75 | 76 | 77 | 78 | 79 | 80 | 81 | 82 | 83 | 84 | 85 | 86 | 87 | 88 | 89 | 90 | 91 | 92 | 93 | 94 | 95 | 96 |
| 槽号 | 下层 | | 8 | | 7 | | 6 | | 5 | | 4 | | 3 | | 2 | | 1 | | | | | | | | |
| | 上层 | 16 | | 15 | | 14 | | 13 | | 12 | | 11 | | 10 | | 9 | | 8 | 7 | 6 | 5 | 4 | 3 | 2 | 1 |

（4）绕组端面布接线
如图 4-13 所示。

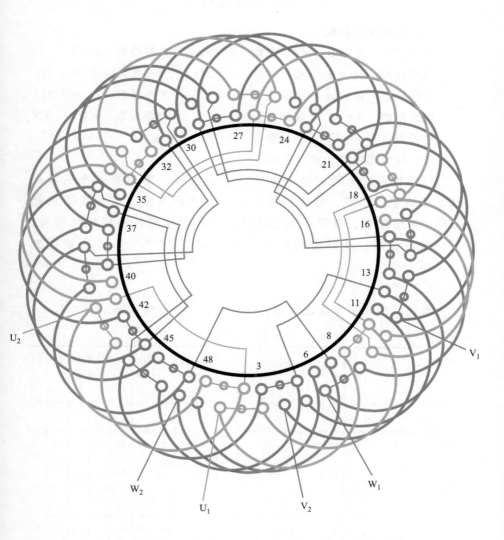

图 4-13　48 槽 6 极（$y=7$、$a=1$）三相电动机（分数）绕组双层叠式布线

## 4.3.6  48槽6极（$y=7$、$a=2$）三相电动机（分数）绕组双层叠式布线

（1）绕组结构参数

定子槽数　$Z=48$　　每组圈数　$S=2$、3　　并联路数　$a=2$

电机极数　$2p=6$　　极相槽数　$q=2\frac{2}{3}$　　分布系数　$K_d=0.956$

总线圈数　$Q=48$　　绕组极距　$\tau=8$　　节距系数　$K_p=0.981$

线圈组数　$u=18$　　线圈节距　$y=7$　　绕组系数　$K_{dp}=0.938$

每槽电角　$\alpha=22.5°$　　出线根数　$c=6$

（2）绕组布接线特点及应用举例

绕组特点同上例，但采用二路并联接线。每相有4个三联组和2个双联组组成，每相进线后分左右两路走线，每一支路包括三组、8个线圈，并采用短跳接法，使同相相邻线圈组极性相反。因是分数绕组，实际应用例子不多，仅见于 YR-160L-6 等绕线式异步电动机。

（3）绕组嵌线方法

本例绕组采用交叠法嵌线，吊边数为7。嵌线次序见表4-7。

表 4-7　交叠法

| 嵌绕次序 | | 1 | 2 | 3 | 4 | 5 | 6 | 7 | 8 | 9 | 10 | 11 | 12 | 13 | 14 | 15 | 16 | 17 | 18 |
|---|---|---|---|---|---|---|---|---|---|---|---|---|---|---|---|---|---|---|---|
| 槽号 | 下层 | 3 | 2 | 1 | 48 | 47 | 46 | 45 | 44 | | 43 | | 42 | | 41 | | 40 | | 39 |
| | 上层 | | | | | | | | | 3 | | 2 | | 1 | | 48 | | 47 | |

| 嵌绕次序 | | 19 | 20 | 21 | 22 | 23 | …… | 69 | 70 | 71 | 72 | 73 | 74 | 75 | 76 | 77 | 78 |
|---|---|---|---|---|---|---|---|---|---|---|---|---|---|---|---|---|---|
| 槽号 | 下层 | | 38 | | 37 | | …… | | 13 | 12 | 11 | | 10 | | 9 | | |
| | 上层 | 46 | | 45 | | 44 | …… | 21 | | 20 | | 19 | | 18 | | 17 | |

| 嵌绕次序 | | 79 | 80 | 81 | 82 | 83 | 84 | 85 | 86 | 87 | 88 | 89 | 90 | 91 | 92 | 93 | 94 | 95 | 96 |
|---|---|---|---|---|---|---|---|---|---|---|---|---|---|---|---|---|---|---|---|
| 槽号 | 下层 | | 8 | | 7 | | 6 | | 5 | | 3 | | | | | | | | |
| | 上层 | 16 | | 15 | | 14 | | 13 | | 12 | | 11 | 10 | 9 | 8 | 7 | 6 | 5 | 4 |

（4）绕组端面布接线
如图 4-14 所示。

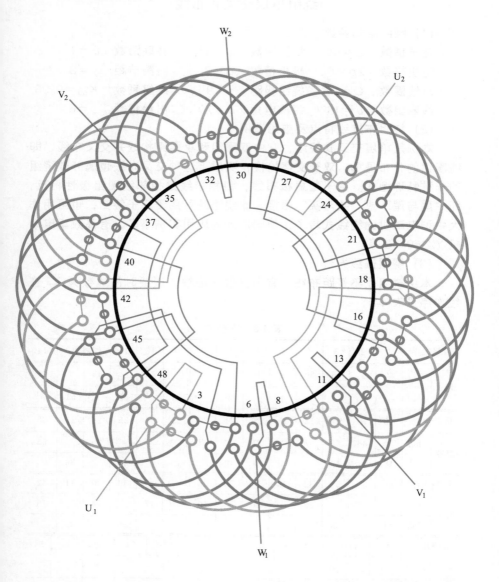

图 4-14　48 槽 6 极（$y=7$、$a=2$）三相电动机（分数）绕组双层叠式布线

## 4.3.7　54槽6极（$a=1$）三相电动机绕组单层交叉式布线

（1）绕组结构参数

| | | |
|---|---|---|
| 定子槽数　$Z=54$ | 每组圈数　$S=1\frac{1}{2}$ | 并联路数　$a=1$ |
| 电机极数　$2p=6$ | 极相槽数　$q=3$ | 线圈节距　$y=8、7$ |
| 总线圈数　$Q=27$ | 绕组极距　$\tau=9$ | 绕组系数　$K_{dp}=0.96$ |
| 线圈组数　$u=18$ | 每槽电角　$\alpha=20°$ | 出线根数　$c=6$ |

（2）绕组布接线特点及应用举例

本例是单层交叉式绕组，它由双圈组和单圈组构成并交叉布线，即线圈组的分布是单、双圈交替轮换，实质上这种交叉布线也属分数绕组的一种特殊型式。由于是显极布线，每相接线是相邻线圈组极性相反，即"尾与尾"或"头与头"相接。此绕组既可用于定子绕组，也可用作大中型电动机的绕线式转子，但国产系列应用实例不多，有高效率电动机 YX160M-6 等。

（3）绕组嵌线方法

本例绕组是不等距布线，宜用交叠法嵌线，嵌线时吊边数为3。嵌线次序见表4-8。

表 4-8　交叠法

| 嵌绕次序 | | 1 | 2 | 3 | 4 | 5 | 6 | 7 | 8 | 9 | 10 | 11 | 12 | 13 | 14 |
|---|---|---|---|---|---|---|---|---|---|---|---|---|---|---|---|
| 槽号 | 沉边 | 2 | 1 | 53 | 50 | | 49 | | 47 | | 44 | | 43 | | 41 |
| | 浮边 | | | | | 4 | | 3 | | 54 | | 52 | | 51 | |
| 嵌绕次序 | | 15 | 16 | 17 | 18 | 19 | 20 | 21 | 22 | 23 | 24 | 25 | 26 | 27 | 28 |
| 槽号 | 沉边 | | 38 | | 37 | | 35 | | 32 | | 31 | | 29 | | 26 |
| | 浮边 | 48 | | 46 | | 45 | | 42 | | 40 | | 39 | | 36 | |
| 嵌绕次序 | | 29 | 30 | 31 | 32 | 33 | 34 | 35 | 36 | 37 | 38 | 39 | 40 | 41 | 42 |
| 槽号 | 沉边 | | 25 | | 23 | | 20 | | 19 | | 17 | | 14 | | 13 |
| | 浮边 | 34 | | 33 | | 30 | | 28 | | 27 | | 24 | | 22 | |
| 嵌绕次序 | | 43 | 44 | 45 | 46 | 47 | 48 | 49 | 50 | 51 | 52 | 53 | 54 | | |
| 槽号 | 沉边 | | 11 | | 8 | | 7 | | 5 | | | | | | |
| | 浮边 | 21 | | 18 | | 16 | | 15 | | 12 | 10 | 9 | 6 | | |

(4) 绕组端面布接线

如图 4-15 所示。

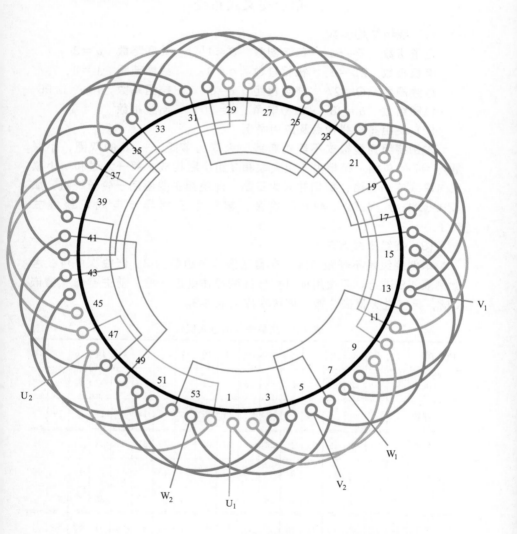

图 4-15　54 槽 6 极（$a=1$）三相电动机绕组单层交叉式布线

## 4.3.8  54槽6极（$a=3$）三相电动机绕组单层交叉式布线

（1）绕组结构参数

| | | | | | |
|---|---|---|---|---|---|
| 定子槽数 | $Z=54$ | 每组圈数 | $S=1\frac{1}{2}$ | 并联路数 | $a=3$ |
| 电机极数 | $2p=6$ | 极相槽数 | $q=3$ | 线圈节距 | $y=8、7$ |
| 总线圈数 | $Q=27$ | 绕组极距 | $\tau=9$ | 绕组系数 | $K_{dp}=0.96$ |
| 线圈组数 | $u=18$ | 每槽电角 | $\alpha=20°$ | 出线根数 | $c=6$ |

（2）绕组布接线特点及应用举例

本例绕组为显极式不等距布线，大联为节距 $y_D=8$ 的双圈，小联是 $y_x=7$ 的单圈。每相由3组大联和3组小联构成，每一大联和一小联反向串联成一支路，每相并联为三路。此绕组主要应用于转子绕组，如YZR250M1-6、YZR250M2-6等冶金、起重型三相异步电动机绕线式转子。

（3）绕组嵌线方法

本例绕组是不等距布线，交叠法嵌线吊边数为3。嵌线次序可参考上例表4-8进行。习惯用前进式嵌线的操作则嵌2槽、前进空出1槽嵌1槽，再空进2槽嵌2槽。嵌线次序见表4-9。

**表 4-9  交叠法（前进式嵌线）**

| 嵌绕次序 | 1 | 2 | 3 | 4 | 5 | 6 | 7 | 8 | 9 | 10 | 11 | 12 | 13 | 14 | 15 | 16 | 17 | 18 |
|---|---|---|---|---|---|---|---|---|---|---|---|---|---|---|---|---|---|---|
| 槽号 沉边 | 9 | 10 | 12 | 15 | | 16 | | 18 | | 21 | | 22 | | 24 | | 27 | | 28 |
| 槽号 浮边 | | | | | 7 | | 8 | | 11 | | 13 | | 14 | | 17 | | 19 | |

| 嵌绕次序 | 19 | 20 | 21 | 22 | 23 | 24 | 25 | 26 | 27 | 28 | 29 | 30 | 31 | 32 | 33 | 34 | 35 | 36 |
|---|---|---|---|---|---|---|---|---|---|---|---|---|---|---|---|---|---|---|
| 槽号 沉边 | | 30 | | 33 | | 34 | | 36 | | 38 | | 40 | | 42 | | 45 | | 46 |
| 槽号 浮边 | 20 | | 23 | | 25 | | 26 | | 29 | | 31 | | 32 | | 35 | | 37 | |

| 嵌绕次序 | 37 | 38 | 39 | 40 | 41 | 42 | 43 | 44 | 45 | 46 | 47 | 48 | 49 | 50 | 51 | 52 | 53 | 54 |
|---|---|---|---|---|---|---|---|---|---|---|---|---|---|---|---|---|---|---|
| 槽号 沉边 | | 48 | | 51 | | 52 | | 54 | | | | 4 | | 6 | | | | |
| 槽号 浮边 | 38 | | 41 | | 43 | | 44 | | 47 | | 49 | | 50 | | 53 | 1 | 2 | 5 |

（4）绕组端面布接线

如图 4-16 所示。

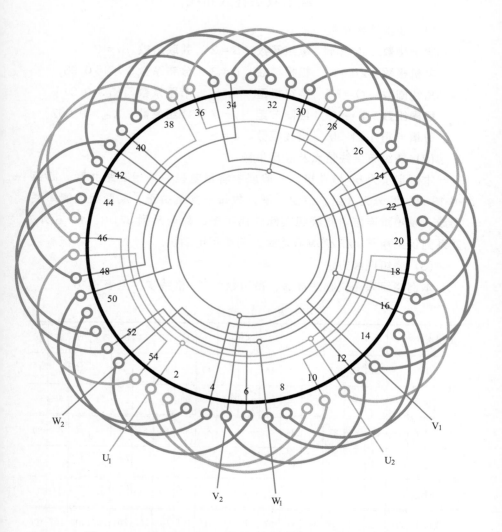

图 4-16  54 槽 6 极（$a=3$）三相电动机绕组单层交叉式布线

## 4.3.9　54 槽 6 极（$y=7$、$a=3$）三相电动机绕组双层叠式布线

（1）绕组结构参数

| | | |
|---|---|---|
| 定子槽数　$Z=54$ | 每组圈数　$S=3$ | 并联路数　$a=3$ |
| 电机极数　$2p=6$ | 极相槽数　$q=3$ | 分布系数　$K_d=0.96$ |
| 总线圈数　$Q=54$ | 绕组极距　$\tau=9$ | 节距系数　$K_p=0.94$ |
| 线圈组数　$u=18$ | 线圈节距　$y=7$ | 绕组系数　$K_{dp}=0.902$ |
| 每槽电角　$\alpha=20°$ | 出线根数　$c=6$ | |

（2）绕组布接线特点及应用举例

本例定子为 54 槽 6 极，一般属中容量电机，采用三路并联，即每相 18 只线圈分为 3 组，每组 3 圈，故每一支路由正、反两组线圈串联而成，属短跳连接。此绕组实际应用不多，除老系列 J71-6、J72-6 外，新系列仅见用于 YZR225M-6 冶金、起重用电动机。

（3）绕组嵌线方法

本例绕组采用交叠法嵌线，吊边数为 7。嵌线次序见表 4-10。

表 4-10　交叠法

| 嵌绕次序 | | 1 | 2 | 3 | 4 | 5 | 6 | 7 | 8 | 9 | 10 | 11 | 12 | 13 | 14 | 15 | 16 | 17 | 18 |
|---|---|---|---|---|---|---|---|---|---|---|---|---|---|---|---|---|---|---|---|
| 槽号 | 下层 | 54 | 53 | 52 | 51 | 50 | 49 | 48 | 47 | | 46 | | 45 | | 44 | | 43 | | 42 |
| | 上层 | | | | | | | | | 54 | | 53 | | 52 | | 51 | | 50 | |

| 嵌绕次序 | | 19 | 20 | 21 | 22 | 23 | 24 | …… | 82 | 83 | 84 | 85 | 86 | 87 | 88 | 89 | 90 |
|---|---|---|---|---|---|---|---|---|---|---|---|---|---|---|---|---|---|
| 槽号 | 下层 | | 41 | | 40 | | 39 | …… | 10 | | 9 | | 8 | | 7 | | 6 |
| | 上层 | 49 | | 48 | | 47 | | | | 17 | | 16 | | 15 | | 14 | |

| 嵌绕次序 | | 91 | 92 | 93 | 94 | 95 | 96 | 97 | 98 | 99 | 100 | 101 | 102 | 103 | 104 | 105 | 106 | 107 | 108 |
|---|---|---|---|---|---|---|---|---|---|---|---|---|---|---|---|---|---|---|---|
| 槽号 | 下层 | | 5 | | 4 | | 3 | | 2 | | 1 | | | | | | | | |
| | 上层 | 13 | | 12 | | 11 | | 10 | | 9 | | 8 | 7 | 6 | 5 | 4 | 3 | 2 | 1 |

（4）绕组端面布接线
如图 4-17 所示。

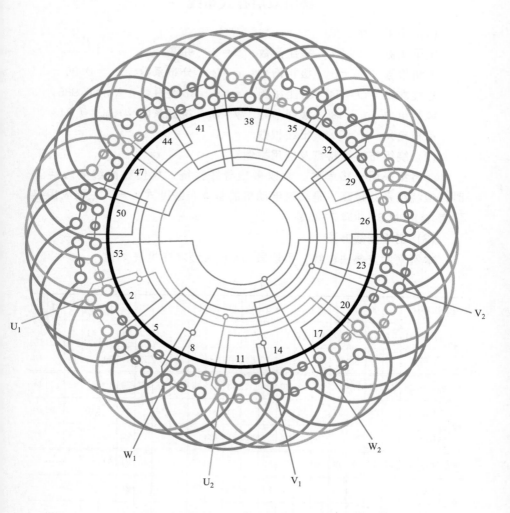

图 4-17 54 槽 6 极（$y=7$、$a=3$）三相电动机绕组双层叠式布线

## 4.3.10　54槽6极（$y=8$、$a=1$）三相电动机绕组双层叠式布线

（1）绕组结构参数

| | | |
|---|---|---|
| 定子槽数　$Z=54$ | 每组圈数　$S=3$ | 并联路数　$a=1$ |
| 电机极数　$2p=6$ | 极相槽数　$q=3$ | 分布系数　$K_d=0.96$ |
| 总线圈数　$Q=54$ | 绕组极距　$\tau=9$ | 节距系数　$K_p=0.985$ |
| 线圈组数　$u=18$ | 线圈节距　$y=8$ | 绕组系数　$K_{dp}=0.946$ |
| 每槽电角　$\alpha=20°$ | 出线根数　$c=6$ | |

（2）绕组布接线特点及应用举例

此方案采用一路串联，常以多根导线并绕，故使线圈绕制较耗工时，但绕组系数较高，是交流电动机的基本布线型式之一。主要应用实例有 Y-160M-6、JO4-71-6 等。

（3）绕组嵌线方法

本例采用交叠法嵌线，吊边数为8。嵌线次序见表4-11。

### 表4-11　交叠法

| 嵌绕次序 | | 1 | 2 | 3 | 4 | 5 | 6 | 7 | 8 | 9 | 10 | 11 | 12 | 13 | 14 | 15 | 16 | 17 | 18 | 19 | 20 | 21 | 22 |
|---|---|---|---|---|---|---|---|---|---|---|---|---|---|---|---|---|---|---|---|---|---|---|---|
| 槽号 | 下层 | 54 | 53 | 52 | 51 | 50 | 49 | 48 | 47 | 46 | | 45 | | 44 | | 43 | | 42 | | 41 | | 40 | |
| | 上层 | | | | | | | | | | 54 | | 53 | | 52 | | 51 | | 50 | | 49 | | 48 |

| 嵌绕次序 | | 23 | 24 | 25 | 26 | 27 | 28 | 29 | 30 | 31 | 32 | 33 | 34 | 35 | 36 | 37 | 38 | 39 | 40 | 41 | 42 | 43 | 44 |
|---|---|---|---|---|---|---|---|---|---|---|---|---|---|---|---|---|---|---|---|---|---|---|---|
| 槽号 | 下层 | 39 | | 38 | | 37 | | 36 | | 35 | | 34 | | 33 | | 32 | | 31 | | 30 | | 29 | |
| | 上层 | | 47 | | 46 | | 45 | | 44 | | 43 | | 42 | | 41 | | 40 | | 39 | | 38 | | 37 |

| 嵌绕次序 | | 45 | 46 | 47 | 48 | 49 | 50 | 51 | 52 | 53 | 54 | 55 | 56 | 57 | 58 | 59 | 60 | 61 | 62 | 63 | …… |
|---|---|---|---|---|---|---|---|---|---|---|---|---|---|---|---|---|---|---|---|---|---|
| 槽号 | 下层 | 28 | | 27 | | 26 | | 25 | | 24 | | 23 | | 22 | | 21 | | 20 | | 19 | …… |
| | 上层 | | 36 | | 35 | | 34 | | 33 | | 32 | | 31 | | 30 | | 29 | | 28 | | …… |

| 嵌绕次序 | | 89 | 90 | 91 | 92 | 93 | 94 | 95 | 96 | 97 | 98 | 99 | 100 | 101 | 102 | 103 | 104 | 105 | 106 | 107 | 108 |
|---|---|---|---|---|---|---|---|---|---|---|---|---|---|---|---|---|---|---|---|---|---|
| 槽号 | 下层 | 6 | | 5 | | 4 | | 3 | | 2 | | 1 | | | | | | | | | |
| | 上层 | | 14 | | 13 | | 12 | | 11 | | 10 | | 9 | 8 | 7 | 6 | 5 | 4 | 3 | 2 | 1 |

（4）绕组端面布接线

如图 4-18 所示。

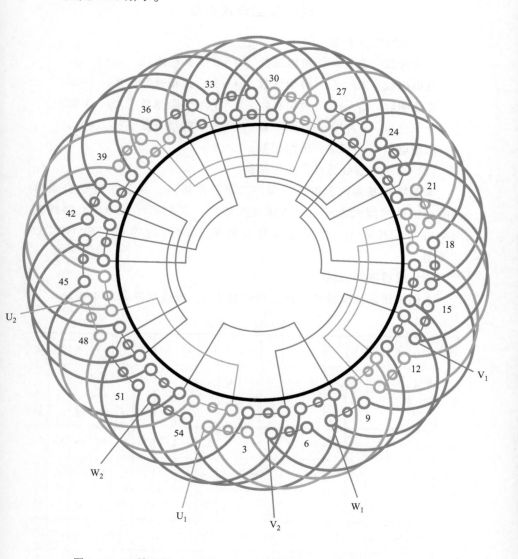

图 4-18　54 槽 6 极（$y=8$、$a=1$）三相电动机绕组双层叠式布线

## 4.3.11　54槽6极（$y=8$、$a=2$）三相电动机绕组双层叠式布线

（1）绕组结构参数

定子槽数　$Z=54$　　每组圈数　$S=3$　　并联路数　$a=2$

电机极数　$2p=6$　　极相槽数　$q=3$　　分布系数　$K_d=0.96$

总线圈数　$Q=54$　　绕组极距　$\tau=9$　　节距系数　$K_p=0.985$

线圈组数　$u=18$　　线圈节距　$y=8$　　绕组系数　$K_{dp}=0.946$

每槽电角　$\alpha=20°$　　出线根数　$c=6$

（2）绕组布接线特点及应用举例

本例绕组基本同上例，但采用二路并联接线，是低压电动机最常用的布线接线型式之一。此绕组应用较广，实例有 Y-180L-6，绕线式电动机 YR-225M2-6，小容量水轮发电机 TSN42.3/19-6、TSWN42.3/25-6 等。

（3）绕组嵌线方法

本例绕组采用交叠法嵌线，吊边数为8。嵌线次序见表4-12。

### 表 4-12　交叠法

| 嵌绕次序 | | 1 | 2 | 3 | 4 | 5 | 6 | 7 | 8 | 9 | 10 | 11 | 12 | 13 | 14 | 15 | 16 | 17 | 18 |
|---|---|---|---|---|---|---|---|---|---|---|---|---|---|---|---|---|---|---|---|
| 槽号 | 下层 | 3 | 2 | 1 | 54 | 53 | 52 | 51 | 50 | 49 |  | 48 |  | 47 |  | 46 |  | 45 |  |
|  | 上层 |  |  |  |  |  |  |  |  |  | 3 |  | 2 |  | 1 |  | 54 |  | 53 |

| 嵌绕次序 | | 19 | 20 | 21 | 22 | 23 | 24 | …… | 82 | 83 | 84 | 85 | 86 | 87 | 88 | 89 | 90 |
|---|---|---|---|---|---|---|---|---|---|---|---|---|---|---|---|---|---|
| 槽号 | 下层 | 44 |  | 43 |  | 42 |  | …… | 12 |  | 11 |  | 10 |  | 9 |  |  |
|  | 上层 |  | 52 |  | 51 |  | 50 | …… | 21 |  | 20 |  | 19 |  | 18 |  | 17 |

| 嵌绕次序 | | 91 | 92 | 93 | 94 | 95 | 96 | 97 | 98 | 99 | 100 | 101 | 102 | 103 | 104 | 105 | 106 | 107 | 108 |
|---|---|---|---|---|---|---|---|---|---|---|---|---|---|---|---|---|---|---|---|
| 槽号 | 下层 | 8 |  | 7 |  | 6 |  | 5 |  | 4 |  |  |  |  |  |  |  |  |  |
|  | 上层 |  | 16 |  | 15 |  | 14 |  | 13 |  | 12 | 11 | 10 | 9 | 8 | 7 | 6 | 5 | 4 |

（4）绕组端面布接线

如图 4-19 所示。

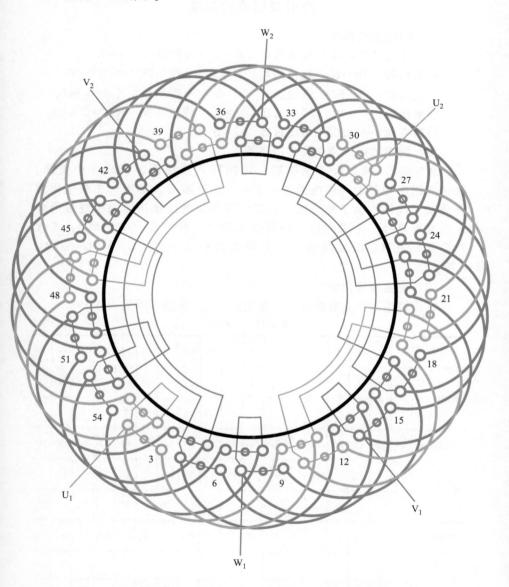

图 4-19  54 槽 6 极（$y = 8$、$a = 2$）三相电动机绕组双层叠式布线

## 4.3.12　54槽6极（$y=8$、$a=3$）三相电动机绕组双层叠式布线

（1）绕组结构参数

定子槽数　$Z=54$　　每组圈数　$S=3$　　并联路数　$a=3$

电机极数　$2p=6$　　极相槽数　$q=3$　　分布系数　$K_d=0.96$

总线圈数　$Q=54$　　绕组极距　$\tau=9$　　节距系数　$K_p=0.985$

线圈组数　$u=18$　　线圈节距　$y=8$　　绕组系数　$K_{dp}=0.946$

每槽电角　$\alpha=20°$　　出线根数　$c=6$

（2）绕组布接线特点及应用举例

本例是54槽6极三相三路并联，每相有6组线圈，分成3个支路，每一支路由相邻的两组线圈按一正一反串联而成，即每一支路采用短跳接法。此外，为了缩短接线长度，采用双向连接，即每相进线后分左右两侧接线。主要应用实例有新系列的二代产品Y2-225M-6，三代产品Y3-225M-6以及冶金、起重用电动机 YZR200L-6、YZR2-160M1-6 等。

（3）绕组嵌线方法

本例绕组采用交叠法嵌线，吊边数为8。嵌线次序见表4-13。

**表4-13　交叠法**

| 嵌绕次序 | | 1 | 2 | 3 | 4 | 5 | 6 | 7 | 8 | 9 | 10 | 11 | 12 | 13 | 14 | 15 | 16 | 17 | 18 |
|---|---|---|---|---|---|---|---|---|---|---|---|---|---|---|---|---|---|---|---|
| 槽号 | 下层 | 9 | 8 | 7 | 6 | 5 | 4 | 3 | 2 | 1 | | 54 | | 53 | | 52 | | 51 | |
| | 上层 | | | | | | | | | | 9 | | 8 | | 7 | | 6 | | 5 |

| 嵌绕次序 | | 19 | 20 | 21 | 22 | 23 | …… | 81 | 82 | 83 | 84 | 85 | 86 | 87 | 88 | 89 | 90 |
|---|---|---|---|---|---|---|---|---|---|---|---|---|---|---|---|---|---|
| 槽号 | 下层 | 50 | | 49 | | 48 | …… | 19 | | 18 | | 17 | | 16 | | 15 | |
| | 上层 | | 4 | | 3 | | …… | | 27 | | 26 | | 25 | | 24 | | 23 |

| 嵌绕次序 | | 91 | 92 | 93 | 94 | 95 | 96 | 97 | 98 | 99 | 100 | 101 | 102 | 103 | 104 | 105 | 106 | 107 | 108 |
|---|---|---|---|---|---|---|---|---|---|---|---|---|---|---|---|---|---|---|---|
| 槽号 | 下层 | 14 | | 13 | | 12 | | 11 | | 10 | | | | | | | | | |
| | 上层 | | 22 | | 21 | | 20 | | 19 | | 18 | 17 | 16 | 15 | 14 | 13 | 12 | 11 | 10 |

（4）绕组端面布接线

如图 4-20 所示。

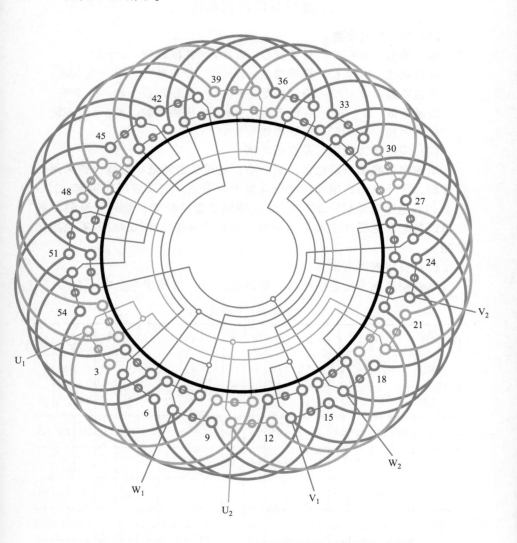

图 4-20 54 槽 6 极（$y=8$、$a=3$）三相电动机绕组双层叠式布线

## 4.3.13　72槽6极（$y=10$、$a=3$）三相电动机绕组双层叠式布线

(1) 绕组结构参数

| | | | | | |
|---|---|---|---|---|---|
| 定子槽数 | $Z=72$ | 每组圈数 | $S=4$ | 并联路数 | $a=3$ |
| 电机极数 | $2p=6$ | 极相槽数 | $q=4$ | 分布系数 | $K_d=0.958$ |
| 总线圈数 | $Q=72$ | 绕组极距 | $\tau=12$ | 节距系数 | $K_p=0.966$ |
| 线圈组数 | $u=18$ | 线圈节距 | $y=10$ | 绕组系数 | $K_{dp}=0.925$ |
| 每槽电角 | $\alpha=15°$ | 出线根数 | $c=6$ | | |

(2) 绕组布接线特点及应用举例

本例绕组线圈节距比极距短2槽，绕组系数稍低；接线上则采用三路并联，每一支路由相邻线圈组反向串联而成。主要应用实例有 JO2L-81-6 铝线绕组电动机，JR2-355S1-6 绕线式电动机等；此外新系列中的出口设备配套电机 Y225M-6 及冶金、起重用电机 YZR250M2-6 等也用此绕组。

(3) 绕组嵌线方法

本例绕组采用交叠法嵌线，吊边数为10。嵌线次序见表4-14。

表4-14　交叠法

| 嵌绕次序 | | 1 | 2 | 3 | 4 | 5 | 6 | 7 | 8 | 9 | 10 | 11 | 12 | 13 | 14 | 15 | 16 | 17 | 18 |
|---|---|---|---|---|---|---|---|---|---|---|---|---|---|---|---|---|---|---|---|
| 槽号 | 下层 | 72 | 71 | 70 | 69 | 68 | 67 | 66 | 65 | 64 | 63 | 62 | | 61 | | 60 | | 59 | |
| | 上层 | | | | | | | | | | | | 72 | | 71 | | 70 | | 69 |

| 嵌绕次序 | | 19 | 20 | 21 | 22 | 23 | 24 | 25 | 26 | 27 | …… | 121 | 122 | 123 | 124 | 125 | 126 |
|---|---|---|---|---|---|---|---|---|---|---|---|---|---|---|---|---|---|
| 槽号 | 下层 | 58 | | 57 | | 56 | | 55 | | 54 | …… | 7 | | 6 | | 5 | |
| | 上层 | | 68 | | 67 | | 66 | | 65 | | …… | | 17 | | 16 | | 15 |

| 嵌绕次序 | | 127 | 128 | 129 | 130 | 131 | 132 | 133 | 134 | 135 | 136 | 137 | 138 | 139 | 140 | 141 | 142 | 143 | 144 |
|---|---|---|---|---|---|---|---|---|---|---|---|---|---|---|---|---|---|---|---|
| 槽号 | 下层 | 4 | | 3 | | 2 | | 1 | | | | | | | | | | | |
| | 上层 | | 14 | | 13 | | 12 | | 11 | 10 | 9 | 8 | 7 | 6 | 5 | 4 | 3 | 2 | 1 |

（4）绕组端面布接线

如图 4-21 所示。

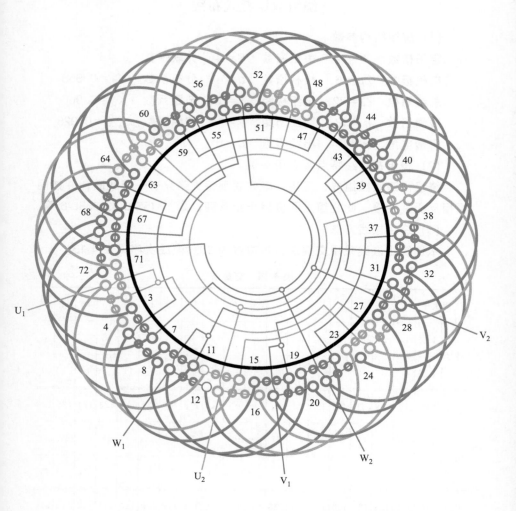

图 4-21　72 槽 6 极（$y = 10$、$a = 3$）三相电动机绕组双层叠式布线

## 4.3.14　72槽6极（$y=10$、$a=6$）三相电动机绕组双层叠式布线

（1）绕组结构参数

| | | | |
|---|---|---|---|
| 定子槽数　$Z=72$ | 每组圈数　$S=4$ | 并联路数　$a=6$ | |
| 电机极数　$2p=6$ | 极相槽数　$q=4$ | 分布系数　$K_d=0.958$ | |
| 总线圈数　$Q=72$ | 绕组极距　$\tau=12$ | 节距系数　$K_p=0.966$ | |
| 线圈组数　$u=18$ | 线圈节距　$y=10$ | 绕组系数　$K_{dp}=0.925$ | |
| 每槽电角　$\alpha=15°$ | 出线根数　$c=6$ | | |

（2）绕组布接线特点及应用举例

绕组由四联组组成，采用六路并联则每支路只有一组线圈，并按同相相反极性并接。此绕组主要应用于新系列，如Y315S-6 Y2-355L-6等。

（3）绕组嵌线方法

本例绕组嵌线采用交叠法，吊边数为10。嵌线次序见表4-15。

表4-15　交叠法

| 嵌绕次序 | | 1 | 2 | 3 | 4 | 5 | 6 | 7 | 8 | 9 | 10 | 11 | 12 | 13 | 14 | 15 | 16 | 17 | 18 |
|---|---|---|---|---|---|---|---|---|---|---|---|---|---|---|---|---|---|---|---|
| 槽号 | 下层 | 12 | 11 | 10 | 9 | 8 | 7 | 6 | 5 | 4 | 3 | 2 | | 1 | | 72 | | 71 | |
| | 上层 | | | | | | | | | | | | 12 | | 11 | | 10 | | 9 |

| 嵌绕次序 | | 19 | 20 | 21 | 22 | 23 | 24 | 25 | …… | 118 | 119 | 120 | 121 | 122 | 123 | 124 | 125 | 126 |
|---|---|---|---|---|---|---|---|---|---|---|---|---|---|---|---|---|---|---|
| 槽号 | 下层 | 70 | | 69 | | 68 | | 67 | …… | | 20 | | 19 | | 18 | | 17 | |
| | 上层 | | 8 | | 7 | | 6 | | …… | 31 | | 30 | | 29 | | 28 | | 27 |

| 嵌绕次序 | | 127 | 128 | 129 | 130 | 131 | 132 | 133 | 134 | 135 | 136 | 137 | 138 | 139 | 140 | 141 | 142 | 143 | 144 |
|---|---|---|---|---|---|---|---|---|---|---|---|---|---|---|---|---|---|---|---|
| 槽号 | 下层 | 16 | | 15 | | 14 | | 13 | | | | | | | | | | | |
| | 上层 | | 26 | | 25 | | 24 | | 23 | 22 | 21 | 20 | 19 | 18 | 17 | 16 | 15 | 14 | 13 |

（4）绕组端面布接线

如图 4-22 所示。

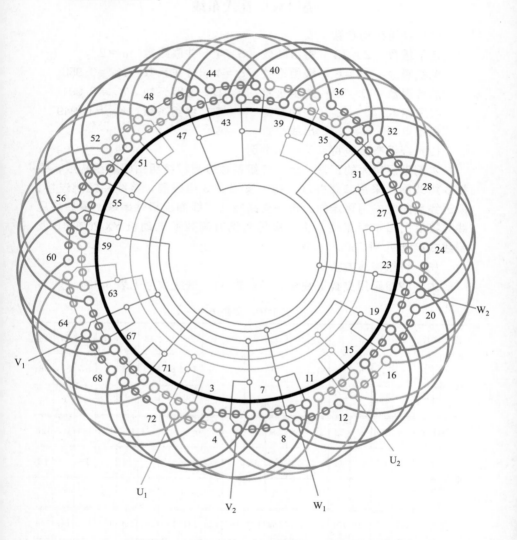

图 4-22　72 槽 6 极（$y=10$、$a=6$）三相电动机绕组双层叠式布线

## 4.3.15　72 槽 6 极（$y=11$、$a=2$）三相电动机绕组双层叠式布线

### (1) 绕组结构参数

定子槽数　$Z=72$　　每组圈数　$S=4$　　并联路数　$a=2$

电机极数　$2p=6$　　极相槽数　$q=4$　　分布系数　$K_d=0.958$

总线圈数　$Q=72$　　绕组极距　$\tau=12$　　节距系数　$K_p=0.991$

线圈组数　$u=18$　　线圈节距　$y=11$　　绕组系数　$K_{dp}=0.949$

每槽电角　$\alpha=15°$　　出线根数　$c=6$

### (2) 绕组布接线特点及应用举例

本例采用较大的正常节距，绕组系数较高。绕组由四联组构成，每相 6 组线圈，采用二路并联则每一支路有 3 组线圈，接线用短跳连接，即进线后向左右两路走向，每一支路将 3 组线圈反极性串联，最后将尾线并接后引出本相尾端。主要应用实例有高效率电动机 YX-200L2-6 及绕线式电动机 YR250M2-6 等。

### (3) 绕组嵌线方法

本例绕组采用交叠嵌线法，吊边数 11。嵌线次序见表 4-16。

表 4-16　交叠法

| 嵌绕次序 | | 1 | 2 | 3 | 4 | 5 | 6 | 7 | 8 | 9 | 10 | 11 | 12 | 13 | 14 | 15 | 16 | 17 | 18 |
|---|---|---|---|---|---|---|---|---|---|---|---|---|---|---|---|---|---|---|---|
| 槽号 | 下层 | 8 | 7 | 6 | 5 | 4 | 3 | 2 | 1 | 72 | 71 | 70 | 69 | | 68 | | 67 | | 66 |
| | 上层 | | | | | | | | | | | | | 8 | | 7 | | 6 | |

| 嵌绕次序 | | 19 | 20 | 21 | 22 | 23 | 24 | 25 | 26 | 27 | ⋯⋯ | 121 | 122 | 123 | 124 | 125 | 126 |
|---|---|---|---|---|---|---|---|---|---|---|---|---|---|---|---|---|---|
| 槽号 | 下层 | | 65 | | 64 | | 53 | | 62 | | ⋯⋯ | | | 14 | | 13 | 12 |
| | 上层 | 5 | | 4 | | 3 | | 2 | | 1 | ⋯⋯ | 26 | | 25 | | 24 | |

| 嵌绕次序 | | 127 | 128 | 129 | 130 | 131 | 132 | 133 | 134 | 135 | 136 | 137 | 138 | 139 | 140 | 141 | 142 | 143 | 144 |
|---|---|---|---|---|---|---|---|---|---|---|---|---|---|---|---|---|---|---|---|
| 槽号 | 下层 | | 11 | | 10 | | 9 | | | | | | | | | | | | |
| | 上层 | 23 | | 22 | | 21 | | 20 | 19 | 18 | 17 | 16 | 15 | 14 | 13 | 12 | 11 | 10 | 9 |

（4）绕组端面布接线

如图 4-23 所示。

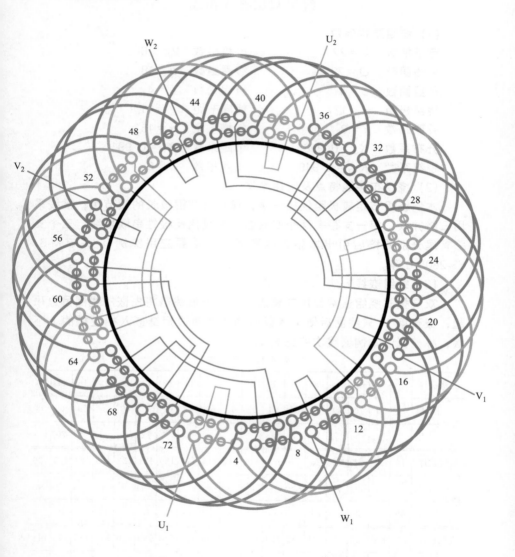

图 4-23　72 槽 6 极（$y=11$、$a=2$）三相电动机绕组双层叠式布线

## 4.3.16　72 槽 6 极 （$y=11$、$a=3$）三相电动机绕组双层叠式布线

（1）绕组结构参数

| | | | |
|---|---|---|---|
| 定子槽数 | $Z=72$ | 电机极数 | $2p=6$ |
| 总线圈数 | $Q=72$ | 线圈组数 | $u=18$ |
| 每组圈数 | $S=4$ | 极相槽数 | $q=4$ |
| 绕组极距 | $\tau=12$ | 线圈节距 | $y=11$ |
| 并联路数 | $a=3$ | 每槽电角 | $\alpha=15°$ |
| 分布系数 | $K_d=0.958$ | 节距系数 | $K_p=0.991$ |
| 绕组系数 | $K_{dp}=0.949$ | 出线根数 | $c=6$ |

（2）绕组布接线特点及应用举例

本例绕组节距较极距仅短一槽，属正常范围较长的短节距；接线采用三路并联，每一支路有两个四联组，并采用反极性串联接线，三个支路首尾分别并接后引出本相首端和尾端。主要应用实例有 Y-250M-6、Y3-280S-6 等。

（3）绕组嵌线方法

双层叠式绕组通常都用交叠法嵌线，但嵌线需将先嵌的线圈另一边吊起，嵌至第 11 只线圈后便可将以后的线圈两边相继嵌入相应槽的上下层，称整嵌。本例嵌线次序见表 4-17。

**表 4-17　交叠法**

| 嵌绕次序 | | 1 | 2 | 3 | 4 | 5 | 6 | 7 | 8 | 9 | 10 | 11 | 12 | 13 | 14 | 15 | 16 | 17 | 18 |
|---|---|---|---|---|---|---|---|---|---|---|---|---|---|---|---|---|---|---|---|
| 槽号 | 下层 | 72 | 71 | 70 | 69 | 68 | 67 | 66 | 65 | 64 | 63 | 62 | 61 | | 60 | | 59 | | 58 |
| | 上层 | | | | | | | | | | | | | 72 | | 71 | | 70 | |

| 嵌绕次序 | | 19 | 20 | 21 | 22 | 23 | …… | 116 | 117 | 118 | 119 | 120 | 121 | 122 | 123 | 124 | 125 | 126 |
|---|---|---|---|---|---|---|---|---|---|---|---|---|---|---|---|---|---|---|
| 槽号 | 下层 | | 57 | | 56 | | …… | 9 | | 8 | | 7 | | 6 | | 5 | | 4 |
| | 上层 | 69 | | 68 | | 67 | | | 20 | | 19 | | 18 | | 17 | | 16 | |

| 嵌绕次序 | | 127 | 128 | 129 | 130 | 131 | 132 | 133 | 134 | 135 | 136 | 137 | 138 | 139 | 140 | 141 | 142 | 143 | 144 |
|---|---|---|---|---|---|---|---|---|---|---|---|---|---|---|---|---|---|---|---|
| 槽号 | 下层 | | 3 | | 2 | | 1 | | | | | | | | | | | | |
| | 上层 | 15 | | 14 | | 13 | | 12 | 11 | 10 | 9 | 8 | 7 | 6 | 5 | 4 | 3 | 2 | 1 |

（4）绕组端面布接线

如图 4-24 所示。

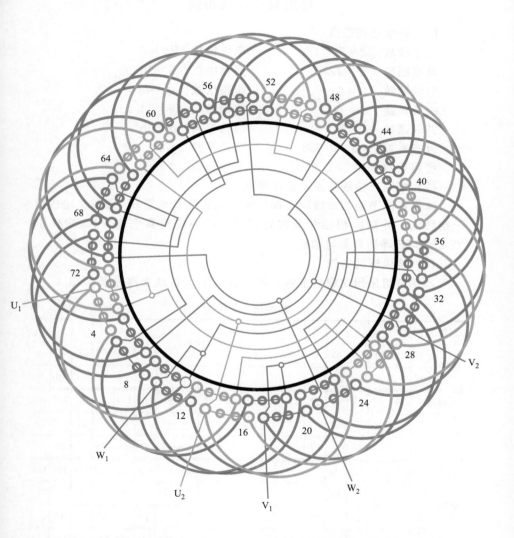

图 4-24　72 槽 6 极（$y=11$、$a=3$）三相电动机绕组双层叠式布线

## 4.3.17　72槽6极（y＝11、a＝6）三相电动机绕组双层叠式布线

（1）绕组结构参数

| | | | |
|---|---|---|---|
| 定子槽数 $Z = 72$ | | 电机极数 $2p = 6$ | |
| 总线圈数 $Q = 72$ | | 线圈组数 $u = 18$ | |
| 每组圈数 $S = 4$ | | 极相槽数 $q = 4$ | |
| 绕组极距 $\tau = 12$ | | 线圈节距 $y = 11$ | |
| 并联路数 $a = 6$ | | 每槽电角 $\alpha = 15°$ | |
| 分布系数 $K_d = 0.958$ | | 节距系数 $K_p = 1.0$ | |
| 绕组系数 $K_{dp} = 0.958$ | | 出线根数 $c = 6$ | |

（2）绕组布接线特点及应用举例

本例线圈节距与布线同上例，但并联支路数增至6，即每支路仅有一组线圈，并按同相相邻反极性并接。主要应用实例有 Y2-355M1-6、Y2-280S-6E 等新系列电动机。

（3）绕组嵌线方法

本例绕组采用交叠法嵌线，吊边数为11。嵌线次序见表4-18。

表 4-18　交叠法

| 嵌绕次序 | | 1 | 2 | 3 | 4 | 5 | 6 | 7 | 8 | 9 | 10 | 11 | 12 | 13 | 14 | 15 | 16 | 17 | 18 |
|---|---|---|---|---|---|---|---|---|---|---|---|---|---|---|---|---|---|---|---|
| 槽号 | 下层 | 72 | 71 | 70 | 69 | 68 | 67 | 66 | 65 | 64 | 63 | 62 | 61 | | 60 | | 59 | | 58 |
| | 上层 | | | | | | | | | | | | | 72 | | 71 | | 70 | |

| 嵌绕次序 | | 19 | 20 | 21 | 22 | 23 | 24 | 25 | 26 | 27 | 28 | …… | 103 | 104 | 105 | 106 | 107 | 108 |
|---|---|---|---|---|---|---|---|---|---|---|---|---|---|---|---|---|---|---|---|
| 槽号 | 下层 | | 57 | | 56 | | 55 | | 54 | | 53 | …… | | 15 | | 14 | | 13 |
| | 上层 | 69 | | 68 | | 67 | | 66 | | 65 | | …… | 27 | | 26 | | 25 | |

| 嵌绕次序 | | 109 | 110 | 111 | 112 | 113 | 114 | 115 | 116 | 117 | 118 | 119 | 120 | 121 | 122 | 123 | 124 | 125 | 126 |
|---|---|---|---|---|---|---|---|---|---|---|---|---|---|---|---|---|---|---|---|
| 槽号 | 下层 | | 12 | | 11 | | 10 | | | 8 | | 7 | | 6 | | 5 | | 4 |
| | 上层 | 24 | | 23 | | 22 | | 21 | | 20 | | 19 | | 18 | | 17 | | 16 | |

| 嵌绕次序 | | 127 | 128 | 129 | 130 | 131 | 132 | 133 | 134 | 135 | 136 | 137 | 138 | 139 | 140 | 141 | 142 | 143 | 144 |
|---|---|---|---|---|---|---|---|---|---|---|---|---|---|---|---|---|---|---|---|
| 槽号 | 下层 | | 3 | | 2 | | 1 | | | | | | | | | | | | |
| | 上层 | 15 | | 14 | | 13 | | 12 | 11 | 10 | 9 | 8 | 7 | 6 | 5 | 4 | 3 | 2 | 1 |

(4) 绕组端面布接线
如图 4-25 所示。

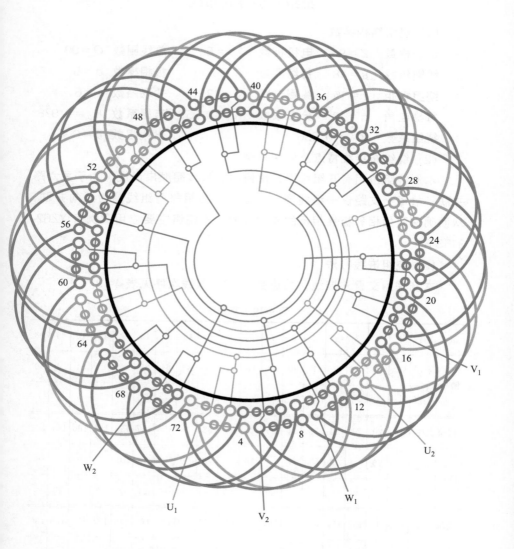

图 4-25　72 槽 6 极（$y=11$、$a=6$）三相电动机绕组双层叠式布线

## 4.3.18 90槽6极（$y=13$、$a=6$）三相电动机绕组双层叠式布线

（1）绕组结构参数

定子槽数 $Z=90$　　电机极数 $2p=6$　　总线圈数 $Q=90$

线圈组数 $u=18$　　每组圈数 $S=5$　　极相槽数 $q=5$

绕组极距 $\tau=15$　　线圈节距 $y=13$　　并联路数 $a=6$

每槽电角 $\alpha=12°$　分布系数 $K_d=0.957$　节距系数 $K_p=0.978$

绕组系数 $K_{dp}=0.936$　　　　　　　　出线根数 $c=6$

（2）绕组布接线特点及应用举例

本例绕组每相有6组线圈，每组由5只线圈顺串而成。由于是六路并联，故每一支路仅一组线圈，所以，同相相邻两组线圈为反向并联，从而确保同相相邻极性相反的原则规律。本绕组主要应用实例有 YZR2-315S-6。

（3）绕组嵌线方法

本例采用交叠法嵌线，吊边数为13。嵌线次序见表4-19。

表4-19　交叠法

| 嵌绕次序 | | 1 | 2 | 3 | 4 | 5 | 6 | 7 | 8 | 9 | 10 | 11 | 12 | 13 | 14 | 15 | 16 | 17 | 18 |
|---|---|---|---|---|---|---|---|---|---|---|---|---|---|---|---|---|---|---|---|
| 槽号 | 下层 | 5 | 4 | 3 | 2 | 1 | 90 | 89 | 88 | 87 | 86 | 85 | 84 | 83 | 82 | | 81 | | 80 |
| | 上层 | | | | | | | | | | | | | | | 5 | | 4 | |
| 嵌绕次序 | | 19 | 20 | 21 | 22 | 23 | 24 | 25 | 26 | 27 | 28 | …… | 157 | 158 | 159 | 160 | 161 | 162 |
| 槽号 | 下层 | | 79 | | 78 | | 77 | | 76 | | 75 | …… | | 10 | | 9 | | 8 |
| | 上层 | 3 | | 2 | | 1 | | 90 | | 89 | | …… | 24 | | 23 | | 22 | |
| 嵌绕次序 | | 163 | 164 | 165 | 166 | 167 | 168 | 169 | 170 | 171 | 172 | 173 | 174 | 175 | 176 | 177 | 178 | 179 | 180 |
| 槽号 | 下层 | | 7 | | 6 | | | | | | | | | | | | | | |
| | 上层 | 21 | | 20 | | 19 | 18 | 17 | 16 | 15 | 14 | 13 | 12 | 11 | 10 | 9 | 8 | 7 | 6 |

（4）绕组端面布接线

如图 4-26 所示。

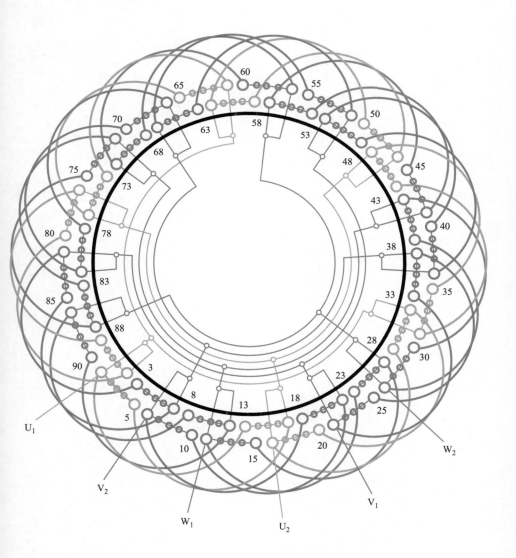

图 4-26 90 槽 6 极 （$y=13$、$a=6$）三相电动机绕组双层叠式布线

# 第 5 章

# 8极及以上极数电动机定子修理资料

本章内容包括 8 极、10 极及 12 极电动机资料。其磁场转速分别为 750r/min、600r/min 和 500r/min，额定转速略小于同步转速的 3% ～ 6%，在感应电动机中属慢速机种，由于电动机转矩与转速成反比，故其转矩则大于 6 级。此外，定子铁芯轭部高度随极数增加而缩小，从而容易引起绕组端部与外壳内侧相碰造成接地故障，因此，绕组端部整形时应予注意。本章电动机采用的绕组型式主要是双层叠式，但有个别采用单层链式和单层同心交叉式布线。

## 5.1　8极及以上极数电动机绕组极性规律与接线方法

　　本章收入新系列电动机绕组 23 例，布线均为显极式，故其绕组极性规律与前相同，即无论接线串联还是并联，都必须使同相相邻的线圈组（方块）极性相反。而且，由于三相绕组安排互差 120°电角，所以在接线图上，三相绕组相邻线圈组的箭头方向（极性）也必须是相反的。

　　8 极绕组显极布线时共有线圈组数 $u = 24$，即方块图为 24 个方块。每相接法除一路串联外，最大的并联接法有三种。为简明清晰，特用彩色方块图表示接法如下。

　　(1) 8 极 1 路串联接线

　　常用于较小功率和高电压电动机。采用串联时常用短跳接法，但对于极数较多而并联支路较少时也有采用长跳接法。

　　① 8 极 1 路短跳串联　它在每相进线后沿走线方向，按一正一反的极性方向，顺次将 8 组线圈串联而成。简化接线示意方块图如图 5-1 所示。

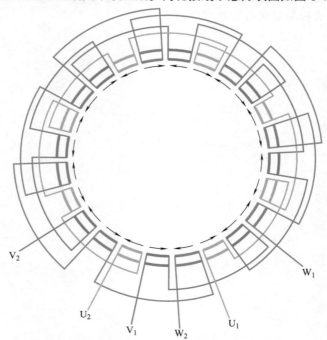

图 5-1　8 极绕组 1 路短跳串联简化接线（方块）图

②8极1路长跳串联　长跳是采用隔组串联，即将8极的每相绕组中同极性的1、3、5、7组顺向串联起来；再把另一极性的2、4、6、8组沿反方向顺串而成。接线示意方块图如图5-2所示。由图可见，这种接法似有双向接法的意思，但实际它只有一个支路，且长跳在同一支路进行，故属长跳接法。

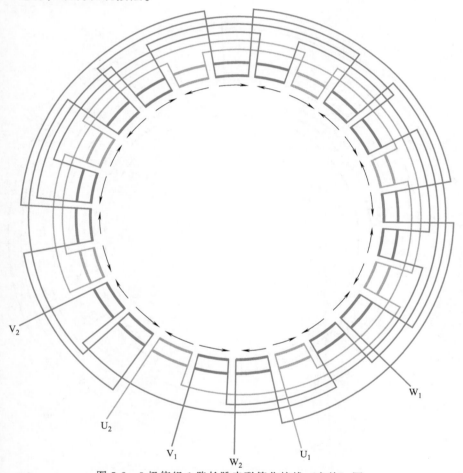

图 5-2　8极绕组1路长跳串联简化接线（方块）图

(2) 8极2路并联接线

它的每相分两个支路，每一支路由4组线圈组成。8极2路可有短跳、长跳、双向短跳和双向长跳四种接法；但实用中极少见到2路长跳，故下面仅介绍三种。

①8极2路短跳并联　它将两个支路按同一方向走线，每支路由相邻4组线圈按反极性串联，如图5-3所示。由图可见，这种接法不但电源引伸较长，而且接线重叠层次也多。

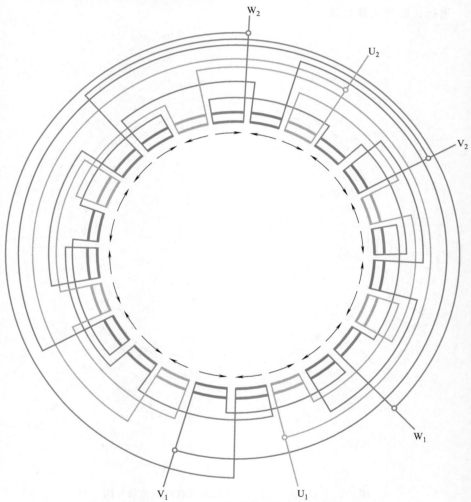

图5-3　8极绕组2路短跳并联简化接线（方块）图

②8极2路双向短跳并联　它是进线后，电源从左右两方向走线；而且相头进线分接于相邻（同相）两组线圈。短跳则指每一支路内线圈

组的接法，如将右侧 4 个相邻线圈组按相邻反极性串联构成一支路；再把左侧同相相邻 4 组按反极性串联构成另一支路；最后把两支路尾线并接后引出本相尾端。如图 5-4 所示。由于接线简练，用线相对较省，故笔者所著及本书的绕组图例多用此种接法。

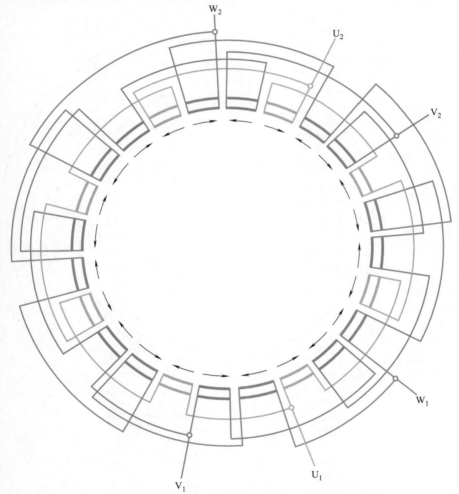

图 5-4　8 极绕组 2 路双向短跳并联简化接线（方块）图

③ 8 极 2 路双向长跳并联　绕组电源走线与上图相同，但每支路的线圈组连接采用长跳接法，即在进线后接入相邻两组不同极性的线圈

组，并分别沿两侧走线，如右侧将同极性的 4 组线圈按反时针方向串联成一支路；左侧再把另一同极性的 4 组按顺时针方向串成另一路。最后把两支路尾线并接后引出。如图 5-5 所示。这种接法实际应用不多，本书图 5-24、图 5-26 即采用这种接法。

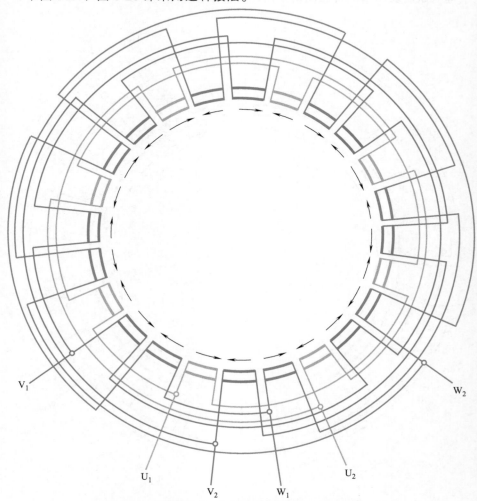

图 5-5　8 极绕组 2 路双向长跳并联简化接线（方块）图

**（3）8 极 4 路并联接线**

8 极 4 路是将每相 8 组线圈分成 4 个支路，每支路由相邻一正一反

2 组线圈组成。4 路接法一般不用长跳,主要采用短跳和双向接法。

　　① 8 极 4 路短跳并联　这是最通常的接法。它的一相首尾作为电源,走线可以同向或反向。每一支路由同相相邻两线圈组按一正一反串联,然后把 4 个支路并接于两根接线电源上。最后引出一相头、尾端。如图 5-6 所示。具体布接线应用于本书图 5-22。对照图 5-5 与图 5-6,图 5-22 进线 (U₁、V₁、W₁) 后,绕组电源也是向左右两侧延伸而近似于双向并联。其区分在于进线后的接入位置,即双向并联的左侧电源是从这个支路的尾端进入;而短跳并联的左侧和右侧,电源都是从支路的头端进入的。

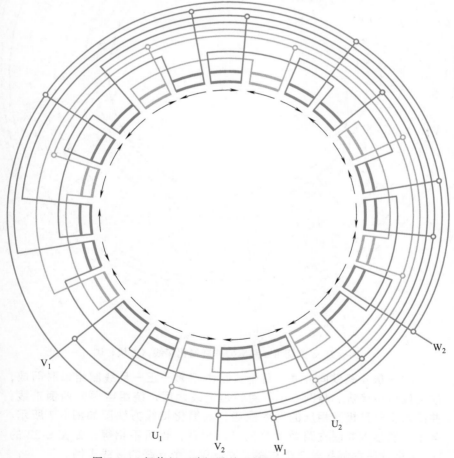

图 5-6　8 极绕组 4 路短跳并联简化接线(方块)图

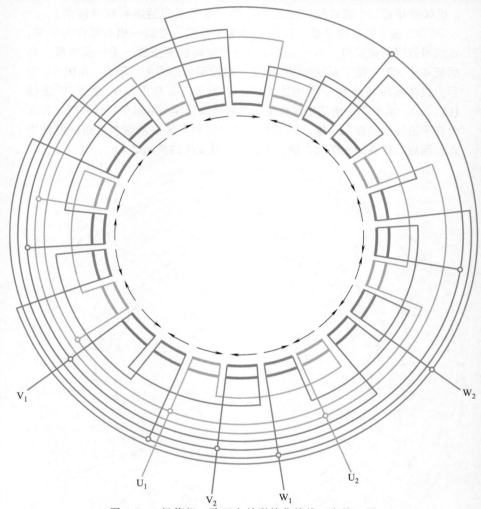

图 5-7　8 极绕组 4 路双向并联简化接线（方块）图

② 8 极 4 路双向并联　每个支路由相邻一正一反线圈组串联而成，故实属短跳接法。与图 5-6 不同的是进线之后，绕组电源向两侧走线，并接入相邻且极性相反的两线圈组，其简化接线方块图如图 5-7 所示。至于两侧接入并联支路数的分配可以相等，也可不相等；如图 5-22 的 U、V 相就是右侧并入 3 个支路，左侧仅 1 个支路的接线实例。

（4）8 极 8 路并联接线

8极8路是将每相8组线圈分为8个支路，每支路只有一组线圈。因此要把相邻各线圈组按反极性并入绕组电源。它不能构成长跳，但也有两种接法。

①8极8路（顺向）并联　它的电源沿一个方向（右侧或左侧）走线，然后按相邻反极性的规律顺向把各组线圈并接到绕组电源上，如图5-8所示。这种接法在产品和修理中都比较常见。

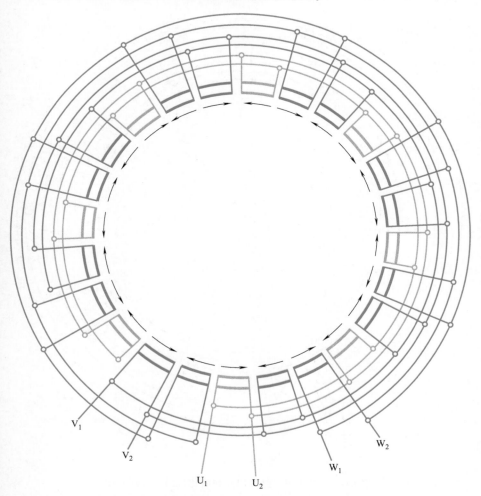

图5-8　8极绕组8路（顺向）并联简化接线（方块）图

②8极8路双向并联　其接线如图5-9所示。由图可见，它也是将

各组线圈按相邻反极性并接到绕组电源，与顺向并联没有实质性区别；但它在进线后分两侧走线，而且接入两侧线圈组是相邻且反极性的。所以应归类于双向并联接法。本书 8 极 8 路均采用此接线。

同样，双向接法在两侧接入的支路数可以相等，也可不相等。但线圈组的极性则必须符合绕组极性原则。

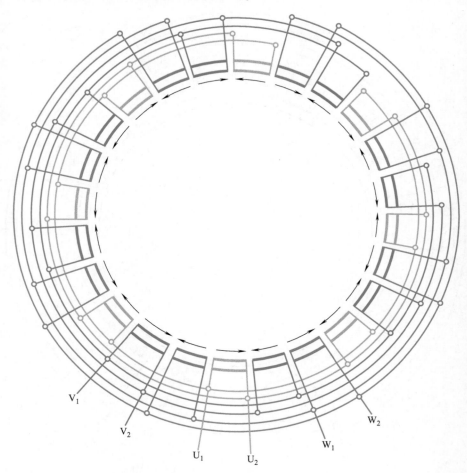

图 5-9  8 极绕组 8 路双向并联简化接线（方块）图

(5) 10 极电动机绕组接线方法

三相电动机 10 极绕组每相有 10 组线圈，故简化接线图由 30 方块组成。根据极性原则，10 方块按相邻反极性（反方向）连接。10 极绕组除一路串联外，并联可有 2 路、5 路、10 路接线。新系列中只见采用 5 路和 10 路，故其余不作介绍。

① 10 极 5 路并联接法　每相 10 组线圈（方块）分成 5 个支路，每支路由一正一反两组线圈串联而成；故不存在长跳接线，不过也可用两种并联形式。

a. 10 极 5 路短跳并联　10 极 5 路可沿一个方向延伸，依次把各个支路以同样的方式并入电源，如图 5-10 所示。这种接法简便明了，不易出错，常为修理者，特别是初学者所采用。由于绕组电源线要承受一相的全部电流，故要求其截面积要足够大，否则可能发热而成隐患。

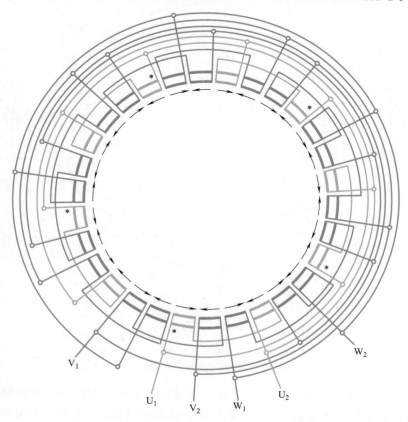

图 5-10　10 极绕组 5 路短跳并联简化接线（方块）图之一

注："*"号代表 U 相各支路的同极性端。下同。

　　此外，短跳接法也可改将绕组电源向两个方向延伸，但各支路接入都与图5-10相同，即无论右侧或左侧，都把支路的同极性"＊"端接到电源头端（$U_1$、$V_1$、$W_1$），而支路另端均接到电源尾端（$U_2$、$V_2$、$W_2$）。不同的只是把每相电源分流。具体接法如图5-11所示。本书图5-22、图5-30、图5-31均用此接法。

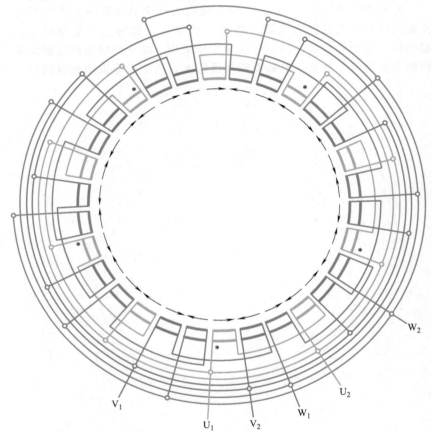

图5-11　10极绕组5路短跳并联简化接线（方块）图之二

　　b. 10极5路双向并联　它在电源进线后将绕组电源分左右两侧走线，并接到相邻两组不同极性的线圈，其右侧接入3个支路，与图5-11一样，都是把每支路的同极性"＊"端接到电源头端（$U_1$）。而双向并联的区别在于左侧，如图5-12所示，它是将非"＊"端接到电源头端

（$U_1$），这正好与图 5-11 相反。故此接法有别于短跳并联而归属于双向并联。但 10 极 5 路的 3 种接法对电动机性能并无影响，仅是重绕操作工艺不同而已。

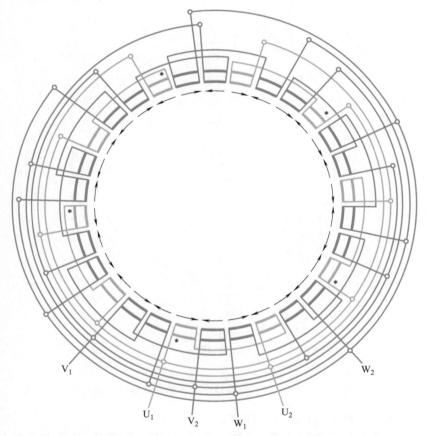

图 5-12　10 极绕组 5 路双向并联简化接线（方块）图

　　② 10 极 10 路双向并联接法　三相电动机 10 极绕组共有 30 组线圈，故方块图由 30 方块组成。每相有 10 组线圈，采用 10 路并联时，每相由 10 个支路组成，即每支路仅 1 组线圈，不可能接成长跳，但可用顺向并联或双向并联。下面仅介绍双向并联的方块图。

　　图 5-13 是双向并联的简化接线方块图。它进线后分左右侧走线，并分别将两侧 5 个支路并入绕组电源。新系列电动机仅一例，本书

图 5-33即用此接法。

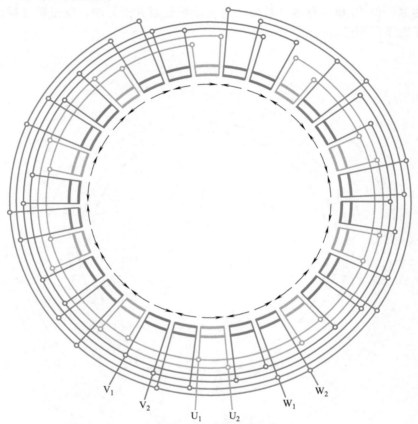

图 5-13　10 极绕组 10 路双向并联简化接线（方块）图

（6）12 极电动机绕组接线方法

12 极绕组可绕制 1 路、2 路、3 路、4 路、6 路及 12 路共 6 种规格。但每分钟低于 500 转的低速负载，因其同功率的电动机体积很大，通常都用 4 极电动机通过变速箱来获取相应的低速，故使 12 极电动机实际应用极少。所以化工版《彩图总集》和机工版《彩色图集》均予漏编。今从 Y 系列资料中的防爆电动机查得 2 例收入本书，也作为前者《彩色图集》的补充图例。

12 极 6 路共有 36 组线圈，即每相由 12 方块组成，分 6 个支路，每支路由相邻一正一反线圈组串联而成。如果将每支路的同极性端用

"＊"号标示，则右侧3个支路是"＊"点接到 $U_1$，而非"＊"点接到 $U_2$；而左侧反之，是 $U_1$ 接非"＊"端，$U_2$ 接"＊"端。也就是前面所述，双向并联时，是相头（$U_1$、$V_1$、$W_1$）进线后，必须接到相邻反极性的两线圈组。如图5-14所示。

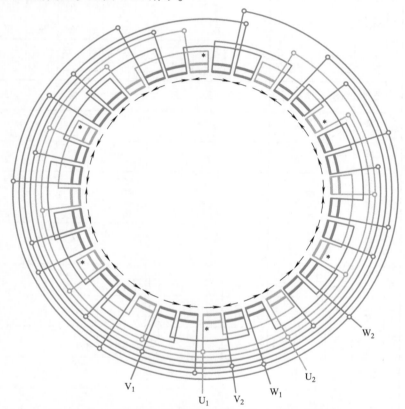

图 5-14　12 极绕组 6 路双向短跳并联简化接线（方块）图

## 5.2　8 极及以上极数电动机铁芯及绕组数据

本节修理资料包括新系列 8 极、10 极、12 极电动机的基本系列和派生系列数据。表 5-1、表 5-2 所列共计有新系列电动机产品规格 239个，其中 8 极 218 项、10 极 19 项、12 极 2 项。为便于读者查阅，表 5-1 中系列类型的排序仍可参照 2.2 节表 2-2 所列。

表 5-1  8 极电动机定子铁芯及绕组数据表

| 系列类型 | 电动机规格 | 额定参数 | | | 定子铁芯/mm | | | 定/转槽数 | 布线型式 | 定子绕组 | | | | 绕组图号 | 空载电流/A | 备注 |
|---|---|---|---|---|---|---|---|---|---|---|---|---|---|---|---|---|
| | | 功率/kW | 电流/A | 电压/V | 外径 | 内径 | 长度 | | | 接法 | 节距 | 线圈匝数 | 线规/n-mm | | | |
| Y 系列 (IP44) 380V、50Hz 8 极电动机 | 132S-8 | 2.2 | 5.8 | 380 | 210 | 148 | 110 | 48/44 | 单层链式 | 1Y | 5 | 38 | 1-1.12 | 图 5-16 | 3.4 | |
| | 132M-8 | 3.0 | 7.7 | | | | 140 | | | | | 30 | 1-1.30 | | 4.2 | |
| | 160M1-8 | 4.0 | 9.9 | | 260 | 180 | 110 | | | 1△ | 5 | 49 | 1-1.25 | | 5.3 | |
| | 160M2-8 | 5.5 | 13 | | | | 145 | | | | | 39 | 2-1.0 | | 6.9 | |
| | 160L-8 | 7.5 | 18 | | | | 190 | | | | | 30 | 1-1.12 / 1-1.18 | | 8.5 | |
| | 180L-8 | 11 | 25 | | 290 | 205 | 200 | 54/58 | | 2△ | 6 | 23 | 2-0.90 | | 12.2 | |
| | 200L-8 | 15 | 34 | | 327 | 230 | 195 | | | | | 19 | 1-1.06 | | 16 | |
| | 225S-8 | 18.5 | 41 | | 368 | 260 | 170 | | | | | 19 | 1-1.12 | 图 5-20 | 16 | |
| | 225M-8 | 22 | 48 | | | | 210 | 72/58 | 双层叠式 | 4△ | 8 | 16 | 2-1.40 / 2-1.50 | | 18.2 | |
| | 250M-8 | 30 | 63 | | 400 | 285 | 225 | | | | | 11 | 3-1.30 / 2-1.30 | 图 5-26 | 25.7 | |
| | 280S-8 | 37 | 78 | | | | 215 | | | | | 20 | 1-1.50 / 1-1.40 | 图 5-27 | 32.1 | |
| | 280M-8 | 45 | 93 | | 445 | 325 | 260 | | | 2△ | | 17 | 1-1.50 | 图 5-26 | 35.8 | |
| | 315S-8 | 55 | 111 | | | | 300 | | | | | 7 | 7-1.50 | | — | |
| | 315M1-8 | 75 | 150 | | 520 | 390 | 350 | | | 8△ | | 23 | 1-1.50 / 1-1.60 | 图 5-28 | — | |
| | 315M2-8 | 90 | 179 | | | | 400 | | | 4△ | | 10 | 4-1.30 / 2-1.40 | 图 5-27 | — | |
| | 315M3-8 | 110 | 219 | | | | 455 | | | 8△ | | 17 | 1-1.40 / 2-1.50 | 图 5-28 | — | |

续表

| 系列类型 | 电动机规格 | 功率/kW | 电流/A | 电压/V | 外径 | 内径 | 长度 | 定/转槽数 | 布线型式 | 接法 | 节距 | 线圈匝数 | 线规/n·mm | 绕组图号 | 空载电流/A | 备注 |
|---|---|---|---|---|---|---|---|---|---|---|---|---|---|---|---|---|
| Y 系列(IP23) 380V、50Hz 8 极电动机 | 160M-8 | 5.5 | 14 | 380 | 290 | 205 | 95 | 54/50 | 双层叠式 | 1△ | 6 | 21 | 1-1.30 | 图 5-19 | | |
| | 160L-8 | 7.5 | 18 | 380 | 290 | 205 | 125 | 54/50 | 双层叠式 | 1△ | 6 | 16 | 2-1.10 | 图 5-19 | | |
| | 180M-8 | 11 | 26 | 380 | 327 | 230 | 125 | 54/50 | 双层叠式 | 1△ | 6 | 28 | 2-0.90 | 图 5-20 | | |
| | 180L-8 | 15 | 34 | 380 | 327 | 230 | 155 | 54/50 | 双层叠式 | 1△ | 6 | 22 | 2-1.0 | 图 5-20 | | |
| | 200M-8 | 18.5 | 41 | 380 | 368 | 260 | 135 | 54/50 | 双层叠式 | 2△ | 6 | 22 | 1-1.60 | 图 5-20 | | |
| | 200L-8 | 22 | 48 | 380 | 368 | 260 | 165 | 54/50 | 双层叠式 | 2△ | 6 | 18 | 2-1.25 | 图 5-20 | | |
| | 225M-8 | 30 | 63 | 380 | 400 | 285 | 175 | 54/50 | 双层叠式 | 2△ | 6 | 25 | 1-1.40 | 图 5-20 | | |
| | 250S-8 | 37 | 78 | 380 | 445 | 325 | 165 | 72/58 | 双层叠式 | 4△ | 8 | 23 | 1-1.12 / 1-1.06 | 图 5-27 | | |
| | 250M-8 | 45 | 94 | 380 | 445 | 325 | 195 | 72/58 | 双层叠式 | 4△ | 8 | 19 | 1-1.25 / 1-1.06 | 图 5-27 | | |
| | 280S-8 | 55 | 115 | 380 | 493 | 360 | 185 | 72/58 | 双层叠式 | 4△ | 8 | 18 | 1-1.30 / 1-1.40 | 图 5-27 | | |
| | 280M-8 | 75 | 154 | 380 | 493 | 360 | 240 | 72/58 | 双层叠式 | 4△ | 8 | 14 | 1-1.50 / 1-1.60 | 图 5-27 | | |
| Y 系列(IP44) 220V/380V、50Hz 8 极电动机 | 132S-8 | 2.2 | 13.4/5.8 | 220/380 | 210 | 148 | 110 | 48/44 | 单层链式 | 1Y/1△ | 5 | 38 | 1-1.12 | 图 5-16 | | |
| | 132M-8 | 3.0 | 13.4/7.7 | 220/380 | 210 | 148 | 140 | 48/44 | 单层链式 | 1Y/1△ | 5 | 30 | 1-1.30 | 图 5-16 | | |
| | 160M1-8 | 4.0 | 17.1/9.9 | 220/380 | 260 | 180 | 110 | 48/44 | 单层链式 | 1Y/1△ | 5 | 28 | 1-1.12 / 1-1.18 | 图 5-16 | | |
| | 160M2-8 | 5.5 | 23/13.3 | 220/380 | 260 | 180 | 145 | 48/44 | 单层链式 | 1Y/1△ | 5 | 22 | 1-1.30 / 1-1.40 | 图 5-16 | | |
| | 160L-8 | 7.5 | 30.6/17.7 | 220/380 | 260 | 205 | 195 | 48/44 | 单层链式 | 1Y/1△ | 5 | 17 | 3-1.25 | 图 5-16 | | |

续表

| 系列类型 | 电动机规格 | 额定参数 | | | 定子铁芯/mm | | | 定/转槽数 | 定子绕组 | | | | | | 空载电流/A | 备注 |
|---|---|---|---|---|---|---|---|---|---|---|---|---|---|---|---|---|
| | | 功率/kW | 电流/A | 电压/V | 外径 | 内径 | 长度 | | 布线型式 | 接法 | 节距 | 线圈匝数 | 线规/n-mm | 绕组图号 | | |
| Y系列(IP44) 220V/380V、50Hz 8极电动机 | 180L-8 | 11 | 43.4/25.1 | 220V/380V | 290 | 230 | 200 | 54/58 | 双层叠式 | 2Y/2△ | 6 | 13 | 2-1.18 | 图5-20 | | |
| | 200L-8 | 15 | 58.9/34.1 | | 327 | 260 | 190 | | | | | 11 | 2-1.40 | 图5-27 | | |
| | 225S-8 | 18.5 | 71.5/41.3 | | 368 | 260 | 165 | 72/58 | | 4Y/4△ | 8 | 17 | 2-1.25 | 图5-27 | | |
| | 225M-8 | 22 | 82.4/47.6 | | | 285 | 200 | | | 8Y/8△ | | 29 | 1-1.40 | 图5-28 | | |
| | 250M-8 | 30 | 109/63 | | 400 | 325 | 225 | | | 4Y/4△ | | 13 | 1-1.50, 1-1.40 | 图5-27 | | |
| Y系列(IP44) 420V 50Hz 8极电动机 | 132S-8 | 2.2 | 5.26 | 420 | 210 | 148 | 110 | 48/44 | 单层链式 | 1Y | 5 | 42 | 1-1.06 | 图5-16 | | |
| | 132M-8 | 3.0 | 6.98 | | | | 140 | | | | | 33 | 1-1.25 | | | |
| | 160M1-8 | 4.0 | 8.97 | | 210 | 180 | 110 | | | | | 54 | 1-1.18 | | | |
| | 160M2-8 | 5.5 | 12 | | | | 145 | | | | | 43 | 2-0.95 | | | |
| | 160L-8 | 7.5 | 16 | | | | 195 | | | | | 33 | 1-1.12, 1-1.06 | | | |
| | 180L-8 | 11 | 22.7 | | 260 | 205 | 200 | 54/58 | 双层叠式 | 1△ | 6 | 13 | 1-1.18 | 图5-19 | | |
| | 200L-8 | 15 | 30.8 | | | 230 | 190 | | | | | 22 | 1-1.25 | 图5-20 | | |
| | 225S-8 | 18.5 | 37.4 | | 290 | 260 | 165 | 72/58 | | 2△ | | 16 | 1-1.25, 1-1.30 | 图5-20 | | |
| | 225M-8 | 22 | 43.1 | | 300 | 285 | 200 | | | 4△ | 8 | 27 | 1-1.40 | 图5-27 | | |
| | 250M-8 | 30 | 57 | | | 325 | 225 | | | | | 12 | 2-1.50 | 图5-26 | | |
| | 280S-8 | 37 | 70.7 | | 445 | 325 | 215 | | | 2△ | | 11 | 2-1.40, 1-1.50 | 图5-26 | | |
| | 280M-8 | 45 | 84.3 | | | | 260 | | | 4△ | | 18 | 2-1.40 | 图5-27 | | |

续表

| 系列类型 | 电动机规格 | 额定参数 | | | 定子铁芯/mm | | | 定转槽数 | 定子绕组 | | | | | 绕组图号 | 空载电流/A | 备注 |
|---|---|---|---|---|---|---|---|---|---|---|---|---|---|---|---|---|
| | | 功率/kW | 电流/A | 电压/V | 外径 | 内径 | 长度 | | 布线型式 | 接法 | 节距 | 线圈匝数 | 线规/n-mm | | | |
| YA系列低压增安型8极防爆电动机 | 160M1-8 | 4 | — | | | | 110 | 48/44 | 单层链式 | 1△ | 5 | 49 | 1-1.25 | 图5-16 | | YA系列缺额定电流、电压参数，详见表2-1备注 |
| | 160M2-8 | 5.5 | — | | 260 | 180 | 145 | 48/44 | | | | 39 | 2-1.10 | | | |
| | 160L-8 | 7.5 | — | | | | 195 | | | | | 29 | 1-1.12 / 1-1.18 | | | |
| | 180L-8 | 11 | — | | 290 | 205 | 200 | 54/58 | 双层叠式 | 2△ | 6 | 11.5 | 2-0.90 | 图5-20 | | |
| | 200L-8 | 15 | — | | 327 | 230 | 190 | | | | | 20 | 1-1.58 | | | |
| | 225S-8 | 18.5 | — | | 368 | 260 | 165 | 54/50 | | | | 10 | 2-1.40 | | | |
| | 225M-8 | 22 | — | | | | 200 | | | | | 8.5 | 2-1.50 | | | |
| | 250M-8 | 30 | — | | 400 | 285 | 240 | 72/58 | | 4△ | 8 | 10.5 | 1-1.12 / 1-1.18 | 图5-27 | | |
| YB系列低压隔爆型8极电动机 | 132S-8 | 2.2 | 5.8 | 380 | 210 | 148 | 110 | 48/44 | 单层链式 | 1Y | 5 | 39 | 1-1.12 | 图5-16 | | |
| | 132M-8 | 3.0 | 7.7 | | | | 140 | | | | | 31 | 1-1.30 | | | |
| | 160M1-8 | 4.0 | 9.9 | | 260 | 180 | 110 | | | 1△ | | 51 | 1-1.25 | | | |
| | 160M2-8 | 5.5 | 13.3 | | | | 145 | | | | | 39 | 2-1.0 | | | |
| | 160L-8 | 7.5 | 17.7 | | | | 195 | | | | | 30 | 1-1.12 / 1-1.18 | | | |
| | 180L-8 | 11 | 25.1 | | 290 | 205 | 200 | 54/58 | 双层叠式 | 2△ | 6 | 23 | 2-0.90 | 图5-20 | | |
| | 200L-8 | 15 | 34.1 | | 327 | 230 | 190 | | | | | 20 | 1-1.50 | | | |

续表

| 系列类型 | 电动机规格 | 额定参数 功率/kW | 电流/A | 电压/V | 定子铁芯/mm 外径 | 内径 | 长度 | 定转槽数 | 定子绕组 布线型式 | 接法 | 节距 | 线圈匝数 | 线规/n-mm | 绕组图号 | 空载电流/A | 备注 |
|---|---|---|---|---|---|---|---|---|---|---|---|---|---|---|---|---|
| YB系列低压隔爆型防爆8极电动机 | 225S-8 | 18.5 | 41.3 | 380 | 368 | 260 | 165 | 54/50 | 双层叠式 | 2△ | 6 | 20 | 2-1.40 | 图5-20 | | |
| | 225M-8 | 22 | 47.6 | | | | 200 | | | | | 17 | 2-1.50 | | | |
| | 250M-8 | 30 | 63 | | 400 | 285 | 225 | | | | | 11 | 3-1.30 | 图5-26 | | |
| | 280S-8 | 37 | 78.7 | | | | 215 | | | 4△ | | 20 | 2-1.30 | | | |
| | 280M-8 | 45 | 93.2 | | 445 | 325 | 260 | | | | | 17 | 1-1.40 / 1-1.50 | 图5-27 | | |
| | 315S-8 | 55 | 111 | | | | 290 | 72/58 | | 8△ | 8 | 29 / 11 | 3-1.0 / 4-1.40 | 图5-28 | | |
| | 315M-8 | 75 | 152 | | 520 | 390 | 380 | | | 4△ | | 10 / 17 | 5-1.40 / 3-1.50 | 图5-27 | | |
| | 315L1-8 | 90 | 179 | | | | 420 | | | | | | | | | |
| | 315L2-8 | 110 | 219 | | | | 480 | | | 8△ | | 18 | 2-1.30 / 2-1.40 | | | |
| | 355S2-8 | 132 | — | | 590 | 450 | 400 | | | | | 15 | 4-1.50 / 4-1.40 | 图5-28 | | |
| | 355S4-8 | 160 | — | | | | 480 | | | | | 14 | 1-1.50 | | | |
| | 355M-8 | 185 | — | | | | 500 | | | | | | | | | |
| | 355L-8 | 200 | — | | | | 590 | | | | | 12 | 5-1.50 | | | |
| YB2系列低压隔爆型防爆8极电动机 | 801-8 | 0.18 | — | | 120 | 78 | 75 | 36/28 | 双层叠式 | 1Y | 4 | 174 | 1-0.40 | 图5-15 | | YB2系列数据有疑。详见表2-1备注 |
| | 802-8 | 0.25 | — | | | | 90 | | | | | 140 | 1-0.45 | | | |
| | 90S-8 | 0.37 | — | | 130 | 86 | 90 | | | | | 120 | 1-0.56 | | | |
| | 90L-8 | 0.55 | — | | | | 115 | | | | | 90 | 1-0.63 | | | |

续表

| 系列类型 | 电动机规格 | 额定参数 | | | 定子铁芯/mm | | | 定转槽数 | 定子绕组 | | | | | 绕组图号 | 空载电流/A | 备注 |
|---|---|---|---|---|---|---|---|---|---|---|---|---|---|---|---|---|
| | | 功率/kW | 电流/A | 电压/V | 外径 | 内径 | 长度 | | 布线型式 | 接法 | 节距 | 线圈匝数 | 线规/n-mm | | | |
| | 100L1-8 | 0.75 | — | — | 155 | 106 | 70 | 48/44 | 单层链式 | 1Y | 5 | 120 | 1-0.56 | 图 5-16 | | |
| | 100L2-8 | 1.1 | — | — | | | 90 | | | | | 90 | 1-0.63 | | | |
| | 112M-8 | 1.5 | — | — | 175 | 120 | 95 | | | | | 53 | 1-0.90 | | | |
| | 132S-8 | 2.2 | — | — | 210 | 148 | 90 | | | | | 44 | 1-1.06 | | | |
| | 132M-8 | 3.0 | — | — | | | 120 | | | | | 33 | 1-1.25 | | | |
| | 160M1-8 | 4.0 | — | — | 260 | 180 | 85 | | | 1△ | | 58 | 2-0.80 | | | |
| | 160M2-8 | 5.5 | — | — | | | 120 | | | | | 43 | 1-0.90<br>1-0.95 | | | |
| YB2 系列低压隔爆型防爆 8 极电动机 | 160L-8 | 7.5 | — | — | | | 170 | 72/58 | 双层叠式 | 2△ | 8 | 32 | 2-1.06 | 图 5-18 | | |
| | 180L-8 | 11 | — | — | 290 | 205 | 165 | | | | | 28 | 1-0.30 | | | |
| | 200L-8 | 15 | — | — | 327 | 230 | 180 | | | | | 23 | 2-0.95 | | | |
| | 225M1-8 | 18.5 | — | — | 368 | 260 | 160 | | | | | 32 | 1-1.12<br>1-1.18 | 图 5-26 | | |
| | 225M2-8 | 22 | — | — | | | 180 | | | | | 28 | 1-1.18<br>1-1.25 | | | |
| | 250M-8 | 30 | — | — | 400 | 285 | 200 | | | 4△ | | 24 | 2-1.18<br>1-1.25 | 图 5-27 | | |
| | 280S-8 | 37 | — | — | 445 | 325 | 190 | | | | | 46 | 2-1.18 | | | |
| | 280L-8 | 45 | — | — | | | 235 | | | | | 38 | 2-1.30 | | | |

续表

| 系列类型 | 电动机规格 | 功率/kW | 电流/A | 电压/V | 外径 | 内径 | 长度 | 定转槽数 | 布线型式 | 接法 | 节距 | 线圈匝数 | 线规/n-mm | 绕组图号 | 空载电流/A | 备注 |
|---|---|---|---|---|---|---|---|---|---|---|---|---|---|---|---|---|
| Y2系列(IP44) 380V, 50Hz 8极电动机 | 801-8 | 0.18 | 0.8 | 380 | 120 | 78 | 75 | 36/28 | 双层叠式 | 1Y | 4 | 86 | 1-0.40 | 图5-15 | | 详见表2-1备注 |
| | 802-8 | 0.25 | 1.1 | | 120 | 78 | 90 | | | | | 69 | 1-0.45 | | | |
| | 90S-8 | 0.37 | 1.4 | | 130 | 86 | 100 | | | | | 55 | 1-0.56 | | | |
| | 90L-8 | 0.55 | 2.1 | | 130 | 86 | 125 | | | | | 42 | 1-0.63 | | | |
| | 100L1-8 | 0.75 | 2.4 | | 155 | 106 | 70 | | | | | 79 | 1-0.71 | | | |
| | 100L2-8 | 1.1 | 3.4 | | 155 | 106 | 90 | | | | | 62 | 1-0.80 | | | |
| | 112M-8 | 1.5 | 4.4 | | 175 | 120 | 95 | | | | | 51 | 1-0.95 | | | |
| | 132S-8 | 2.2 | 6.0 | | 210 | 148 | 85 | 48/44 | 单层链式 | | 5 | 42 | 1-1.0 | 图5-16 | | |
| | 132M-8 | 3.0 | 7.9 | | 210 | 148 | 115 | | | | | 33 | 2-0.80 | | | |
| | 160M1-8 | 4.0 | 10.2 | | 260 | 180 | 85 | | | | | 56 | 1-1.06 | | | |
| | 160M2-8 | 5.5 | 13.6 | | 260 | 180 | 120 | | | 1△ | | 41 | 1-0.85 1-0.90 | | | |
| | 160L-8 | 7.5 | 17.8 | | 290 | 205 | 170 | | 双层叠式 | 2△ | | 30 | 2-1.0 | 图5-18 | | |
| | 180L-8 | 11 | 25.2 | | 290 | 205 | 165 | | | | | 28 | 1-1.30 | | | |
| | 200L-8 | 15 | 34.0 | | 327 | 230 | 175 | | | | | 23 | 1-1.06 1-1.12 | | | |
| | 225S-8 | 18.5 | 40.5 | | 368 | 260 | 160 | | | | | 22 | 2-1.25 | | | |
| | 225M-8 | 22 | 47.3 | | 368 | 260 | 190 | | | | | 19 | 4-0.95 | | | |

续表

| 系列类型 | 电动机规格 | 额定参数 功率/kW | 额定参数 电流/A | 额定参数 电压/V | 定子铁芯/mm 外径 | 定子铁芯/mm 内径 | 定子铁芯/mm 长度 | 定/转槽数 | 定子绕组 布线型式 | 定子绕组 接法 | 定子绕组 节距 | 定子绕组 线圈匝数 | 定子绕组 线规/n-mm | 定子绕组 绕组图图号 | 空载电流/A | 备注 |
|---|---|---|---|---|---|---|---|---|---|---|---|---|---|---|---|---|
| Y2系列(IP44) 380V、50Hz 8极电动机 | 250M-8 | 30 | 63.4 | 380 | 400 | 285 | 200 | | 双层叠式 | 2△ | | 11 | 3-1.25 | 图5-26 | | |
| | 280S-8 | 37 | 76.8 | | 445 | 325 | 190 | 72/58 | | 4△ | | 21 | 1-1.12 1-1.18 | 图5-27 | | |
| | 280M-8 | 45 | 92.9 | | | | 235 | | | | | 17 | 2-1.25 | | | |
| | 315S-8 | 55 | 113 | | | | 230 | | | | | 32 | 2-1.25 | | | |
| | 315M-8 | 75 | 151 | | 520 | 390 | 315 | | | | 8 | 24 | 1-1.40 1-1.50 | 图5-28 | | |
| | 315L1-8 | 90 | 178 | | | | 375 | | | 8△ | | 20 | 1-1.25 2-1.30 | | | |
| | 315L2-8 | 110 | 217 | | | | 440 | 72/64 | | | | 17 | 3-1.40 | | | |
| | 355M1-8 | 132 | 260 | | 590 | 425 | 350 | | | | | 18 | 2-1.40 2-1.30 | | | |
| | 355M2-8 | 160 | 310 | | | | 430 | | | | | 15 | 3-1.50 1-1.40 | | | |
| | 355L-8 | 200 | 386 | | | | 550 | | | | | 12 | 3-1.40 3-1.30 | | | |
| Y2系列(IP54) 380V、50Hz 8极电动机 | 801-8 | 0.18 | 0.86 | 380 | 120 | 78 | 75 | 36/28 | 双层叠式 | 1Y | 4 | 86 | 1-0.40 | 图5-15 | | |
| | 802-8 | 0.25 | 1.14 | | | | 90 | | | | | 69 | 1-0.45 | | | |
| | 90S-8 | 0.37 | 1.47 | | 130 | 86 | 100 | | | | | 55 | 1-0.56 | | | |
| | 90L-8 | 0.55 | 2.1 | | | | 125 | | | | | 42 | 1-0.63 | | | |
| | 100L1-8 | 0.75 | 2.34 | | 155 | 106 | 70 | 48/44 | 单层链式 | | 5 | 79 | 1-0.71 | 图5-16 | | |
| | 100L2-8 | 1.1 | 3.22 | | | | 90 | | | | | 62 | 1-0.80 | | | |

续表

| 系列类型 | 电动机规格 | 额定参数 | | | 定子铁芯/mm | | | 定转槽数 | 定子绕组 | | | | | 绕组图号 | 空载电流/A | 备注 |
|---|---|---|---|---|---|---|---|---|---|---|---|---|---|---|---|---|
| | | 功率/kW | 电流/A | 电压/V | 外径 | 内径 | 长度 | | 布线型式 | 接法 | 节距 | 线圈匝数 | 线规/n-mm | | | |
| Y2系列(IP54) 380V、50Hz 8极 电动机 | 112M-8 | 1.5 | 4.41 | 380 | 175 | 120 | 95 | 48/44 | 单层链式 | 1Y | 5 | 51 | 1-0.95 | 图5-16 | | |
| | 132S-8 | 2.2 | 6.0 | | 210 | 148 | 85 | | | | | 42 | 1-1.0 | | | |
| | 132M-8 | 3.0 | 7.6 | | 210 | 148 | 115 | | | | | 33 | 2-0.80 | | | |
| | 160M1-8 | 4.0 | 10.0 | | 260 | 180 | 85 | | | 1△ | | 56 | 1-1.06 | 图5-18 | | |
| | 160M2-8 | 5.5 | 13.3 | | 260 | 180 | 120 | | | | | 41 | 1-0.85 / 1-0.90 | | | |
| | 160L-8 | 7.5 | 17.8 | | 260 | 180 | 170 | | | | | 30 | 2-1.0 | | | |
| | 180L-8 | 11 | 24.9 | | 290 | 205 | 165 | | | | | 28 | 1-1.30 | | | |
| | 200L-8 | 15 | 33.3 | | 327 | 230 | 175 | | 双层叠式 | 2△ | 8 | 23 | 1-1.12 / 1-1.06 | 图5-26 | | |
| | 225S-8 | 18.5 | 40.1 | | 368 | 260 | 160 | | | | | 22 | 2-1.25 | | | |
| | 225M-8 | 22 | 46.8 | | 368 | 260 | 190 | | | | | 19 | 4-0.95 | | | |
| | 250M-8 | 30 | 63.0 | | 400 | 285 | 200 | | | | | 11 | 3-1.25 | | | |
| | 280S-8 | 37 | 76.2 | | 445 | 325 | 190 | 72/58 | | 4△ | | 21 | 1-1.12 / 1-1.18 | 图5-27 | | |
| | 280M-8 | 45 | 92.5 | | 445 | 325 | 235 | | | | | 17 | 2-1.25 | | | |
| | 315S-8 | 55 | 110 | | 520 | 390 | 230 | | | 8△ | | 32 | 2-1.25 | 图5-28 | | |
| | 315M-8 | 75 | 148 | | 520 | 390 | 315 | | | | | 24 | 1-1.40 / 1-1.50 | | | |
| | 315L1-8 | 90 | 178 | | 520 | 390 | 375 | | | | | 20 | 3-1.30 | | | |
| | 315L2-8 | 110 | 216 | | 520 | 390 | 440 | | | | | 17 | 2-1.18 / 2-1.25 | | | |

续表

| 系列类型 | 电动机规格 | 功率/kW | 电流/A | 电压/V | 外径 | 内径 | 长度 | 定/转槽数 | 布线型式 | 接法 | 节距 | 线圈匝数 | 线规/n-mm | 绕组图号 | 空载电流/A | 备注 |
|---|---|---|---|---|---|---|---|---|---|---|---|---|---|---|---|---|
| Y2系列<br>(IP54)<br>380V、<br>50Hz<br>8极<br>电动机 | 355M1-8 | 132 | 257 | 380 |  |  | 400 | 72/86 | 双层叠式 | 8△ | 8 | 18 | 3-1.30<br>2-1.40 | 图5-28 |  |  |
|  | 355M2-8 | 160 | 308 | 380 | 590 | 445 | 455 |  |  |  |  | 16 | 3-1.40<br>2-1.50 |  |  |  |
|  | 355L-8 | 200 | 383 |  |  |  | 560 |  |  |  |  | 13 | 2-1.40<br>4-1.50 |  |  |  |
| Y3系列<br>(IP55)<br>380V、<br>50Hz<br>8极<br>电动机 | 801-8 | 0.18 | 0.83 | 380 | 120 | 78 | 68 | 36/28 | 双层叠式 | 1Y | 4 | 88 | 1-0.40 | 图5-15 |  |  |
|  | 802-8 | 0.25 | 1.1 |  |  |  | 82 |  |  |  |  | 71 | 1-0.45 |  |  |  |
|  | 90S-8 | 0.37 | 1.44 |  | 130 | 86 | 95 |  |  |  |  | 112 | 1-0.56 |  |  |  |
|  | 90L-8 | 0.55 | 1.94 |  |  |  | 120 |  |  |  |  | 42 | 1-0.63 |  |  |  |
|  | 100L1-8 | 0.75 | 2.39 |  | 155 | 106 | 73 |  |  |  |  | 77 | 1-0.71 |  |  |  |
|  | 100L2-8 | 1.1 | 3.31 |  | 175 | 120 | 93 |  |  |  |  | 60 | 1-0.80 |  |  |  |
|  | 112M-8 | 1.5 | 4.38 |  | 210 | 148 | 90 | 48/44 | 单层链接 | 1△ | 5 | 52 | 1-0.95 | 图5-16 |  |  |
|  | 132S-8 | 2.2 | 6.1 |  |  |  | 85 |  |  |  |  | 43 | 1-0.71 |  |  |  |
|  | 132M-8 | 3.0 | 7.92 |  | 260 | 180 | 110 |  |  |  |  | 34 | 2-0.80 |  |  |  |
|  | 160M1-8 | 4.0 | 10.1 |  |  |  | 85 |  |  |  |  | 57 | 1-0.71 |  |  |  |
|  | 160M2-8 | 5.5 | 13.4 |  |  |  | 120 |  |  |  |  | 42 | 1-0.75 | 图5-16 |  |  |
|  | 160L-8 | 7.5 | 17.6 |  | 290 | 205 | 170 |  | 双层叠式 | 2△ |  | 31 | 2-0.85<br>1-1.40 |  |  |  |
|  | 180L-8 | 11 | 25.5 |  |  |  | 150 |  |  |  |  | 30 | 2-0.90 | 图5-18 |  |  |

续表

| 系列类型 | 电动机规格 | 额定参数 功率/kW | 电流/A | 电压/V | 定子铁芯/mm 外径 | 内径 | 长度 | 定转槽数 | 布线型式 | 定子绕组 接法 | 节距 | 线圈匝数 | 线规/n-mm | 绕组图号 | 空载电流/A | 备注 |
|---|---|---|---|---|---|---|---|---|---|---|---|---|---|---|---|---|
| Y3系列 (IP55) 380V、50Hz 8极 电动机 | 200L-8 | 15 | 33.6 | 380 | 327 | 230 | 150 | 48/44 | 双层叠式 | 2△ | 5 | 26 | 2-1.06 | 图5-18 | | |
| | 225S-8 | 18.5 | 40.4 | | | | 145 | | | | | 23 | 2-1.25 | | | |
| | 225M-8 | 22 | 47.2 | | 368 | 260 | 175 | | | | | 20 | 1-1.06 2-1.12 | 图5-26 | | |
| | 250M-8 | 30 | 63.8 | | 400 | 285 | 200 | 72/58 | | 4△ | 8 | 11 | 3-1.25 | | | |
| | 280S-8 | 37 | 77.5 | | 445 | 325 | 180 | | | | | 21 | 1-1.12 1-1.18 | 图5-27 | | |
| | 280M-8 | 45 | 93.7 | | | | 225 | | | | | 17 | 1-1.25 1-1.30 | | | |
| YR系列 (IP44) 绕线式异步电动机 (8极定子) | 160M-8 | 4.0 | 10.7 | 380 | 260 | 180 | 140 | 48/36 | 双层叠式 | 2△ | 5 | 46 | 1-0.90 | 图5-18 | | |
| | 160L-8 | 5.5 | 14.2 | | | | 185 | | | | | 35 | 1-1.0 | | | |
| | 180L-8 | 7.5 | 18.4 | | 290 | 205 | 180 | 54/36 | | 1△ | 6 | 14 | 1-1.06 1-1.12 | 图5-19 | | |
| | 200L1-8 | 11 | 26.6 | | 327 | 230 | 190 | | | 2△ | | 22 | 2-0.95 | 图5-20 | | |
| | 225M1-8 | 15 | 34.5 | | 368 | 260 | 190 | | | | | 20 | 2-1.12 | | | |
| | 225M2-8 | 18.5 | 42.1 | | | | 235 | | | | | 16 | 2-1.30 | | | |
| | 250M1-8 | 22 | 48.7 | | 400 | 285 | 230 | 72/48 | | 4△ | 8 | 24 | 1-1.40 | 图5-27 | | |
| | 250M2-8 | 30 | 66.1 | | | | 280 | | | 8△ | | 37 | 1-1.12 | 图5-28 | | |
| | 280S-8 | 37 | 78.2 | | 445 | 325 | 250 | | | 4△ | | 18 | 3-1.0 | 图5-27 | | |
| | 280M-8 | 45 | 92.9 | | | | 340 | | | | | 14 | 2-1.40 | | | |

续表

| 系列类型 | 电动机规格 | 额定参数 | | | 定子铁芯/mm | | | 定/转槽数 | 定子绕组 | | | | | | 空载电流/A | 备注 |
|---|---|---|---|---|---|---|---|---|---|---|---|---|---|---|---|---|
| | | 功率/kW | 电流/A | 电压/V | 外径 | 内径 | 长度 | | 布线型式 | 接法 | 节距 | 线圈匝数 | 线规/n·mm | 绕组图号 | | |
| YR系列(IP23)绕线式异步电动机(8极定子) | 160M-8 | 4.0 | 10.6 | 380 | 290 | 205 | 95 | 48/36 | 双层叠式 | 1△ | 5 | 27 | 1-1.25 | 图5-17 | | |
| | 160L-8 | 5.5 | 14.4 | | | | 115 | | | | | 21.5 | 1-1.40 | | | |
| | 180M-8 | 7.5 | 19 | | 327 | 230 | 125 | | | 2△ | | 35 | 2-0.90 | 图5-18 | | |
| | 180L-8 | 11 | 27.6 | | | | 155 | | | | | 27 | 2-1.0 | | | |
| | 200M-8 | 15 | 36.7 | | 368 | 260 | 135 | | | | | 25 | 2-0.95 | | | |
| | 200L-8 | 18.5 | 41.9 | | | | 165 | | | | | 21.5 | 2-1.30 | | | |
| | 225M1-8 | 22 | 49.2 | | 400 | 285 | 145 | | | | | 31 | 1-1.25 | 图5-27 | | |
| | 225M2-8 | 30 | 66.3 | | | | 175 | | | | | 25 | 1-1.40 | | | |
| | 250S-8 | 37 | 81.3 | | 445 | 325 | 165 | | | 4△ | 8 | 23 | 2-1.06 | | | |
| | 250M-8 | 45 | 97.8 | | | | 195 | 72/48 | | | | 19 | 1-1.18<br>1-1.25 | | | |
| | 280S-8 | 55 | 115 | | 493 | 360 | 185 | | | | | 18 | 1-1.30<br>1-1.40 | | | |
| | 280M-8 | 75 | 154 | | | | 240 | | | | | 14 | 1-1.50<br>1-1.60 | | | |
| YZ系列冶金、起重用8极电动机 | 160L-8 | 7.5 | 18 | 380 | 245 | 182 | 210 | 54/50 | 双层叠式 | 1Y | 6 | 7 | 3-1.0 | 图5-19 | | |
| | 180L-8 | 11 | 25.8 | | 280 | 210 | 200 | | | | | 12 | 2-1.06 | 图5-23 | | |
| | 200L-8 | 15 | 33.1 | | 327 | 245 | 195 | 60/44 | | 2Y | 7 | 10 | 3-1.12 | | | |
| | 225M-8 | 22 | 45.8 | | | | 245 | | | | 6 | 8 | 3-1.30 | 图5-21 | | |
| | 250M-8 | 30 | 63.3 | | 368 | 280 | 270 | 72/54 | | 4Y | 7 | 12 | 2-1.15 | 图5-25 | | |

续表

| 系列类型 | 电动机规格 | 功率/kW | 电流/A | 电压/V | 外径 | 内径 | 长度/mm | 定转槽数 | 布线型式 | 接法 | 节距 | 线圈匝数 | 线规/n-mm | 绕组图号 | 空载电流/A | 备注 |
|---|---|---|---|---|---|---|---|---|---|---|---|---|---|---|---|---|
| YZR系列冶金、起重用绕线式异步电动机（8极定子） | 160L-8 | 7.5 | 19.1 | 380 | 245 | 182 | 210 | 54/36 | 双层叠式 | 1Y | 6 | 7 | 2-1.18 | 图5-19 | | |
| | 180L-8 | 11 | 27 | | 280 | 210 | 200 | | | | 7 | 12 | 2-1.06 | 图5-23 | | |
| | 200L-8 | 15 | 33.5 | | 327 | 245 | 200 | | | | | 10 | 3-1.12 | 图5-21 | | |
| | 225M-8 | 22 | 46.9 | | 327 | 245 | 255 | 60/48 | | 2Y | 6 | 8 | 3-1.30 | 图5-23 | | |
| | 250M1-8 | 30 | 63.4 | | 368 | 280 | 280 | | | | 7 | 6 | 2-1.40 / 1-1.30 | 图5-27 | | |
| | 250M2-8 | 37 | 78.1 | | | | 350 | 72/54 | | | | 5 | 4-1.30 / 1-1.30 | | | |
| | 280S-8 | 45 | 93.5 | | 423 | 310 | 285 | | | 4Y | 8 | 9 | 1-1.40 | 图5-25 | | |
| | 280M-8 | 55 | 111 | | | | 360 | | | | | 8 | 4-1.25 | | | |
| | 315S-8 | 75 | 147 | | 493 | 400 | 340 | 72/96 | | | 7 | 7 | 3-1.40 / 1-1.40 | | | |
| | 315M-8 | 90 | 172 | | | | 430 | | | | | 6 | 4-1.30 / 1-1.40 | | | |
| YZR2系列冶金、起重用绕线式异步电动机（8极定子） | 160L-8 | 7.5 | | 380 | 245 | 182 | 190 | 54/36 | 双层叠式 | 2Y | 6 | 14 | 2-0.85 | 图5-20 | | |
| | 180L-8 | 11 | | | 280 | 210 | 200 | | | | | 12 | 1-1.12 / 1-1.06 | 图5-21 | | |
| | 200L-8 | 15 | | | 327 | 245 | 185 | 60/48 | | 4Y | 8 | 19 | 1-0.95 / 1-0.90 | 图5-27 | | |
| | 225M-8 | 22 | | | 327 | 245 | 240 | | | | | 14 | 2-1.06 | 图5-27 | | |
| | 250M1-8 | 30 | | | 368 | 280 | 250 | 72/54 | | 2Y | 7 | 6 | 4-1.25 | 图5-26 | | |
| | 250M2-8 | 37 | | | | | 300 | | | | | 5 | 3-1.40 / 1-1.32 | 图5-24 | | |

续表

| 系列类型 | 电动机规格 | 额定参数 功率/kW | 电流/A | 电压/V | 定子铁芯/mm 外径 | 内径 | 长度 | 定/转槽数 | 定子绕组 布线型式 | 接法 | 节距 | 线圈匝数 | 线规/n·mm | 绕组图号 | 空载电流/A | 备注 |
|---|---|---|---|---|---|---|---|---|---|---|---|---|---|---|---|---|
| YZR2系列冶金、起重用绕线式异步电动机（8极定子） | 280S-8 | 45 | | | 423 | 310 | 260 | 72/54 | 双层叠式 | 2Y | 8 | 10 | 2-1.32<br>1-1.40 | 图5-26 | | |
| | 280M-8 | 55 | | | | | 320 | | | | | | | | | |
| | 315S1-8 | 63 | | 380 | | | 300 | | | | | 8 | 3-1.50 | | | |
| | 315S2-8 | 75 | | | 493 | 370 | 330 | 72/96 | | | | 8 | 3-1.40<br>1-1.50 | | | |
| | 315M-8 | 90 | | | | | 380 | | | | | 7 | 3-1.32<br>2-1.40 | | | |
| | 355M-8 | 110 | | | 560 | 450 | 350 | 96/72 | | | | 6 | 4-1.32<br>2-1.40 | 图5-29 | | |
| | 355L1-8 | 132 | | | | | 410 | | | 8Y | 11 | 8 | 2-1.18<br>2-1.25 | | | |
| | | | | | | | | | | | | 7 | 3-1.32<br>1-1.25 | | | |
| | 355L2-8 | 160 | | | | | 470 | | | | | 6 | 2-1.40<br>2-1.50 | | | |

表 5-2　10 极、12 极电动机定子铁芯及绕组数据表（380V、50Hz）

| 系列类型 | 电动机规格 | 额定参数 功率/kW | 电流/A | 定子铁芯/mm 外径 | 内径 | 长度 | 极数 | 定/转槽数 | 定子绕组 布线型式 | 接法 | 节距 | 线圈匝数 | 线规/n·mm | 绕组图号 | 空载电流/A | 备注 |
|---|---|---|---|---|---|---|---|---|---|---|---|---|---|---|---|---|
| YB系列低压隔爆型防爆型电动机 | 355S2-10 | 90 | | 590 | | 340 | 10 | 90/72 | 双层叠式 | 5△ | 5 | 12 | 4-1.50 | 图5-32 | | |
| | 355S4-10 | 110 | | | | 380 | | | | | | 11 | 4-1.40<br>1-1.50 | | | |
| | 355M-10 | 132 | | | 450 | 420 | | | | | | 10 | 4-1.50<br>1-1.60 | | | |
| | 355L-10 | 160 | | | | 550 | | | | | | 8 | 4-1.50<br>2-1.60 | | | |
| | 355S1-12 | 75 | | 590 | 475 | 440 | 12 | 90/72 | 双层叠式 | 6△ | 5 | 15 | 3-1.40 | 图5-34 | | |
| | 355S2-12 | 90 | | | | 480 | | | | | 6 | 13 | 3-1.50 | 图5-35 | | |

续表

| 系列类型 | 电动机规格 | 额定参数 功率/kW | 电流/A | 极数 | 定子铁芯/mm 外径 | 内径 | 长度 | 定/转槽数 | 布线型式 | 定子绕组 接法 | 节距 | 线圈匝数 | 线规/n-mm | 绕组图号 | 空载电流/A | 备注 |
|---|---|---|---|---|---|---|---|---|---|---|---|---|---|---|---|---|
| YZR系列 冶金、起重用绕线式异步电动机（10极定子） | 280S-10 | 37 | | | 423 | 310 | 325 | 60/75 | 双层叠式 | 5Y | 5 | 15 | 2-1.30 | 图5-30 | | |
| | 280M-10 | 45 | | | | | 370 | | | | | 13 | 3-1.18 | | | |
| | 315S-10 | 55 | | | 493 | 400 | 340 | 75/90 | | | 7 | 9 | 1-1.25 | 图5-31 | | |
| | 315M-10 | 75 | | 10 | | | 430 | | | | | 7 | 2-1.18 3-1.40 | | | |
| | 355M-10 | 90 | | | 560 | 460 | 380 | 90/105 | | 10Y | 8 | 13 | 2-1.18 1-1.12 | 图5-33 | | |
| | 355L1-10 | 110 | | | | | 470 | | | | | 11 | 2-1.25 1-1.30 | | | |
| | 355L2-10 | 132 | | | | | 540 | | | | | 9 | 3-1.40 | | | |
| YZR2系列 冶金、起重用绕线式异步电动机（10极定子） | 280S-10 | 37 | | | 430 | 340 | 260 | 60/75 | 双层叠式 | 5Y | 5 | 17 | 2-1.32 | 图5-30 | | |
| | 280M-10 | 45 | | | | | 320 | | | | | 14 | 3-1.18 | | | |
| | 315S1-10 | 55 | | | 495 | 400 | 300 | 75/90 | | | 7 | 10 | 3-1.25 | 图5-31 | | |
| | 315S2-10 | 63 | | | | | 330 | | | | | 9 | 2-1.32 | | | |
| | 315M-10 | 75 | | 10 | | | 380 | | | | | 8 | 3-1.40 | | | |
| | 355M-10 | 90 | | | 560 | 450 | 350 | 90/105 | | 10Y | 8 | 14 | 2-1.18 1-1.25 | 图5-33 | | |
| | 355L1-10 | 110 | | | | | 430 | | | | | 12 | 3-1.32 | | | |
| | 355L2-10 | 132 | | | | | 490 | | | | | 10 | 2-1.40 1-1.50 | | | |

# 5.3　8极及以上极数电动机端面模拟绕组彩图

本节绕组彩图内容包括8～12极的新系列电动机绕组布接线彩图21例。其中8极15例，10极4例，12极2例。内含2例是化工版《彩图总集》漏编而补入的新绕组，因属新系列实例，故绘制成彩色绕组端面模拟图，供读者参考。

## 5.3.1　36槽8极（$y=4$、$a=1$）三相电动机（分数）绕组双层叠式布线

（1）绕组结构参数

定子槽数　$Z=36$　　每组圈数　$S=2$、$1$　　并联路数　$a=1$
电机极数　$2p=8$　　极相槽数　$q=1\frac{1}{2}$　　分布系数　$K_d=0.96$
总线圈数　$Q=36$　　绕组极距　$\tau=4\frac{1}{2}$　　节距系数　$K_p=0.985$
线圈组数　$u=24$　　线圈节距　$y=4$　　　　绕组系数　$K_{dp}=0.946$
每槽电角　$\alpha=40°$　　出线根数　$c=6$

（2）绕组布接线特点及应用举例

本例每极相槽数 $q=1\frac{1}{2}$，为分数，故绕组属分数绕组。线圈组由单圈和双圈组成，并按2、1、2、1……的分配规律分布。本例为一路接法故每相8组线圈按一正一反串联而成。主要应用实例有Y2-90L-8、Y3-802-8以及YB2-90S-8等。

（3）绕组嵌线方法

本例绕组采用交叠嵌线，吊边数为4。嵌线次序见表5-3。

表 5-3　交叠法

| 嵌绕次序 | | 1 | 2 | 3 | 4 | 5 | 6 | 7 | 8 | 9 | 10 | 11 | 12 | 13 | 14 | 15 | 16 | 17 | 18 |
|---|---|---|---|---|---|---|---|---|---|---|---|---|---|---|---|---|---|---|---|
| 槽号 | 下层 | 36 | 35 | 34 | 33 | 32 | | 31 | | 30 | | 29 | | 28 | | 27 | | 26 | |
| | 上层 | | | | | | 36 | | 35 | | 34 | | 33 | | 32 | | 31 | | 30 |
| 嵌绕次序 | | 19 | 20 | 21 | 22 | 23 | 24 | 25 | 26 | 27 | 28 | 29 | 30 | 31 | 32 | 33 | 34 | 35 | 36 |
| 槽号 | 下层 | 25 | | 24 | | 23 | | 22 | | 21 | | 20 | | 19 | | 18 | | 17 | |
| | 上层 | | 29 | | 28 | | 27 | | 26 | | 25 | | 24 | | 23 | | 22 | | 21 |
| 嵌绕次序 | | 37 | 38 | 39 | 40 | 41 | 42 | 43 | 44 | 45 | 46 | 47 | 48 | 49 | 50 | 51 | 52 | 53 | 54 |
| 槽号 | 下层 | 16 | | 15 | | 14 | | 13 | | 12 | | 11 | | 10 | | 9 | | 8 | |
| | 上层 | | 20 | | 19 | | 18 | | 17 | | 16 | | 15 | | 14 | | 13 | | 12 |
| 嵌绕次序 | | 55 | 56 | 57 | 58 | 59 | 60 | 61 | 62 | 63 | 64 | 65 | 66 | 67 | 68 | 69 | 70 | 71 | 72 |
| 槽号 | 下层 | 7 | | 6 | | 5 | | 4 | | 3 | | 2 | | 1 | | | | | |
| | 上层 | | 11 | | 10 | | 9 | | 8 | | 7 | | 6 | | 5 | 4 | 3 | 2 | 1 |

(4) 绕组端面布接线

如图 5-15 所示。

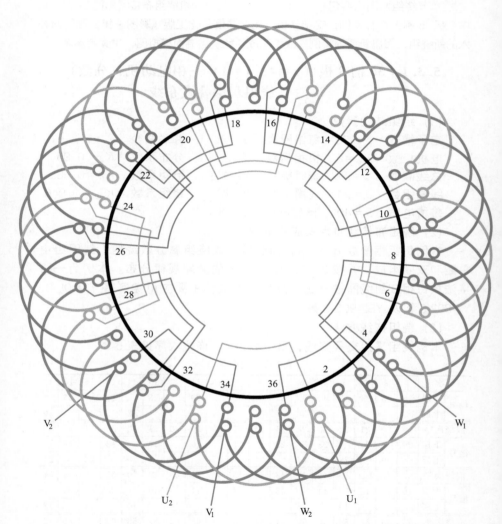

图 5-15　36 槽 8 极（$y=4$、$a=1$）三相电动机（分数）绕组双层叠式布线

## 5.3.2　48 槽 8 极（$y=5$、$a=1$）三相电动机绕组单层链式布线

（1）绕组结构参数

| | | | |
|---|---|---|---|
| 定子槽数 | $Z=48$ | 电机极数 | $2p=8$ |
| 总线圈数 | $Q=24$ | 线圈组数 | $u=24$ |
| 每组圈数 | $S=1$ | 极相槽数 | $q=2$ |
| 绕组极距 | $\tau=6$ | 线圈节距 | $y=5$ |
| 并联路数 | $a=1$ | 每槽电角 | $\alpha=30°$ |
| 分布系数 | $K_d=0.966$ | 节距系数 | $K_p=1.0$ |
| 绕组系数 | $K_{dp}=0.966$ | 出线根数 | $c=6$ |

（2）绕组布接线特点及应用举例

本例是单层显极布线，线圈节距比极距短 1 槽，但仍属全距绕组。因是单链绕组，每组仅有一只线圈，故每相由 8 只（组）线圈按一正一反串联而成，即同相相邻线圈是"尾接尾"或"头接头"。此绕组是单层链式常用型式，既应用于老系列和新系列，如 JO2L-41-8、Y160M2-8、Y2-100L2-8、Y3-100L1-8，也用于绕线式 YR250M2-8 等电动机的转子绕组。

（3）绕组嵌线方法

嵌线可用两种方法，但较多用交叠法，吊边数为 2。嵌线次序见表 5-4。

表 5-4　交叠法

| 嵌绕次序 | | 1 | 2 | 3 | 4 | 5 | 6 | 7 | 8 | 9 | 10 | 11 | 12 | 13 | 14 | 15 | 16 | 17 | 18 |
|---|---|---|---|---|---|---|---|---|---|---|---|---|---|---|---|---|---|---|---|
| 槽号 | 沉边 | 1 | 47 | 45 | | 43 | | 41 | | 39 | | 37 | | 35 | | 33 | | 31 | |
| | 浮边 | | | | 2 | | 48 | | 46 | | 44 | | 42 | | 40 | | 38 | | 36 |
| 嵌绕次序 | | 19 | 20 | 21 | 22 | 23 | 24 | 25 | 26 | 27 | 28 | 29 | 30 | 31 | 32 | 33 | 34 | 35 | 36 |
| 槽号 | 沉边 | 29 | | 27 | | 25 | | 23 | | 21 | | 19 | | 17 | | 15 | | 13 | |
| | 浮边 | | 34 | | 32 | | 30 | | 28 | | 26 | | 24 | | 22 | | 20 | | 18 |
| 嵌绕次序 | | 37 | 38 | 39 | 40 | 41 | 42 | 43 | 44 | 45 | 46 | 47 | 48 | | | | | | |
| 槽号 | 沉边 | 11 | | 9 | | 7 | | 5 | | 3 | | | | | | | | | |
| | 浮边 | | 16 | | 14 | | 12 | | 10 | | 8 | 6 | 4 | | | | | | |

（4）绕组端面布接线

如图 5-16 所示。

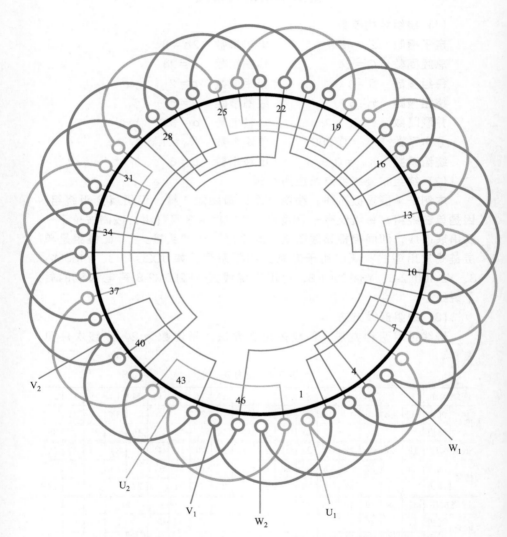

图 5-16　48 槽 8 极（$y=5$、$a=1$）三相电动机绕组单层链式布线

## 5.3.3  48 槽 8 极（$y=5$、$a=1$）三相电动机绕组双层叠式布线

（1）绕组结构参数

| | | | |
|---|---|---|---|
| 定子槽数　$Z=48$ | 每组圈数　$S=2$ | 并联路数　$a=1$ |
| 电机极数　$2p=8$ | 极相槽数　$q=2$ | 分布系数　$K_d=0.966$ |
| 总线圈数　$Q=48$ | 绕组极距　$\tau=6$ | 节距系数　$K_p=0.966$ |
| 线圈组数　$u=24$ | 线圈节距　$y=5$ | 绕组系数　$K_{dp}=0.933$ |
| 每槽电角　$\alpha=30°$ | 出线根数　$c=6$ | |

（2）绕组布接线特点及应用举例

8 极电机极距较短，嵌线吊边数也少，宜采用短 1 槽较大节距来获得较高的绕组系数。此绕组为一路串联接线，一般仅用于小型电机。主要应用实例有绕线式异步电动机 YR-160M-8 等。

（3）绕组嵌线方法

本例采用交叠法嵌线，吊边数为 5。嵌线次序见表 5-5。

表 5-5　交叠法

| 嵌绕次序 | | 1 | 2 | 3 | 4 | 5 | 6 | 7 | 8 | 9 | 10 | 11 | 12 | 13 | 14 | 15 | 16 | 17 | 18 | 19 | 20 | 21 | 22 | 23 | 24 |
|---|---|---|---|---|---|---|---|---|---|---|---|---|---|---|---|---|---|---|---|---|---|---|---|---|---|
| 槽号 | 下层 | 48 | 47 | 46 | 45 | 44 | 43 | | 42 | | 41 | | 40 | | 39 | | 38 | | 37 | | 36 | | 35 | | 34 |
| | 上层 | | | | | | | 48 | | 47 | | 46 | | 45 | | 44 | | 43 | | 42 | | 41 | | 40 | |

| 嵌绕次序 | | 25 | 26 | 27 | 28 | 29 | 30 | 31 | 32 | 33 | 34 | 35 | 36 | 37 | 38 | 39 | 40 | 41 | 42 | 43 | 44 | 45 | 46 | 47 | 48 |
|---|---|---|---|---|---|---|---|---|---|---|---|---|---|---|---|---|---|---|---|---|---|---|---|---|---|
| 槽号 | 下层 | 33 | | 32 | | 31 | | 30 | | 29 | | 28 | | 27 | | 26 | | 25 | | 24 | | 23 | | 22 | |
| | 上层 | 39 | | 38 | | 37 | | 36 | | 35 | | 34 | | 33 | | 32 | | 31 | | 30 | | 29 | | 28 | |

| 嵌绕次序 | | 49 | 50 | 51 | 52 | 53 | 54 | 55 | 56 | 57 | 58 | 59 | 60 | 61 | 62 | 63 | 64 | 65 | 66 | 67 | 68 | 69 | 70 | 71 | 72 |
|---|---|---|---|---|---|---|---|---|---|---|---|---|---|---|---|---|---|---|---|---|---|---|---|---|---|
| 槽号 | 下层 | | 21 | | 20 | | 19 | | 18 | | 17 | | 16 | | 15 | | 14 | | 13 | | 12 | | 11 | | 10 |
| | 上层 | 27 | | 26 | | 25 | | 24 | | 23 | | 22 | | 21 | | 20 | | 19 | | 18 | | 17 | | 16 | |

| 嵌绕次序 | | 73 | 74 | 75 | 76 | 77 | 78 | 79 | 80 | 81 | 82 | 83 | 84 | 85 | 86 | 87 | 88 | 89 | 90 | 91 | 92 | 93 | 94 | 95 | 96 |
|---|---|---|---|---|---|---|---|---|---|---|---|---|---|---|---|---|---|---|---|---|---|---|---|---|---|
| 槽号 | 下层 | | 9 | | 8 | | 7 | | 6 | | 5 | | 4 | | 3 | | 2 | | 1 | | | | | | |
| | 上层 | 15 | | 14 | | 13 | | 12 | | 11 | | 10 | | 9 | | 8 | | 7 | | 6 | 5 | 4 | 3 | 2 | 1 |

（4）绕组端面布接线

如图 5-17 所示。

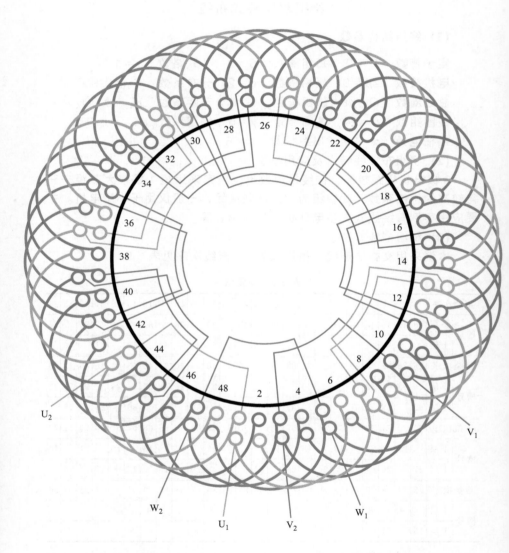

图 5-17　48 槽 8 极（$y=5$、$a=1$）三相电动机绕组双层叠式布线

## 5.3.4　48 槽 8 极（$y=5$、$a=2$）三相电动机绕组双层叠式布线

（1）绕组结构参数

| | | |
|---|---|---|
| 定子槽数　$Z=48$ | 每组圈数　$S=2$ | 并联路数　$a=2$ |
| 电机极数　$2p=8$ | 极相槽数　$q=2$ | 分布系数　$K_d=0.966$ |
| 总线圈数　$Q=48$ | 绕组极距　$\tau=6$ | 节距系数　$K_p=0.966$ |
| 线圈组数　$u=24$ | 线圈节距　$y=5$ | 绕组系数　$K_{dp}=0.933$ |
| 每槽电角　$\alpha=30°$ | 出线根数　$c=6$ | |

（2）绕组布接线特点及应用举例

绕组布接线特点基本同上例，即每相有 8 组线圈，每组双圈。采用二路并联时每相有两个支路，进线后分左右方向接线，使同相相邻的线圈组反极性，即一正一反串联，最后把两个支路的首、尾同极性并接后出线。本绕组在 48 槽电机中应用较多，主要应用实例如 J0-72-8、Y-280S-8、Y2-200L-8、Y3-225S-8 以及绕线式异步电动机 YR-160L-8 等。

（3）绕组嵌线方法

本例采用交叠法嵌线，吊边数为 5。嵌线次序见表 5-6。

表 5-6　交叠法

| 嵌绕次序 | | 1 | 2 | 3 | 4 | 5 | 6 | 7 | 8 | 9 | 10 | 11 | 12 | 13 | 14 | 15 | 16 | 17 | 18 |
|---|---|---|---|---|---|---|---|---|---|---|---|---|---|---|---|---|---|---|---|
| 槽号 | 下层 | 2 | 1 | 48 | 47 | 46 | 45 | | 44 | | 43 | | 42 | | 41 | | 40 | | 39 |
| | 上层 | | | | | | | 2 | 1 | | 48 | | 47 | | 46 | | 45 | | |

| 嵌绕次序 | | 19 | 20 | 21 | 22 | 23 | …… | | 69 | 70 | 71 | 72 | 73 | 74 | 75 | 76 | 77 | 78 |
|---|---|---|---|---|---|---|---|---|---|---|---|---|---|---|---|---|---|---|
| 槽号 | 下层 | | 38 | | 37 | | …… | | | 13 | | 12 | | 11 | | 10 | | 9 |
| | 上层 | 44 | | 43 | | 42 | …… | | 19 | | 18 | | 17 | | 16 | | 15 | |

| 嵌绕次序 | | 79 | 80 | 81 | 82 | 83 | 84 | 85 | 86 | 87 | 88 | 89 | 90 | 91 | 92 | 93 | 94 | 95 | 96 |
|---|---|---|---|---|---|---|---|---|---|---|---|---|---|---|---|---|---|---|---|
| 槽号 | 下层 | | 8 | | 7 | | 6 | | 5 | | | | | | | | | | |
| | 上层 | 14 | | 13 | | 12 | | 11 | | 10 | | 9 | | 8 | 7 | 6 | 5 | 4 | 3 |

（4）绕组端面布接线

如图 5-18 所示。

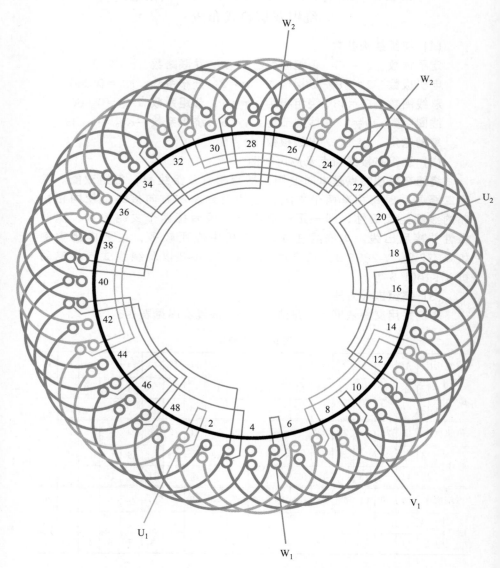

图 5-18　48 槽 8 极（$y=5$、$a=2$）三相电动机绕组双层叠式布线

## 5.3.5　54 槽 8 极 ($y=6$、$a=1$) 三相电动机 (分数) 绕组双层叠式布线

(1) 绕组结构参数

定子槽数　$Z=54$　　每组圈数　$S=2\frac{1}{4}$　　并联路数　$a=1$

电机极数　$2p=8$　　极相槽数　$q=2\frac{1}{4}$　　分布系数　$K_d=0.956$

总线圈数　$Q=54$　　绕组极距　$\tau=6\frac{3}{4}$　　节距系数　$K_p=0.985$

线圈组数　$u=24$　　线圈节距　$y=6$　　　绕组系数　$K_{dp}=0.941$

每槽电角　$\alpha=26.66°$　出线根数　$c=6$

(2) 绕组布接线特点及应用举例

本例是分数绕组，由 3 圈组和双圈组构成，并按 3、2、2、2……规律分布。每相含两个 3 圈组和六个双圈组，并按相邻反极性串联。此绕组主要应用实例有 Y-160M-8、YR-180L-8 等。

(3) 绕组嵌线方式

本例绕组采用交叠法嵌线，吊边数为 6。嵌线次序见表 5-7。

表 5-7　交叠法

| 嵌绕次序 | | 1 | 2 | 3 | 4 | 5 | 6 | 7 | 8 | 9 | 10 | 11 | 12 | 13 | 14 | 15 | 16 | 17 | 18 | 19 | 20 | 21 | 22 |
|---|---|---|---|---|---|---|---|---|---|---|---|---|---|---|---|---|---|---|---|---|---|---|---|
| 槽号 | 下层 | 54 | 53 | 52 | 51 | 50 | 49 | 48 | | 47 | | 46 | | 45 | | 44 | | 43 | | 42 | | 41 | |
| | 上层 | | | | | | | | 54 | | 53 | | 52 | | 51 | | 50 | | 49 | | 48 | | 47 |

| 嵌绕次序 | | 23 | 24 | 25 | 26 | 27 | 28 | 29 | 30 | 31 | 32 | 33 | 34 | 35 | 36 | 37 | 38 | 39 | 40 | 41 | 42 | 43 | 44 |
|---|---|---|---|---|---|---|---|---|---|---|---|---|---|---|---|---|---|---|---|---|---|---|---|
| 槽号 | 下层 | 40 | | 39 | | 38 | | 37 | | 36 | | 35 | | 34 | | 33 | | 32 | | 31 | | 30 | |
| | 上层 | | 46 | | 45 | | 44 | | 43 | | 42 | | 41 | | 40 | | 39 | | 38 | | 37 | | 36 |

| 嵌绕次序 | | 45 | 46 | 47 | 48 | 49 | 50 | 51 | 52 | 53 | 54 | 55 | 56 | 57 | 58 | 59 | 60 | 61 | 62 | 63 | …… |
|---|---|---|---|---|---|---|---|---|---|---|---|---|---|---|---|---|---|---|---|---|---|
| 槽号 | 下层 | 29 | | 28 | | 27 | | 26 | | 25 | | 24 | | 23 | | 22 | | 21 | | 20 | …… |
| | 上层 | | 35 | | 34 | | 33 | | 32 | | 31 | | 30 | | 29 | | 28 | | 27 | | …… |

| 嵌绕次序 | | 89 | 90 | 91 | 92 | 93 | 94 | 95 | 96 | 97 | 98 | 99 | 100 | 101 | 102 | 103 | 104 | 105 | 106 | 107 | 108 |
|---|---|---|---|---|---|---|---|---|---|---|---|---|---|---|---|---|---|---|---|---|---|
| 槽号 | 下层 | 7 | | 6 | | 5 | | 4 | | 3 | | 2 | | 1 | | | | | | | |
| | 上层 | | 13 | | 12 | | 11 | | 10 | | 9 | | 8 | | 7 | 6 | 5 | 4 | 3 | 2 | 1 |

(4) 绕组端面布接线

如图 5-19 所示。

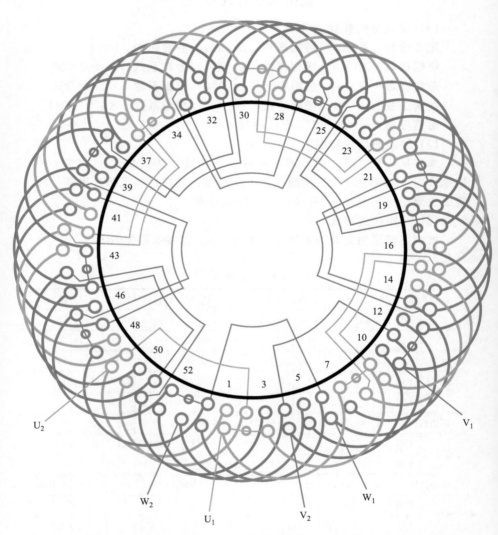

图 5-19　54 槽 8 极（$y=6$、$a=1$）三相电动机（分数）绕组双层叠式布线

### 5.3.6　54槽8极（$y=6$、$a=2$）三相电动机（分数）绕组双层叠式布线

（1）绕组结构参数

| | | | | | |
|---|---|---|---|---|---|
| 定子槽数 | $Z=54$ | 每组圈数 | $S=2\frac{1}{4}$ | 并联路数 | $a=2$ |
| 电机极数 | $2p=8$ | 极相槽数 | $q=2\frac{1}{4}$ | 分布系数 | $K_d=0.956$ |
| 总线圈数 | $Q=54$ | 绕组极距 | $\tau=6\frac{3}{4}$ | 节距系数 | $K_p=0.985$ |
| 线圈组数 | $u=24$ | 线圈节距 | $y=6$ | 绕组系数 | $K_{dp}=0.941$ |
| 每槽电角 | $\alpha=26.66°$ | 出线根数 | $c=6$ | | |

（2）绕组布接线特点及应用举例

本例绕组是由3、2圈构成的分数绕组方案，其轮换循环规律为3、2、2、2……。三相进线不能满足互差120°电角的要求，但三相进线仍按1、3、5组引进。本绕组为二路并联，绕组接线采用双向并联，即进线后分左右两侧走线，分别用短跳串联构成2个支路。此绕组实际应用较多，如Y200L-8、Y180M-8、YR225M1-8及YZR2-160L-8等。

（3）绕组嵌线方法

本例绕组采用交叠法嵌线，吊边数为6。嵌线次序见表5-8。

表5-8　交叠法

| 嵌绕次序 | 1 | 2 | 3 | 4 | 5 | 6 | 7 | 8 | 9 | 10 | 11 | 12 | 13 | 14 | 15 | 16 | 17 | 18 |
|---|---|---|---|---|---|---|---|---|---|---|---|---|---|---|---|---|---|---|
| 槽号 下层 | 3 | 2 | 1 | 54 | 53 | 52 | 51 | | 50 | | 49 | | 48 | | 47 | | 46 | |
| 槽号 上层 | | | | | | 3 | | 2 | | 1 | | 54 | | 53 | | 52 |

| 嵌绕次序 | 19 | 20 | 21 | 22 | 23 | …… | 81 | 82 | 83 | 84 | 85 | 86 | 87 | 88 | 89 | 90 |
|---|---|---|---|---|---|---|---|---|---|---|---|---|---|---|---|---|
| 槽号 下层 | 45 | | 44 | | 43 | …… | 14 | | 13 | | 12 | | 11 | | 10 | |
| 槽号 上层 | | 51 | | 50 | | …… | | 20 | | 19 | | 18 | | 17 | | 16 |

| 嵌绕次序 | 91 | 92 | 93 | 94 | 95 | 96 | 97 | 98 | 99 | 100 | 101 | 102 | 103 | 104 | 105 | 106 | 107 | 108 |
|---|---|---|---|---|---|---|---|---|---|---|---|---|---|---|---|---|---|---|
| 槽号 下层 | 9 | | 8 | | 7 | | 6 | | 5 | | 4 | | | | | | | |
| 槽号 上层 | | 15 | | 14 | | 13 | | 12 | | 11 | | 10 | 9 | 8 | 7 | 6 | 5 | 4 |

（4）绕组端面布接线

如图5-20所示。

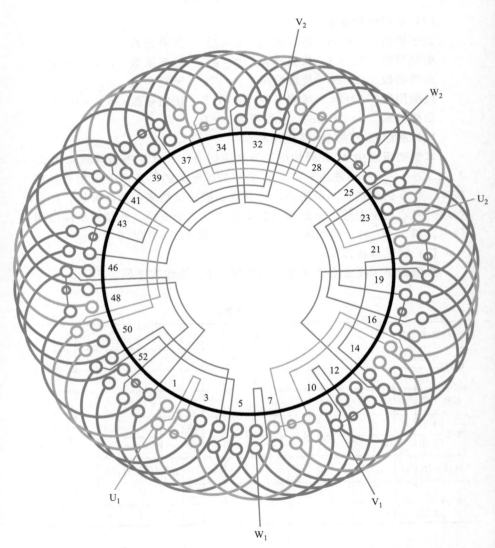

图 5-20    54 槽 8 极（$y=6$、$a=2$）三相电动机（分数）绕组双层叠式布线

## 5.3.7　60 槽 8 极（$y=6$、$a=2$）三相电动机（分数）绕组双层叠式布线

（1）绕组结构参数

| | | | | | |
|---|---|---|---|---|---|
| 定子槽数 | $Z=60$ | 每组圈数 | $S=2\frac{1}{2}$ | 并联路数 | $a=2$ |
| 电机极数 | $2p=8$ | 极相槽 | $q=2\frac{1}{2}$ | 分布系数 | $K_d=0.957$ |
| 总线圈数 | $Q=60$ | 绕组极距 | $\tau=7\frac{1}{2}$ | 节距系数 | $K_p=0.951$ |
| 线圈组数 | $u=24$ | 线圈节距 | $y=6$ | 绕组系数 | $K_{dp}=0.91$ |
| 每槽电角 | $\alpha=24°$ | 出线根数 | $c=6$ | | |

（2）绕组布接线特点及应用举例

60 槽 8 极为分数绕组，在产品中多应用二路并联接线。线圈由 3、2 圈组成，绕组按 3、2、3、2……分布规律布线。主要应用实例有 YZ225M-8、YZR225M-8、YZR2-180L-8 以及 JZR2-31-8 等冶金起重型绕线式电动机。

（3）绕组嵌线方法

本例为交叠嵌线，吊边数为 6。嵌线次序见表 5-9。

表 5-9　交叠法

| 嵌绕次序 | 1 | 2 | 3 | 4 | 5 | 6 | 7 | 8 | 9 | 10 | 11 | 12 | 13 | 14 | 15 | 16 | 17 | 18 | 19 | 20 | 21 | 22 | 23 | 24 |
|---|---|---|---|---|---|---|---|---|---|---|---|---|---|---|---|---|---|---|---|---|---|---|---|---|
| 槽号　下层 | 60 | 59 | 58 | 57 | 56 | 55 | 54 | | 53 | | 52 | | 51 | | 50 | | 49 | | 48 | | 47 | | 46 | |
| 上层 | | | | | | | | 60 | | 59 | | 58 | | 57 | | 56 | | 55 | | 54 | | 53 | | 52 |

| 嵌绕次序 | 25 | 26 | 27 | 28 | 29 | 30 | 31 | 32 | 33 | 34 | 35 | 36 | 37 | 38 | 39 | 40 | 41 | 42 | 43 | 44 | 45 | 46 | 47 | 48 |
|---|---|---|---|---|---|---|---|---|---|---|---|---|---|---|---|---|---|---|---|---|---|---|---|---|
| 槽号　下层 | 45 | | 44 | | 43 | | 42 | | 41 | | 40 | | 39 | | 38 | | 37 | | 36 | | 35 | | 34 | |
| 上层 | | 51 | | 50 | | 49 | | 48 | | 47 | | 46 | | 45 | | 44 | | 43 | | 42 | | 41 | | 40 |

| 嵌绕次序 | 49 | 50 | 51 | 52 | 53 | 54 | 55 | 56 | 57 | 58 | 59 | 60 | 61 | 62 | 63 | 64 | 65 | 66 | 67 | 68 | 69 | …… |
|---|---|---|---|---|---|---|---|---|---|---|---|---|---|---|---|---|---|---|---|---|---|---|
| 槽号　下层 | 33 | | 32 | | 31 | | 30 | | 29 | | 28 | | 27 | | 26 | | 25 | | 24 | | 23 | …… |
| 上层 | | 39 | | 38 | | 37 | | 36 | | 35 | | 34 | | 33 | | 32 | | 31 | | 30 | | …… |

| 嵌绕次序 | 97 | 98 | 99 | 100 | 101 | 102 | 103 | 104 | 105 | 106 | 107 | 108 | 109 | 110 | 111 | 112 | 113 | 114 | 115 | 116 | 117 | 118 | 119 | 120 |
|---|---|---|---|---|---|---|---|---|---|---|---|---|---|---|---|---|---|---|---|---|---|---|---|---|
| 槽号　下层 | 9 | | 8 | | 7 | | 6 | | 5 | | 4 | | 3 | | 2 | | 1 | | | | | | | |
| 上层 | | 15 | | 14 | | 13 | | 12 | | 11 | | 10 | | 9 | | 8 | | 7 | 6 | 5 | 4 | 3 | 2 | 1 |

（4）绕组端面布接线

如图 5-21 所示。

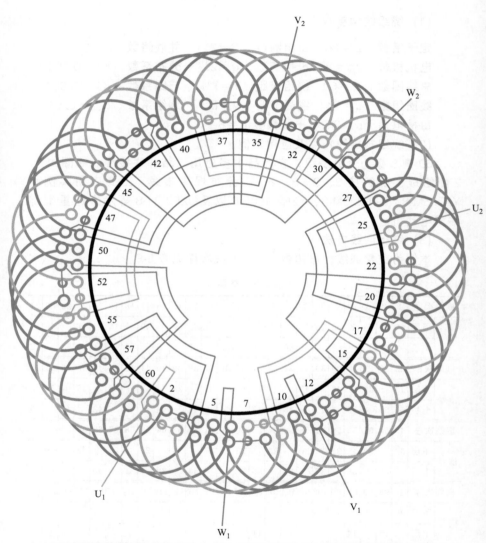

图 5-21　60 槽 8 极（$y=6$、$a=2$）三相电动机（分数）绕组双层叠式布线

## 5.3.8　60 槽 8 极 （$y=6$、$a=4$）三相电动机（分数）绕组双层叠式布线

（1）绕组结构参数

| | | | |
|---|---|---|---|
| 定子槽数 | $Z=60$ | 电机极数 | $2p=8$ |
| 总线圈数 | $Q=60$ | 线圈组数 | $u=24$ |
| 每组圈数 | $S=3$、2 | 极相槽数 | $q=2\frac{1}{2}$ |
| 绕组极距 | $\tau=7\frac{1}{2}$ | 线圈节距 | $y=6$ |
| 并联路数 | $a=4$ | 每槽电角 | $\alpha=24°$ |
| 分布系数 | $K_d=0.957$ | 节距系数 | $K_p=0.951$ |
| 绕组系数 | $K_{dp}=0.91$ | 出线根数 | $c=6$ |

（2）绕组布接线特点及应用举例

本例是分数绕组，每极相槽数 $q=2\frac{1}{2}$，故每组由 3 圈和双圈构成。线圈的分布规律是 3、2、3、2……。每相有 8 组线圈，其中 3 圈组和双圈组各 4 组；而每相又分 4 支路，故每一支路由一组 3 圈和一组双圈反极性串联而成。最后把 4 个支路的同名端并接后引出。主要应用实例有 YZR-250M2-8 等。

（3）绕组嵌线方法

本例绕组嵌线采用交叠法，吊边数为 6。嵌线次序见表 5-10。

表 5-10　交叠法

| 嵌绕次序 | | 1 | 2 | 3 | 4 | 5 | 6 | 7 | 8 | 9 | 10 | 11 | 12 | 13 | 14 | 15 | 16 | 17 | 18 |
|---|---|---|---|---|---|---|---|---|---|---|---|---|---|---|---|---|---|---|---|
| 槽号 | 下层 | 60 | 59 | 58 | 57 | 56 | 55 | 54 | | 53 | | 52 | | 51 | | 50 | | 49 | |
| | 上层 | | | | | | | | 60 | | 59 | | 58 | | 57 | | 56 | | 55 |
| 嵌绕次序 | | 19 | 20 | 21 | 22 | 23 | 24 | 25 | 26 | …… | 95 | 96 | 97 | 98 | 99 | 100 | 101 | 102 |
| 槽号 | 下层 | 48 | | 47 | | 46 | | 45 | | …… | 10 | | 9 | | 8 | | 7 | |
| | 上层 | | 54 | | 53 | | 52 | | 51 | …… | | 16 | | 15 | | 14 | | 13 |
| 嵌绕次序 | | 103 | 104 | 105 | 106 | 107 | 108 | 109 | 110 | 111 | 112 | 113 | 114 | 115 | 116 | 117 | 118 | 119 | 120 |
| 槽号 | 下层 | 6 | | 5 | | 4 | | 3 | | 2 | | 1 | | | | | | | |
| | 上层 | | 12 | | 11 | | 10 | | 9 | | 8 | | 7 | 6 | 5 | 4 | 3 | 2 | 1 |

（4）绕组端面布接线

如图 5-22 所示。

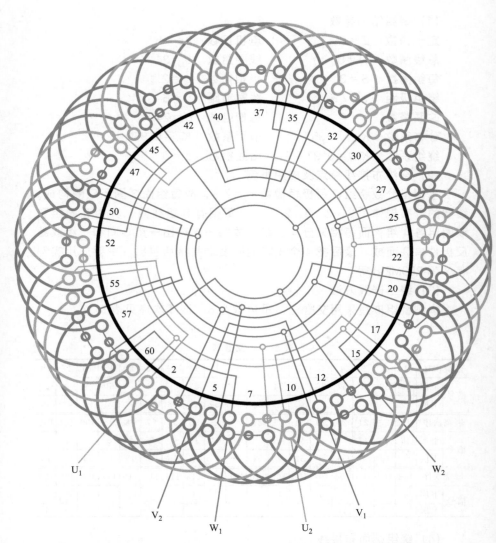

图 5-22　60 槽 8 极（$y=6$、$a=4$）三相电动机（分数）绕组双层叠式布线

## 5.3.9　60槽8极（$y=7$、$a=2$）三相电动机（分数）绕组双层叠式布线

（1）绕组结构参数

| | | | |
|---|---|---|---|
| 定子槽数 | $Z=60$ | 每组圈线 $S=2\frac{1}{2}$ | 并联路数 $a=2$ |
| 电机极数 | $2p=8$ | 极相槽数 $q=2\frac{1}{2}$ | 分布系数 $K_d=0.957$ |
| 总线圈数 | $Q=60$ | 绕组极距 $\tau=7\frac{1}{2}$ | 节距系数 $K_p=0.995$ |
| 线圈组数 | $u=24$ | 线圈节距 $y=7$ | 绕组系数 $K_{dp}=0.952$ |
| 每槽电角 | $\alpha=24°$ | 出线根数 $c=6$ | |

（2）绕组布接线特点及应用举例

本例绕组每极相槽为分数，故属分数绕组，每组线圈的分布规律是3、2、3、2……，即3圈组和双圈组交替分布。每相分2个支路，每支路由2个3圈组和两个双圈组相邻反极性串联而成。绕组节距较上例增加一槽，绕组系数稍高。主要应用实例有 YZ200L-8、YZR180L-8、YZR250M2-8 等。

（3）绕组嵌线方法

本例绕组采用交叠嵌线法，吊边数为7。嵌线次序见表5-11。

表 5-11　交叠法

| 嵌绕次序 | 1 | 2 | 3 | 4 | 5 | 6 | 7 | 8 | 9 | 10 | 11 | 12 | 13 | 14 | 15 | 16 | 17 | 18 | 19 | 20 | 21 | 22 | 23 | 24 |
|---|---|---|---|---|---|---|---|---|---|---|---|---|---|---|---|---|---|---|---|---|---|---|---|---|
| 槽号 下层 | 60 | 59 | 58 | 57 | 56 | 55 | 54 | 53 | | 52 | | 51 | | 50 | | 49 | | 48 | | 47 | | 46 | | 45 |
| 槽号 上层 | | | | | | | | | 60 | | 59 | | 58 | | 57 | | 56 | | 55 | | 54 | | 53 | |
| 嵌绕次序 | 25 | 26 | 27 | 28 | 29 | 30 | 31 | 32 | 33 | 34 | 35 | 36 | 37 | 38 | 39 | 40 | 41 | 42 | 43 | 44 | 45 | 46 | 47 | 48 |
| 槽号 下层 | | 44 | | 43 | | 42 | | 41 | | 40 | | 39 | | 38 | | 37 | | 36 | | 35 | | 34 | | 33 |
| 槽号 上层 | 52 | | 51 | | 50 | | 49 | | 48 | | 47 | | 46 | | 45 | | 44 | | 43 | | 42 | | 41 | |
| 嵌绕次序 | 49 | 50 | 51 | 52 | 53 | 54 | 55 | 56 | 57 | 58 | 59 | 60 | 61 | 62 | 63 | 64 | 65 | 66 | 67 | 68 | 69 | …… | | |
| 槽号 下层 | | 32 | | 31 | | 30 | | 29 | | 28 | | 27 | | 26 | | 25 | | 24 | | 23 | | …… | | |
| 槽号 上层 | 40 | | 39 | | 38 | | 37 | | 36 | | 35 | | 34 | | 33 | | 32 | | 31 | | 30 | …… | | |
| 嵌绕次序 | 97 | 98 | 99 | 100 | 101 | 102 | 103 | 104 | 105 | 106 | 107 | 108 | 109 | 110 | 111 | 112 | 113 | 114 | 115 | 116 | 117 | 118 | 119 | 120 |
| 槽号 下层 | | 8 | | 7 | | 6 | | 5 | | 4 | | 3 | | 2 | | 1 | | | | | | | | |
| 槽号 上层 | 16 | | 15 | | 14 | | 13 | | 12 | | 11 | | 10 | | 9 | | 8 | 7 | 6 | 5 | 4 | 3 | 2 | 1 |

（4）绕组端面布接线

如图 5-23 所示。

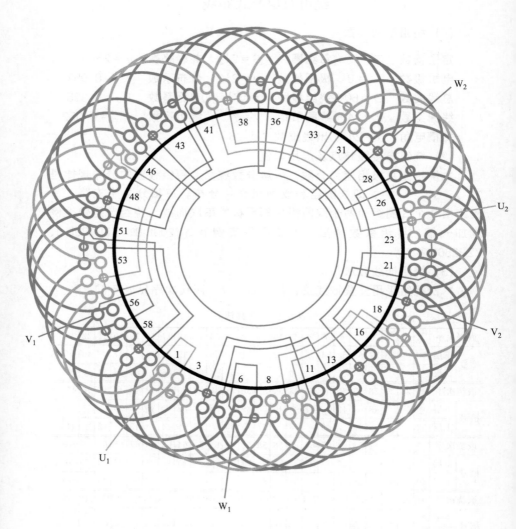

图 5-23　　60 槽 8 极 ($y=7$、$a=2$）三相电动机（分数）绕组双层叠式布线

## 5.3.10　72槽8极（$y=7$、$a=2$）三相电动机绕组双层叠式布线

（1）绕组结构参数

| | | | |
|---|---|---|---|
| 定子槽数 | $Z=72$ | 电机极数 | $2p=8$ |
| 总线圈数 | $Q=72$ | 线圈组数 | $u=24$ |
| 每组圈数 | $S=3$ | 极相槽数 | $q=3$ |
| 绕组极距 | $\tau=9$ | 线圈节距 | $y=7$ |
| 并联路数 | $a=2$ | 每槽电角 | $\alpha=20°$ |
| 分布系数 | $K_d=0.96$ | 节距系数 | $K_p=0.94$ |
| 绕组系数 | $K_{dp}=0.902$ | 出线根数 | $c=6$ |

（2）绕组布接线特点及应用举例

本例8极绕组采用二路并联，每相共有线圈8组，每组3圈，每支路有4组线圈，即进线后分左右两方向走线，并采用长跳接线，即每一支路都是隔组将同一极性的线圈组顺向串联，因此就形成了两个支路相反的极性。本例绕组实际应用不多，在新系列中仅见用于 YZR2-250M2-8 冶金起重型绕线式电动机。

（3）绕组嵌线方法

本例嵌线采用交叠法，吊边数为7。嵌线次序见表5-12。

表 5-12　交叠法

| 嵌绕次序 | | 1 | 2 | 3 | 4 | 5 | 6 | 7 | 8 | 9 | 10 | 11 | 12 | 13 | 14 | 15 | 16 | 17 | 18 |
|---|---|---|---|---|---|---|---|---|---|---|---|---|---|---|---|---|---|---|---|
| 槽号 | 下层 | 72 | 71 | 70 | 69 | 68 | 67 | 66 | 65 | | 64 | | 63 | | 62 | | 61 | | 60 |
| | 上层 | | | | | | | | | 72 | | 71 | | 70 | | 69 | | 68 | |
| 嵌绕次序 | | 19 | 20 | 21 | 22 | 23 | 24 | 25 | 26 | …… | 119 | 120 | 121 | 122 | 123 | 124 | 125 | 126 |
|---|---|---|---|---|---|---|---|---|---|---|---|---|---|---|---|---|---|
| 槽号 | 下层 | | 59 | | 58 | | 57 | | 56 | …… | | 9 | | 8 | | 7 | | 6 |
| | 上层 | 67 | | 66 | | 65 | | 64 | | …… | 17 | | 16 | | 15 | | 14 | |
| 嵌绕次序 | | 127 | 128 | 129 | 130 | 131 | 132 | 133 | 134 | 135 | 136 | 137 | 138 | 139 | 140 | 141 | 142 | 143 | 144 |
|---|---|---|---|---|---|---|---|---|---|---|---|---|---|---|---|---|---|---|---|
| 槽号 | 下层 | | 5 | | 4 | | 3 | | 2 | | 1 | | | | | | | | |
| | 上层 | 13 | | 12 | | 11 | | 10 | | 9 | | 8 | 7 | 6 | 5 | 4 | 3 | 2 | 1 |

（4）绕组端面布接线

如图 5-24 所示。

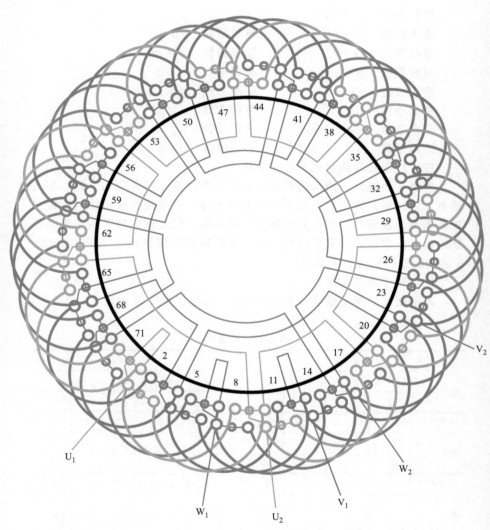

图 5-24　72 槽 8 极（$y=7$、$a=2$）三相电动机绕组双层叠式布线

## 5.3.11　72槽8极 ($y=7$、$a=4$) 三相电动机绕组双层叠式布线

(1) 绕组结构参数

| | | | |
|---|---|---|---|
| 定子槽数 | $Z=72$ | 电机极数 | $2p=8$ |
| 总线圈数 | $Q=72$ | 线圈组数 | $u=24$ |
| 每组圈数 | $S=3$ | 极相槽数 | $q=3$ |
| 绕组极距 | $\tau=9$ | 线圈节距 | $y=7$ |
| 并联路数 | $a=4$ | 每槽电角 | $\alpha=20°$ |
| 分布系数 | $K_d=0.96$ | 节距系数 | $K_p=0.94$ |
| 绕组系数 | $K_{dp}=0.902$ | 出线根数 | $c=6$ |

(2) 绕组布接线特点及应用举例

本例每组由 3 只线圈串联而成，每相有 8 组，分 4 个支路并联，即每相相邻两组为一支路，组间按正反极性串联。此绕组在中大型电机中使用，主要应用实例有 YZR280M-8、YZR315S-8、YZ250M-8 等。

(3) 绕组嵌线方法

本例绕组采用交叠法嵌线，吊边数为 7。嵌线次序见表 5-13。

表 5-13　交叠法

| 嵌绕次序 | | 1 | 2 | 3 | 4 | 5 | 6 | 7 | 8 | 9 | 10 | 11 | 12 | 13 | 14 | 15 | 16 | 17 | 18 |
|---|---|---|---|---|---|---|---|---|---|---|---|---|---|---|---|---|---|---|---|
| 槽号 | 下层 | 3 | 2 | 1 | 72 | 71 | 70 | 69 | 68 | | 67 | | 66 | | 65 | | 64 | | 63 |
| | 上层 | | | | | | | | | 3 | | 2 | | 1 | | 72 | | 71 | |

| 嵌绕次序 | | 19 | 20 | 21 | 22 | 23 | 24 | 25 | | 119 | 120 | 121 | 122 | 123 | 124 | 125 | 126 |
|---|---|---|---|---|---|---|---|---|---|---|---|---|---|---|---|---|---|
| 槽号 | 下层 | | 62 | | 61 | | 60 | | …… | | 12 | | 11 | | 10 | | 9 |
| | 上层 | 70 | | 69 | | 68 | | 67 | …… | 20 | | 19 | | 18 | | 17 | |

| 嵌绕次序 | | 127 | 128 | 129 | 130 | 131 | 132 | 133 | 134 | 135 | 136 | 137 | 138 | 139 | 140 | 141 | 142 | 143 | 144 |
|---|---|---|---|---|---|---|---|---|---|---|---|---|---|---|---|---|---|---|---|
| 槽号 | 下层 | | 8 | | 7 | | 6 | | 5 | | 4 | | | | | | | | |
| | 上层 | 16 | | 15 | | 14 | | 13 | | 12 | | 11 | 10 | 9 | 8 | 7 | 6 | 5 | 4 |

(4) 绕组端面布接线

如图 5-25 所示。

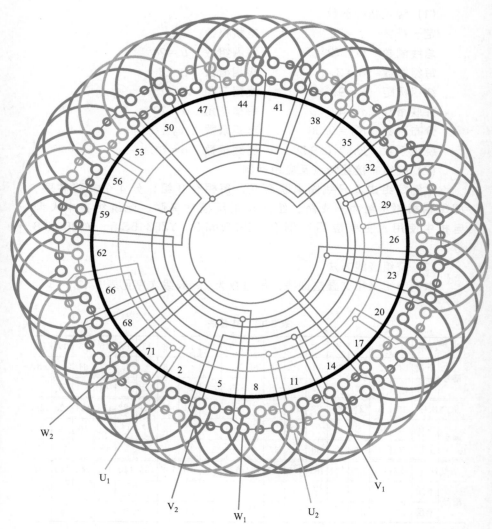

图 5-25　72 槽 8 极 （$y=7$、$a=4$）三相电动机绕组双层叠式布线

## 5.3.12  72槽8极（$y=8$、$a=2$）三相电动机绕组双层叠式布线

（1）绕组结构参数

| | | | |
|---|---|---|---|
| 定子槽数 | $Z=72$ | 每组圈数 | $S=3$ |
| 并联路数 | $a=2$ | 电机极数 | $2p=8$ |
| 极相槽数 | $q=3$ | 分布系数 | $K_d=0.96$ |
| 总线圈数 | $Q=72$ | 绕组极距 | $\tau=9$ |
| 节距系数 | $K_p=0.985$ | 线圈组数 | $u=24$ |
| 线圈节距 | $y=8$ | 绕组系数 | $K_{dp}=0.946$ |
| 每槽电角 | $\alpha=20°$ | 出线根数 | $c=6$ |

（2）绕组布接线特点及应用举例

本例是二路双向长跳并联，接线是逐相进行，即例如接 U 相时，从 $U_1$ 进线后分左右两路走线。其中右侧把正极性线圈组顺次串联为一个支路；再把左侧的反极性线圈组也依次串接，最后把两支路尾线并接于 $U_2$。其余两相类推。本绕组应用于 Y2-250M-8、Y3-250M-8 等。

（3）绕组嵌线方法

本例绕组采用交叠法嵌线，吊边数为8。嵌线次序见表5-14。

表 5-14  交叠法

| 嵌绕次序 | | 1 | 2 | 3 | 4 | 5 | 6 | 7 | 8 | 9 | 10 | 11 | 12 | 13 | 14 | 15 | 16 | 17 | 18 |
|---|---|---|---|---|---|---|---|---|---|---|---|---|---|---|---|---|---|---|---|
| 槽号 | 下层 | 9 | 8 | 7 | 6 | 5 | 4 | 3 | 2 | 1 | | 72 | | 71 | | 70 | | 69 | |
| | 上层 | | | | | | | | | | 9 | | 8 | | 7 | | 6 | | 5 |

| 嵌绕次序 | | 19 | 20 | 21 | 22 | 23 | 24 | 25 | …… | 118 | 119 | 120 | 121 | 122 | 123 | 124 | 125 | 126 |
|---|---|---|---|---|---|---|---|---|---|---|---|---|---|---|---|---|---|---|
| 槽号 | 下层 | 68 | | 67 | | 66 | | 65 | …… | | 18 | | 17 | | 16 | | 15 | |
| | 上层 | | 4 | | 3 | | 2 | | …… | 27 | | 26 | | 25 | | 24 | | 23 |

| 嵌绕次序 | | 127 | 128 | 129 | 130 | 131 | 132 | 133 | 134 | 135 | 136 | 137 | 138 | 139 | 140 | 141 | 142 | 143 | 144 |
|---|---|---|---|---|---|---|---|---|---|---|---|---|---|---|---|---|---|---|---|
| 槽号 | 下层 | 14 | | 13 | | 12 | | 11 | | 10 | | | | | | | | | |
| | 上层 | | 22 | | 21 | | 20 | | 19 | | 18 | 17 | 16 | 15 | 14 | 13 | 12 | 11 | 10 |

（4）绕组端面布接线

如图 5-26 所示。

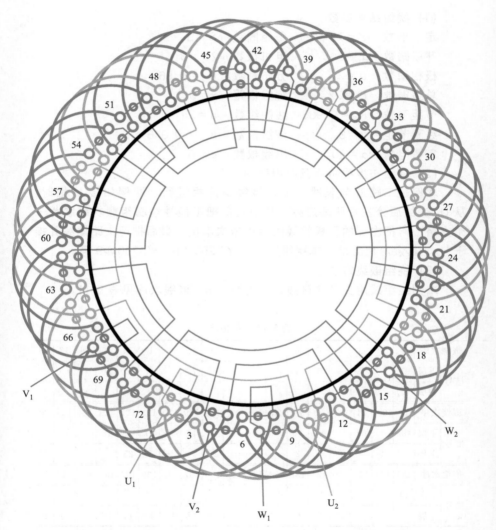

图 5-26　72 槽 8 极（$y=8$、$a=2$）三相电动机绕组双层叠式布线

## 5.3.13　72 槽 8 极 ($y = 8$、$a = 4$) 三相电动机绕组双层叠式布线

(1) 绕组结构参数

定子槽数　$Z = 72$　　每组圈数　$S = 3$　　并联路数　$a = 4$

电机极数　$2p = 8$　　极相槽数　$q = 3$　　分布系数　$K_d = 0.96$

总线圈数　$Q = 72$　　绕组极距　$\tau = 9$　　节距系数　$K_p = 0.985$

线圈组数　$u = 24$　　线圈节距　$y = 8$　　绕组系数　$K_{dp} = 0.946$

每槽电角　$\alpha = 20°$　　出线根数　$c = 6$

(2) 绕组布接线特点及应用举例

本例绕组采用较大的线圈节距，绕组系数较高；而并联路数为 4 路，即每相由 4 个支路组成，每一支路由相邻的一正一反两组线圈串联，而两组之间则用短跳接法。接线时，在进线后沿右侧走线，是最常用的接线方法。本绕组在新系列电动机中应用较多，主要应用实例有 Y280M-8、Y315M2-8、Y2-280S-8、Y3-280M-8、YR250M1-8 及 YZR2-200L-8 等。

(3) 绕组嵌线方法

本例采用交叠法，吊边数为 8。嵌线次序见表 5-15。

表 5-15　交叠法

| 嵌绕次序 | | 1 | 2 | 3 | 4 | 5 | 6 | 7 | 8 | 9 | 10 | 11 | 12 | 13 | 14 | 15 | 16 | 17 | 18 |
|---|---|---|---|---|---|---|---|---|---|---|---|---|---|---|---|---|---|---|---|
| 槽号 | 下层 | 3 | 2 | 1 | 72 | 71 | 70 | 69 | 68 | 67 | | 66 | | 65 | | 64 | | 63 | |
| | 上层 | | | | | | | | | | 3 | | 2 | | 1 | | 72 | | 71 |
| 嵌绕次序 | | 19 | 20 | 21 | 22 | 23 | 24 | 25 | ...... | | | 119 | 120 | 121 | 122 | 123 | 124 | 125 | 126 |
| 槽号 | 下层 | 62 | | 61 | | 60 | | 59 | ...... | | | 12 | | 11 | | 10 | | 9 | |
| | 上层 | | 70 | | 69 | | 68 | | ...... | | | | 20 | | 19 | | 18 | | 17 |
| 嵌绕次序 | | 127 | 128 | 129 | 130 | 131 | 132 | 133 | 134 | 135 | 136 | 137 | 138 | 139 | 140 | 141 | 142 | 143 | 144 |
| 槽号 | 下层 | 8 | | 7 | | 6 | | 5 | | 4 | | | | | | | | | |
| | 上层 | | 16 | | 15 | | 14 | | 13 | | 12 | 11 | 10 | 9 | 8 | 7 | 6 | 5 | 4 |

(4) 绕组端面布接线

如图 5-27 所示。

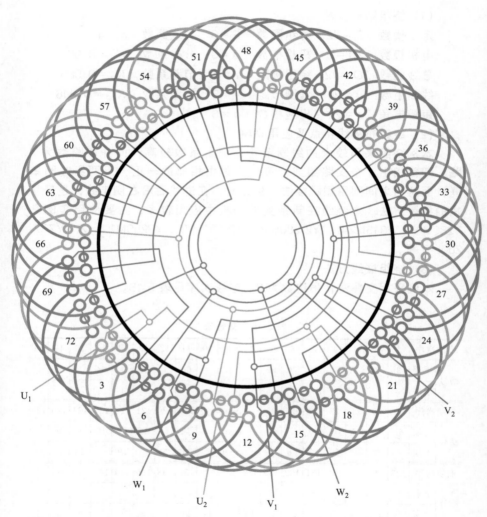

图 5-27　72 槽 8 极（$y=8$、$a=4$）三相电动机绕组双层叠式布线

## 5.3.14　72 槽 8 极 （$y=8$、$a=8$）三相电动机绕组双层叠式布线

（1）绕组结构参数

| | | | |
|---|---|---|---|
| 定子槽数 | $Z=72$ | 每组圈数 | $S=3$ |
| 极相槽数 | $q=3$ | 电机极数 | $2p=8$ |
| 绕组极距 | $\tau=9$ | 分布系数 | $K_d=0.96$ |
| 总线圈数 | $Q=72$ | 线圈节距 | $y=8$ |
| 节距系数 | $K_p=0.985$ | 线圈组数 | $u=24$ |
| 并联路数 | $a=8$ | 绕组系数 | $K_{dp}=0.946$ |
| 每槽电角 | $\alpha=20°$ | 出线根数 | $c=6$ |

（2）绕组布接线特点及应用举例

绕组由三联组构成，每相 8 组线圈，分 8 路则每一支路仅有一组线圈，故并联必须满足同相相邻反极性的原则。此绕组主要应用于新系列产品，如 Y2-315M-8、Y315M3-8 及 YB355S4-8 等。

（3）绕组嵌线方法

本例绕组嵌线采用交叠法，需吊边 8 槽。从第 9 槽起整嵌。嵌线次序见表 5-16。

表 5-16　交叠法

| 嵌绕次序 | | 1 | 2 | 3 | 4 | 5 | 6 | 7 | 8 | 9 | 10 | 11 | 12 | 13 | 14 | 15 | 16 | 17 | 18 |
|---|---|---|---|---|---|---|---|---|---|---|---|---|---|---|---|---|---|---|---|
| 槽号 | 下层 | 3 | 2 | 1 | 72 | 71 | 70 | 69 | 68 | 67 | | 66 | | 65 | | 64 | | 63 | |
| | 上层 | | | | | | | | | | 3 | | 2 | | 1 | | 72 | | 71 |

| 嵌绕次序 | | 19 | 20 | 21 | 22 | 23 | 24 | 25 | …… | 118 | 119 | 120 | 121 | 122 | 123 | 124 | 125 | 126 |
|---|---|---|---|---|---|---|---|---|---|---|---|---|---|---|---|---|---|---|
| 槽号 | 下层 | 62 | | 61 | | 60 | | 59 | …… | | 12 | | 11 | | 10 | | 9 | |
| | 上层 | | 70 | | 69 | | 68 | | …… | 21 | | 20 | | 19 | | 18 | | 17 |

| 嵌绕次序 | | 127 | 128 | 129 | 130 | 131 | 132 | 133 | 134 | 135 | 136 | 137 | 138 | 139 | 140 | 141 | 142 | 143 | 144 |
|---|---|---|---|---|---|---|---|---|---|---|---|---|---|---|---|---|---|---|---|
| 槽号 | 下层 | 8 | | 7 | | 6 | | 5 | | 4 | | | | | | | | | |
| | 上层 | | 16 | | 15 | | 14 | | 13 | | 12 | 11 | 10 | 9 | 8 | 7 | 6 | 5 | 4 |

（4）绕组端面布接线

如图 5-28 所示。

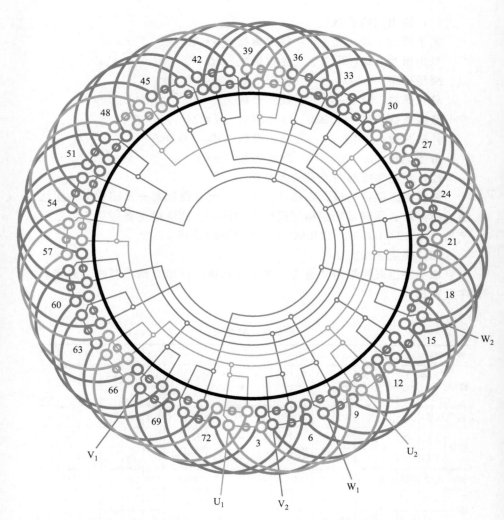

图 5-28　72 槽 8 极（$y=8$、$a=8$）三相电动机绕组双层叠式布线

## 5.3.15　96 槽 8 极 ($y=11$、$a=8$）三相电动机绕组双层叠式布线

（1）绕组结构参数

| | | | |
|---|---|---|---|
| 定子槽数 | $Z=96$ | 电机极数 | $2p=8$ |
| 总线圈数 | $Q=96$ | 线圈组数 | $u=24$ |
| 每组圈数 | $S=4$ | 极相槽数 | $q=4$ |
| 绕组极距 | $\tau=12$ | 线圈节距 | $y=11$ |
| 并联路数 | $a=8$ | 每槽电角 | $\alpha=15°$ |
| 分布系数 | $K_d=0.958$ | 节距系数 | $K_p=0.991$ |
| 绕组系数 | $K_{dp}=0.949$ | 出线根数 | $c=6$ |

（2）绕组布接线特点及应用举例

在小型电机中 96 槽定子属大功率电机，绕制 8 极时，每组由 4 只线圈组成；而每相有 8 组线圈，若分成 8 个支路则每一支路仅一组线圈。本例接线采用双向并联，即进线后绕组电源，向左右侧走线，并按同相相邻线圈组极性相反的原则，将每相 8 组线圈并联。此绕组实际应用不多，在新系列中有 YZR2-355L-8、YZR2-355M-8 等。

（3）绕组嵌线方法

本例采用交叠嵌线法，吊边数为 11。嵌线次序见表 5-17。

表 5-17　交叠法

| 嵌绕次序 | 1 | 2 | 3 | 4 | 5 | 6 | 7 | 8 | 9 | 10 | 11 | 12 | 13 | 14 | 15 | 16 | 17 | 18 |
|---|---|---|---|---|---|---|---|---|---|---|---|---|---|---|---|---|---|---|
| 槽号 下层 | 4 | 3 | 2 | 1 | 96 | 95 | 94 | 93 | 92 | 91 | 90 | 89 | | 88 | | 87 | | 86 |
| 槽号 上层 | | | | | | | | | | | | | 4 | | 3 | | 2 | |

| 嵌绕次序 | 19 | 20 | 21 | 22 | …… | 164 | 165 | 166 | 167 | 168 | 169 | 170 | 171 | 172 | 173 | 174 |
|---|---|---|---|---|---|---|---|---|---|---|---|---|---|---|---|---|
| 槽号 下层 | | 85 | | 84 | …… | 13 | | 12 | | 11 | | 10 | | 9 | | 8 |
| 槽号 上层 | 1 | | 96 | | …… | | 24 | | 23 | | 22 | | 21 | | 20 | |

| 嵌绕次序 | 175 | 176 | 177 | 178 | 179 | 180 | 181 | 182 | 183 | 184 | 185 | 186 | 187 | 188 | 189 | 190 | 191 | 192 |
|---|---|---|---|---|---|---|---|---|---|---|---|---|---|---|---|---|---|---|
| 槽号 下层 | | 7 | | 6 | | 5 | | | | | | | | | | | | |
| 槽号 上层 | 19 | | 18 | | 17 | | 16 | 15 | 14 | 13 | 12 | 11 | 10 | 9 | 8 | 7 | 6 | 5 |

（4）绕组端面布接线

如图 5-29 所示。

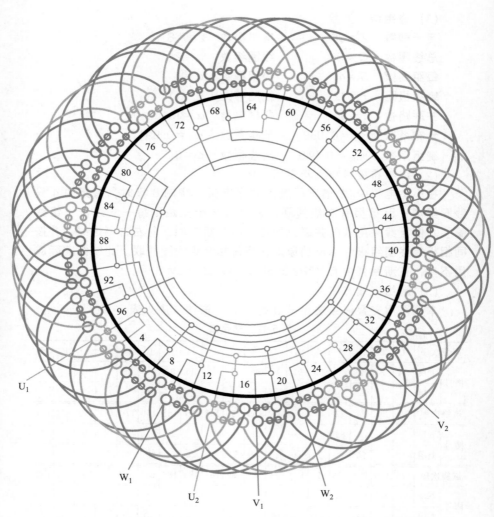

图 5-29　96 槽 8 极（$y=11$、$a=8$）三相电动机绕组双层叠式布线

### 5.3.16　60槽10极 ($y=5$、$a=5$) 三相电动机绕组双层叠式布线

(1) 绕组结构参数

| | | | |
|---|---|---|---|
| 定子槽数 | $Z=60$ | 电机极数 | $2p=10$ |
| 总线圈数 | $Q=60$ | 线圈组数 | $u=30$ |
| 每组圈数 | $S=2$ | 极相槽数 | $q=2$ |
| 绕组极距 | $\tau=6$ | 线圈节距 | $y=5$ |
| 并联路数 | $a=5$ | 每槽电角 | $\alpha=30°$ |
| 分布系数 | $K_d=0.966$ | 节距系数 | $K_p=0.966$ |
| 绕组系数 | $K_{dp}=0.933$ | 出线根数 | $c=6$ |

(2) 绕组布接线特点及应用举例

本例是 10 极绕组，采用五路并联，即每相有 5 个支路，每支路由相邻两组极性相反的线圈串联而成。绕组接线采用短跳并联，即进线后，绕组电源向左右两侧走线，但两侧支路接入电源的方向是相同的，故不属双向并联，其接线原理可参考图 5-10 所示。此绕组型式在 10 极电动机中应用较多，但新系列的应用不多。主要实例有 YZR280S-10、YZR2-280M-10 等。

(3) 绕组嵌线方法

本例采用交叠法嵌线，吊边数为 5。嵌线次序见表 5-18。

表 5-18　交叠法

| 嵌绕次序 | | 1 | 2 | 3 | 4 | 5 | 6 | 7 | 8 | 9 | 10 | 11 | 12 | 13 | 14 | 15 | 16 | 17 | 18 |
|---|---|---|---|---|---|---|---|---|---|---|---|---|---|---|---|---|---|---|---|
| 槽号 | 下层 | 60 | 59 | 58 | 57 | 56 | 55 | | 54 | | 53 | | 52 | | 51 | | 50 | | 49 |
| | 上层 | | | | | | | 60 | | 59 | | 58 | | 57 | | 56 | | 55 | |

| 嵌绕次序 | | 19 | 20 | 21 | 22 | 23 | 24 | 25 | ...... | 95 | 96 | 97 | 98 | 99 | 100 | 101 | 102 |
|---|---|---|---|---|---|---|---|---|---|---|---|---|---|---|---|---|---|
| 槽号 | 下层 | | 48 | | 47 | | 46 | | ...... | | 10 | | 9 | | 8 | | 7 |
| | 上层 | 54 | | 53 | | 52 | | 51 | ...... | 16 | | 15 | | 14 | | 13 | |

| 嵌绕次序 | | 103 | 104 | 105 | 106 | 107 | 108 | 109 | 110 | 111 | 112 | 113 | 114 | 115 | 116 | 117 | 118 | 119 | 120 |
|---|---|---|---|---|---|---|---|---|---|---|---|---|---|---|---|---|---|---|---|
| 槽号 | 下层 | | 6 | | 5 | | 4 | | 3 | | 2 | | | | | | | | |
| | 上层 | 12 | | 11 | | 10 | | 9 | | 8 | | | 7 | 6 | 5 | 4 | 3 | 2 | 1 |

(4) 绕组端面布接线

如图 5-30 所示。

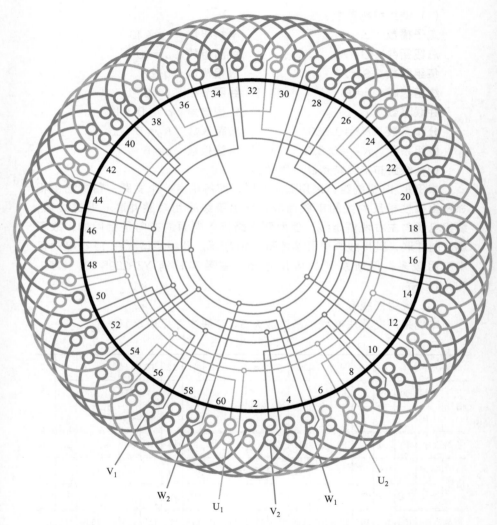

图 5-30　60 槽 10 极（$y=5$、$a=5$）三相电动机绕组双层叠式布线

## 5.3.17　75 槽 10 极（$y=7$、$a=5$）三相电动机（分数）绕组双层叠式布线

（1）绕组结构参数

| | |
|---|---|
| 定子槽数　$Z=75$ | 电机极数　$2p=10$ |
| 总线圈数　$Q=75$ | 线圈组数　$u=30$ |
| 每组圈数　$S=3$、2 | 极相槽数　$q=2\frac{1}{2}$ |
| 绕组极距　$\tau=7\frac{1}{2}$ | 线圈节距　$y=7$ |
| 并联路数　$a=5$ | 每槽电角　$\alpha=24°$ |
| 分布系数　$K_d=0.957$ | 节距系数　$K_p=0.995$ |
| 绕组系数　$K_{dp}=0.952$ | 出线根数　$c=6$ |

（2）绕组布接线特点及应用举例

本例是分数绕组，每组由三、双圈的大小联组成，线圈分布规律是 3 2 3 2……，嵌线时宜参照图纸嵌入。本例采用五路并联，每一支路由相邻的各一大小线圈组反极性串联而成。本绕组即可用于定子，也有用于转子，主要应用实例有 YZR315S-10 和 YZR2-315M-10 的电机绕组。

（3）绕组嵌线方法

本例采用交叠法嵌线，嵌线吊边数为 7。嵌线次序见表 5-19。

表 5-19　交叠法

| 嵌绕次序 | | 1 | 2 | 3 | 4 | 5 | 6 | 7 | 8 | 9 | 10 | 11 | 12 | 13 | 14 | 15 | 16 | 17 | 18 |
|---|---|---|---|---|---|---|---|---|---|---|---|---|---|---|---|---|---|---|---|
| 槽号 | 下层 | 75 | 74 | 73 | 72 | 71 | 70 | 69 | 68 | | 67 | | 66 | | 65 | | 64 | | 63 |
| | 上层 | | | | | | | | | 75 | | 74 | | 73 | | 72 | | 71 | |

| 嵌绕次序 | | 19 | 20 | 21 | 22 | 23 | 24 | 25 | 26 | …… | 125 | 126 | 127 | 128 | 129 | 130 | 131 | 132 |
|---|---|---|---|---|---|---|---|---|---|---|---|---|---|---|---|---|---|---|
| 槽号 | 下层 | | 62 | | 61 | | 60 | | 59 | …… | | 9 | | 8 | | 7 | | 6 |
| | 上层 | 70 | | 69 | | 68 | | 67 | | …… | 17 | | 16 | | 15 | | 14 | |

| 嵌绕次序 | | 133 | 134 | 135 | 136 | 137 | 138 | 139 | 140 | 141 | 142 | 143 | 144 | 145 | 146 | 147 | 148 | 149 | 150 |
|---|---|---|---|---|---|---|---|---|---|---|---|---|---|---|---|---|---|---|---|
| 槽号 | 下层 | | 5 | | 4 | | 3 | | 2 | | 1 | | | | | | | | |
| | 上层 | 13 | | 12 | | 11 | | 10 | | 9 | | 8 | 7 | 6 | 5 | 4 | 3 | 2 | 1 |

(4) 绕组端面布接线

如图 5-31 所示。

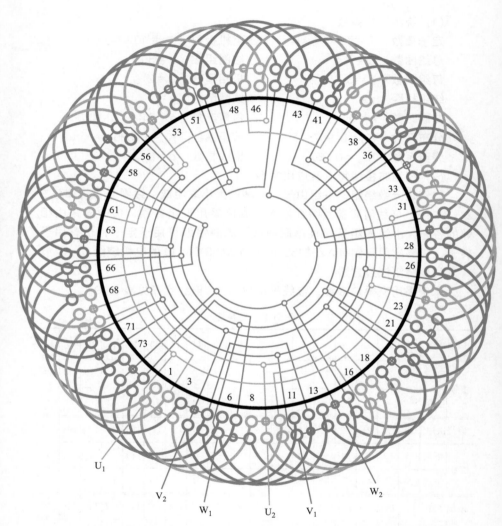

图 5-31　75 槽 10 极（$y=7$、$a=5$）三相电动机（分数）绕组双层叠式布线

## 5.3.18　90 槽 10 极（$y=8$、$a=5$）三相电动机绕组双层叠式布线

(1) 绕组结构参数

| | | | |
|---|---|---|---|
| 定子槽数 | $Z=90$ | 电机极数 | $2p=10$ |
| 总线圈数 | $Q=90$ | 线圈组数 | $u=30$ |
| 每组圈数 | $S=3$ | 极相槽数 | $q=3$ |
| 绕组极距 | $\tau=9$ | 线圈节距 | $y=8$ |
| 并联路数 | $a=5$ | 每槽电角 | $\alpha=20°$ |
| 分布系数 | $K_d=0.96$ | 节距系数 | $K_p=0.985$ |
| 绕组系数 | $K_{dp}=0.946$ | 出线根数 | $c=6$ |

(2) 绕组布接线特点及应用举例

本例是 90 槽 10 极，采用五路并联，每组由 3 只绕圈顺串而成，而每相分 5 个支路，每一支路由相邻反极性的两组线圈串联构成短跳接法。本绕组进线后沿两个方向引伸，但右侧并入 3 个支路，左侧并入 2 个支路，而且每个支路都以相同的极性接入，故仍不属双向并联；其接线原理可见图 5-10。此绕组实际应用不多，主要应用实例有 YB355S4-10 等低压隔爆型防爆电动机。

(3) 绕组嵌线方法

本例绕组采用交叠法嵌线，吊边数为 8。嵌线次序见表 5-20。

表 5-20　交叠法

| 嵌绕次序 | | 1 | 2 | 3 | 4 | 5 | 6 | 7 | 8 | 9 | 10 | 11 | 12 | 13 | 14 | 15 | 16 | 17 | 18 |
|---|---|---|---|---|---|---|---|---|---|---|---|---|---|---|---|---|---|---|---|
| 槽号 | 下层 | 6 | 5 | 4 | 3 | 2 | 1 | 90 | 89 | 88 | | 87 | | 86 | | 85 | | 84 | |
| | 上层 | | | | | | | | | | 6 | | 5 | | 4 | | 3 | | 2 |

| 嵌绕次序 | | 19 | 20 | 21 | 22 | 23 | 24 | 25 | 26 | …… | 155 | 156 | 157 | 158 | 159 | 160 | 161 | 162 |
|---|---|---|---|---|---|---|---|---|---|---|---|---|---|---|---|---|---|---|
| 槽号 | 下层 | 83 | | 82 | | 81 | | | | …… | | 15 | | 14 | | 13 | | 12 |
| | 上层 | | 1 | | 90 | | 89 | | 88 | …… | 23 | | 22 | | 21 | | 20 | |

| 嵌绕次序 | | 163 | 164 | 165 | 166 | 167 | 168 | 169 | 170 | 171 | 172 | 173 | 174 | 175 | 176 | 177 | 178 | 179 | 180 |
|---|---|---|---|---|---|---|---|---|---|---|---|---|---|---|---|---|---|---|---|
| 槽号 | 下层 | 11 | | 10 | | 9 | | 8 | | 7 | | | | | | | | | |
| | 上层 | | 19 | | 18 | | 17 | | 16 | | 15 | 14 | 13 | 12 | 11 | 10 | 9 | 8 | 7 |

(4) 绕组端面布接线

如图 5-32 所示。

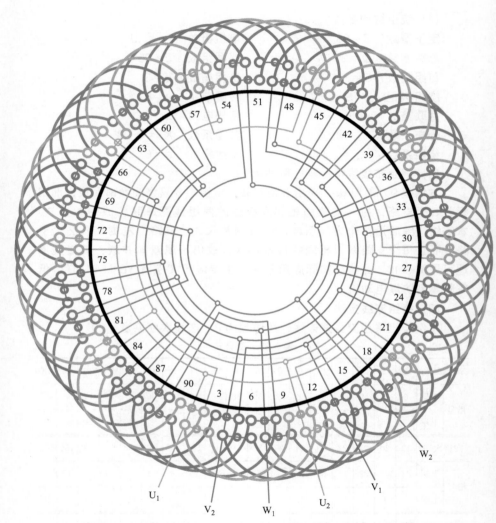

图 5-32　90 槽 10 极（$y=8$、$a=5$）三相电动机绕组双层叠式布线

## 5.3.19　90 槽 10 极（$y=8$、$a=10$）三相电动机绕组双层叠式布线

(1) 绕组结构参数

| | | | |
|---|---|---|---|
| 定子槽数 | $Z=90$ | 电机极数 | $2p=10$ |
| 总线圈数 | $Q=90$ | 线圈组数 | $u=30$ |
| 每组圈数 | $S=3$ | 极相槽数 | $q=3$ |
| 绕组极距 | $\tau=9$ | 线圈节距 | $y=8$ |
| 并联路数 | $a=10$ | 每槽电角 | $\alpha=20°$ |
| 分布系数 | $K_d=0.96$ | 节距系数 | $K_p=0.985$ |
| 绕组系数 | $K_{dp}=0.946$ | 出线根数 | $c=6$ |

(2) 绕组布接线特点及应用举例

本例是功率较大而转速较低的电动机绕组。每相有 10 组线圈，每组 3 圈，采用 10 路并联。即每一支路仅有一组线圈，按同相相邻线圈组反极性并接。而本例接线属于双向并联，即进线后接入左右两侧反极性的线圈。此绕组实际应用也不多，在新系列中是用于低压隔爆型防爆电动机 YB355S2-10 等 4 种规格的绕组。

(3) 绕组嵌线方法

本例采用交叠法嵌线，吊边数为 8。嵌线次序见表 5-21。

表 5-21　交叠法

| 嵌绕次序 | | 1 | 2 | 3 | 4 | 5 | 6 | 7 | 8 | 9 | 10 | 11 | 12 | 13 | 14 | 15 | 16 | 17 | 18 |
|---|---|---|---|---|---|---|---|---|---|---|---|---|---|---|---|---|---|---|---|
| 槽号 | 下层 | 3 | 2 | 1 | 90 | 89 | 88 | 87 | 86 | 85 | | 84 | | 83 | | 82 | | 81 | |
| | 上层 | | | | | | | | | | 3 | | 2 | | 1 | | 90 | | 89 |
| 嵌绕次序 | | 19 | 20 | 21 | 22 | 23 | 24 | 25 | …… | | 154 | 155 | 156 | 157 | 158 | 159 | 160 | 161 | 162 |
| 槽号 | 下层 | 80 | | 79 | | 78 | | 77 | …… | | 12 | | 11 | | 10 | | 9 | | |
| | 上层 | | 88 | | 87 | | 86 | | | 21 | | 20 | | 19 | | 18 | | 17 | |
| 嵌绕次序 | | 163 | 164 | 165 | 166 | 167 | 168 | 169 | 170 | 171 | 172 | 173 | 174 | 175 | 176 | 177 | 178 | 179 | 180 |
| 槽号 | 下层 | 8 | | 7 | | 6 | | 5 | | 4 | | | | | | | | | |
| | 上层 | | 16 | | 15 | | 14 | | 13 | | 12 | 11 | 10 | 9 | 8 | 7 | 6 | 5 | 4 |

(4) 绕组端面布接线

如图 5-33 所示。

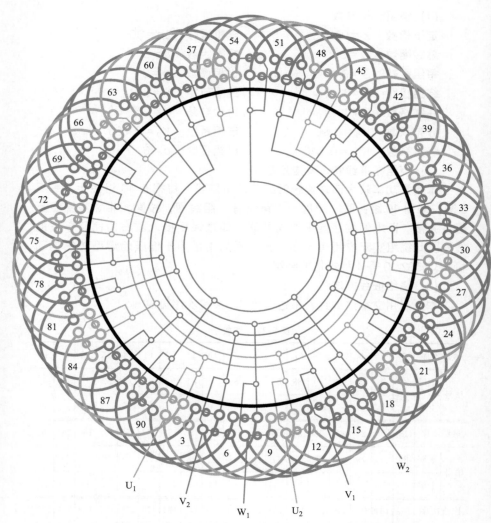

图 5-33　90 槽 10 极（$y=8$、$a=10$）三相电动机绕组双层叠式布线

## 5.3.20　90 槽 12 极（$y=5$、$a=6$）三相电动机（分数）绕组双层叠式布线 [*]

(1) 绕组结构参数

| | | | |
|---|---|---|---|
| 定子槽数 | $Z=90$ | 电机极数 | $2p=12$ |
| 总线圈数 | $Q=90$ | 线圈组数 | $u=36$ |
| 每组圈数 | $S=2$、3 | 极相槽数 | $q=2\frac{1}{2}$ |
| 绕组极距 | $\tau=7\frac{1}{2}$ | 线圈节距 | $y=5$ |
| 并联路数 | $a=6$ | 每槽电角 | $\alpha=24°$ |
| 分布系数 | $K_d=0.957$ | 节距系数 | $K_p=0.866$ |
| 绕组系数 | $K_{dp}=0.829$ | 出线根数 | $c=6$ |

(2) 绕组布接线特点及应用举例

本例 90 槽定子绕制 12 极绕组，极相槽数 $q=2\frac{1}{2}$，采用双层叠式构成分数绕组，每组由 3 圈和双圈组成，并按 3、2、3、2……规律轮换分布。绕组是 6 路并联，即一相 12 组线圈分成 6 个支路，每支路由相邻的两组同相线圈反极性串联。绕组接线是采用双向短跳并联，如图 5-14 所示。本例是《彩图总集》遗漏而补入的新绕组。应用实例有 YB355S1-12 新系列派生的低压隔爆型防爆电动机。

(3) 绕组嵌线方法

本例绕组是双层叠式布线，故用交叠吊边嵌线，吊边数为 5。嵌线次序见表 5-22。

表 5-22　交叠法

| 嵌绕次序 | 1 | 2 | 3 | 4 | 5 | 6 | 7 | 8 | 9 | 10 | 11 | 12 | 13 | 14 | 15 | 16 | 17 | 18 |
|---|---|---|---|---|---|---|---|---|---|---|---|---|---|---|---|---|---|---|
| 槽号 下层 | 90 | 89 | 88 | 87 | 86 | 85 | | 84 | | 83 | | 82 | | 81 | | 80 | | 79 |
| 上层 | | | | | | | 90 | | 89 | | 88 | | 87 | | 86 | | 85 | |

| 嵌绕次序 | 19 | 20 | 21 | 22 | 23 | 24 | 25 | 26 | …… | 155 | 156 | 157 | 158 | 159 | 160 | 161 | 162 |
|---|---|---|---|---|---|---|---|---|---|---|---|---|---|---|---|---|---|
| 槽号 下层 | | 78 | | 77 | | 76 | | 75 | …… | | 10 | | 9 | | 8 | | 7 |
| 上层 | 84 | | 83 | | 82 | | 81 | | …… | 16 | | 15 | | 14 | | 13 | |

| 嵌绕次序 | 163 | 164 | 165 | 166 | 167 | 168 | 169 | 170 | 171 | 172 | 173 | 174 | 175 | 176 | 177 | 178 | 179 | 180 |
|---|---|---|---|---|---|---|---|---|---|---|---|---|---|---|---|---|---|---|
| 槽号 下层 | | 6 | | 5 | | 4 | | 3 | | 2 | | 1 | | | | | | |
| 上层 | 12 | | 11 | | 10 | | 9 | | 8 | | 7 | | 6 | 5 | 4 | 3 | 2 | 1 |

(4) 绕组端面布接线

如图 5-34 所示。

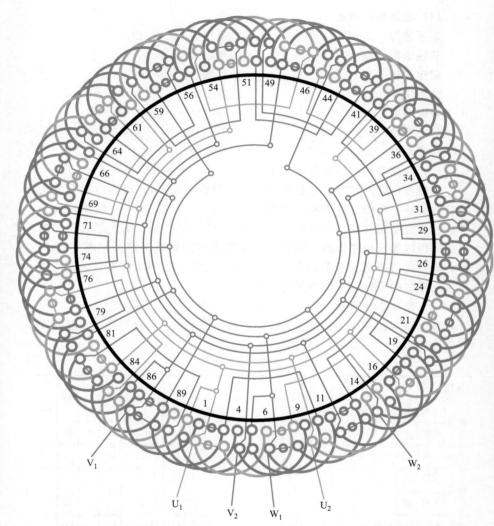

图 5-34　90 槽 12 极（$y=5$、$a=6$）三相电动机（分数）绕组双层叠式布线

### 5.3.21　90 槽 12 极（$y=6$、$a=6$）三相电动机（分数）绕组双层叠式布线[*]

（1）绕组结构参数

| | |
|---|---|
| 定子槽数　$Z=90$ | 电机极数　$2p=12$ |
| 总线圈数　$Q=90$ | 线圈组数　$u=36$ |
| 每组圈数　$S=3$、2 | 极相槽数　$q=2\frac{1}{2}$ |
| 绕组极距　$\tau=7\frac{1}{2}$ | 线圈节距　$y=6$ |
| 并联路数　$a=6$ | 每槽电角　$\alpha=24°$ |
| 分布系数　$K_d=0.957$ | 节距系数　$K_p=0.951$ |
| 绕组系数　$K_{dp}=0.91$ | 出线根数　$c=6$ |

（2）绕组布接线特点及应用举例

本例也是 90 槽绕制 12 极绕组六路并联，但线圈节距放大一槽，使绕组系数有所提高。同样，$q=2\frac{1}{2}$，构成的仍是分数绕组，即每组由双圈组和三圈组构成，并按 3、2、3、2……循环分布。绕组 6 路并联采用的接线是双向短跳并联，如图 5-14 所示，即每支路由相邻反极性的两组线圈反向串联而成，故称短跳。此绕组也是《彩图总集》遗漏而补入的新例，应用实例有 YB355S2-12 低压隔爆型防爆电动机。

（3）绕组嵌线方法

本例采用双层叠式布线，故宜用交叠法嵌线，嵌线时吊边数为 6。嵌线次序见表 5-23。

表 5-23　交叠法

| 嵌绕次序 | | 1 | 2 | 3 | 4 | 5 | 6 | 7 | 8 | 9 | 10 | 11 | 12 | 13 | 14 | 15 | 16 | 17 | 18 |
|---|---|---|---|---|---|---|---|---|---|---|---|---|---|---|---|---|---|---|---|
| 槽号 | 下层 | 90 | 89 | 88 | 87 | 86 | 85 | 84 | | 83 | | 82 | | 81 | | 80 | | 79 | |
| | 上层 | | | | | | | | 90 | | 89 | | 88 | | 87 | | 86 | | 85 |
| 嵌绕次序 | | 19 | 20 | 21 | 22 | 23 | 24 | 25 | 26 | 27 | …… | | 139 | 140 | 141 | 142 | 143 | 144 |
| 槽号 | 下层 | 78 | | 77 | | 76 | | 75 | | 74 | …… | | 18 | | 17 | | 16 | |
| | 上层 | | 84 | | 83 | | 82 | | 81 | | …… | | | 24 | | 23 | | 22 |
| 嵌绕次序 | | 145 | 146 | 147 | 148 | 149 | 150 | 151 | 152 | 153 | 154 | 155 | 156 | 157 | 158 | 159 | 160 | 161 | 162 |
| 槽号 | 下层 | 15 | | 14 | | 13 | | 12 | | 11 | | 10 | | 9 | | 8 | | 7 | |
| | 上层 | | 21 | | 20 | | 19 | | 18 | | 17 | | 16 | | 15 | | 14 | | 13 |
| 嵌绕次序 | | 163 | 164 | 165 | 166 | 167 | 168 | 169 | 170 | 171 | 172 | 173 | 174 | 175 | 176 | 177 | 178 | 179 | 180 |
| 槽号 | 下层 | 6 | | 5 | | 4 | | 3 | | 2 | | 1 | | | | | | | |
| | 上层 | | 12 | | 11 | | 10 | | 9 | | 8 | | 7 | 6 | 5 | 4 | 3 | 2 | 1 |

(4) 绕组端面布接线

如图 5-35 所示。

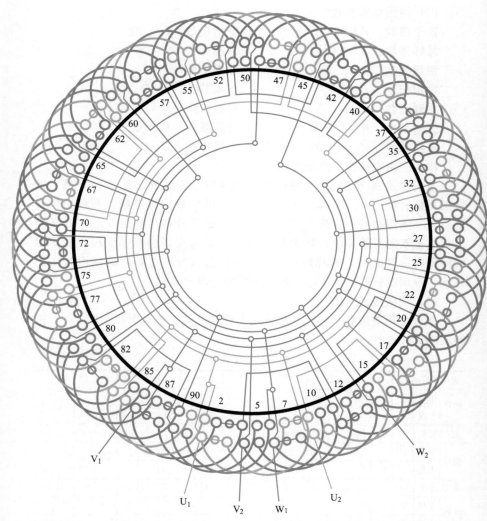

图 5-35　90槽12极（$y=6$、$a=6$）三相电动机（分数）绕组双层叠式布线

# 第6章

# 新系列电动机绕线式转子修理资料

　　本章以绕线式转子绕组结构特点及必要的操作要点作为开篇，介绍新系列绕线转子的修理数据资料。其内容主要包括一般用途的 YR 系列及冶金起重用 YZR、YZR2 等系列绕线式电动机转子绕组数据；并用端面模拟画法绘制成适合于转子使用的彩色绕组图，供读者选用。

# 6.1 绕线式转子绕组概述

## 6.1.1 异步电动机的转子

交流异步电动机分笼型和绕线型两大类，它们的定子绕组结构和型式相同，而笼型转子的绕组用铝或铜与转子铁芯连体灌铸成笼型短路绕组，故绕组与铁芯间是无需绝缘的。而绕线型转子的绕组结构和定子相同，即绕组由绝缘导线绕制，转子槽在转子铁芯外缘，槽绝缘结构也与定子一样。早期，主要针对大功率电动机过大的启动电流而设计，通常只应用于大型电动机，因其匝数少至 1 匝，所以转子槽常设计成封闭槽或半闭槽，绕组则采用杆形铜梗弯绕的硬绕组；而且采用双层波式绕组，杆形绕组一端预先在模板上弯折成形，再包扎绝缘后整形，然后由铁芯一端插入，再将另一端弯折整形成半月线圈。最后再通过并头铜套和焊接将两月线圈在端部并成一只完整的单匝线圈。目前，大型绕线型转子仍用此法，但容量略小的转子则不用穿入式而改用半开口槽，线圈整形后从槽口压入。随着应用技术的进步，绕线型电动机的功能扩展到调速，使其不断小型化，目前新系列派生产品已有 1.5kW 的电动机品种。而原来定子所用绕组型式也在绕线式转子中得到广泛应用。

## 6.1.2 转子绕组的特点和要求

与定子不同的是转子绕组嵌装于转子铁芯槽内，它随转子旋转而产生离心力，为了减少因离心力导致的振动、噪声甚至产生滑环火花，要求转子绕组包括引线和连接线在几何空间要有较好的对称分布。因此，为了满足绕组对称平衡，早期就选用内部连接线较少的波式绕组作转子绕组。随着常规绕组型式应用于转子，而转子绕组的对称平衡问题就被忽视，因组不对称造成的振动则采用在转子上附加配重块来调整。但是，电动机烧坏重绕之后，一般的修理场所都没有配备动平衡检测设备，所以试车时经常因绕组对称程度差而引起振动。然而，至今为止，好像还没有人为常规型式的绕线式转子设计过专用的转子绕组，而都是借用定子绕组来绕制转子绕组。这样重绕后的对称平衡就完全没有保证。为此，本书特将新系列电动机所用的绕线式转子绕组进行对称的布接线设计，并用端面模拟画法绘制成彩色绕组图，以供电动机制造和修理者选用。

## 6.1.3 对称布接线的转子绕组设计原则

为了获得三相对称的布接线，转子绕组布接线设计的主要原则是：

（1）必须满足三相绕组在转子的分布互差 120°电角；

（2）对 4、8、10 极绕组，必须使三相进线置于三角对称，即三相进线呈 120°几何空间，从而使绕组的连接线在圆周端部均匀分布；

（3）6 极绕组不能满足三角对称条件，但其进线也应尽量使其接近三角对称，而本书将 K 相进线设定于 1 号槽，使之与某个滑环接线端对正，其余 L、M 进线则通过端部绑扎，人为引接到相应滑环接线端；

（4）合理控制绕组接线的分布均衡，尽量避免接线在局部叠压层次过多而造成动平衡不对称。因此，对并联接法，特别是 2 路并联，都选用双向并联走线。

### 6.1.4  转子绕组嵌线操作要点

绕线式转子的嵌线与定子基本相同，嵌线前需把两端带"V"槽的转子嵌线架横置放于操作者身前，再把转子两端轴架在 V 槽中，可使转子随轴转动；而通常习惯把滑环端置于操作者右手侧。放置槽绝缘后，选定 1 号槽，并使之与某滑环的接线端正对。然后取线圈使引线端在右侧，以右手为主把线圈有效边捏扁后斜置，从槽口拉入槽内；当线圈一边全部线匝嵌进之后，用划线板沿槽口疏理顺直，再把木质假有效边（截面略小于有效边）从转子槽两端塞入槽内压住导线，免其散出槽外。而线圈另一边是上层边，因其下层边尚未嵌入，故要先行吊起。然后将转子向前推移一槽，则吊边仍在前面而不致影响下一个线圈的嵌线。同理，将下一个线圈下层边嵌入下一槽；当 $y$ 个下层边嵌完后，从 $y+1$ 个线圈起开始整嵌，即将一只线圈两有效边相继嵌入而无需再吊边。待全部下层边嵌完，再把原来吊起的上层边依次嵌入，直至完成。

## 6.2  4 极电动机转子绕组

### 6.2.1  绕线式转子 4 极绕组数据

本节是 4 极电动机绕线式转子绕组数据，内容包括新系列派生产品 YR（IP44）、YR（IP23）及 YZR2 系列产品规格，总共计有转子绕组数据 49 台规格。其中 YR（IP44）19 台规格；而且机座号 200～280 时，每台绕组是圆铜线与扁铜线两种规格的方案并存，而效果相同，重绕时可酌情选用。YR（IP23）有 12 台规格；冶金起重型 YZR2 是 18 台规格，其转子参数取自赵家礼编写的《电动机修理手册》，其机座号 100～280 为单层布线，经查其他资料则是双层叠式。重绕时也可酌情改选相应图例。新系列 4 极电动机绕线式转子数据如表6-1所示。

表 6-1　绕线式电动机转子 4 极绕组数据

| 电动机型号 | 额定参数 | | | 定子铁芯/mm | | | 槽数 | 极数 | 转子及绕组 | | | | | | | 绕组图号 |
|---|---|---|---|---|---|---|---|---|---|---|---|---|---|---|---|---|
| | 功率/kW | 电压/V | 电流/A | 外径 | 内径 | 长度 | | | 布线型式 | 接法 | 节距 | 线圈匝数 | 线规/n-mm | 电压/V | 电流/A | |
| YR132M1-4 | 4 | 380 (IP44) | 9.3 | 210 | 136 | 115 | 24 | 4 | 双层叠式 | 1Y | | 14 | 3-1.06 | 230 | 11.5 | 图 6-2 |
| YR132M2-4 | 5.5 | | 12.6 | 210 | 136 | 155 | | | | 1Y | | 12 | 2-1.12<br>1-1.18 | 272 | 13 | 图 6-2 |
| YR160M-4 | 7.5 | | 15.7 | 260 | 170 | 130 | | | | 2Y | 5 | 22 | 2-1.0<br>1-1.06 | 250 | 19.5 | 图 6-3 |
| YR160L-4 | 11 | | 22.5 | 260 | 170 | 185 | | | | 2Y | | 17 | 3-1.18 | 276 | 25 | 图 6-3 |
| YR180L-4 | 15 | | 30.0 | 290 | 187 | 205 | | | | 2Y | | 9 | 3-1.30 | 278 | 34 | |
| YR200L1-4 | 18.5 | | 36.7 | 327 | 210 | 175 | 36 | | | 2Y<br>1Y | 8 | 8<br>4 | 4-1.40<br>1-(2×5.6) | 247 | 47.5 | 图 6-6<br>图 6-5 |
| YR200L2-4 | 22 | | 43.2 | 327 | 210 | 205 | 36 | | | 2Y<br>1Y | 8 | 8<br>4 | 6-1.25<br>1-(2.24×5.6) | 293 | 47 | 图 6-6<br>图 6-5 |
| YR225M2-4 | 30 | | 57.6 | 368 | 245 | 215 | 36 | | | 2Y<br>1Y | 8 | 8<br>4 | 6-1.25<br>1-(2.5×5.6) | 360 | 51.5 | 图 6-6<br>图 6-5 |
| YR250M1-4 | 37 | | 71.4 | 400 | 260 | 220 | 36 | | | 2Y<br>1Y | 8 | 6<br>3 | 8-1.40<br>2-(2×5.6) | 289 | 79 | 图 6-6<br>图 6-5 |
| YR250M2-4 | 45 | | 85.9 | 400 | 260 | 260 | 36 | | | 2Y<br>1Y | 8 | 6<br>3 | 8-1.40<br>2-(2×5.6) | 340 | 81 | 图 6-6<br>图 6-5 |

续表

| 电机型号 | 额定参数 | | | 定子铁芯/mm | | | 槽数 | 极数 | 布线型式 | 转子及绕组 | | | | 电压/V | 电流/A | 绕组图号 |
|---|---|---|---|---|---|---|---|---|---|---|---|---|---|---|---|---|
| | 功率/kW | 电压/V | 电流/A | 外径 | 内径 | 长度 | | | | 接法 | 节距 | 线圈匝数 | 线规/n-mm | | | |
| YR280S-4 | 55 | 380 (IP44) | 103.8 | 445 | 325 | 240 | 48 | 4 | 双层叠式 | 2Y | 11 | 6 | 7-1.40 | 285 | 70 | 图6-10 |
| | | | | | | | | | | 1Y | | 3 | 2-(2×5) | | | 图6-9 |
| YR280M-4 | 75 | 380 (IP44) | 140 | 445 | 325 | — | 48 | 4 | 双层叠式 | 4Y | 11 | 6 | 7-1.40 | 354 | 128 | 图6-11 |
| | | | | | | | | | | 2Y | | 3 | 2-(2×5) | | | 图6-10 |
| YR160M-4 | 7.5 | 380 (IP23) | 16 | 290 | 187 | 85 | 36 | 4 | 双层叠式 | 1Y | 8 | 9 | 3-1.12 | 260 | 19 | |
| YR160L1-4 | 11 | | 22.7 | 290 | 187 | 115 | 36 | 4 | | 1Y | 8 | 7 | 4-1.12 | 275 | 26 | |
| YR160L2-4 | 15 | | 30.8 | 290 | 187 | 150 | 36 | 4 | | 1Y | 8 | 5 | 3-1.30 1-1.40 | 260 | 37 | |
| YR180M-4 | 18.5 | | 36.7 | 327 | 210 | 135 | 36 | 4 | | 1Y | 8 | 4 | 1-(1.8×5) | 197 | 61 | 图6-5 |
| YR180L-4 | 22 | | 43.2 | 327 | 210 | 155 | 36 | 4 | | 1Y | 8 | 4 | 1-(1.8×5) | 232 | 61 | |
| YR200M-4 | 30 | | 58.2 | 368 | 245 | 140 | 36 | 4 | | 1Y | 8 | 4 | 1-(2×5.6) | 255 | 76 | |
| YR200L-4 | 37 | | 71.8 | 368 | 245 | 175 | 36 | 4 | | 1Y | 8 | 4 | 1-(2×5.6) | 316 | 74 | |
| YR225M1-4 | 45 | | 87.3 | 400 | 260 | 155 | 36 | 4 | | 1Y | 8 | 3 | 2-(1.8×4.5) | 240 | 120 | |
| YR225M2-4 | 55 | | 106 | 400 | 260 | 185 | 36 | 4 | | 1Y | 8 | 3 | 2-(1.8×4.5) | 288 | 121 | |
| YR250S-4 | 75 | | 142 | 445 | 300 | 185 | 48 | 4 | | 1Y | 11 | 3 | 2-(1.6×4.5) | 449 | 105 | |
| YR250M-4 | 90 | | 169 | 445 | 300 | 215 | 48 | 4 | | 1Y | 11 | 3 | 2-(1.6×4.5) | 524 | 107 | 图6-9 |
| YR280S-4 | 110 | | 205 | 493 | 330 | 200 | 48 | 4 | | 1Y | 11 | 2 | 2-(2.24×6.3) | 349 | 196 | |

续表

| 电动机型号 | 额定参数 | | | 定子铁芯/mm | | | 槽数 | 极数 | 转子及绕组 | | | | | | | 绕组图号 |
|---|---|---|---|---|---|---|---|---|---|---|---|---|---|---|---|---|
| | 功率/kW | 电压/V | 电流/A | 外径 | 内径 | 长度 | | | 布线型式 | 接法 | 节距 | 线圈匝数 | 线规/n-mm | 电压/V | 电流/A | |
| YZR2-100L-4 | 2.2 | 380 | — | 155 | 102 | 100 | 24 | 4 | 单层链式 | 1Y | 5 | 14 | 3-1.0 | 85 | — | 图6-1 |
| YZR2-112M1-4 | 3.0 | | — | 182 | 124 | 85 | 24 | 4 | 单层链式 | 1Y | 5 | 15 | 4-0.90 | 110 | — | |
| YZR2-112M2-4 | 4.0 | | — | 182 | 124 | 105 | 24 | 4 | 单层链式 | 1Y | 5 | 17 | 2-0.85 | 145 | — | 图6-1 |
| YZR2-132M1-4 | 5.5 | | — | 210 | 138 | 110 | 24 | 4 | 单层链式 | 1Y | 5 | 15 | 2-0.80 | 140 | — | |
| YZR2-132M2-4 | 6.3 | | — | 210 | 138 | 120 | 24 | 4 | 单层链式 | 1Y | 5 | 16 | 5-0.95 | 170 | — | |
| YZR2-160M1-4 | 7.5 | | — | 245 | 165 | 110 | 36 | 4 | 单层交叉式 | 2Y | 8,7 | 22 | 3-0.95 | 180 | — | |
| YZR2-160M2-4 | 11 | | — | 245 | 165 | 145 | 36 | 4 | 单层交叉式 | 2Y | 8,7 | 17 | 2-0.90 | 180 | — | |
| YZR2-160L-4 | 15 | | — | 245 | 165 | 180 | 36 | 4 | 单层交叉式 | 2Y | 8,7 | 18 | 4-0.85 | 260 | — | |
| YZR2-180L-4 | 22 | | — | 280 | 195 | 180 | 36 | 4 | 单层交叉式 | 2Y | 8,7 | 17 | 3-1.12 | 270 | — | 图6-4 |
| YZR2-200L-4 | 30 | | — | 280 | 195 | 175 | 36 | 4 | 单层交叉式 | 2Y | 8,7 | 15 | 3-1.12 | 270 | — | |
| YZR2-225M-4 | 37 | | — | 327 | 220 | 230 | 48 | 4 | 单层同心式 | 4Y | 11,9 | 13 | 3-1.32 | 325 | — | |
| YZR2-250M1-4 | 45 | | — | 368 | 250 | 220 | 48 | 4 | 单层同心式 | 4Y | 11,9 | 12 | 4-1.40 | 185 | — | 图6-8 |
| YZR2-250M2-4 | 55 | | — | 368 | 250 | 270 | 48 | 4 | 单层同心式 | 4Y | 11,9 | 13 | 3-1.18 | 230 | — | |
| YZR2-280S1-4 | 63 | | — | 423 | 290 | 280 | 48 | 4 | 单层同心式 | 2Y | | 7 | 3-1.25, 3-1.40 | 230 | — | |
| YZR2-280S2-4 | 75 | | — | 423 | 290 | 260 | 48 | 4 | 单层同心式 | 2Y | | 6 | 2-1.32, 4-1.50 | 240 | — | 图6-7 |
| YZR2-280M-4 | 90 | | — | 423 | 290 | 300 | 48 | 4 | 单层同心式 | 2Y | | 7 | 6-1.50, 6-1.40 | 310 | — | |
| YZR2-315S-4 | 110 | | — | 493 | 340 | 290 | 72 | 4 | 双层叠式 | 1Y | 18 | 1 | (3.15×16) | 290 | — | 图6-12 |
| YZR2-315M-4 | 132 | | — | 493 | 340 | 370 | 72 | 4 | 双层叠式 | 1Y | 18 | 1 | (3.15×16) | 375 | — | |

## 6.2.2　4极转子绕线式绕组布线图

本节是新系列绕线式异步电动机转子中的 4 极绕组，内容主要有 YR（IP44 及 IP23）、YZR2 等派生系列产品所用的转子绕组，并用端面模拟画法绘制成绕组彩图 12 例，供读者参考选用。

### 6.2.2.1　24 槽 4 极（$y=5$、$a=1$）绕线式转子绕组单层链式布线 *

（1）绕组结构参数

| | |
|---|---|
| 转子槽数　$Z_2 = 24$ | 电机极数　$2p = 4$ |
| 总线圈数　$Q_2 = 12$ | 线圈组数　$u_2 = 12$ |
| 每组圈数　$S_2 = 1$ | 极相槽数　$q_2 = 2$ |
| 转子极距　$\tau_2 = 6$ | 线圈节距　$y_2 = 5$ |
| 并联路数　$a_2 = 1$ | 绕组系数　$K_{dp2} = 0.966$ |
| 每槽电角　$\alpha_2 = 30°$ | 出线根数　$c = 3$ |

（2）绕组布接线特点及应用举例

本绕组为显极布线，每组单圈，12 只线圈构成三相，每相 4 只线圈按相邻反极性串联而成。三相进线呈三角对称，而且接线的交叠分布也比较均匀，故能取得较好的动平衡效果。此绕组可应用于 YZR2-100L-4、YZR2-112M1-4、YZR2-132M2-4 等绕线式转子。

（3）绕组嵌线方法

24 槽 4 极单链绕组嵌线可用三平面整嵌法和交叠法，但由于三平面结构绕组对称平衡较差，故转子绕组推荐采用交叠法嵌线，但嵌线需吊边 2 个。嵌线次序见表 6-2。

表 6-2　交叠法

| 嵌绕次序 | | 1 | 2 | 3 | 4 | 5 | 6 | 7 | 8 | 9 | 10 | 11 | 12 | 13 | 14 | 15 | 16 |
|---|---|---|---|---|---|---|---|---|---|---|---|---|---|---|---|---|---|
| 槽号 | 沉边 | 1 | 23 | 21 | | 19 | | 17 | | 15 | | 13 | | 11 | | 9 | |
| | 浮边 | | | | 2 | | 24 | | 22 | | 20 | | 18 | | 16 | | 14 |
| 嵌绕次序 | | 17 | 18 | 19 | 20 | 21 | 22 | 23 | 24 | | | | | | | | |
| 槽号 | 沉边 | 7 | | 5 | | 3 | | | | | | | | | | | |
| | 浮边 | | 12 | | 10 | | 8 | 6 | 4 | | | | | | | | |

(4）绕组端面布接线

如图 6-1 所示。

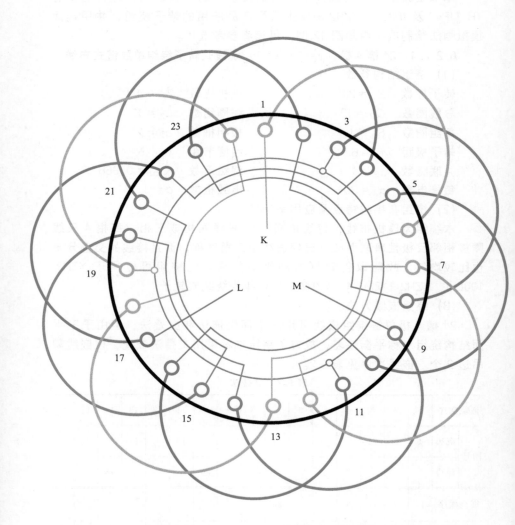

图 6-1  24 槽 4 极（$y=5$、$a=1$）绕线式转子绕组单层链式布线

## 6.2.2.2　24 槽 4 极（$y=5$、$a=1$）绕线式转子绕组双层叠式布线 *

（1）绕组结构参数

转子槽数　$Z_2 = 24$　　　　　电机极数　$2p = 4$
总线圈数　$Q_2 = 24$　　　　　线圈组数　$u_2 = 12$
每组圈数　$S_2 = 2$　　　　　　极相槽数　$q_2 = 2$
转子极距　$\tau_2 = 6$　　　　　　线圈节距　$y_2 = 5$
并联路数　$a_2 = 1$　　　　　　绕组系数　$K_{dp2} = 0.933$
每槽电角　$\alpha_2 = 30°$　　　　出线根数　$c = 3$

（2）绕组布接线特点及应用举例

本例绕组采用短距布线。线圈节距较极距缩短 1 槽；每相由 4 个双圈组构成并采用一路串联，故相邻组间应反向连接，即"尾与尾"或"头与头"相接。此绕组进线能满足互差 120°空间的要求，而且三相接线交叠均匀，有较好的对称平衡效果。但嵌线和接线时应取 1 号槽对正滑环接入端子，这样可使之接入线最短且平衡效果最佳。此绕组可用于 YR132M1-4、YR132M2-4 等绕线式转子重绕选用。

（3）绕组嵌线方法

本例绕组是双层叠式布线，一般只宜用交叠法嵌线。嵌线吊边数为 5，即从第 6 只线圈起可以相继嵌入两有效边，即"整嵌"；当所有下层边嵌满之后，再把原来吊起的有效边嵌入相应槽上层。嵌线次序见表 6-3。

表 6-3　交叠法

| 嵌绕次序 | | 1 | 2 | 3 | 4 | 5 | 6 | 7 | 8 | 9 | 10 | 11 | 12 | 13 | 14 | 15 | 16 | 17 | 18 |
|---|---|---|---|---|---|---|---|---|---|---|---|---|---|---|---|---|---|---|---|
| 槽号 | 下层 | 2 | 1 | 24 | 23 | 22 | 21 | | 20 | | 19 | | 18 | | 17 | | 16 | | 15 |
| | 上层 | | | | | | | 2 | | 1 | | 24 | | 23 | | 22 | | 21 | |
| 嵌绕次序 | | 19 | 20 | 21 | 22 | 23 | 24 | 25 | 26 | 27 | …… | 42 | 43 | 44 | 45 | 46 | 47 | 48 |
| 槽号 | 下层 | | 14 | | 13 | | 12 | | 11 | | …… | 3 | | | | | | |
| | 上层 | 20 | | 19 | | 18 | | 17 | | 16 | …… | | 8 | 7 | 6 | 5 | 4 | 3 |

(4) 绕组端面布接线

如图 6-2 所示。

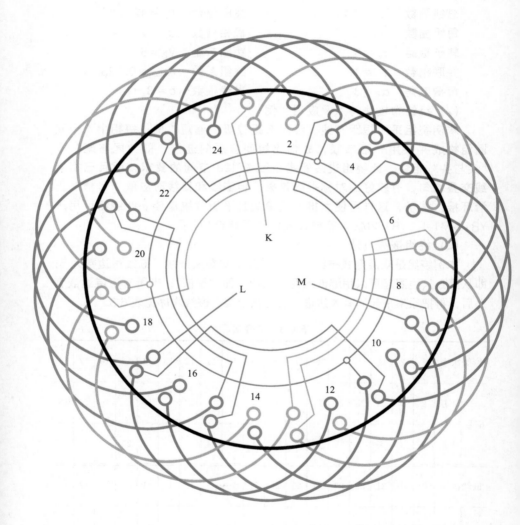

图 6-2　24 槽 4 极（$y=5$、$a=1$）绕线式转子绕组双层叠式布线

### 6.2.2.3　24 槽 4 极 （$y=5$、$a=2$）绕线式转子绕组双层叠式布线 *

（1）绕组结构参数

| | |
|---|---|
| 转子槽数　$Z_2=24$ | 电机极数　$2p=4$ |
| 总线圈数　$Q_2=24$ | 线圈组数　$u_2=12$ |
| 每组圈数　$S_2=2$ | 极相槽数　$q_2=2$ |
| 转子极距　$\tau_2=6$ | 线圈节距　$y_2=5$ |
| 并联路数　$a_2=2$ | 绕组系数　$K_{dp2}=0.933$ |
| 每槽电角　$\alpha_2=30°$ | 出线根数　$c=3$ |

（2）绕组布接线特点及应用举例

与上例相同，绕组为显极布线。每组双圈每相有 4 组线圈分两个支路，即每支路由一正一反的两组线圈组成。绕组接线采用双向并联，即进线后向两边接线，这样既缩短连接线的长度，也使接线变得简练，而且有利于对称平衡。三相绕组进线可安排三角对称，而且接线的交叠分布也较均匀，有较好的动平衡效果。嵌线和接线时要找准 1 号槽对准滑环接入端子以缩短接线长度。此绕组可用于新系列电动机 YR160M-4、YR160L-4、YR180L-4 等转子绕组重绕选用。

（3）绕组嵌线方法

本例绕组是双层叠式布线，最宜采用交叠法嵌线，嵌线时先嵌入 5 个单边而另边吊起。从第 6 只线圈起开始整嵌，即相继把同一线圈两边嵌入相应槽内，当下层边嵌满后再把原来的吊边依次嵌到相应槽的上层。嵌线次序见表 6-4。

表 6-4　交叠法

| 嵌绕次序 | | 1 | 2 | 3 | 4 | 5 | 6 | 7 | 8 | 9 | 10 | 11 | 12 | 13 | 14 | 15 | 16 | 17 | 18 |
|---|---|---|---|---|---|---|---|---|---|---|---|---|---|---|---|---|---|---|---|
| 槽号 | 下层 | 2 | 1 | 24 | 23 | 22 | 21 | | 20 | | 19 | | 18 | | 17 | | 16 | | 15 |
| | 上层 | | | | | | | 2 | | 1 | | 24 | | 23 | | 22 | | 21 | |
| 嵌绕次序 | | 19 | 20 | 21 | 22 | 23 | 24 | 25 | 26 | …… | 41 | 42 | 43 | 44 | 45 | 46 | 47 | 48 |
| 槽号 | 下层 | | 14 | | 13 | | 12 | | 11 | …… | 3 | | | | | | | |
| | 上层 | 20 | | 19 | | 18 | | 17 | | …… | 9 | 8 | 7 | 6 | 5 | 4 | 3 |

(4) 绕组端面布接线

如图 6-3 所示。

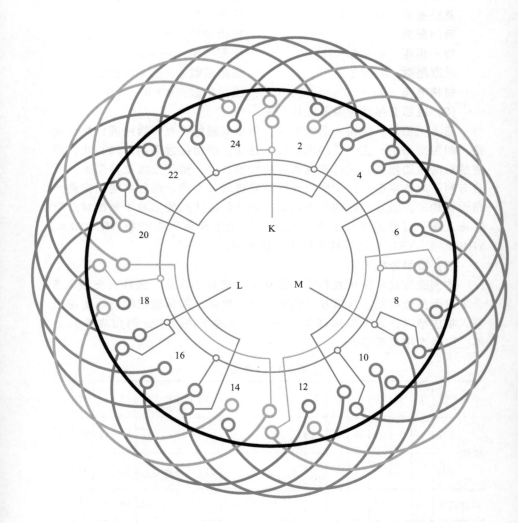

图 6-3　24 槽 4 极 （$y=5$、$a=2$）绕线式转子绕组双层叠式布线

#### 6.2.2.4　36 槽 4 极（$y=8$、7，$a=2$）绕线式转子绕组单层交叉式布线 *

（1）绕组结构参数

| | | | |
|---|---|---|---|
| 转子槽数 | $Z_2=36$ | 电机极数 | $2p=4$ |
| 总线圈数 | $Q_2=18$ | 线圈组数 | $u_2=12$ |
| 每组圈数 | $S_2=2$、1 | 极相槽数 | $q_2=3$ |
| 转子极距 | $\tau_2=9$ | 线圈节距 | $y_2=8$、7 |
| 并联路数 | $a_2=2$ | 绕组系数 | $K_{dp2}=0.96$ |
| 每槽电角 | $\alpha_2=20°$ | 出线根数 | $c=3$ |

（2）绕组布接线特点及应用举例

本例是 36 槽 4 极单层交叉式布线，绕组由单、双圈构成，双圈组节距为 8、单圈节距为 7，实属分数线圈绕组，即每相由双圈组和单圈组交替分布，但极性相反；而绕组采用二路并联，故每支路由双、单圈各一组反向串联而成。此外，本例接线是双向并联，即进线后分左右两侧接线，使之内部接线缩短；而加上三相进线能对称分布，故使整个绕组的接线分布均匀，动平衡效果也较好。

（3）绕组嵌线方法

本例绕组是双层叠绕，应用交叠法嵌线，嵌线要找准 1 号线圈对准滑环接线端。嵌线需吊边数为 3。嵌线规律是：嵌 2 槽双圈，退空 1 槽嵌单圈，再退空 2 槽嵌双圈，依此类推。嵌线次序见表 6-5。

表 6-5　交叠法

| 嵌绕次序 | | 1 | 2 | 3 | 4 | 5 | 6 | 7 | 8 | 9 | 10 | 11 | 12 | 13 | 14 | 15 | 16 | 17 | 18 |
|---|---|---|---|---|---|---|---|---|---|---|---|---|---|---|---|---|---|---|---|
| 槽号 | 沉边 | 2 | 1 | 35 | 32 | | 31 | | 29 | | 26 | | 25 | | 23 | | 20 | | 19 |
| | 浮边 | | | | | 4 | | 3 | | 36 | | 34 | | 33 | | 30 | | 28 | |
| 嵌绕次序 | | 19 | 20 | 21 | 22 | 23 | 24 | 25 | 26 | 27 | 28 | 29 | 30 | 31 | 32 | 33 | 34 | 35 | 36 |
| 槽号 | 沉边 | | 17 | | 14 | | 13 | | 11 | | 8 | | 7 | | 5 | | | | |
| | 浮边 | 27 | | 24 | | 22 | | 21 | | 18 | | 16 | | 15 | | 12 | 10 | 9 | 6 |

(4)绕组端面布接线

如图 6-4 所示。

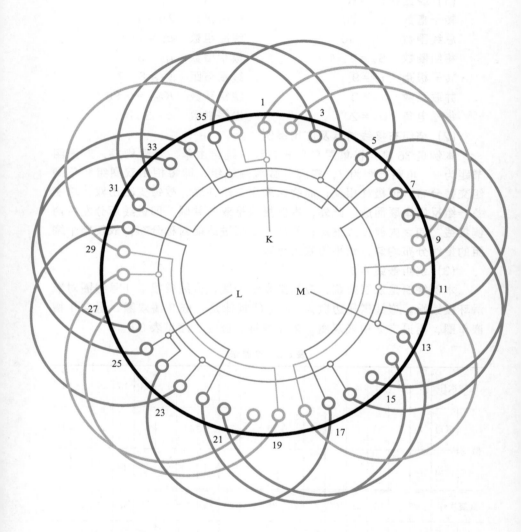

图 6-4　36 槽 4 极（$y=8$、7，$a=2$）绕线式转子绕组单层交叉式布线

#### 6.2.2.5　36 槽 4 极（$y=8$、$a=1$）绕线式转子绕组双层叠式布线*

（1）绕组结构参数

| | | | |
|---|---|---|---|
| 转子槽数 | $Z_2=36$ | 电机极数 | $2p=4$ |
| 总线圈数 | $Q_2=36$ | 线圈组数 | $u_2=12$ |
| 每组圈数 | $S_2=3$ | 极相槽数 | $q_2=3$ |
| 转子极距 | $\tau_2=9$ | 线圈节距 | $y_2=8$ |
| 并联路数 | $a_2=1$ | 绕组系数 | $K_{dp2}=0.946$ |
| 每槽电角 | $\alpha_2=20°$ | 出线根数 | $c=3$ |

（2）绕组布接线特点及应用举例

本绕组采用双层叠式布线，选用短节距绕组，线圈节距比极距短 1 槽。每相有 4 个三联组，按同相相邻反极性连接，即"尾接尾"或"头接头"。由于三相进线互差 120°几何角度，由图 6-5 可见其端部接线还是相当对称的。此绕组在新系列中应用还是较多的，如 YR200L1-4、YR225M2-4、YR250M1-4 等转子绕组。

（3）绕组嵌线方法

本例绕组是双层叠式，宜用交叠法嵌线，嵌线吊边数为 8。嵌线次序见表 6-6。

表 6-6　交叠法

| 嵌绕次序 | | 1 | 2 | 3 | 4 | 5 | 6 | 7 | 8 | 9 | 10 | 11 | 12 | 13 | 14 | 15 | 16 | 17 | 18 |
|---|---|---|---|---|---|---|---|---|---|---|---|---|---|---|---|---|---|---|---|
| 槽号 | 下层 | 3 | 2 | 1 | 36 | 35 | 34 | 33 | 32 | 31 | | 30 | | 29 | | 28 | | 27 | |
| | 上层 | | | | | | | | | | 3 | | 2 | | 1 | | 36 | | 35 |

| 嵌绕次序 | | 19 | 20 | 21 | 22 | 23 | 24 | 25 | 26 | ⋯⋯ | 47 | 48 | 49 | 50 | 51 | 52 | 53 | 54 |
|---|---|---|---|---|---|---|---|---|---|---|---|---|---|---|---|---|---|---|
| 槽号 | 下层 | 26 | | 25 | | 24 | | 23 | | ⋯⋯ | 12 | | 11 | | 10 | | 9 | |
| | 上层 | | 34 | | 33 | | 32 | | 31 | ⋯⋯ | | 20 | | 19 | | 18 | | 17 |

| 嵌绕次序 | | 55 | 56 | 57 | 58 | 59 | 60 | 61 | 62 | 63 | 64 | 65 | 66 | 67 | 68 | 69 | 70 | 71 | 72 |
|---|---|---|---|---|---|---|---|---|---|---|---|---|---|---|---|---|---|---|---|
| 槽号 | 下层 | 8 | | 7 | | 6 | | 5 | | 4 | | | | | | | | | |
| | 上层 | | 16 | | 15 | | 14 | | 13 | | 12 | 11 | 10 | 9 | 8 | 7 | 6 | 5 | 4 |

(4) 绕组端面布接线

如图 6-5 所示。

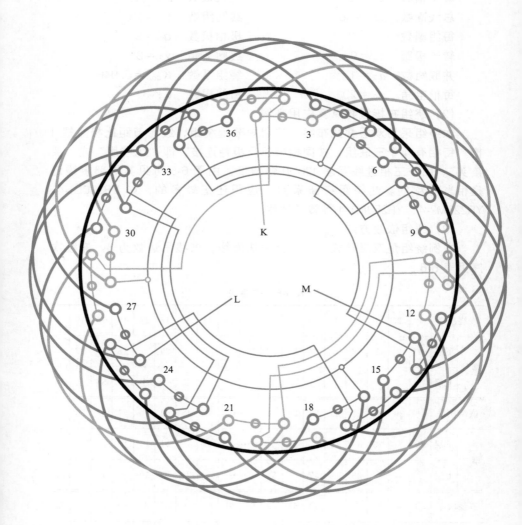

图 6-5　36 槽 4 极（$y=8$、$a=1$）绕线式转子绕组双层叠式布线

### 6.2.2.6 36 槽 4 极（$y=8$、$a=2$）绕线式转子绕组双层叠式布线*

**(1) 绕组结构参数**

转子槽数 $Z_2 = 36$      电机极数 $2p = 4$

总线圈数 $Q_2 = 36$      线圈组数 $u_2 = 12$

每组圈数 $S_2 = 3$      极相槽数 $q_2 = 3$

转子极距 $\tau_2 = 9$      线圈节距 $y_2 = 8$

并联路数 $a_2 = 2$      绕组系数 $K_{dp2} = 0.946$

每槽电角 $\alpha_2 = 20°$      出线根数 $c = 3$

**(2) 绕组布接线特点及应用举例**

本例绕组是双层叠式，采用二路并联，即每相 4 组三联组分成两个支路，每支路由相邻一正一反线圈组串联而成。而二路并联用双向连接，即进线后向两侧走线，这样可有效缩短连接线的长度，利于三相连接线的对称平衡分布。但嵌接线时要注意 1 号槽选在滑环接线端子上方，既可缩短接线，也利于对称平衡。此绕组应用也较多，如 YR 系列（IP44）中的 YR200L2-4、YR250M1-4、YR250M2-4 等绕线式转子绕组。

**(3) 绕组嵌线方法**

本例是双层叠式，绕组采用交叠法嵌线，嵌线吊边数为 8。从第 9 只线圈起可进行整嵌。嵌线次序见表 6-7。

**表 6-7 交叠法**

| 嵌绕次序 | 1 | 2 | 3 | 4 | 5 | 6 | 7 | 8 | 9 | 10 | 11 | 12 | 13 | 14 | 15 | 16 | 17 | 18 |
|---|---|---|---|---|---|---|---|---|---|---|---|---|---|---|---|---|---|---|
| 槽号 下层 | 3 | 2 | 1 | 36 | 35 | 34 | 33 | 32 | 31 | | 30 | | 29 | | 28 | | 27 | |
| 槽号 上层 | | | | | | | | | | 3 | | 2 | | 1 | | 36 | | 35 |
| 嵌绕次序 | 19 | 20 | 21 | 22 | 23 | 24 | 25 | 26 | …… | 47 | 48 | 49 | 50 | 51 | 52 | 53 | 54 |
| 槽号 下层 | 26 | | 25 | | 24 | | 23 | | …… | 12 | | 11 | | 10 | | 9 | |
| 槽号 上层 | | 34 | | 33 | | 32 | | 31 | …… | | 20 | | 19 | | 18 | | 17 |
| 嵌绕次序 | 55 | 56 | 57 | 58 | 59 | 60 | 61 | 62 | 63 | 64 | 65 | 66 | 67 | 68 | 69 | 70 | 71 | 72 |
| 槽号 下层 | 8 | | 7 | | 6 | | 5 | | 4 | | | | | | | | | |
| 槽号 上层 | | 16 | | 15 | | 14 | | 13 | | 12 | 11 | 10 | 9 | 8 | 7 | 6 | 5 | 4 |

(4) 绕组端面布接线

如图 6-6 所示。

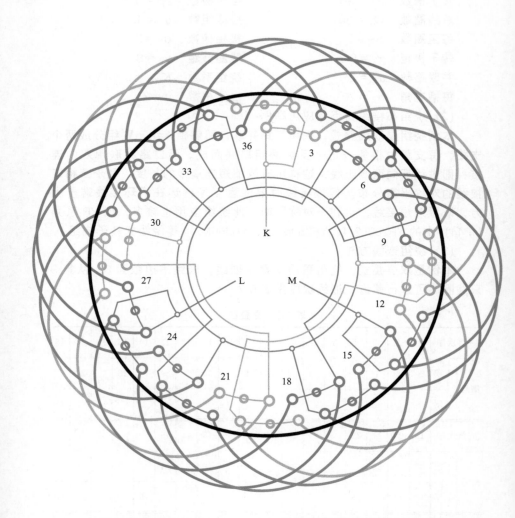

图 6-6　36 槽 4 极（$y=8$、$a=2$）绕线式转子绕组双层叠式布线

**6.2.2.7　48槽4极**（$y=11$、$9$，$a=2$）**绕线式转子绕组单层同心式布线** *

（1）绕组结构参数

转子槽数　$Z_2=48$　　　　电机极数　$2p=4$

总线圈数　$Q_2=24$　　　　线圈组数　$u_2=12$

每组圈数　$S_2=2$　　　　　极相槽数　$q_2=4$

转子极距　$\tau_2=12$　　　　线圈节距　$y_2=11$、$9$

并联路数　$a_2=2$　　　　　绕组系数　$K_{dp2}=0.958$

每槽电角　$\alpha_2=15°$　　　出线根数　$c=3$

（2）绕组布接线特点及应用举例

本例绕组采用单层同心式布线，每组由两只同心线圈组成，每相有4组线圈，分为2个支路则每支路由相邻两组反极性串联。嵌接线时要找好1号槽，应在滑环接线端上方，以便缩短引接线的同时也有利于绕组的对称平衡。此外，绕组也采用双向并联接线，即进线后两个支路接入两组相邻且极性相反的线圈组，即两支路分置于进线的两侧。从图6-7可见，此绕组三相接线较对称均匀，故能有较好的对称平衡效果。此绕组在新系列中应用主要有 YZR2-280S1-4、YZR2-280S2-4、YZR2-280M-4 等绕线式转子。

（3）绕组嵌线方法

本例是单层同心式，采用交叠法嵌线，吊边数为4。嵌线次序见表6-8。

表 6-8　交叠法

| 嵌绕次序 | | 1 | 2 | 3 | 4 | 5 | 6 | 7 | 8 | 9 | 10 | 11 | 12 | 13 | 14 | 15 | 16 | 17 | 18 |
|---|---|---|---|---|---|---|---|---|---|---|---|---|---|---|---|---|---|---|---|
| 槽号 | 沉边 | 1 | 48 | 45 | 44 | 41 | | 40 | | 37 | | 36 | | 33 | | 32 | | 29 | |
| | 浮边 | | | | | | 2 | | 3 | | 46 | | 47 | | 42 | | 43 | | 38 |
| 嵌绕次序 | | 19 | 20 | 21 | 22 | 23 | 24 | 25 | 26 | 27 | 28 | 29 | 30 | 31 | 32 | 33 | 34 | 35 | 36 |
| 槽号 | 沉边 | 28 | | 25 | | 24 | | 21 | | 20 | | 17 | | 16 | | 13 | | 12 | |
| | 浮边 | | 39 | | 34 | | 35 | | 30 | | 31 | | 26 | | 27 | | 22 | | 23 |
| 嵌绕次序 | | 37 | 38 | 39 | 40 | 41 | 42 | 43 | 44 | 45 | 46 | 47 | 48 | | | | | | |
| 槽号 | 沉边 | 9 | | 8 | | 5 | | 4 | | | | | | | | | | | |
| | 浮边 | | 18 | | 19 | | 14 | | 15 | 10 | 11 | 7 | 6 | | | | | | |

(4) 绕组端面布接线

如图 6-7 所示。

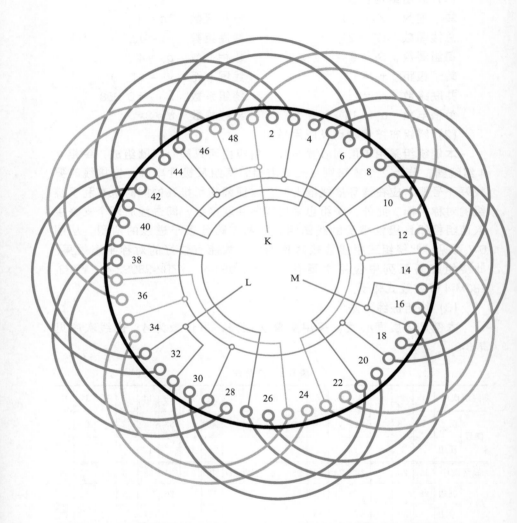

图 6-7　48 槽 4 极（$y=11$、9，$a=2$）绕线式转子绕组单层同心式布线

**6.2.2.8　48 槽 4 极**（$y=11$、$9$，$a=4$）**绕线式转子绕组单层同心式布线** *

(1) 绕组结构参数

| | | | |
|---|---|---|---|
| 转子槽数 | $Z_2=48$ | 电机极数 | $2p=4$ |
| 总线圈数 | $Q_2=24$ | 线圈组数 | $u_2=12$ |
| 每组圈数 | $S_2=2$ | 极相槽数 | $q_2=4$ |
| 转子极距 | $\tau_2=12$ | 线圈节距 | $y_2=11$、$9$ |
| 并联路数 | $a_2=4$ | 绕组系数 | $K_{dp2}=0.958$ |
| 每槽电角 | $\alpha_2=15°$ | 出线根数 | $c=3$ |

(2) 绕组布接线特点及应用举例

本例是单层同心式绕组，采用显极布线，每组由同心双圈组成，每相 4 组线圈分为 4 个支路，故每一支路仅有一组线圈。接线时将 1 号槽对正滑环接线端，然后把 4 组线圈按相邻反极性并接。此绕组连接线较少，故交叠分布也均匀而具有较好的对称性。此绕组实际应用不多，在新系列中有 YZR2-250M1-4、YZR2-250M2-4 两例。

(3) 绕组嵌线方法

虽然单层同心式可用二种嵌法，但整嵌法构成三平面结构，对称分布效果不佳，故转子绕组宜用交叠法嵌线，吊边数为 4。嵌线次序见表6-9。

表 6-9　交叠法

| 嵌绕次序 | | 1 | 2 | 3 | 4 | 5 | 6 | 7 | 8 | 9 | 10 | 11 | 12 | 13 | 14 | 15 | 16 | 17 | 18 |
|---|---|---|---|---|---|---|---|---|---|---|---|---|---|---|---|---|---|---|---|
| 槽号 | 沉边 | 1 | 48 | 45 | 44 | 41 | | 40 | | 37 | | 36 | | 33 | | 32 | | 29 | |
| | 浮边 | | | | | | 2 | | 3 | | 46 | | 47 | | 42 | | 43 | | 38 |
| 嵌绕次序 | | 19 | 20 | 21 | 22 | 23 | 24 | 25 | 26 | 27 | 28 | 29 | 30 | 31 | 32 | 33 | 34 | 35 | 36 |
| 槽号 | 沉边 | 28 | | 25 | | 24 | | 21 | | 20 | | 17 | | 16 | | 13 | | 12 | |
| | 浮边 | | 39 | | 34 | | 35 | | 30 | | 31 | | 26 | | 27 | | 22 | | 23 |
| 嵌绕次序 | | 37 | 38 | 39 | 40 | 41 | 42 | 43 | 44 | 45 | 46 | 47 | 48 | | | | | | |
| 槽号 | 沉边 | 9 | | 8 | | 5 | | 4 | | | | | | | | | | | |
| | 浮边 | | 18 | | 19 | | 14 | | 15 | 10 | 11 | 7 | 6 | | | | | | |

(4) 绕组端面布接线

如图 6-8 所示。

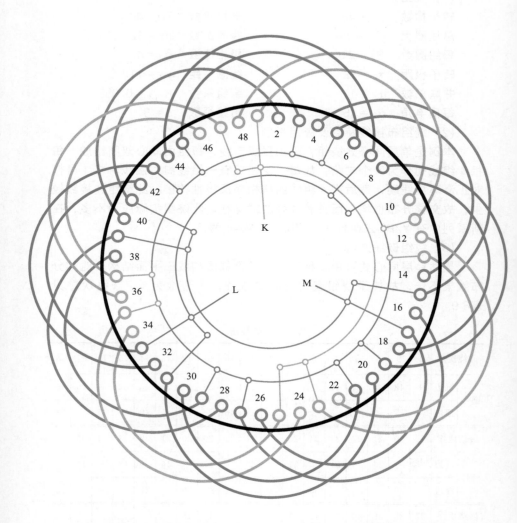

图 6-8　48 槽 4 极（$y=11$、9，$a=4$）绕线式转子绕组单层同心式布线

### 6.2.2.9　48 槽 4 极（$y=11$、$a=1$）绕线式转子绕组双层叠式布线 *

（1）转子绕组结构参数

| | | | |
|---|---|---|---|
| 转子槽数 | $Z_2=48$ | 电机极数 | $2p=4$ |
| 总线圈数 | $Q_2=48$ | 线圈组数 | $u_2=12$ |
| 每组圈数 | $S_2=4$ | 极相槽数 | $q_2=4$ |
| 转子极距 | $\tau_2=12$ | 线圈节距 | $y_2=11$ |
| 并联路数 | $a_2=1$ | 绕组系数 | $K_{dp2}=0.949$ |
| 每槽电角 | $\alpha_2=15°$ | 出线根数 | $c=3$ |

（2）绕组布接线特点及应用举例

本绕组是双层叠式，每相有 4 组线圈，每组则由 4 只交叠线圈同向连绕而成；采用一路串联接线，故应使同相相邻线圈组极性相反，即"尾与尾"或"头与头"相接。绕组接线时，应使滑环接线端正对 1 号槽，从而确保三相进线呈三角对称。此绕组在新系列中主要应用有 YR280S-4、YR250M-4 等转子绕组。

（3）绕组嵌线方法

双层叠式宜用交叠法嵌线，嵌线吊边数为 11。嵌线要找准 1 号槽，使之正对滑环接线端，从而缩短绕组到滑环的引接线，也利于三角对称平衡。嵌线次序见表 6-10。

表 6-10　交叠法

| 嵌绕次序 | | 1 | 2 | 3 | 4 | 5 | 6 | 7 | 8 | 9 | 10 | 11 | 12 | 13 | 14 | 15 | 16 | 17 | 18 |
|---|---|---|---|---|---|---|---|---|---|---|---|---|---|---|---|---|---|---|---|
| 槽号 | 下层 | 4 | 3 | 2 | 1 | 48 | 47 | 46 | 45 | 44 | 43 | 42 | 41 | | 40 | | 39 | | 38 |
| | 上层 | | | | | | | | | | | | | 4 | | 3 | | 2 | |

| 嵌绕次序 | | 19 | 20 | 21 | 22 | 23 | 24 | 25 | 26 | …… | 71 | 72 | 73 | 74 | 75 | 76 | 77 | 78 |
|---|---|---|---|---|---|---|---|---|---|---|---|---|---|---|---|---|---|---|
| 槽号 | 下层 | | 37 | | 36 | | 35 | | 34 | …… | 11 | | 10 | | 9 | | | 8 |
| | 上层 | 1 | | 48 | | 47 | | 46 | | …… | 23 | | 22 | | 21 | | 20 | |

| 嵌绕次序 | | 79 | 80 | 81 | 82 | 83 | 84 | 85 | 86 | 87 | 88 | 89 | 90 | 91 | 92 | 93 | 94 | 95 | 96 |
|---|---|---|---|---|---|---|---|---|---|---|---|---|---|---|---|---|---|---|---|
| 槽号 | 下层 | | 7 | | 6 | | 5 | | | | | | | | | | | | |
| | 上层 | 19 | | 18 | | 17 | | 16 | 15 | 14 | 12 | 11 | 10 | 9 | | 8 | 7 | 6 | 5 |

(4) 绕组端面布接线

如图 6-9 所示。

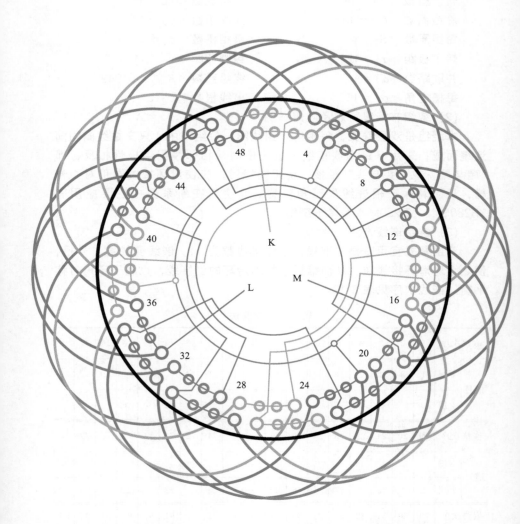

图 6-9　48 槽 4 极（$y=11$、$a=1$）绕线式转子绕组双层叠式布线

**6.2.2.10 48 槽 4 极 ($y=11$、$a=2$) 绕线式转子绕组双层叠式布线 \***

(1) 绕组结构参数

| | | | |
|---|---|---|---|
| 转子槽数 | $Z_2=48$ | 电机极数 | $2p=4$ |
| 总线圈数 | $Q_2=48$ | 线圈组数 | $u_2=12$ |
| 每组圈数 | $S_2=4$ | 极相槽数 | $q_2=4$ |
| 转子极距 | $\tau_2=12$ | 线圈节距 | $y_2=11$ |
| 并联路数 | $a_2=2$ | 绕组系数 | $K_{dp2}=0.949$ |
| 每槽电角 | $\alpha_2=15°$ | 出线根数 | $c=3$ |

(2) 绕组布接线特点及应用举例

本例是双层叠式绕组，全部由四联组构成；每相 4 组线圈分成两个支路，每支路由相邻的一正一反线圈组串联而成。绕组接线时应使滑环接线端与 1 号槽对正，可使接线最短，从而满足三相进线的对称分布。此绕组在新系列电机中，主要应用实例有 YR280S-4、YR280M-4 等绕线式转子绕组。

(3) 绕组嵌线方法

本例是双层叠式布线，采用交叠法嵌线时吊边数为 11。嵌线时要将 1 号槽选在滑环接线端正对上方，使之连接线最短。嵌线是按组嵌入，嵌线次序见表 6-11。

表 6-11 交叠法

| 嵌绕次序 | | 1 | 2 | 3 | 4 | 5 | 6 | 7 | 8 | 9 | 10 | 11 | 12 | 13 | 14 | 15 | 16 | 17 | 18 |
|---|---|---|---|---|---|---|---|---|---|---|---|---|---|---|---|---|---|---|---|
| 槽号 | 下层 | 4 | 3 | 2 | 1 | 48 | 47 | 46 | 45 | 44 | 43 | 42 | 41 | | 40 | | 39 | | 38 |
| | 上层 | | | | | | | | | | | | | 4 | | 3 | | 2 | |
| 嵌绕次序 | | 19 | 20 | 21 | 22 | 23 | 24 | 25 | 26 | …… | 71 | 72 | 73 | 74 | 75 | 76 | 77 | 78 |
| 槽号 | 下层 | | 37 | | 36 | | 35 | | 34 | …… | | 11 | | 10 | | 9 | | 8 |
| | 上层 | 1 | | 48 | | 47 | | 46 | | …… | 23 | | 22 | | 21 | | 20 | |
| 嵌绕次序 | | 79 | 80 | 81 | 82 | 83 | 84 | 85 | 86 | 87 | 88 | 89 | 90 | 91 | 92 | 93 | 94 | 95 | 96 |
| 槽号 | 下层 | | 7 | | 6 | | 5 | | | | | | | | | | | | |
| | 上层 | 19 | | 18 | | 17 | | 16 | 15 | 14 | 13 | 12 | 11 | 10 | 9 | 8 | 7 | 6 | 5 |

（4）绕组端面布接线

如图 6-10 所示。

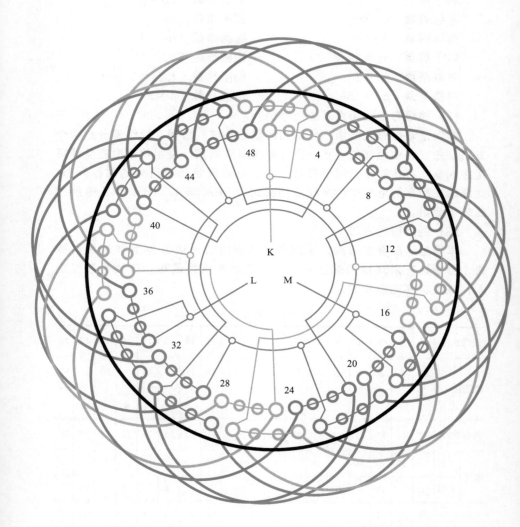

图 6-10 48槽4极（$y=11$、$a=2$）绕线式转子绕组双层叠式布线

### 6.2.2.11　48 槽 4 极（$y=11$、$a=4$）绕线式转子绕组双层叠式布线 *

（1）绕组结构参数

转子槽数　$Z_2 = 48$　　　　电机极数　$2p = 4$

总线圈数　$Q_2 = 48$　　　　线圈组数　$u_2 = 12$

每组圈数　$S_2 = 4$　　　　　极相槽数　$q_2 = 4$

转子极距　$\tau_2 = 12$　　　　线圈节距　$y_2 = 11$

并联路数　$a_2 = 4$　　　　　绕组系数　$K_{dp2} = 0.949$

每槽电角　$\alpha_2 = 15°$　　　　出线根数　$c = 3$

（2）绕组布接线特点及应用举例

本绕组采用双层叠式布线，每组由 4 只同规格的交叠线圈连绕而成，每相 4 组线圈分成 4 个支路，即每支路仅一组线圈，接成四路并联，但必须保证同相相邻线圈组的极性相反。绕组接线时必须使 1 号槽设在滑环接线端的上方。本例绕组实际应用不多，实例如（IP44）的 YR280M-4 的转子绕组。

（3）绕组嵌线方法

本例绕组嵌线采用交叠法，嵌线吊边数为 11。由于线圈组是 4 圈连绕，故嵌放第 1 组时应参考图中把 1 号槽设定在滑环接线端正对上方。绕组具体嵌法见表 6-12。

表 6-12　交叠法

| 嵌绕次序 | | 1 | 2 | 3 | 4 | 5 | 6 | 7 | 8 | 9 | 10 | 11 | 12 | 13 | 14 | 15 | 16 | 17 | 18 |
|---|---|---|---|---|---|---|---|---|---|---|---|---|---|---|---|---|---|---|---|
| 槽号 | 下层 | 4 | 3 | 2 | 1 | 48 | 47 | 46 | 45 | 44 | 43 | 42 | 41 | | 40 | | 39 | | 38 |
| | 上层 | | | | | | | | | | | | | 4 | | 3 | | 2 | |
| 嵌绕次序 | | 19 | 20 | 21 | 22 | 23 | 24 | 25 | 26 | …… | 71 | 72 | 73 | 74 | 75 | 76 | 77 | 78 |
| 槽号 | 下层 | | 37 | | 36 | | 35 | | 34 | …… | | 11 | | 10 | | 9 | | 8 |
| | 上层 | 1 | | 48 | | 47 | | 46 | | …… | 23 | | 22 | | 21 | | 20 | |
| 嵌绕次序 | | 79 | 80 | 81 | 82 | 83 | 84 | 85 | 86 | 87 | 88 | 89 | 90 | 91 | 92 | 93 | 94 | 95 | 96 |
| 槽号 | 下层 | | 7 | | 6 | | 5 | | | | | | | | | | | |
| | 上层 | 19 | | 18 | | 17 | | 16 | 15 | 14 | 13 | 12 | 11 | 10 | 9 | 8 | 7 | 6 | 5 |

(4) 绕组端面布接线

如图 6-11 所示。

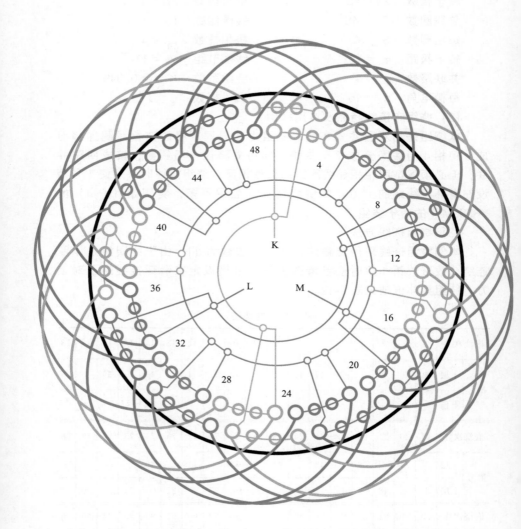

图 6-11　48 槽 4 极（$y=11$、$a=4$）绕线式转子绕组双层叠式布线

### 6.2.2.12 72 槽 4 极（$y=18$、$a=1$）绕线式转子绕组双层叠式布线 *

**(1) 绕组结构参数**

| | | | |
|---|---|---|---|
| 转子槽数 | $Z_2 = 72$ | 电机极数 | $2p = 4$ |
| 总线圈数 | $Q_2 = 72$ | 线圈组数 | $u_2 = 12$ |
| 每组圈数 | $S_2 = 6$ | 极相槽数 | $q_2 = 6$ |
| 转子极距 | $\tau_2 = 18$ | 线圈节距 | $y_2 = 18$ |
| 并联路数 | $a_2 = 1$ | 绕组系数 | $K_{dp2} = 0.956$ |
| 每槽电角 | $\alpha_2 = 10°$ | 出线根数 | $c = 3$ |

**(2) 绕组布接线特点及应用举例**

本例是 72 槽 4 极双叠绕组，绕圈节距等于极距，即整距布线，故绕组系数较高。而绕组采用一路串联，即每相 4 组线圈反极性串联，即同相相邻线圈组之间是"尾接尾"或"头接头"。每组由 6 只线圈连绕而成，故嵌线和接线时要考虑 1 号槽的定位，即设定 1 号槽应正对滑环接线端，使之接线最短。本绕组在新系列中应用实例有 YZR2-315S-4 和 YZR2-315M-4 等。

**(3) 绕组嵌线方法**

本例是双层叠绕，采用交叠法布线时吊边数为 18。虽然吊边较多，对转子而言无碍于其他线圈的嵌入。绕组嵌线次序见表 6-13。

表 6-13 交叠法

| 嵌绕次序 | | 1 | 2 | 3 | 4 | 5 | 6 | 7 | 8 | 9 | 10 | 11 | 12 | 13 | 14 | 15 | 16 | 17 | 18 |
|---|---|---|---|---|---|---|---|---|---|---|---|---|---|---|---|---|---|---|---|
| 槽号 | 下层 | 6 | 5 | 4 | 3 | 2 | 1 | 72 | 71 | 70 | 69 | 68 | 67 | 66 | 65 | 64 | 63 | 62 | 61 |
| | 上层 | | | | | | | | | | | | | | | | | | |

| 嵌绕次序 | | 19 | 20 | 21 | 22 | 23 | 24 | 25 | 26 | …… | 119 | 120 | 121 | 122 | 123 | 124 | 125 | 126 |
|---|---|---|---|---|---|---|---|---|---|---|---|---|---|---|---|---|---|---|
| 槽号 | 下层 | 60 | | 59 | | 58 | | 57 | | …… | 10 | | 9 | | 8 | | 7 | |
| | 上层 | | 6 | | 5 | | 4 | | 3 | …… | | 28 | | 27 | | 26 | | 25 |

| 嵌绕次序 | | 127 | 128 | 129 | 130 | 131 | 132 | 133 | 134 | 135 | 136 | 137 | 138 | 139 | 140 | 141 | 142 | 143 | 144 |
|---|---|---|---|---|---|---|---|---|---|---|---|---|---|---|---|---|---|---|---|
| 槽号 | 下层 | | | | | | | | | | | | | | | | | | |
| | 上层 | 24 | 23 | 22 | 21 | 20 | 19 | 18 | 17 | 16 | 15 | 14 | 13 | 12 | 11 | 10 | 9 | 8 | 7 |

（4）绕组端面布接线

如图 6-12 所示。

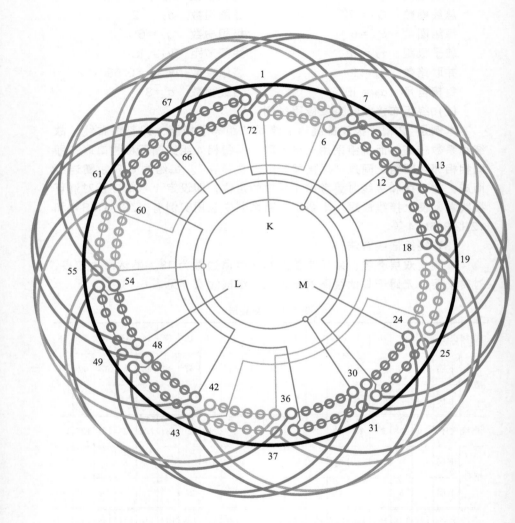

图 6-12　72 槽 4 极（$y=18$、$a=1$）绕线式转子绕组双层叠式布线

# 6.3　6极电动机转子绕组

## 6.3.1　绕线式转子6极绕组数据

本节是6极电动机绕线式转子数据，内容主要有新系列派生产品 YR（IP44、IP23）及 YZR、YZR2 系列的6极电动机绕线式转子绕组重绕修理所需数据。其中有 YR（IP44）19 台、YR（IP23）12 台、YZR 13 台、YZR2 是 17 台规格。而在 YR（IP44）系列中，机座号 200～280 的每台是双规格，即采用 2Y 接法时绕组采用圆铜线；1Y 接法时是扁铜线。重绕时可酌情选用绕组方案。此外，冶金起重型 YZR2 系列本书是采用赵家礼主编《电动机修理手册》资料，在表 6-14 的"布线型式"栏中与其他一些资料有所区别，重绕时应予注意。表 6-14 是新系列6极电动机绕线式转子技术数据，供读者参考。

## 6.3.2　6极转子绕线式绕组布线图

本节是新系列绕线式异步电动机转子中的6极绕组端面布线图。内容包括 YR（IP44、IP23）及 YZR、YZR2 等系列产品所用绕组。由于6极绕组极对数 $p=3$，无论进线 K 设定在任何位置，在互差 120°空间的槽都是同相的；所以，6极绕组的三相进线是无法做到三角对称的，因此在满足互差 120°电角度的条件下只能做到尽可能的相对对称。因此，在设定1号槽正对 K 相滑环接线端后，再通过绑扎使 L、M 从对称的位置引出并接入滑环 L、M 端。新系列6极转子共有绕组 11 例，绘制成端面模拟彩图供修理者选用。

表 6-14　绕线式电动机转子 6 极绕组数据表

| 电动机型号 | 额定参数 | | | 定子铁芯/mm | | | 槽数 | 极数 | 转子及绕组 | | | | | | | |
|---|---|---|---|---|---|---|---|---|---|---|---|---|---|---|---|---|
| | 功率/kW | 电压/V | 电流/A | 外径 | 内径 | 长度 | | | 布线型式 | 接法 | 节距 | 线圈匝数 | 线规/n-mm | 电压/V | 电流/A | 绕组图号 |
| YR132M1-6 | 3 | 380 (IP44) | 8.2 | 210 | 148 | 125 | 36 | 6 | 双层叠式 | 1Y | | 10 | 3-1.0 | 206 | 9.5 | 图 6-16 |
| YR132M2-6 | 4 | | 10.7 | 210 | 148 | 165 | | | 双层叠式 | | | 17 | 2-0.95 | 230 | 11 | |
| YR160M-6 | 5.5 | | 13.4 | 260 | 180 | 140 | 36 | 6 | 双层叠式 | 2Y | | 17 | 2-1.06 | 244 | 14.5 | 图 6-17 |
| YR160L-6 | 7.5 | | 17.9 | 260 | 180 | 185 | | | 双层叠式 | 2Y | | 14 | 2-1.18 | 266 | 18 | 图 6-17 |
| YR180L-6 | 11 | | 23.6 | 290 | 205 | 205 | | | 双层叠式 | 2Y | 5 | 14 | 4-1.0 | 310 | 22.5 | |
| YR200L1-6 | 15 | | 31.8 | 327 | 230 | 190 | | | 双层叠式 | 2Y；1Y | | 8；4 | 2-1.18；4-1.25、1-(2.24×5.6) | 198 | 48 | 图 6-16；图 6-17 |
| YR225M1-6 | 18.5 | | 38.3 | 368 | 260 | 160 | 36 | 6 | 双层叠式 | 2Y；1Y | | 8；4 | 8-1.25；1-(2.8×6.3) | 187 | 62.5 | 图 6-16；图 6-17 |
| YR225M2-6 | 22 | | 45 | 368 | 260 | 190 | | | 双层叠式 | 2Y；1Y | | 8；4 | 8-1.25；1-(2.8×6.3) | 224 | 61 | 图 6-16；图 6-19 |
| YR250M1-6 | 30 | | 60.4 | 400 | 285 | 230 | 48 | 6 | 双层叠式 | 2Y；1Y | 7 | 6；3 | 7-1.40；2-(2.24×5) | 282 | 66 | 图 6-18；图 6-19 |
| YR250M2-6 | 37 | | 73.9 | 400 | 285 | 260 | | | 双层叠式 | 2Y；1Y | | 6；3 | 3-1.30、6-1.40；2-(2.5×5.6) | 331 | 69 | 图 6-18 |

续表

| 电动机型号 | 额定参数 功率/kW | 电压/V | 电流/A | 定子铁芯/mm 外径 | 内径 | 长度 | 槽数 | 极数 | 布线型式 | 转子反绕组 接法 | 节距 | 线圈匝数 | 线规/n-mm | 电压/V | 电流/A | 绕组图号 |
|---|---|---|---|---|---|---|---|---|---|---|---|---|---|---|---|---|
| YR280S-6 | 45 | 380(IP44) | 88 | 445 | 325 | 250 | 48 | 6 | 双层叠式 | 2Y / 1Y | 7 | 6 / 3 | 3-1.30 6-1.40 / 2-(2.5×5.6) | 362 | 76 | 图6-19 / 图6-18 |
| YR280M-6 | 55 |  | 107 |  |  | 290 |  |  |  | 2Y / 1Y |  | 6 / 3 | 9-1.40 / 2-(2.5×5.6) | 423 | 80 | 图6-19 / 图6-18 |
| YR160M-6 | 5.5 | 380(IP23) | 13.2 | 290 | 205 | 95 | 36 | 6 | 双层叠式 | 1Y | 5 | 12 | 1-1.18 1-1.25 | 279 | 13 | 图6-16 |
| YR160L-6 | 7.5 |  | 17.5 |  |  | 115 |  |  |  | 1Y |  | 9 | 3-1.12 | 260 | 19 |  |
| YR180M-6 | 11 |  | 25.4 | 327 | 230 | 125 |  |  |  | 1Y |  | 4 | 1-(1.8×4) | 146 | 50 |  |
| YR180L-6 | 15 |  | 33.7 |  |  | 155 |  |  |  | 1Y |  | 4 | 1-(1.8×4) | 187 | 53 |  |
| YR200M-6 | 18 |  | 40.1 | 368 | 260 | 135 |  |  |  | 1Y |  | 4 | 1-(1.85×5) | 187 | 65 |  |
| YR200L-6 | 22 |  | 46.6 |  |  | 165 |  |  |  | 1Y |  | 4 | 1-(1.8×5) | 224 | 63 |  |
| YR225M1-6 | 30 |  | 61.3 | 400 | 285 | 165 |  |  |  | 1Y |  | 3 | 2-(1.6×4.5) | 227 | 86 |  |
| YR225M2-6 | 37 |  | 74.3 |  |  | 195 |  |  |  | 1Y |  | 3 | 2-(1.6×4.5) | 287 | 82 |  |
| YR250S-6 | 45 |  | 90.4 | 445 | 325 | 165 | 54 | 6 | 双层叠式 | 1Y | 8 | 3 | 2-(1.8×4.5) | 307 | 93 | 图6-22 |
| YR250M-6 | 55 |  | 109 |  |  | 195 |  |  |  | 1Y |  | 3 | 2-(1.8×4.5) | 359 | 97 |  |
| YR280S-6 | 75 |  | 143 | 493 | 360 | 185 |  |  |  | 1Y |  | 3 | 2-(2×5) | 392 | 121 |  |
| YR280M-6 | 90 |  | 169 |  |  | 240 |  |  |  | 1Y |  | 3 | 2-(2×5) | 481 | 118 |  |

续表

| 电动机型号 | 额定参数 | | | 定子铁芯/mm | | | 槽数 | 极数 | 转子及绕组 | | | | | | | 绕组图号 |
|---|---|---|---|---|---|---|---|---|---|---|---|---|---|---|---|---|
| | 功率/kW | 电压/V | 电流/A | 外径 | 内径 | 长度 | | | 布线型式 | 接法 | 节距 | 线圈匝数 | 线规/n-mm | 电压/V | 电流/A | |
| YZR112M-6 | 1.5 | 380 | 4.63 | 182 | 127 | 95 | 36 | 6 | 单层链式 | 1Y | 5 | 14 | 1-0.90 1-1.0 | 100 | 12.5 | 图6-13 |
| YZR132M1-6 | 2.2 | | 6.05 | 210 | 148 | 100 | | | | | | 15 | 2-1.12 | 132 | 12.6 | |
| YZR132M2-6 | 3.7 | | 9.2 | | | 150 | | | | | | 15 | 2-1.12 | 185 | 14.5 | |
| YZR160M1-6 | 5.5 | | 15 | 245 | 182 | 115 | | | | 2Y | | 22 | 3-1.0 | 138 | 25.7 | 图6-14 |
| YZR160M2-6 | 7.5 | | 18 | | | 150 | | | | | | 22 | 3-1.0 | 185 | 26.5 | |
| YZR160L-6 | 11 | | 24.9 | | | 210 | | | | | | 22 | 3-1.0 | 250 | 27.6 | |
| YZR180L-6 | 15 | | 33.8 | 280 | 210 | 200 | 54 | | | 3Y | | 16 | 3-1.30 | 218 | 46.5 | 图6-15 |
| YZR200L-6 | 22 | | 49.1 | 327 | 245 | 200 | | | | | | 19 | 4-1.25 | 200 | 69.9 | |
| YZR225M-6 | 30 | | 62 | 327 | 245 | 255 | | | | | | 19 | 4-1.25 | 250 | 74.4 | |
| YZR250M1-6 | 37 | | 70.5 | 368 | 280 | 280 | | | 单交叉 | 3Y | 8,7 | 12 | 3-1.40 1-1.30 | 250 | 91.5 | 图6-21 |
| YZR250M2-6 | 45 | | 84.5 | | | 330 | | | | | | 12 | 3-1.40 1-1.30 | 290 | 95 | |
| YZR280S-6 | 55 | | 102 | 423 | 310 | 285 | 48 | | 双层叠式 | 2Y | 8 | 6 | 6-1.30 | 280 | 120 | 图6-20 |
| YZR280M-6 | 75 | | 138 | | | 360 | | | | | | 6 | 6-1.30 | 370 | 123 | |
| YZR2-112M1-6 | 1.5 | 380 | | 182 | 124 | 85 | 36 | | 单层链式 | 1Y | 5 | 16 | 2-1.0 | 100 | — | 图6-13 |
| YZR2-112M2-6 | 2.2 | | | | | 105 | | | | | | 16 | 2-1.0 | 132 | — | |

续表

| 电动机型号 | 额定参数 功率/kW | 电压/V | 电流/A | 定子铁芯/mm 外径 | 内径 | 长度 | 槽数 | 极数 | 布线型式 | 转子及绕组 接法 | 节距 | 线圈匝数 | 线规/n·mm | 电压/V | 电流/A | 绕组图号 |
|---|---|---|---|---|---|---|---|---|---|---|---|---|---|---|---|---|
| YZR2-132M1-6 | 3 | — | — | 210 | 148 | 85 | 36 | 6 | 单层链式 | 1Y | 5 | 13 | 2-0.95 | 110 | — | 图6-13 |
| YZR2-132M2-6 | 4 | | — | | | 105 | | | | | | 18 | 2-1.0 | 185 | — | |
| YZR2-160M1-6 | 5.5 | | — | 245 | 182 | 110 | | | | | | 21 | 3-0.95 | 138 | — | |
| YZR2-160M2-6 | 7.5 | | — | | | 145 | | | | 2Y | | 21 | 4-0.90 | 185 | — | 图6-14 |
| YZR2-160L-6 | 11 | | — | 280 | 210 | 190 | | | | | | 22 | 3-1.0 | 250 | — | |
| YZR2-180L-6 | 15 | | — | | | 200 | | | | | | 16 | 3-1.06 2-1.0 | 218 | — | |
| YZR2-200L-6 | 22 | | — | 327 | 245 | 185 | | | | | | 15 | 4-1.25 | 200 | — | |
| YZR2-225M-6 | 30 | | — | 327 | | 240 | 54 | | | | | 14 | 4-1.32 | 250 | — | |
| YZR2-250M1-6 | 37 | 380 | — | | 280 | 250 | | | | | | 12 | 4-1.50 | 250 | — | |
| YZR2-250M2-6 | 45 | | — | 368 | | 300 | | | 单交叉 | 3Y | 8,7 | 12 | 4-1.50 | 290 | — | 图6-21 |
| YZR2-280S1-6 | 55 | | — | | | 230 | | | | | | 13 | 6-1.32 | 280 | — | |
| YZR2-280S2-6 | 63 | | — | 423 | 310 | 260 | | | | | | 12 | 4-1.50 1-1.40 | 300 | — | |
| YZR2-280M-6 | 75 | | — | | | 320 | | | | | | 11 | 4-1.40 2-1.50 | 310 | — | |
| YZR2-315S-6 | 90 | | — | 493 | 370 | 300 | 72 | | 单同心 | 1Y | 11,9 | 2 | 1-(3.15×16) | 255 | — | 图6-23 |
| YZR2-315M-6 | 110 | | — | | | 380 | | | | | | 2 | 1-(3.15×16) | 305 | — | |

### 6.3.2.1 36 槽 6 极 ($y=5$、$a=1$) 绕线式转子绕组单层链式布线 *

(1) 绕组结构参数

转子槽数　$Z_2=36$　　　　　电机极数　$2p=6$
总线圈数　$Q_2=18$　　　　　线圈组数　$u_2=18$
每组圈数　$S_2=1$　　　　　极相槽数　$q_2=2$
转子极距　$\tau_2=6$　　　　　线圈节距　$y_2=5$
并联路数　$a_2=1$　　　　　绕组系数　$K_{dp2}=0.966$
每槽电角　$\alpha_2=30°$　　　　出线根数　$c=3$

(2) 绕组布接线特点及应用举例

本例 36 槽 6 极构成单链绕组时，每组仅一圈，每相则由 6 只（组）线圈组成，采用一路串联接线时，应将同相相邻线圈反极性，即接线规律为"尾接尾"或"头接头"。此外，为使转子绕组获得较理想的对称，嵌线和接线开始时都应对 1 号槽选择在滑环接线端的正对上方；而 6 极绕组无法获得 120° 空间的对称进线，故 L、M 两相分别从 29、9 槽进入，而人为绑扎到 25 槽及 13 槽位引出接到滑环 L 端和 M 端。此绕组实际应用有 YZR112M-6、YZR132M1-6、YZR2-112M2-6、YZR2-132M2-6 等绕线式转子绕组。

(3) 绕组嵌线方法

本绕组采用交叠法嵌线，吊边数为 2。如果采用连绕线圈则应先设定 1 号槽及 1 号线圈位置，即使 1 号槽正对下面的滑环接线端。嵌线次序见表 6-15。

表 6-15　交叠法

| 嵌绕次序 | | 1 | 2 | 3 | 4 | 5 | 6 | 7 | 8 | 9 | 10 | 11 | 12 | 13 | 14 |
|---|---|---|---|---|---|---|---|---|---|---|---|---|---|---|---|
| 槽号 | 沉边 | 1 | 35 | 33 | | 31 | | 29 | | 27 | | 25 | | 23 | |
| | 浮边 | | | | 2 | | 36 | | 34 | | 32 | | 30 | | 28 |
| 嵌绕次序 | | 15 | 16 | 17 | 18 | 19 | 20 | 21 | 22 | 23 | 24 | 25 | 26 | 27 | 28 |
| 槽号 | 沉边 | 21 | | 19 | | 17 | | 15 | | 13 | | 11 | | 9 | |
| | 浮边 | | 26 | | 24 | | 22 | | 20 | | 18 | | 16 | | 14 |
| 嵌绕次序 | | 29 | 30 | 31 | 32 | 33 | 34 | 35 | 36 | | | | | | |
| 槽号 | 沉边 | 7 | | 5 | | 3 | | | | | | | | | |
| | 浮边 | | 12 | | 10 | | 8 | 6 | 4 | | | | | | |

(4) 绕组端面布接线

如图 6-13 所示。

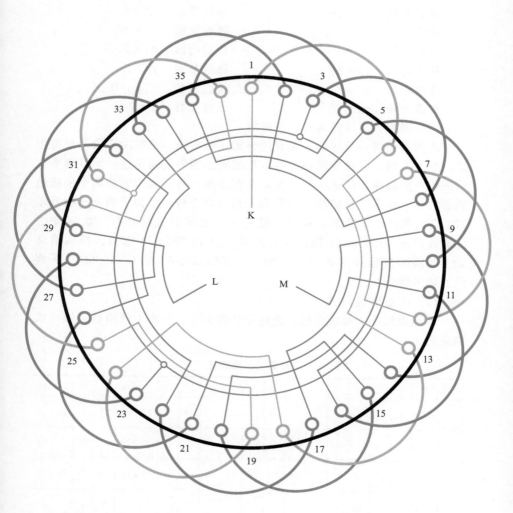

图 6-13　36 槽 6 极（$y = 5$、$a = 1$）绕线式转子绕组单层链式布线

### 6.3.2.2　36 槽 6 极（$y=5$、$a=2$）绕线式转子绕组单层链式布线 *

(1) 绕组结构参数

| | | | |
|---|---|---|---|
| 转子槽数 | $Z_2 = 36$ | 电机极数 | $2p = 6$ |
| 总线圈数 | $Q_2 = 18$ | 线圈组数 | $u_2 = 18$ |
| 每组圈数 | $S_2 = 1$ | 极相槽数 | $q_2 = 2$ |
| 转子极距 | $\tau_2 = 6$ | 线圈节距 | $y_2 = 5$ |
| 并联路数 | $a_2 = 2$ | 绕组系数 | $K_{dp2} = 0.966$ |
| 每槽电角 | $\alpha_2 = 30°$ | 出线根数 | $c = 3$ |

(2) 绕组布接线特点及应用举例

本例每组仅一只线圈，属单层链式显极布线，每相由 6 只单圈组成，分为二路，则每支路相邻的 3 只线圈按相邻反向接线；而且两个支路采用双向接线，即进线后向左右两侧走线，将同相相邻的两个反极性线圈并接。由于 6 极绕组无法获得三角对称进线，但为了满足三相互差 120°电角度的基本要求，并得到接近 120°空间的进线分布，本例将 L、M 进线定在 16 槽和 21 槽；并人为绑扎到 13 槽和 25 槽引出接到滑环端。此绕组实际应用有 YZR160M1-6、YZR180L-6、YZR2-160M2-6 等绕线式转子绕组。

(3) 绕组嵌线方法

本绕组采用交叠法嵌线，嵌线吊边数为 2。设定 1 号槽后，嵌线次序见表 6-16。

表 6-16　交叠法

| 嵌绕次序 | | 1 | 2 | 3 | 4 | 5 | 6 | 7 | 8 | 9 | 10 | 11 | 12 | 13 | 14 | 15 | 16 | 17 | 18 |
|---|---|---|---|---|---|---|---|---|---|---|---|---|---|---|---|---|---|---|---|
| 槽号 | 沉边 | 1 | 35 | 33 | | 31 | | 29 | | 27 | | 25 | | 23 | | 21 | | 19 | |
| | 浮边 | | | | 2 | | 36 | | 34 | | 32 | | 30 | | 28 | | 26 | | 24 |
| 嵌绕次序 | | 19 | 20 | 21 | 22 | 23 | 24 | 25 | 26 | 27 | 28 | 29 | 30 | 31 | 32 | 33 | 34 | 35 | 36 |
| 槽号 | 沉边 | 17 | | 15 | | 13 | | 11 | | 9 | | 7 | | 5 | | 3 | | | |
| | 浮边 | | 22 | | 20 | | 18 | | 16 | | 14 | | 12 | | 10 | | 8 | 6 | 4 |

(4) 绕组端面布接线

如图 6-14 所示。

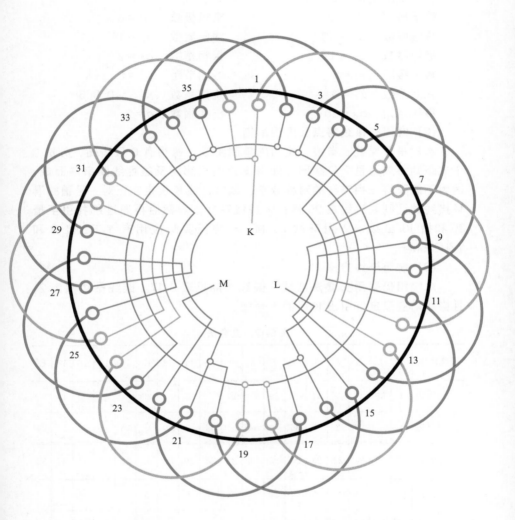

图 6-14　36 槽 6 极（$y=5$、$a=2$）绕线式转子绕组单层链式布线

### 6.3.2.3　36槽6极（$y=5$、$a=3$）绕线式转子绕组单层链式布线 *

（1）绕组结构参数

| | | | |
|---|---|---|---|
| 转子槽数 | $Z_2=36$ | 电机极数 | $2p=6$ |
| 总线圈数 | $Q_2=18$ | 线圈组数 | $u_2=18$ |
| 每组圈数 | $S_2=1$ | 极相槽数 | $q_2=2$ |
| 转子极距 | $\tau_2=6$ | 线圈节距 | $y_2=5$ |
| 并联路数 | $a_2=3$ | 绕组系数 | $K_{dp2}=0.966$ |
| 每槽电角 | $\alpha_2=30°$ | 出线根数 | $c=3$ |

（2）绕组布接线特点及应用举例

本例是单层链式布线，绕组由单圈组成，每相有 6 只线圈，分成 3 个支路则每支路是 2 只线圈，即每支路由相邻两反极性线圈串联而成。因为不能获得三相进线的对称分布，故将进线 K 设定在正对 1 号槽的滑环接线端，则 L 进线在 29 槽；M 进线在 9 槽。然后再通过绑扎引至槽 25 和槽 13 出线接入滑环端 L、M。此绕组实际应用有 YZR200L-6 和 YZR225M-6。

（3）绕组嵌线方法

本绕组仍采用交叠法嵌线，嵌线次序见表 6-17。嵌线吊边数为 2，且嵌线前应设定好引出 K 线的 1 号槽。

表 6-17　交叠法

| 嵌绕次序 | | 1 | 2 | 3 | 4 | 5 | 6 | 7 | 8 | 9 | 10 | 11 | 12 | 13 | 14 | 15 | 16 | 17 | 18 |
|---|---|---|---|---|---|---|---|---|---|---|---|---|---|---|---|---|---|---|---|
| 槽号 | 沉边 | 1 | 35 | 33 | | 31 | | 29 | | 27 | | 25 | | 23 | | 21 | | 19 | |
| | 浮边 | | | | 2 | | 36 | | 34 | | 32 | | 30 | | 28 | | 26 | | 24 |

| 嵌绕次序 | | 19 | 20 | 21 | 22 | 23 | 24 | 25 | 26 | 27 | 28 | 29 | 30 | 31 | 32 | 33 | 34 | 35 | 36 |
|---|---|---|---|---|---|---|---|---|---|---|---|---|---|---|---|---|---|---|---|
| 槽号 | 沉边 | 17 | | 15 | | 13 | | 11 | | 9 | | 7 | | 5 | | 3 | | | |
| | 浮边 | | 22 | | 20 | | 18 | | 16 | | 14 | | 12 | | 10 | | 8 | 6 | 4 |

（4）绕组端面布接线

如图 6-15 所示。

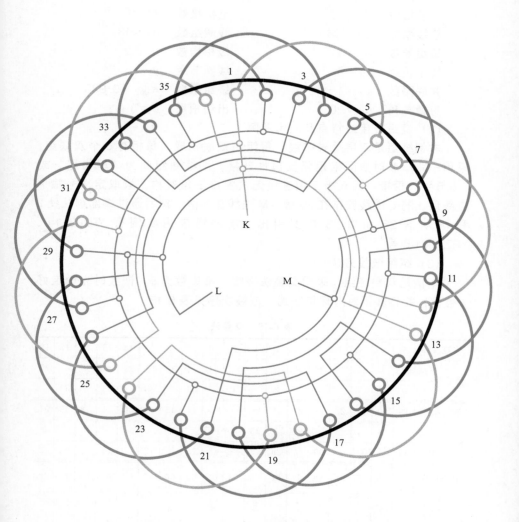

图 6-15　36 槽 6 极（$y=5$、$a=3$）绕线式转子绕组单层链式布线

### 6.3.2.4　36槽6极（$y=5$、$a=1$）绕线式转子绕组双层叠式布线*

（1）绕组结构参数

| | | | |
|---|---|---|---|
| 转子槽数 | $Z_2=36$ | 电机极数 | $2p=6$ |
| 总线圈数 | $Q_2=36$ | 线圈组数 | $u_2=18$ |
| 每组圈数 | $S_2=2$ | 极相槽数 | $q_2=2$ |
| 转子极距 | $\tau_2=6$ | 线圈节距 | $y_2=5$ |
| 并联路数 | $a_2=1$ | 绕组系数 | $K_{dp2}=0.933$ |
| 每槽电角 | $\alpha_2=30°$ | 出线根数 | $c=3$ |

（2）绕组布接线特点及应用举例

本例绕组是双层叠式布线，每组由双联构成，每相有6个双联组，采用一路串联时是同相相邻反极性连接，即线圈组间为"尾与尾"或"头与头"相接。因6极三相进线无法安排三角对称，故取定1号槽K进线后，将L进线安排在29槽；M进线在9槽。然后通过端部绑扎使L和M从槽25和槽13位置引出。本绕组应用实例有YR200L1-6、YR225M1-6等。

（3）绕组嵌线方法

本例是双叠绕组，采用交叠法嵌线，吊边数为5。嵌线时先设定好1号槽，并将其正对滑环接线端。嵌线次序见表6-18。

表6-18　交叠法

| 嵌绕次序 | | 1 | 2 | 3 | 4 | 5 | 6 | 7 | 8 | 9 | 10 | 11 | 12 | 13 | 14 | 15 | 16 | 17 | 18 |
|---|---|---|---|---|---|---|---|---|---|---|---|---|---|---|---|---|---|---|---|
| 槽号 | 下层 | 2 | 1 | 36 | 35 | 34 | 33 | | 32 | | 31 | | 30 | | 29 | | 28 | | 27 |
| | 上层 | | | | | | | 2 | | 1 | | 36 | | 35 | | 34 | | 33 | |

| 嵌绕次序 | | 19 | 20 | 21 | 22 | 23 | 24 | 25 | 26 | …… | 47 | 48 | 49 | 50 | 51 | 52 | 53 | 54 |
|---|---|---|---|---|---|---|---|---|---|---|---|---|---|---|---|---|---|---|
| 槽号 | 下层 | | 26 | | 25 | | 24 | | 23 | …… | | 12 | | 11 | | 10 | | 9 |
| | 上层 | 32 | | 31 | | 30 | | 29 | | …… | 18 | | 17 | | 16 | | 15 | |

| 嵌绕次序 | | 55 | 56 | 57 | 58 | 59 | 60 | 61 | 62 | 63 | 64 | 65 | 66 | 67 | 68 | 69 | 70 | 71 | 72 |
|---|---|---|---|---|---|---|---|---|---|---|---|---|---|---|---|---|---|---|---|
| 槽号 | 下层 | | 8 | | 7 | | 6 | | 5 | | 4 | | 3 | | | | | | |
| | 上层 | | 14 | | 13 | | 12 | | 11 | | 10 | | 9 | | 8 | 7 | 6 | 5 | 4 | 3 |

（4）绕组端面布接线

如图6-16所示。

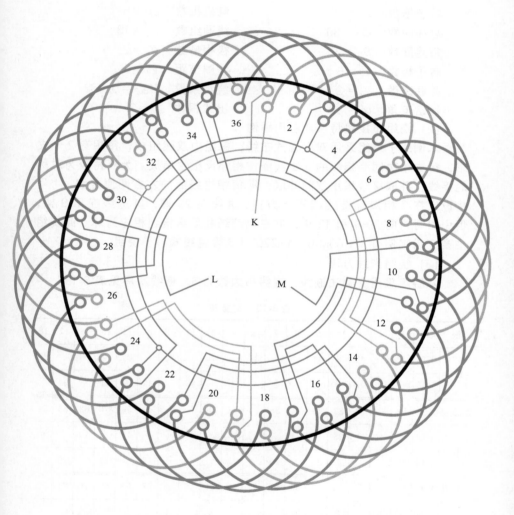

图 6-16　36 槽 6 极（$y=5$、$a=1$）绕线式转子绕组双层叠式布线

### 6.3.2.5 36槽6极（$y=5$、$a=2$）绕线式转子绕组双层叠式布线 *

（1）绕组结构参数

| | | | |
|---|---|---|---|
| 转子槽数 | $Z_2=36$ | 电机极数 | $2p=6$ |
| 总线圈数 | $Q_2=36$ | 线圈组数 | $u_2=18$ |
| 每组圈数 | $S_2=2$ | 极相槽数 | $q_2=2$ |
| 转子极距 | $\tau_2=6$ | 线圈节距 | $y_2=5$ |
| 并联路数 | $a_2=2$ | 绕组系数 | $K_{dp2}=0.933$ |
| 每槽电角 | $\alpha_2=30°$ | 出线根数 | $c=3$ |

（2）绕组布接线特点及应用举例

本例转子绕组采用双层叠式布线，每组由双圈组成，每相有2个支路，每支路由同相相邻的3组线圈按相邻反极性串成。为获得较为对称的接线，并联接线采用双向并联，即每相进线后向左右两侧走线。1号槽设定在 K 相滑环接线端正上方；L 进线在 29 槽，M 进线在第 9 槽，但引出时折向 25 槽和 13 槽，并在端部绑扎后再接到相应滑环。此绕组主要应用实例有 YR160M-6、YR225M1-6 等绕线式转子绕组。

（3）绕组嵌线方法

本绕组采用交叠法嵌线，嵌线吊边数为5。嵌线次序见表 6-19。

表 6-19　交叠法

| 嵌绕次序 | | 1 | 2 | 3 | 4 | 5 | 6 | 7 | 8 | 9 | 10 | 11 | 12 | 13 | 14 | 15 | 16 | 17 | 18 |
|---|---|---|---|---|---|---|---|---|---|---|---|---|---|---|---|---|---|---|---|
| 槽号 | 下层 | 2 | 1 | 36 | 35 | 34 | 33 | | 32 | | 31 | | 30 | | 29 | | 28 | | 27 |
| | 上层 | | | | | | | 2 | | 1 | | 36 | | 35 | | 34 | | 33 | |

| 嵌绕次序 | | 19 | 20 | 21 | 22 | 23 | 24 | 25 | 26 | 27 | 28 | …… | 49 | 50 | 51 | 52 | 53 | 54 |
|---|---|---|---|---|---|---|---|---|---|---|---|---|---|---|---|---|---|---|
| 槽号 | 下层 | | 26 | | 25 | | 24 | | 23 | | 22 | …… | | 11 | | 10 | | 9 |
| | 上层 | 32 | | 31 | | 30 | | 29 | | 28 | | …… | 17 | | 16 | | 15 | |

| 嵌绕次序 | | 55 | 56 | 57 | 58 | 59 | 60 | 61 | 62 | 63 | 64 | 65 | 66 | 67 | 68 | 69 | 70 | 71 | 72 |
|---|---|---|---|---|---|---|---|---|---|---|---|---|---|---|---|---|---|---|---|
| 槽号 | 下层 | | 8 | | 7 | | 6 | | 5 | | 4 | | 3 | | | | | | |
| | 上层 | 14 | | 13 | | 12 | | 11 | | 10 | | 9 | | 8 | 7 | 6 | 5 | 4 | 3 |

（4）绕组端面布接线

如图 6-17 所示。

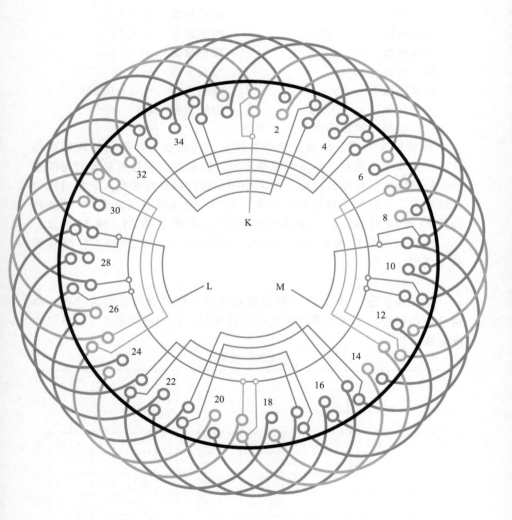

图 6-17　36 槽 6 极（$y=5$、$a=2$）绕线式转子绕组双层叠式布线

### 6.3.2.6　48槽6极（$y=7$、$a=1$）绕线式转子绕组双层叠式布线 [*]

（1）绕组结构参数

| | | | |
|---|---|---|---|
| 转子槽数 | $Z_2=48$ | 电机极数 | $2p=6$ |
| 总线圈数 | $Q_2=48$ | 线圈组数 | $u_2=18$ |
| 每组圈数 | $S_2=3、2$ | 极相槽数 | $q_2=2\frac{2}{3}$ |
| 转子极距 | $\tau_2=8$ | 线圈节距 | $y_2=7$ |
| 并联路数 | $a_2=1$ | 绕组系数 | $K_{dp2}=0.938$ |
| 每槽电角 | $\alpha_2=22.5°$ | 出线根数 | $c=3$ |

（2）绕组布接线特点及应用举例

48槽绕制6极双层绕组属分数绕组，即绕组由3圈组和双圈组构成；每相4组3圈和2组双圈串联而成，线圈组的安排可参考绕组图进行，但其接线仍依极性规律，即同相相邻线圈组极性相反。三相进线仍无法满足三角对称。接线时1号槽 K 应对正滑环接线端，而 L、M 进线槽为37槽和11槽，接入滑环前应通过人为绑扎至槽33、槽17位置引出。此绕组实际应用有 YR225M2-6、YR250M1-6、YR280M-6 等绕线式转子绕组。

（3）绕组嵌线方法

本例转子是48槽，采用双层叠式绕制6极时极相槽数为分数，故属分数槽绕组。嵌线时要注意大小联的安排。嵌线吊边数为7。嵌线次序见表6-20。

表 6-20　交叠法

| 嵌绕次序 | | 1 | 2 | 3 | 4 | 5 | 6 | 7 | 8 | 9 | 10 | 11 | 12 | 13 | 14 | 15 | 16 | 17 | 18 |
|---|---|---|---|---|---|---|---|---|---|---|---|---|---|---|---|---|---|---|---|
| 槽号 | 下层 | 2 | 1 | 48 | 47 | 46 | 45 | 44 | 43 | | 42 | | 41 | | 40 | | 39 | | 38 |
| | 上层 | | | | | | | | | 2 | | | | | | | | | |

| 嵌绕次序 | | 19 | 20 | 21 | 22 | 23 | 24 | 25 | 26 | 27 | …… | 72 | 73 | 74 | 75 | 76 | 77 | 78 |
|---|---|---|---|---|---|---|---|---|---|---|---|---|---|---|---|---|---|---|
| 槽号 | 下层 | | 37 | | 36 | | 35 | | 34 | | …… | 11 | | 10 | | 9 | | 8 |
| | 上层 | | | | | | | | | | …… | | 18 | | 17 | | 16 | |

| 嵌绕次序 | | 79 | 80 | 81 | 82 | 83 | 84 | 85 | 86 | 87 | 88 | 89 | 90 | 91 | 92 | 93 | 94 | 95 | 96 |
|---|---|---|---|---|---|---|---|---|---|---|---|---|---|---|---|---|---|---|---|
| 槽号 | 下层 | | 7 | | 6 | | 5 | | 4 | | 3 | | | | | | | | |
| | 上层 | 15 | | 14 | | 13 | | 12 | | 11 | | 10 | | 7 | | 6 | 5 | 4 | 3 |

（4）绕组端面布接线

如图6-18所示。

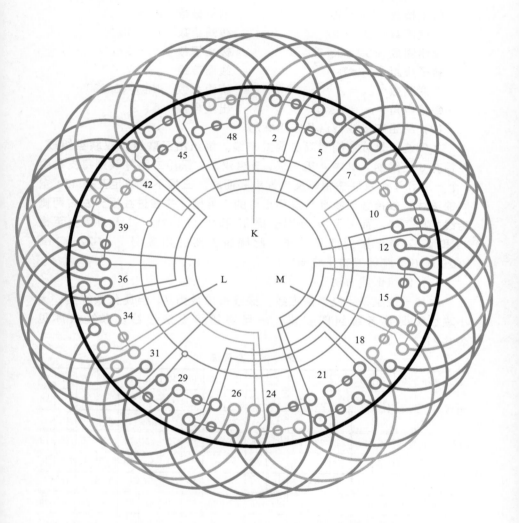

图 6-18　48 槽 6 极（$y=7$、$a=1$）绕线式转子绕组双层叠式布线

### 6.3.2.7 48槽6极（$y=7$、$a=2$）绕线式转子绕组双层叠式布线 *

**(1) 绕组结构参数**

| | | | |
|---|---|---|---|
| 转子槽数 | $Z_2=48$ | 电机极数 | $2p=6$ |
| 总线圈数 | $Q_2=48$ | 线圈组数 | $u_2=18$ |
| 每组圈数 | $S_2=3、2$ | 极相槽数 | $q_2=2\frac{2}{3}$ |
| 转子极距 | $\tau_2=8$ | 线圈节距 | $y_2=7$ |
| 并联路数 | $a_2=2$ | 绕组系数 | $K_{dp2}=0.938$ |
| 每槽电角 | $\alpha_2=22.5°$ | 出线根数 | $c=3$ |

**(2) 绕组布接线特点及应用举例**

本例绕组是分数绕组双层叠式布线。绕组由三联组和双联组组成，每相有6组线圈，其中4组三联，2组双联。采用二路并联则每支路由2个三联和1个双联按相邻反极性串联而成。三相不能满足互差120°空间的进线，故接线时找准与滑环正对的1号槽，并在进线后分左右两侧走线构成二路。而L及M分别于槽37和槽11进线，并人为绑扎至槽33和槽17引出接到滑环端子。此绕组主要应用实例有YR225M2-6、YR280M-6等绕线式转子绕组。

**(3) 绕组嵌线方法**

本转子绕组采用交叠法嵌线，嵌线吊边数为7。但属分数绕组，大小联线圈要参考绕组图安排，一旦嵌错将无法接线。嵌线次序见表6-21。

表 6-21 交叠法

| 嵌绕次序 | | 1 | 2 | 3 | 4 | 5 | 6 | 7 | 8 | 9 | 10 | 11 | 12 | 13 | 14 | 15 | 16 | 17 | 18 |
|---|---|---|---|---|---|---|---|---|---|---|---|---|---|---|---|---|---|---|---|
| 槽号 | 下层 | 2 | 1 | 48 | 47 | 46 | 45 | 44 | 43 | | 42 | | 41 | | 40 | | 39 | | 38 |
| | 上层 | | | | | | | | | 2 | | 1 | | 48 | | 47 | | 46 | |

| 嵌绕次序 | | 19 | 20 | 21 | 22 | 23 | 24 | 25 | 26 | …… | 71 | 72 | 73 | 74 | 75 | 76 | 77 | 78 |
|---|---|---|---|---|---|---|---|---|---|---|---|---|---|---|---|---|---|---|
| 槽号 | 下层 | | 37 | | 36 | | 35 | | 34 | …… | | 11 | | 10 | | 9 | | 8 |
| | 上层 | 45 | | 44 | | 43 | | 42 | | …… | 19 | | 18 | | 17 | | 16 | |

| 嵌绕次序 | | 79 | 80 | 81 | 82 | 83 | 84 | 85 | 86 | 87 | 88 | 89 | 90 | 91 | 92 | 93 | 94 | 95 | 96 |
|---|---|---|---|---|---|---|---|---|---|---|---|---|---|---|---|---|---|---|---|
| 槽号 | 下层 | | 7 | | 6 | | 5 | | 4 | | 3 | | | | | | | | |
| | 上层 | 15 | | 14 | | 13 | | 12 | | 11 | | 10 | 9 | 8 | 7 | 6 | 5 | 4 | 3 |

**(4) 绕组端面布接线**

如图6-19所示。

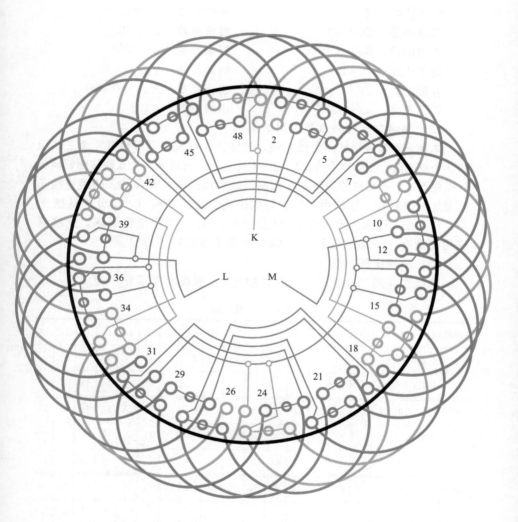

图 6-19　48 槽 6 极（$y=7$、$a=2$）绕线式转子绕组双层叠式布线

### 6.3.2.8  48槽6极（$y=8$、$a=2$）绕线式转子绕组双层叠式布线[*]

（1）绕组结构参数

| | | | |
|---|---|---|---|
| 转子槽数 | $Z_2=48$ | 电机极数 | $2p=6$ |
| 总线圈数 | $Q_2=48$ | 线圈组数 | $u_2=18$ |
| 每组圈数 | $S_2=3.2$ | 极相槽数 | $q_2=2\frac{2}{3}$ |
| 转子极距 | $\tau_2=8$ | 线圈节距 | $y_2=8$ |
| 并联路数 | $a_2=2$ | 绕组系数 | $K_{dp2}=0.956$ |
| 每槽电角 | $\alpha_2=22.5°$ | 出线根数 | $c=3$ |

（2）绕组布接线特点及应用举例

本例是双层叠绕并用全距布线，故绕组系数较高。每相有4个三联组和2个双联组，分为2个支路则每一支路由2个三联和1个双联按相邻反极性串联而成。每相进线后向左右两侧走线构成双向并联接法。绕组进线不能满足三角对称，故选用相对较好的进线位置，即 K、L、M 分别从槽1、39、12引出，而人为绑扎使 L、M 分别在槽33、17引接到滑环。此绕组应用实例有 YZR280S-6 和 YZR280M-6 等绕线式转子绕组。

（3）绕组嵌线方法

本绕组采用交叠法嵌线，吊边数为8。嵌线次序见表6-22。

表6-22  交叠法

| 嵌绕次序 | | 1 | 2 | 3 | 4 | 5 | 6 | 7 | 8 | 9 | 10 | 11 | 12 | 13 | 14 | 15 | 16 | 17 | 18 |
|---|---|---|---|---|---|---|---|---|---|---|---|---|---|---|---|---|---|---|---|
| 槽号 | 下层 | 3 | 2 | 1 | 48 | 47 | 46 | 45 | 44 | 43 | | 42 | | 41 | | 40 | | 39 | |
| | 上层 | | | | | | | | | | 3 | | 2 | | 1 | | 48 | | 47 |

| 嵌绕次序 | | 19 | 20 | 21 | 22 | 23 | 24 | 25 | 26 | 27 | …… | 73 | 74 | 75 | 76 | 77 | 78 |
|---|---|---|---|---|---|---|---|---|---|---|---|---|---|---|---|---|---|
| 槽号 | 下层 | | 38 | | 37 | | 36 | | 35 | | …… | 11 | | 10 | | 9 | |
| | 上层 | 46 | | 45 | | 44 | | 43 | | 42 | …… | | 19 | | 18 | | 17 |

| 嵌绕次序 | | 79 | 80 | 81 | 82 | 83 | 84 | 85 | 86 | 87 | 88 | 89 | 90 | 91 | 92 | 93 | 94 | 95 | 96 |
|---|---|---|---|---|---|---|---|---|---|---|---|---|---|---|---|---|---|---|---|
| 槽号 | 下层 | 8 | | 7 | | 6 | | 5 | | 4 | | | | | | | | | |
| | 上层 | | 16 | | 15 | | 14 | | 13 | | 12 | 11 | 10 | 9 | 8 | 7 | 6 | 5 | 4 |

（4）绕组端面布接线

如图6-20所示。

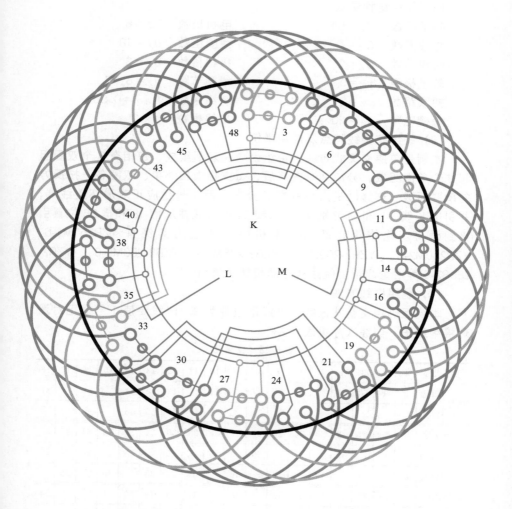

图 6-20　48 槽 6 极（$y=8$、$a=2$）绕线式转子绕组双层叠式布线

### 6.3.2.9 54槽6极（$y=8$、7，$a=3$）绕线式转子绕组单层交叉式布线 *

（1）绕组结构参数

| | | | |
|---|---|---|---|
| 转子槽数 | $Z_2=54$ | 电机极数 | $2p=6$ |
| 总线圈数 | $Q_2=27$ | 线圈组数 | $u_2=18$ |
| 每组圈数 | $S_2=2$、1 | 极相槽数 | $q_2=3$ |
| 转子极距 | $\tau_2=9$ | 线圈节距 | $y_2=8$、7 |
| 并联路数 | $a_2=3$ | 绕组系数 | $K_{dp2}=0.96$ |
| 每槽电角 | $\alpha_2=20°$ | 出线根数 | $c=3$ |

（2）绕组布接线特点及应用举例

本例是单层交叉式布线，每组由单、双圈组成，每相有3个双圈组和3个单圈组成，分成2个支路后，每支路由相邻单、双圈各一按反方向串联而成。嵌线时是大小联交替分布，而1号槽应正对滑环接线端，并引出K线。L和M分别从25槽和31槽进线并从槽18和槽36位置引接到滑环。此绕组在新系列电机中主要应用实例有YZR250M1-6、YZR250M2-6、 YZR2-200L-6、 YZR2-225M-6、 YZR2-250M1-6、 YZR2-280S2-6等冶金起重型绕线式电动机转子绕组。

（3）绕组嵌线方法

本绕组仍用交叠法嵌线，嵌线吊边数为3。嵌线要使1号槽正对滑环接线端子。嵌线次序见表6-23。

表6-23  交叠法

| 嵌绕次序 | | 1 | 2 | 3 | 4 | 5 | 6 | 7 | 8 | 9 | 10 | 11 | 12 | 13 | 14 | 15 | 16 | 17 | 18 |
|---|---|---|---|---|---|---|---|---|---|---|---|---|---|---|---|---|---|---|---|
| 槽号 | 沉边 | 2 | 1 | 53 | 50 | | 51 | | 47 | | 44 | | 43 | | 41 | | 38 | | 37 |
| | 浮边 | | | | 4 | | 3 | | 54 | | 52 | | 51 | | 48 | | 46 | | |
| 嵌绕次序 | | 19 | 20 | 21 | 22 | 23 | 24 | 25 | 26 | 27 | 28 | 29 | 30 | 31 | 32 | 33 | 34 | 35 | 36 |
| 槽号 | 沉边 | | 35 | | 32 | | 31 | | 29 | | 26 | | 25 | | 23 | | 20 | | 19 |
| | 浮边 | 45 | | 42 | | 40 | | 39 | | 36 | | 34 | | 33 | | 30 | | 28 | |
| 嵌绕次序 | | 37 | 38 | 39 | 40 | 41 | 42 | 43 | 44 | 45 | 46 | 47 | 48 | 49 | 50 | 51 | 52 | 53 | 54 |
| 槽号 | 沉边 | | 17 | | 14 | | 13 | | 11 | | 8 | | 7 | | 5 | | | | |
| | 浮边 | 27 | | 24 | | 22 | | 21 | | 18 | | 16 | | 15 | | 12 | 10 | 9 | 6 |

（4）绕组端面布接线

如图6-21所示。

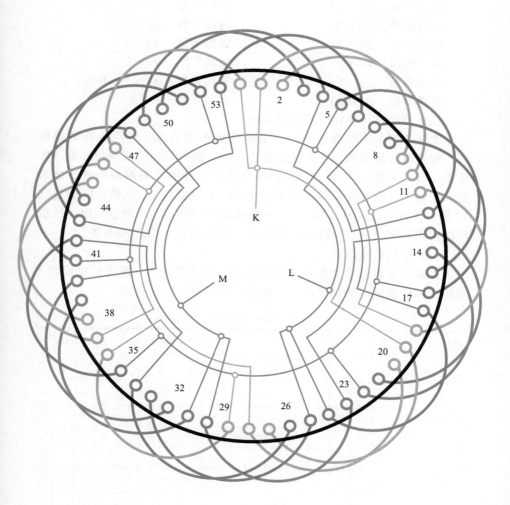

图 6-21　54 槽 6 极（$y = 8$、7，$a = 3$）绕线式转子绕组单层交叉式布线

### 6.3.2.10　54槽6极（$y=8$、$a=1$）绕线式转子绕组双层叠式布线 *

（1）绕组结构参数

| | | | |
|---|---|---|---|
| 转子槽数 | $Z_2=54$ | 电机极数 | $2p=6$ |
| 总线圈数 | $Q_2=54$ | 线圈组数 | $u_2=18$ |
| 每组圈数 | $S_2=3$ | 极相槽数 | $q_2=3$ |
| 转子极距 | $\tau_2=9$ | 线圈节距 | $y_2=8$ |
| 并联路数 | $a_2=1$ | 绕组系数 | $K_{dp2}=0.946$ |
| 每槽电角 | $\alpha_2=20°$ | 出线根数 | $c=3$ |

（2）绕组布接线特点及应用举例

本例绕组是双层叠式布线，采用缩短1槽节距。绕组由三联组构成，每相有6组线圈，按相邻反极性连接，即同相相邻组间接线是"尾接尾"或"头接头"。因6极绕组不能满足进线的三角对称条件，故确定K进线的1号槽与滑环接线端正对后，L进线应在43槽；M进线在13槽。接入滑环时再分别将L、M绑扎到37槽位及19槽位引出。此绕组应用实例有（IP23）的 YR225M1-6、YR250S-6、YR280M-6等。

（3）绕组嵌线方法

本绕组为双层叠式宜用交叠法嵌线，吊边数为8。嵌线时应设定1号槽，并使其正对滑环接线端。嵌线次序见表6-24。

表6-24　交叠法

| 嵌绕次序 | | 1 | 2 | 3 | 4 | 5 | 6 | 7 | 8 | 9 | 10 | 11 | 12 | 13 | 14 | 15 | 16 | 17 | 18 |
|---|---|---|---|---|---|---|---|---|---|---|---|---|---|---|---|---|---|---|---|
| 槽号 | 下层 | 3 | 2 | 1 | 54 | 53 | 52 | 51 | 50 | 49 | | 48 | | 47 | | 46 | | 45 | |
| | 上层 | | | | | | | | | | 3 | | 2 | | 1 | | 54 | | 53 |

| 嵌绕次序 | | 19 | 20 | 21 | 22 | 23 | 24 | 25 | …… | 82 | 83 | 84 | 85 | 86 | 87 | 88 | 89 | 90 |
|---|---|---|---|---|---|---|---|---|---|---|---|---|---|---|---|---|---|---|
| 槽号 | 下层 | 44 | | 43 | | 42 | | 41 | …… | | 12 | | 11 | | 10 | | 9 | |
| | 上层 | | 52 | | 51 | | 50 | | …… | 21 | | 20 | | 19 | | 18 | | 17 |

| 嵌绕次序 | | 91 | 92 | 93 | 94 | 95 | 96 | 97 | 98 | 99 | 100 | 101 | 102 | 103 | 104 | 105 | 106 | 107 | 108 |
|---|---|---|---|---|---|---|---|---|---|---|---|---|---|---|---|---|---|---|---|
| 槽号 | 下层 | 8 | | 7 | | 6 | | 5 | | 4 | | | | | | | | | |
| | 上层 | | 16 | | 15 | | 14 | | 13 | | 12 | 11 | 10 | 9 | 8 | 7 | 6 | 5 | 4 |

（4）绕组端面布接线

如图6-22所示。

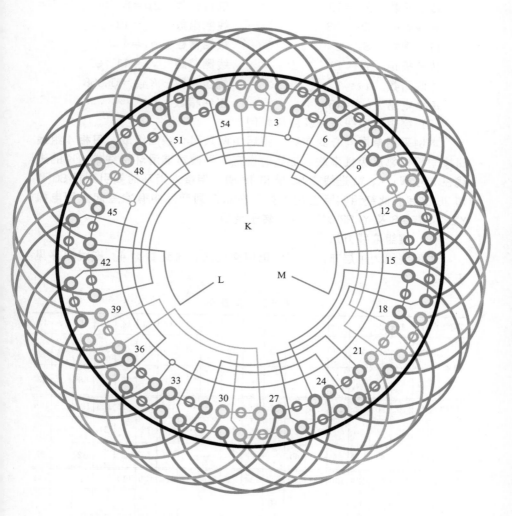

图 6-22 54 槽 6 极（$y=8$、$a=1$）绕线式转子绕组双层叠式布线

### 6.3.2.11　72槽6极（$S=2$、$a=1$）绕线式转子绕组单层同心式布线[*]

（1）绕组结构参数

转子槽数　$Z_2=72$　　　　　　电机极数　$2p=6$

总线圈数　$Q_2=36$　　　　　　线圈组数　$u_2=18$

每组圈数　$S_2=2$　　　　　　　极相槽数　$q_2=4$

转子极距　$\tau_2=12$　　　　　　线圈节距　$y_2=11$、9

并联路数　$a_2=1$　　　　　　　绕组系数　$K_{dp2}=0.958$

每槽电角　$\alpha_2=15°$　　　　　出线根数　$c=3$

（2）绕组布接线特点及应用举例

本例采用单层同心式布线，每组由两只同心线圈组成，每相4组线圈按同相相邻反极性串联。嵌线时设定2号槽对准滑环接线端，K的进线在2号槽；L、M进线在58槽和18槽，但接入滑环时要引到槽50和槽26出线。此绕组实际应用不多，在新系列产品中有冶金起重型电机YZR2-315S-6及YZR2-315M-6等转子绕组。

（3）绕组嵌线方法

本例绕组为单层布线，嵌线仍用交叠法，吊边数为4。嵌线次序见表6-25。

表 6-25　交叠法

| 嵌绕次序 | | 1 | 2 | 3 | 4 | 5 | 6 | 7 | 8 | 9 | 10 | 11 | 12 | 13 | 14 | 15 | 16 | 17 | 18 |
|---|---|---|---|---|---|---|---|---|---|---|---|---|---|---|---|---|---|---|---|
| 槽号 | 沉边 | 2 | 1 | 70 | 69 | 66 | | 65 | | 62 | | 61 | | 58 | | 57 | | 54 | |
| | 浮边 | | | | | | 3 | | 4 | | 71 | | 72 | | 67 | | 68 | | 63 |
| 嵌绕次序 | | 19 | 20 | 21 | 22 | 23 | 24 | 25 | 26 | 27 | …… | 120 | 121 | 122 | 123 | 124 | 125 | 126 |
| 槽号 | 沉边 | 53 | | 50 | | 49 | | 46 | | 45 | …… | | 22 | | 21 | | 18 | |
| | 浮边 | | 64 | | 59 | | 60 | | 55 | | …… | 36 | | 31 | | 32 | | 27 |
| 嵌绕次序 | | 127 | 128 | 129 | 130 | 131 | 132 | 133 | 134 | 135 | 136 | 137 | 138 | 139 | 140 | 141 | 142 | 143 | 144 |
| 槽号 | 沉边 | 17 | | 14 | | 13 | | 10 | | 9 | | 6 | | 5 | | | | | |
| | 浮边 | | 28 | | 23 | | 24 | | 19 | | 20 | | 15 | | 16 | 11 | 12 | 7 | 8 |

（4）绕组端面布接线

如图6-23所示。

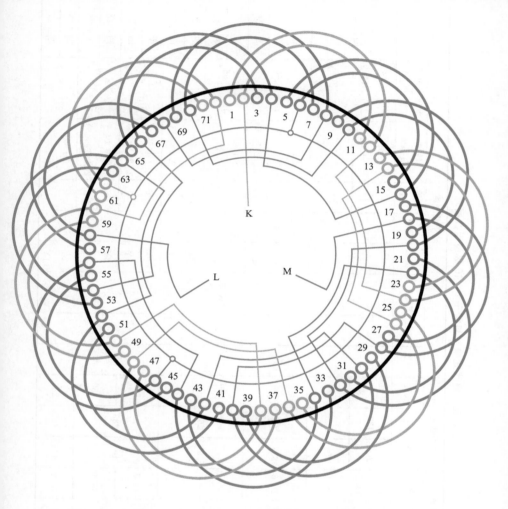

图 6-23　72 槽 6 极（$S=2$、$a=1$）绕线式转子绕组单层同心式布线

## 6.4　8、10 极电动机转子绕组

本节是新系列电动机转子的 8 极和 10 极绕组彩图，它包括 YR 普通系列和 YZR 冶金起重型系列电动机的绕组数据和绕组图。

**表 6-26　绕线式电动机转子 8、10 极绕组数据表**

| 电动机型号 | 额定参数 | | | 定子铁芯/mm | | | 槽数 | 极数 | 布线型式 | 转子及绕组 | | | | | | 绕组图号 |
|---|---|---|---|---|---|---|---|---|---|---|---|---|---|---|---|---|
| | 功率/kW | 电压/V | 电流/A | 外径 | 内径 | 长度 | | | | 接法 | 节距 | 线圈匝数 | 线规/n-mm | 电压/V | 电流/A | |
| YR160M-8 | 4 | 380(IP44) | 10.7 | 260 | 180 | 140 | 36 | 8 | 双层叠式 | 2Y | | 21 | 2-0.95 | 216 | 12 | 图 6-25 |
| YR160L-8 | 5.5 | | 14.2 | 260 | 180 | 185 | | | | 2Y | | 17 | 2-1.06 | 230 | 15.5 | 图 6-25 |
| YR180L-8 | 7.5 | | 18.4 | 290 | 205 | 180 | | | | 2Y | | 17 | 1-1.25<br>1-1.30 | 255 | 19 | 图 6-25 |
| YR200L-8 | 11 | | 26.6 | 327 | 230 | 190 | | | | 2Y<br>1Y | 4 | 8<br>4 | 2-1.18<br>4-1.25<br>1-(2.2×5.6) | 152 | 46 | 图 6-25<br>图 6-24 |
| YR225M1-8 | 15 | | 34.5 | 368 | 260 | 190 | 48 | | | 2Y<br>1Y | | 8<br>4 | 8-1.25<br>1-(2.8×6.3) | 169 | 56 | 图 6-25<br>图 6-24 |
| YR225M2-8 | 18.5 | | 42.1 | 368 | 260 | 235 | | | | 2Y<br>1Y | | 8<br>4 | 8-1.25<br>1-(2.8×6.3) | 211 | 54 | 图 6-25<br>图 6-24 |
| YR250M1-8 | 22 | | 48.7 | 400 | 285 | 230 | | | | 2Y<br>1Y | 5 | 8<br>4 | 7-1.40<br>2-(2.24×5) | 210 | 65.5 | 图 6-28<br>图 6-27 |
| YR250M2-8 | 30 | | 66.1 | 400 | 285 | 280 | | | | 2Y<br>1Y | | 8<br>4 | 7-1.40<br>2-(2.24×5) | 270 | 69 | 图 6-28<br>图 6-27 |
| YR280S-8 | 37 | | 78.2 | 445 | 325 | 250 | | | | 2Y<br>1Y | | 8<br>4 | 9-1.40<br>2-(2.5×5.6) | 281 | 81.5 | 图 6-28<br>图 6-27 |

续表

| 电动机型号 | 额定参数 | | | 定子铁芯/mm | | | 槽数 | 极数 | 转子及绕组 | | | | | | | 绕组图号 |
| --- | --- | --- | --- | --- | --- | --- | --- | --- | --- | --- | --- | --- | --- | --- | --- | --- |
| | 功率/kW | 电压/V | 电流/A | 外径 | 内径 | 长度 | | | 布线型式 | 接法 | 节距 | 线圈匝数 | 线规/n-mm | 电压/V | 电流/A | |
| YR280M-8 | 45 | 380 (IP44) | 92.9 | 445 | 325 | 340 | 48 | 8 | 双层叠式 | 2Y / 1Y | 5 | 6 / 3 | 3-1.30 6-1.40 / 2-(2.5×5.6) | 359 | 76 | 图6-28 / 图6-27 |
| YR160M-8 | 4 | 380 (IP23) | 10.6 | 290 | 205 | 95 | 36 | 8 | 双层叠式 | 1Y | 4 | 15 | 1-1.06 1-1.12 | 262 | 11 | 图6-24 |
| YR160L-8 | 5.5 | | 14.4 | 290 | 205 | 115 | 36 | 8 | | 1Y | 4 | 11 | 2-1.25 | 243 | 15 | 图6-24 |
| YR180M-8 | 7.5 | | 19 | 327 | 230 | 125 | 36 | 8 | | 1Y | 4 | 4 | 1-(1.8×4) | 105 | 49 | 图6-24 |
| YR180L-8 | 11 | | 27.6 | 327 | 230 | 155 | 36 | 8 | | 1Y | 4 | 4 | 1-(1.8×4) | 140 | 53 | 图6-24 |
| YR200M-8 | 15 | | 36.7 | 368 | 260 | 135 | 36 | 8 | | 1Y | 4 | 4 | 1-(1.8×5) | 153 | 64 | 图6-24 |
| YR200L-8 | 18.5 | | 41.9 | 368 | 260 | 165 | 36 | 8 | | 1Y | 4 | 4 | 1-(1.8×5) | 187 | 64 | 图6-24 |
| YR225M1-8 | 22 | | 49.2 | 400 | 285 | 145 | 48 | 8 | 双层叠式 | 1Y | 5 | 3 | 2-(1.6×4.5) | 161 | 90 | 图6-27 |
| YR225M2-8 | 30 | | 66.3 | 400 | 285 | 175 | 48 | 8 | | 1Y | 5 | 3 | 2-(1.6×4.5) | 200 | 97 | 图6-27 |
| YR250S-8 | 37 | | 81.3 | 445 | 325 | 165 | 48 | 8 | | 1Y | 5 | 3 | 2-(1.8×4.5) | 218 | 110 | 图6-27 |
| YR250M-8 | 45 | | 97.8 | 445 | 325 | 195 | 48 | 8 | | 1Y | 5 | 3 | 2-(1.8×4.5) | 264 | 109 | 图6-27 |
| YR280S-8 | 55 | | 115 | 493 | 360 | 185 | 48 | 8 | | 1Y | 5 | 3 | 2-(2×5) | 279 | 125 | 图6-27 |
| YR280M-8 | 75 | | 154 | 493 | 360 | 240 | 48 | 8 | | 1Y | 5 | 3 | 2-(2×5) | 359 | 131 | 图6-27 |
| YZR160L-8 | 7.5 | 380 | 19.1 | 245 | 182 | 210 | 36 | 8 | 双层叠式 | 2Y | 4 | 12 | 2-1.18 | 205 | 23 | 图6-25 |
| YZR180L-8 | 11 | | 27 | 280 | 210 | 200 | 48 | 8 | 单层链式 | | 5 | 14 | 3-1.25 | 172 | 44 | 图6-26 |

续表

| 电动机型号 | 额定参数 | | | 定子铁芯/mm | | | 槽数 | 极数 | 布线型式 | 转子及绕组 | | | | | | 绕组图号 |
|---|---|---|---|---|---|---|---|---|---|---|---|---|---|---|---|---|
| | 功率/kW | 电压/V | 电流/A | 外径 | 内径 | 长度 | | | | 接法 | 节距 | 线圈匝数 | 线规/n-mm | 电压/V | 电流/A | |
| YZR200L-8 | 15 | 380 | 33.5 | 327 | 245 | 200 | 48 | 8 | 单层链式 | 2Y | 5 | 12 | 4-1.30 | 178 | 53.5 | 图6-26 |
| YZR225M-8 | 22 | 380 | 46.9 | 327 | 245 | 350 | | | | | | 12 | 4-1.30 | 232 | 59.1 | |
| YZR250M1-8 | 30 | 380 | 63.4 | 423 | 310 | 280 | | | | | | 11 | 3-1.40<br>1-1.30 | 272 | 68.8 | |
| YZR250M2-8 | 37 | 380 | 78.1 | 423 | 310 | 350 | | | | | | 11 | 3-1.40<br>1-1.30 | 335 | 70 | |
| YZR280S-8 | 45 | 380 | 93.5 | 423 | 310 | 285 | 54 | | 双层叠式 | | 6 | 10 | 6-1.40 | 305 | 94 | 图6-30 |
| YZR280M-8 | 55 | 380 | 111 | 423 | 310 | 360 | | | | | | 10 | 6-1.40 | 360 | 92.5 | |
| YZR2-160L-8 | 7.5 | 380 | — | 245 | 182 | 190 | 36 | 8 | 双层叠式 | 2Y | 4 | 12 | 2-0.95<br>1-1.0 | 205 | — | 图6-25 |
| YZR2-180L-8 | 11 | | — | 280 | 210 | 200 | 48 | | | | 5 | 6.5 | 2-1.18<br>2-1.12 | 172 | — | 图6-28 |
| YZR2-200L-8 | 15 | 380 | — | 327 | 245 | 185 | 54 | | 双层叠式 | 2Y | 6 | 6 | 4-1.40 | 178 | — | 图6-30 |
| YZR2-200M-8 | 22 | | — | 327 | 245 | 240 | | | | | | 6 | 4-1.40 | 232 | — | |
| YZR2-250M1-8 | 30 | 380 | — | 368 | 280 | 250 | | | | | | 6 | 2-1.40<br>3-1.32 | 272 | — | |
| YZR2-250M2-8 | 37 | | — | 368 | 280 | 300 | | | | | | 5 | 4-1.32<br>2-1.40 | 290 | — | |
| YZR2-280S-8 | 45 | 380 | — | 423 | 310 | 260 | | | | 2Y | 5 | 6 | 3-1.40<br>3-1.32 | 305 | — | 图6-29 |
| YZR2-280M-8 | 55 | | — | 423 | 310 | 320 | | | | | | 5 | 3-1.32<br>4-1.40 | 310 | — | |
| YZR2-315S1-8 | 63 | 380 | — | 493 | 370 | 300 | 96 | | | 1Y | 12 | 1 | 1-(2.5×16) | 250 | — | 图6-32 |
| YZR2-315S2-8 | 75 | | — | 493 | 370 | 330 | | | | | | 1 | | 285 | — | |

续表

| 电动机型号 | 额定参数 | | | 定子铁芯/mm | | | 槽数 | 极数 | 布线型式 | 接法 | 转子及绕组 | | | | | 绕组图号 |
| | 功率/kW | 电压/V | 电流/A | 外径 | 内径 | 长度 | | | | | 节距 | 线圈匝数 | 线规/n·mm | 电压/V | 电流/A | |
|---|---|---|---|---|---|---|---|---|---|---|---|---|---|---|---|---|
| YZR2-315M-8 | 90 | 380 | — | 560 | 450 | 380 | 72 | 8 | 双层叠式 | 1Y | 12 | 1 | 2.5×16 | 330 | — | 图6-32 |
| YZR2-355M-8 | 110 | | — | | | 350 | | | | | 9 | 1 | 1-(3.55×16) | 285 | — | 图6-31 |
| YZR2-355L1-8 | 132 | | — | | | 410 | | | | | | | | 325 | — | |
| YZR2-355L2-8 | 160 | | — | | | 470 | | | | | | | | 380 | — | |
| YZR2-280S-10 | 37 | 380 | — | 423 | 340 | 260 | 75 | 10 | 双层叠式 | 5Y | 6 | 6 | 2-1.40 2-1.32 | 150 | — | 图6-33 |
| YZR2-280M-10 | 45 | | — | | | 320 | | | | | 7 | 5 | 3-1.50 1-1.60 | 172 | — | 图6-34 |
| YZR2-315S1-10 | 55 | | — | 495 | 400 | 300 | 90 | | | 1Y | 9 | 1 | 1-(2.24×16) | 225 | — | |
| YZR2-315S2-10 | 63 | | — | | | 330 | | | | | | | | 242 | — | 图6-35 |
| YZR2-315M-10 | 75 | | — | | | 380 | | | | | | | | 280 | — | |
| YZR2-355M-10 | 90 | | — | 560 | 450 | 350 | 105 | | | | 10 | 1 | 1-(3.15×16) | 310 | — | |
| YZR2-355L1-10 | 110 | | — | | | 430 | | | | | | | | 365 | — | 图6-36 |
| YZR2-355L2-10 | 132 | | — | | | 490 | | | | | | | | 435 | — | |

## 6.4.1  8、10 极电动机绕线式转子绕组数据

8 极转子绕组数据共有 51 台规格，其中 YR（IP44）中，机座号 200～280 的电机转子是双规格即有圆铜线绕组和扁铜线绕组两种方案并存，重绕时可酌情选用。

10 极转子绕组数据有 8 台规格，共有绕组 4 例。

新系列 8、10 极电动机绕线式转子数据如表 6-26 所示。

## 6.4.2  8、10 极转子绕线式绕组布线图

本节内容包括 8 极、10 极新系列电机绕线式转子绕组 13 例，其中 8 极 9 例，10 极仅 4 例。采用绕组端面模拟画法绘制成彩图。供修理者选用。

### 6.4.2.1  36 槽 8 极（$y=4$、$a=1$）绕线式转子绕组双层叠式布线*

（1）绕组结构参数

| | | | | | |
|---|---|---|---|---|---|
| 转子槽数 | $Z_2 = 36$ | 电机极数 | $2p = 8$ | 总线圈数 | $Q_2 = 36$ |
| 线圈组数 | $u_2 = 24$ | 每组圈数 | $S_2 = 2、1$ | 极相槽数 | $q_2 = 1\frac{1}{2}$ |
| 转子极距 | $\tau_2 = 4\frac{1}{2}$ | 线圈节距 | $y_2 = 4$ | 并联路数 | $a_2 = 1$ |
| 绕组系数 | $K_{dp2} = 0.946$ | 每槽电角 | $\alpha_2 = 40°$ | 出线根数 | $c = 3$ |

（2）绕组布接线特点及应用举例

本例每极相槽数 $q_2 = 1\frac{1}{2}$，故构成双叠绕组时属分数绕组，线圈组分布规律是 2、1、2、1……嵌线时要交替嵌入。每相有 8 组线圈，接线时把同相相邻反接串联，即"尾接尾"或"头接头"。8 极绕组三相进线必须互差 120°空间，故三相进线槽号是 1（K）、13（L）、25（M）。为了确保引接正确，开始嵌线时就应先设定 1 号槽，使之与滑环接线端对正。此绕组应用实例 YR200L-8、YR225M2-8、YR160L-8 等。

（3）绕组嵌线方法

本绕组嵌线采用交叠法，吊边数为 4。嵌线开始先设定 1 号槽，并依图将单、双圈交替嵌入。嵌线次序见表 6-27。

表 6-27  交叠法

| 嵌绕次序 | | 1 | 2 | 3 | 4 | 5 | 6 | 7 | 8 | 9 | 10 | 11 | 12 | 13 | 14 | 15 | 16 | 17 | 18 |
|---|---|---|---|---|---|---|---|---|---|---|---|---|---|---|---|---|---|---|---|
| 槽号 | 下层 | 2 | 1 | 36 | 35 | 34 | | 33 | | 32 | | 31 | | 30 | | 29 | | 28 | |
| | 上层 | | | | | | 2 | | 1 | | 36 | | 35 | | 34 | | 33 | | 32 |
| 嵌绕次序 | | 19 | 20 | 21 | 22 | 23 | 24 | 25 | 26 | …… | | 47 | 48 | 49 | 50 | 51 | 52 | 53 | 54 |
| 槽号 | 下层 | 27 | | 26 | | 25 | | 24 | | …… | | 13 | | 12 | | 11 | | 10 | |
| | 上层 | | 31 | | 30 | | 29 | | 28 | …… | | | 17 | | 16 | | 15 | | 14 |

续表

| 嵌绕次序 | | 55 | 56 | 57 | 58 | 59 | 60 | 61 | 62 | 63 | 64 | 65 | 66 | 67 | 68 | 69 | 70 | 71 | 72 |
|---|---|---|---|---|---|---|---|---|---|---|---|---|---|---|---|---|---|---|---|
| 槽号 | 下层 | 9 | | 8 | | 7 | | 6 | | 5 | | 4 | | 3 | | | | | |
| | 上层 | | 13 | | 12 | | 11 | | 10 | | 9 | | 8 | | 7 | 6 | 5 | 4 | 3 |

(4) 绕组端面布接线

如图 6-24 所示。

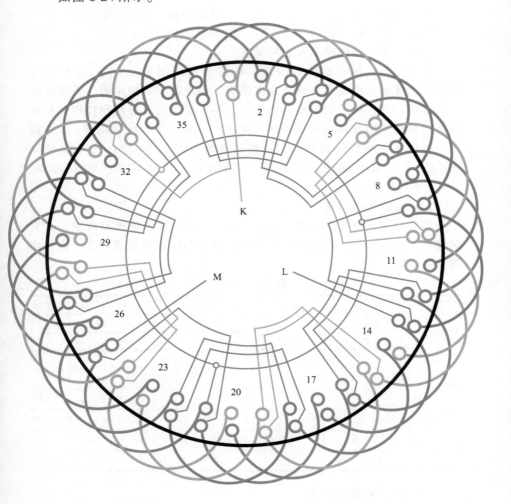

图 6-24　36 槽 8 极（$y=4$、$a=1$）绕线式转子绕组双层叠式布线

### 6.4.2.2　36槽8极（$y=4$、$a=2$）绕线式转子绕组双层叠式布线 *

（1）绕组结构参数

| | | | |
|---|---|---|---|
| 转子槽数 | $Z_2 = 36$ | 电机极数 | $2p = 8$ |
| 总线圈数 | $Q_2 = 36$ | 线圈组数 | $u_2 = 24$ |
| 每组圈数 | $S_2 = 2、1$ | 极相槽数 | $q_2 = 1\frac{1}{2}$ |
| 转子极距 | $\tau_2 = 4\frac{1}{2}$ | 线圈节距 | $y_2 = 4$ |
| 并联路数 | $a_2 = 2$ | 绕组系数 | $K_{dp2} = 0.946$ |
| 每槽电角 | $\alpha_2 = 40°$ | 出线根数 | $c = 3$ |

（2）绕组布接线特点及应用举例

本绕组与上例都是分数绕组，线圈分布规律是 2、1、2、1……。每相 8 组线圈分成 2 个支路，每支路有 2 组双圈和 2 组单圈。采用双向并联接线，即进线后分左右两侧走线，每支路是将 4 组线圈按相邻反极性连接构成，即支路内的接线是"尾与尾"或"头与头"相接。8 极绕组三相进线能构成三角对称，三相进线槽号是 K（1 槽）、L（13 槽）、M（25 槽）。此绕组应用实例有 YR160M-8、YR225M1-8、YZR160L-8、YZR2-160L-8 等。

（3）绕组嵌线方法

本绕组采用交叠法嵌线，吊边数为 4。嵌线要分单圈和双圈，并交替嵌入；而且嵌线之前设定好 1 号槽，使之与滑环接线端对正。嵌线次序见表 6-28。

表 6-28　交叠法

| 嵌绕次序 | | 1 | 2 | 3 | 4 | 5 | 6 | 7 | 8 | 9 | 10 | 11 | 12 | 13 | 14 | 15 | 16 | 17 | 18 |
|---|---|---|---|---|---|---|---|---|---|---|---|---|---|---|---|---|---|---|---|
| 槽号 | 下层 | 2 | 1 | 36 | 35 | 34 | | 33 | | 32 | | 31 | | 30 | | 29 | | 28 | |
| | 上层 | | | | | | 2 | | 1 | | 36 | | 35 | | 34 | | 33 | | 32 |
| 嵌绕次序 | | 19 | 20 | 21 | 22 | 23 | 24 | 25 | 26 | …… | 47 | 48 | 49 | 50 | 51 | 52 | 53 | 54 | |
| 槽号 | 下层 | 27 | | 26 | | 25 | | 24 | | …… | 13 | | 12 | | 11 | | 10 | | |
| | 上层 | | 31 | | 30 | | 29 | | 28 | …… | | 17 | | 16 | | 15 | | 14 | |
| 嵌绕次序 | | 55 | 56 | 57 | 58 | 59 | 60 | 61 | 62 | 63 | 64 | 65 | 66 | 67 | 68 | 69 | 70 | 71 | 72 |
| 槽号 | 下层 | 9 | | 8 | | 7 | | 6 | | 5 | | 4 | | 3 | | | | | |
| | 上层 | | 13 | | 12 | | 11 | | 10 | | 9 | | 8 | | 7 | 6 | 5 | 4 | 3 |

（4）绕组端面布接线

如图 6-25 所示。

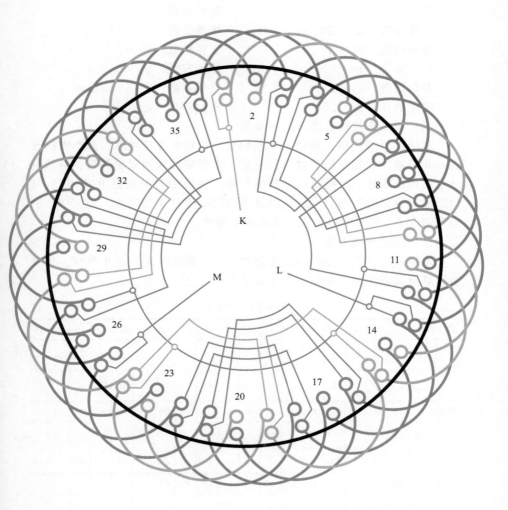

图 6-25　36 槽 8 极（$y=4$、$a=2$）绕线式转子绕组双层叠式布线

### 6.4.2.3  48槽8极 ($y=5$、$a=2$) 绕线式转子绕组单层链式布线 *

(1) 绕组结构参数

| | |
|---|---|
| 转子槽数 $Z_2=48$ | 电机极数 $2p=8$ |
| 总线圈数 $Q_2=24$ | 线圈组数 $u_2=24$ |
| 每组圈数 $S_2=1$ | 极相槽数 $q_2=2$ |
| 转子极距 $\tau_2=6$ | 线圈节距 $y_2=5$ |
| 并联路数 $a_2=2$ | 绕组系数 $K_{dp2}=0.966$ |
| 每槽电角 $\alpha_2=30°$ | 出线根数 $c=3$ |

(2) 绕组布接线特点及应用举例

本例是单层绕组,全部由单圈构成;每相有8只线圈,两个支路分别由4只线圈按相邻反极性串联而成。本例接线采用双向并联,进线后分左右两侧走线。三相进线能对称平衡,进线槽号分别是 K(1槽)、L(17槽)、M(33槽)。此绕组实际应用有 YZR180L-8、YZR200L-8、YZR225M-8、YZR280S-8 等绕线式转子绕组。

(3) 绕组嵌线方法

本绕组采用交叠法嵌线,吊边数为2。嵌线时先设定1号槽,使之与滑环接线端正对。嵌线次序见表6-29。

表 6-29  交叠法

| 嵌绕次序 | | 1 | 2 | 3 | 4 | 5 | 6 | 7 | 8 | 9 | 10 | 11 | 12 | 13 | 14 | 15 | 16 | 17 | 18 |
|---|---|---|---|---|---|---|---|---|---|---|---|---|---|---|---|---|---|---|---|
| 槽号 | 沉边 | 1 | 47 | 45 | | 43 | | 41 | | 39 | | 37 | | 35 | | 33 | | 31 | |
| | 浮边 | | | | 2 | | 48 | | 46 | | 44 | | 42 | | 40 | | 38 | | 36 |
| 嵌绕次序 | | 19 | 20 | 21 | 22 | 23 | 24 | 25 | 26 | 27 | 28 | 29 | 30 | 31 | 32 | 33 | 34 | 35 | 36 |
| 槽号 | 沉边 | 29 | | 27 | | 25 | | 23 | | 21 | | 19 | | 17 | | 15 | | 13 | |
| | 浮边 | | 34 | | 32 | | 30 | | 28 | | 26 | | 24 | | 22 | | 20 | | 18 |
| 嵌绕次序 | | 37 | 38 | 39 | 40 | 41 | 42 | 43 | 44 | 45 | 46 | 47 | 48 | | | | | | |
| 槽号 | 沉边 | 11 | | 9 | | 7 | | 5 | | 3 | | | | | | | | | |
| | 浮边 | | 16 | | 14 | | 12 | | 10 | | 8 | 6 | 4 | | | | | | |

(4) 绕组端面布接线

如图 6-26 所示。

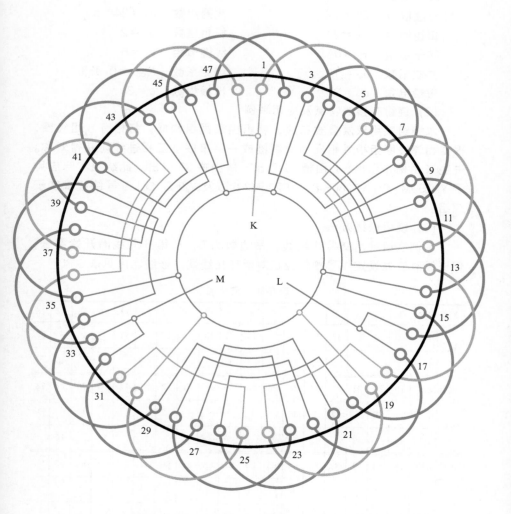

图 6-26 48槽8极（$y=5$、$a=2$）绕线式转子绕组单层链式布线

#### 6.4.2.4　48槽8极（$y=5$、$a=1$）绕线式转子绕组双层叠式布线[*]

（1）绕组结构参数

| | | | |
|---|---|---|---|
| 转子槽数 | $Z_2=48$ | 电机极数 | $2p=8$ |
| 总线圈数 | $Q_2=48$ | 线圈组数 | $u_2=24$ |
| 每组圈数 | $S_2=2$ | 极相槽数 | $q_2=2$ |
| 转子极距 | $\tau_2=6$ | 线圈节距 | $y_2=5$ |
| 并联路数 | $a_2=1$ | 绕组系数 | $K_{dp2}=0.933$ |
| 每槽电角 | $\alpha_2=30°$ | 出线根数 | $c=3$ |

（2）绕组布接线特点及应用举例

本绕组采用双层叠式布线，绕组由双圈组构成，每相有8组线圈，根据相邻线圈组极性相反的原则接成一路串联。三相进线能获得对称。进线K由槽1引出，L由槽17引出，M由槽33引出。此绕组实际应用于YR250M1-8、YR280S-8、YR225M2-8以及YZR2-180L-8等绕线式转子绕组。

（3）绕组嵌线方法

本例绕组采用交叠法嵌线，吊边数为5，从第6只线圈开始整嵌，但嵌线时应先设定1号槽位应正对滑环接线端。嵌线次序见表6-30。

表6-30　交叠法

| 嵌绕次序 | | 1 | 2 | 3 | 4 | 5 | 6 | 7 | 8 | 9 | 10 | 11 | 12 | 13 | 14 | 15 | 16 | 17 | 18 |
|---|---|---|---|---|---|---|---|---|---|---|---|---|---|---|---|---|---|---|---|
| 槽号 | 下层 | 2 | 1 | 48 | 47 | 46 | 45 | | 44 | | 43 | | 42 | | 41 | | 40 | | 39 |
| | 上层 | | | | | | | 2 | | 1 | | 48 | | 47 | | 46 | | 45 | |

| 嵌绕次序 | | 19 | 20 | 21 | 22 | 23 | 24 | 25 | 26 | …… | 71 | 72 | 73 | 74 | 75 | 76 | 77 | 78 |
|---|---|---|---|---|---|---|---|---|---|---|---|---|---|---|---|---|---|---|
| 槽号 | 下层 | | 38 | | 37 | | 36 | | 35 | …… | | 12 | | 11 | | 10 | | 9 |
| | 上层 | 44 | | 43 | | 42 | | 41 | | …… | 18 | | 17 | | 16 | | 15 | |

| 嵌绕次序 | | 79 | 80 | 81 | 82 | 83 | 84 | 85 | 86 | 87 | 88 | 89 | 90 | 91 | 92 | 93 | 94 | 95 | 96 |
|---|---|---|---|---|---|---|---|---|---|---|---|---|---|---|---|---|---|---|---|
| 槽号 | 下层 | | 8 | | 7 | | 6 | | 5 | | 4 | | 3 | | | | | | |
| | 上层 | 14 | | 13 | | 12 | | 11 | | 10 | | 9 | | 8 | 7 | 6 | 5 | 4 | 3 |

（4）绕组端面布接线

如图6-27所示。

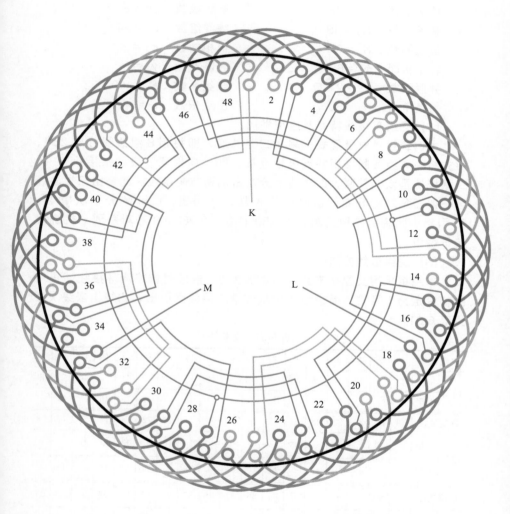

图 6-27　48槽8极（$y=5$、$a=1$）绕线式转子绕组双层叠式布线

### 6.4.2.5　48槽8极（$y=5$、$a=2$）绕线式转子绕组双层叠式布线 *

(1) 绕组结构参数

| | | | |
|---|---|---|---|
| 转子槽数 | $Z_2=48$ | 电机极数 | $2p=8$ |
| 总线圈数 | $Q_2=48$ | 线圈组数 | $u_2=24$ |
| 每组圈数 | $S_2=2$ | 极相槽数 | $q_2=2$ |
| 转子极距 | $\tau_2=6$ | 线圈节距 | $y_2=5$ |
| 并联路数 | $a_2=2$ | 绕组系数 | $K_{dp2}=0.933$ |
| 每槽电角 | $\alpha_2=30°$ | 出线根数 | $c=3$ |

(2) 绕组布接线特点及应用举例

本例绕组是双层叠式，采用二路并联，即每相8组线圈分成2路，每支路由4组线圈按相邻反极性连接，即"尾接尾"或"头接头"；而二路接法是双向并联，即进线后分左右侧两方向走线。此绕组三相进线可获得三角对称分布，这时应使 K 从槽 1 引出，L 和 M 分别从槽 17、33 引出。此绕组应用实例有 YR250M1-8、YR280M-8 等新系列电机绕线转子绕组。

(3) 绕组嵌线方法

本绕组采用交叠法嵌线，吊边数为5。嵌线时应将滑环接线端正对的槽设定为1号槽，而进线 K 则从该槽下层线圈引出。此绕组嵌线次序见表 6-31。

表 6-31　交叠法

| 嵌绕次序 | | 1 | 2 | 3 | 4 | 5 | 6 | 7 | 8 | 9 | 10 | 11 | 12 | 13 | 14 | 15 | 16 | 17 | 18 |
|---|---|---|---|---|---|---|---|---|---|---|---|---|---|---|---|---|---|---|---|
| 槽号 | 下层 | 2 | 1 | 48 | 47 | 46 | 45 | | 44 | | 43 | | 42 | | 41 | | 40 | | 39 |
| | 上层 | | | | | | | 2 | 1 | | 48 | | 47 | | 46 | | 45 | | |

| 嵌绕次序 | | 19 | 20 | 21 | 22 | 23 | 24 | 25 | 26 | …… | 71 | 72 | 73 | 74 | 75 | 76 | 77 | 78 |
|---|---|---|---|---|---|---|---|---|---|---|---|---|---|---|---|---|---|---|
| 槽号 | 下层 | | 38 | | 37 | | 36 | | 35 | …… | | 12 | | 11 | | 10 | | 9 |
| | 上层 | 44 | | 43 | | 42 | | 41 | | …… | 18 | | 17 | | 16 | | 15 | |

| 嵌绕次序 | | 79 | 80 | 81 | 82 | 83 | 84 | 85 | 86 | 87 | 88 | 89 | 90 | 91 | 92 | 93 | 94 | 95 | 96 |
|---|---|---|---|---|---|---|---|---|---|---|---|---|---|---|---|---|---|---|---|
| 槽号 | 下层 | | 8 | | 7 | | 6 | | 5 | | 4 | | 3 | | | | | | |
| | 上层 | 14 | | 13 | | 12 | | 11 | | 10 | | 9 | | 8 | 7 | 6 | 5 | 4 | 3 |

(4) 绕组端面布接线

如图 6-28 所示。

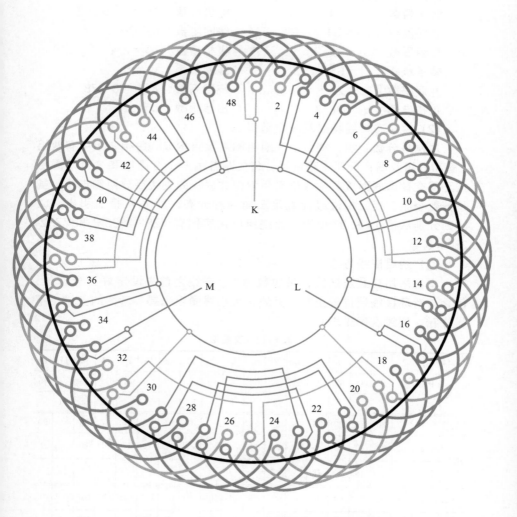

图 6-28 48槽8极（$y=5$、$a=2$）绕线式转子绕组双层叠式布线

### 6.4.2.6　54槽8极（$y=5$、$a=2$）绕线式转子绕组双层叠式布线 *

（1）绕组结构参数

| | | | |
|---|---|---|---|
| 转子槽数 | $Z_2=54$ | 电机极数 | $2p=8$ |
| 总线圈数 | $Q_2=54$ | 线圈组数 | $u_2=24$ |
| 每组圈数 | $S_2=3、2$ | 极相槽数 | $q_2=2\frac{1}{4}$ |
| 转子极距 | $\tau_2=6\frac{3}{4}$ | 线圈节距 | $y_2=5$ |
| 并联路数 | $a_2=2$ | 绕组系数 | $K_{dp2}=0.878$ |
| 每槽电角 | $\alpha_2=26.7°$ | 出线根数 | $c=3$ |

（2）绕组布接线特点及应用举例

本例是分数绕组，绕组由3圈组和双圈组构成，每相8组中有两组3圈和6组双圈；分两支路接线，每支路各由一个3圈组和3个双圈组按正反交替串联而成。接线则采用双向并联，即进线后分两侧走线。虽是分数绕组，但三相进线能满足三角对称分布，即 K 从槽1引出；L、M 则分别从槽 19 和 37 引出。此绕组应用实例有 YZR2-280S-8 和 YZR2-280M-8 等。

（3）绕组嵌线方法

本例采用交叠法嵌线，吊边数为 5。嵌线之前先设定好 1 号槽位，使之与滑环接线端位置正对。另外，大小线圈组也要参考图的安排，不得嵌错。嵌线次序见表 6-32。

表 6-32　交叠法

| 嵌绕次序 | | 1 | 2 | 3 | 4 | 5 | 6 | 7 | 8 | 9 | 10 | 11 | 12 | 13 | 14 | 15 | 16 | 17 | 18 |
|---|---|---|---|---|---|---|---|---|---|---|---|---|---|---|---|---|---|---|---|
| 槽号 | 下层 | 2 | 1 | 54 | 53 | 52 | 51 | | 50 | | 49 | | 48 | | 47 | | 46 | | 45 |
| | 上层 | | | | | | | 2 | | 1 | | 54 | | 53 | | 52 | | 51 | |
| 嵌绕次序 | | 19 | 20 | 21 | 22 | 23 | 24 | 25 | 26 | …… | 83 | 84 | 85 | 86 | 87 | 88 | 89 | 90 |
| 槽号 | 下层 | | 44 | | 43 | | 42 | | 41 | …… | | 12 | | 11 | | 10 | | 9 |
| | 上层 | 50 | | 49 | | 48 | | 47 | | …… | 18 | | 17 | | 16 | | 15 | |
| 嵌绕次序 | | 91 | 92 | 93 | 94 | 95 | 96 | 97 | 98 | 99 | 100 | 101 | 102 | 103 | 104 | 105 | 106 | 107 | 108 |
| 槽号 | 下层 | | 8 | | 7 | | 6 | | 5 | | 4 | | 3 | | | | | | |
| | 上层 | 14 | | 13 | | 12 | | 11 | | 10 | | 9 | | 8 | 7 | 6 | 5 | 4 | 3 |

（4）绕组端面布接线

如图 6-29 所示。

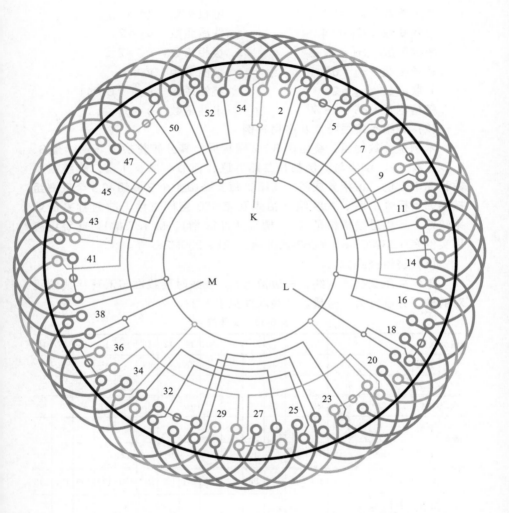

图 6-29　54 槽 8 极（$y=5$、$a=2$）绕线式转子绕组双层叠式布线

### 6.4.2.7 54槽8极（$y=6$、$a=2$）绕线式转子绕组双层叠式布线[*]

（1）绕组结构参数

| | | | |
|---|---|---|---|
| 转子槽数 | $Z_2=54$ | 电机极数 | $2p=8$ |
| 总线圈数 | $Q_2=54$ | 线圈组数 | $u_2=24$ |
| 每组圈数 | $S_2=3、2$ | 极相槽数 | $q_2=2\frac{1}{4}$ |
| 转子极距 | $\tau_2=6\frac{3}{4}$ | 线圈节距 | $y_2=6$ |
| 并联路数 | $a_2=2$ | 绕组系数 | $K_{dp2}=0.941$ |
| 每槽电角 | $\alpha_2=26.7°$ | 出线根数 | $c=3$ |

（2）绕组布接线特点及应用举例

本例是分数绕组，绕组由3、2圈构成，其分布轮换循环规律是3、2、2、2……。绕组与上例都是二路并联，但节距增长1槽，故绕组系数稍高于上例。每相分成两个支路，每支路由1个3圈组和3个双圈组按相邻反极性串联。本绕组三相能互差120°空间进线，故对称平衡效果较好。三相进线槽位是K（1槽）、L（19槽）、M（37槽）。此绕组应用实例有YZR280S-8、YZR2-200L-8、YZR2-250M2-8等。

（3）绕组嵌线方法

本例采用交叠法嵌线，吊边数为6。嵌线时要找准与滑环接线端正对的槽，并设定为1号槽。嵌线次序见表6-33。

表6-33 交叠法

| 嵌绕次序 | 1 | 2 | 3 | 4 | 5 | 6 | 7 | 8 | 9 | 10 | 11 | 12 | 13 | 14 | 15 | 16 | 17 | 18 |
|---|---|---|---|---|---|---|---|---|---|---|---|---|---|---|---|---|---|---|
| 槽号 下层 | 2 | 1 | 54 | 53 | 52 | 51 | 50 | | 49 | | 48 | | 47 | | 46 | | 45 | |
| 槽号 上层 | | | | | | | | 2 | | 1 | | 54 | | 53 | | 52 | | 51 |

| 嵌绕次序 | 19 | 20 | 21 | 22 | 23 | 24 | 25 | 26 | 27 | …… | 85 | 86 | 87 | 88 | 89 | 90 |
|---|---|---|---|---|---|---|---|---|---|---|---|---|---|---|---|---|
| 槽号 下层 | 44 | | 43 | | 42 | | 41 | | 40 | …… | 11 | | 10 | | 9 | |
| 槽号 上层 | | 50 | | 49 | | 48 | | 47 | | …… | | 17 | | 16 | | 15 |

| 嵌绕次序 | 91 | 92 | 93 | 94 | 95 | 96 | 97 | 98 | 99 | 100 | 101 | 102 | 103 | 104 | 105 | 106 | 107 | 108 |
|---|---|---|---|---|---|---|---|---|---|---|---|---|---|---|---|---|---|---|
| 槽号 下层 | 8 | | 7 | | 6 | | 5 | | 4 | | 3 | | | | | | | |
| 槽号 上层 | | 14 | | 13 | | 12 | | 11 | | 10 | | 9 | 8 | 7 | 6 | 5 | 4 | 3 |

（4）绕组端面布接线

如图6-30所示。

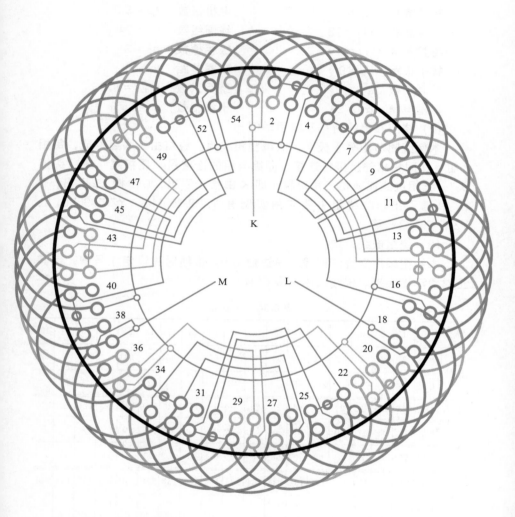

图 6-30 54 槽 8 极（$y=6$、$a=2$）绕线式转子绕组双层叠式布线

### 6.4.2.8　72 槽 8 极（$y=9$、$a=1$）绕线式转子绕组双层叠式布线 [*]

(1) 绕组结构参数

| | | | |
|---|---|---|---|
| 转子槽数 | $Z_2=72$ | 电机极数 | $2p=8$ |
| 总线圈数 | $Q_2=72$ | 线圈组数 | $u_2=24$ |
| 每组圈数 | $S_2=3$ | 极相槽数 | $q_2=3$ |
| 转子极距 | $\tau_2=9$ | 线圈节距 | $y_2=9$ |
| 并联路数 | $a_2=1$ | 绕组系数 | $K_{dp2}=0.96$ |
| 每槽电角 | $\alpha_2=20°$ | 出线根数 | $c=3$ |

(2) 绕组布接线特点及应用举例

本例线圈节距等于极距，故属整距绕组。绕组由三联组构成，每相 8 组，按同相相邻反极性连接，即组与组的连接是"尾接尾"或"头接头"。三相进线能获得三角对称，即 K 由槽 1 引出，L 由槽 25 引出，M 由 49 槽引出。此绕组主要应用实例有 YZR2-355M-8、YZR2-355L1-8、YZR2-355L2-8 等。

(3) 绕组嵌线方法

本绕组采用交叠法嵌线，吊边数为 9。嵌线时先设定 1 号槽，使其正对滑环接线端。嵌线次序见表 6-34。

表 6-34　交叠法

| 嵌绕次序 | | 1 | 2 | 3 | 4 | 5 | 6 | 7 | 8 | 9 | 10 | 11 | 12 | 13 | 14 | 15 | 16 | 17 | 18 |
|---|---|---|---|---|---|---|---|---|---|---|---|---|---|---|---|---|---|---|---|
| 槽号 | 下层 | 3 | 2 | 1 | 72 | 71 | 70 | 69 | 68 | 67 | 66 | | 65 | | 64 | | 63 | | 62 |
| | 上层 | | | | | | | | | | | 3 | | 2 | | 1 | | 72 | |

| 嵌绕次序 | | 19 | 20 | 21 | 22 | 23 | 24 | 25 | 26 | …… | 119 | 120 | 121 | 122 | 123 | 124 | 125 | 126 |
|---|---|---|---|---|---|---|---|---|---|---|---|---|---|---|---|---|---|---|
| 槽号 | 下层 | | 61 | | 60 | | 59 | | 58 | …… | 11 | | 10 | | 9 | | | 8 |
| | 上层 | 71 | | 70 | | 69 | | 68 | | …… | 21 | | 20 | | 19 | | 18 | |

| 嵌绕次序 | | 127 | 128 | 129 | 130 | 131 | 132 | 133 | 134 | 135 | 136 | 137 | 138 | 139 | 140 | 141 | 142 | 143 | 144 |
|---|---|---|---|---|---|---|---|---|---|---|---|---|---|---|---|---|---|---|---|
| 槽号 | 下层 | | 7 | | 6 | | 5 | | | | | | | | | | | | |
| | 上层 | 17 | | 16 | | 15 | | 14 | | 13 | 12 | 11 | 10 | 9 | 8 | 7 | 6 | 5 | 4 |

(4) 绕组端面布接线

如图 6-31 所示。

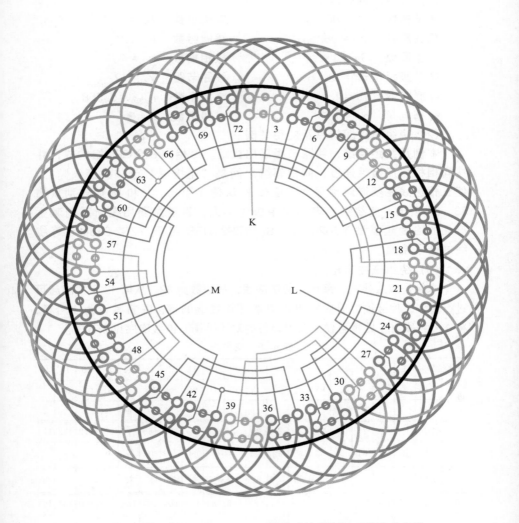

图 6-31　72 槽 8 极（$y=9$、$a=1$）绕线式转子绕组双层叠式布线

### 6.4.2.9　96槽8极（$y=12$、$a=1$）绕线式转子绕组双层叠式布线 [*]

**(1) 绕组结构参数**

| | | | |
|---|---|---|---|
| 转子槽数 | $Z_2=96$ | 电机极数 | $2p=8$ |
| 总线圈数 | $Q_2=96$ | 线圈组数 | $u_2=24$ |
| 每组圈数 | $S_2=4$ | 极相槽数 | $q_2=4$ |
| 转子极距 | $\tau_2=12$ | 线圈节距 | $y_2=12$ |
| 并联路数 | $a_2=1$ | 绕组系数 | $K_{dp2}=0.958$ |
| 每槽电角 | $\alpha_2=15°$ | 出线根数 | $c=3$ |

**(2) 绕组布接线特点及应用举例**

本例是整距绕组，线圈节距采用极距。每相由8个四联组构成，并按同相相邻反极性连接，即相邻组之间是"尾接尾"或"头接头"。为使三相进线能获得对称平衡，应使K从槽1引出，L和M则分别从槽33、65引出。此绕组在电动机中极为罕见，目前主要用在新系列派生产品的冶金起重型 YZR2-315S1-8、YZR2-315S2-8 及 YZR2-315M-8 等绕线式转子绕组。

**(3) 绕组嵌线方法**

本例是双层叠式，采用交叠法嵌线，吊边数为12。从第13只线圈起可进行整嵌，但嵌线之前应找出正对滑环接线端的槽，并将其设为1号槽，将1号线圈置于此槽可使之获得较好的对称平衡。嵌线次序见表6-35。

**表 6-35　交叠法**

| 嵌绕次序 | | 1 | 2 | 3 | 4 | 5 | 6 | 7 | 8 | 9 | 10 | 11 | 12 | 13 | 14 | 15 | 16 | 17 | 18 |
|---|---|---|---|---|---|---|---|---|---|---|---|---|---|---|---|---|---|---|---|
| 槽号 | 下层 | 4 | 3 | 2 | 1 | 96 | 95 | 94 | 93 | 92 | 91 | 90 | 89 | 88 | | 87 | | 86 | |
| | 上层 | | | | | | | | | | | | | | 4 | | 3 | | 2 |

| 嵌绕次序 | | 19 | 20 | 21 | 22 | 23 | 24 | 25 | 26 | …… | 167 | 168 | 169 | 170 | 171 | 172 | 173 | 174 |
|---|---|---|---|---|---|---|---|---|---|---|---|---|---|---|---|---|---|---|
| 槽号 | 下层 | 85 | | 84 | | 83 | | 82 | | …… | 11 | | 10 | | 9 | | 8 | |
| | 上层 | | 1 | | 96 | | 95 | | 94 | …… | | 23 | | 22 | | 21 | | 20 |

| 嵌绕次序 | | 175 | 176 | 177 | 178 | 179 | 180 | 181 | 182 | 183 | 184 | 185 | 186 | 187 | 188 | 189 | 190 | 191 | 192 |
|---|---|---|---|---|---|---|---|---|---|---|---|---|---|---|---|---|---|---|---|
| 槽号 | 下层 | 7 | | 6 | | 5 | | | | | | | | | | | | | |
| | 上层 | | 19 | | 18 | | 17 | 16 | 15 | 14 | 13 | 12 | 11 | 10 | 9 | 8 | 7 | 6 | 5 |

**(4) 绕组端面布接线**

如图 6-32 所示。

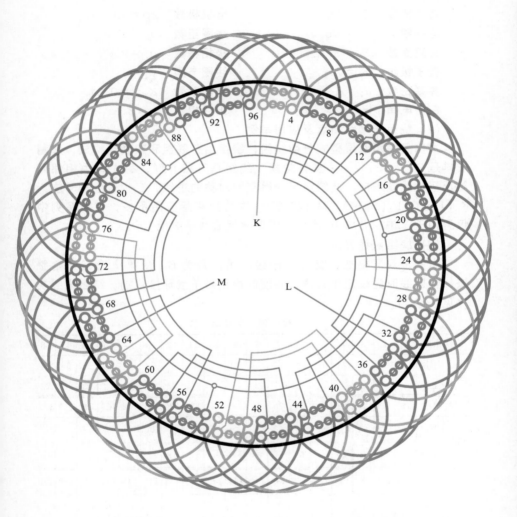

图 6-32　96 槽 8 极（$y=12$、$a=1$）绕线式转子绕组双层叠式布线

### 6.4.2.10　75槽10极（$y=6$、$a=5$）绕线式转子绕组双层叠式布线 [*]

（1）绕组结构参数

| | | | |
|---|---|---|---|
| 转子槽数 | $Z_2=75$ | 电机极数 | $2p=10$ |
| 总线圈数 | $Q_2=75$ | 线圈组数 | $u_2=30$ |
| 每组圈数 | $S_2=3、2$ | 极相槽数 | $q_2=2\frac{1}{2}$ |
| 转子极距 | $\tau_2=7\frac{1}{2}$ | 线圈节距 | $y_2=6$ |
| 并联路数 | $a_2=5$ | 绕组系数 | $K_{dp2}=0.91$ |
| 每槽电角 | $\alpha_2=24°$ | 出线根数 | $c=3$ |

（2）绕组布接线特点及应用举例

本例是短距双层叠式分数绕组，绕组由三联组和双联组构成，线圈安排是3、2、3、2……交替轮换。绕组是五路并联，每支路由相邻两组反极性线圈串成。此绕组可获得空间对称的进线，三相进线槽号应为K（1槽）、L（51槽）、M（26槽）。本绕组实际应用不多，在新系列中仅见用于 YZR2-280S-10 冶金起重型绕线式转子绕组。

（3）绕组嵌线方法

本例是双层叠式，交叠法嵌线时吊边数为6。从第7槽起开始整嵌，但嵌线时先设定1号槽，并使此槽正对于滑环接线端。绕组嵌线次序见表6-36。

表6-36　交叠法

| 嵌绕次序 | | 1 | 2 | 3 | 4 | 5 | 6 | 7 | 8 | 9 | 10 | 11 | 12 | 13 | 14 | 15 | 16 | 17 | 18 |
|---|---|---|---|---|---|---|---|---|---|---|---|---|---|---|---|---|---|---|---|
| 槽号 | 下层 | 2 | 1 | 75 | 74 | 73 | 72 | 71 | | 70 | | 69 | | 68 | | 67 | | 66 | |
| | 上层 | | | | | | | | 2 | | 1 | | 75 | | 74 | | 73 | | 72 |

| 嵌绕次序 | | 19 | 20 | 21 | 22 | 23 | 24 | 25 | 26 | …… | 125 | 126 | 127 | 128 | 129 | 130 | 131 | 132 |
|---|---|---|---|---|---|---|---|---|---|---|---|---|---|---|---|---|---|---|
| 槽号 | 下层 | 65 | | 64 | | 63 | | 62 | | …… | 12 | | 11 | | 10 | | 9 | |
| | 上层 | | 71 | | 70 | | 69 | | 68 | …… | | 18 | | 17 | | 16 | | 15 |

| 嵌绕次序 | | 133 | 134 | 135 | 136 | 137 | 138 | 139 | 140 | 141 | 142 | 143 | 144 | 145 | 146 | 147 | 148 | 149 | 150 |
|---|---|---|---|---|---|---|---|---|---|---|---|---|---|---|---|---|---|---|---|
| 槽号 | 下层 | 8 | | 7 | | 6 | | 5 | | 4 | | 3 | | | | | | | |
| | 上层 | | 14 | | 13 | | 12 | | 11 | | 10 | | 9 | 8 | 7 | 6 | 5 | 4 | 3 |

（4）绕组端面布接线

如图6-33所示。

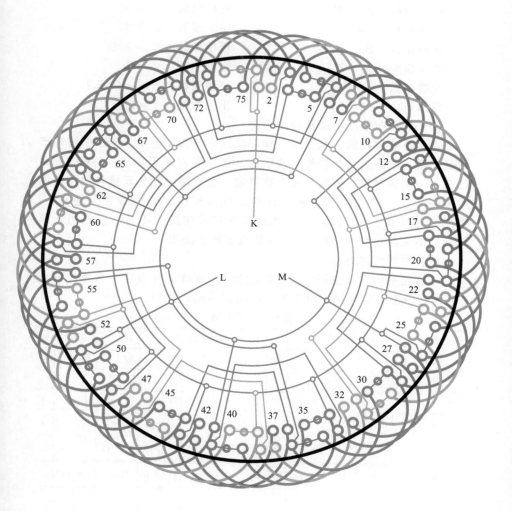

图 6-33　75 槽 10 极（$y=6$、$a=5$）绕线式转子绕组双层叠式布线

### 6.4.2.11 75槽10极（$y=7$、$a=5$）绕线式转子绕组双层叠式布线 *

(1) 绕组结构参数

| | | | |
|---|---|---|---|
| 转子槽数 | $Z_2 = 75$ | 电机极数 | $2p = 10$ |
| 总线圈数 | $Q_2 = 75$ | 线圈组数 | $u_2 = 30$ |
| 每组圈数 | $S_2 = 3、2$ | 极相槽数 | $q_2 = 2\frac{1}{2}$ |
| 转子极距 | $\tau_2 = 7\frac{1}{2}$ | 线圈节距 | $y_2 = 7$ |
| 并联路数 | $a_2 = 5$ | 绕组系数 | $K_{dp2} = 0.952$ |
| 每槽电角 | $\alpha_2 = 24°$ | 出线根数 | $c = 3$ |

(2) 绕组布接线特点及应用举例

本例是双叠绕组，和上例一样都属短距分数槽绕组，但本例缩短节距仅半槽，故绕组系数较高。绕组由3圈组和双圈组构成，并按2、3、2、3……交替分布。绕组采用五路并联，每支路由相邻反极性的两组线圈串联而成。为获得三相进线的空间对称分布，进线槽号应是 K（1槽）、L（51槽）、M（26槽）。本绕组在实际中应用不多，仅见用于新系列的冶金起重型 YZR2-280M-10 绕线式转子绕组。

(3) 绕组嵌线方法

本绕组采用交叠法嵌线，吊边数为7。嵌线时先设定1号槽，即使1号槽置于滑环接线端正对上方。嵌线次序见表6-37。

表6-37　交叠法

| 嵌绕次序 | | 1 | 2 | 3 | 4 | 5 | 6 | 7 | 8 | 9 | 10 | 11 | 12 | 13 | 14 | 15 | 16 | 17 | 18 |
|---|---|---|---|---|---|---|---|---|---|---|---|---|---|---|---|---|---|---|---|
| 槽号 | 下层 | 2 | 1 | 75 | 74 | 73 | 72 | 71 | 70 | | 69 | | 68 | | 67 | | 66 | | 65 |
| | 上层 | | | | | | | | | 2 | | 1 | | 75 | | 74 | | 73 | |

| 嵌绕次序 | | 19 | 20 | 21 | 22 | 23 | 24 | 25 | 26 | …… | 125 | 126 | 127 | 128 | 129 | 130 | 131 | 132 |
|---|---|---|---|---|---|---|---|---|---|---|---|---|---|---|---|---|---|---|
| 槽号 | 下层 | | 64 | | 63 | | 62 | | 61 | …… | | 11 | | 10 | | 9 | | 8 |
| | 上层 | 72 | | 71 | | 70 | | 69 | | …… | 19 | | 18 | | 17 | | 16 | |

| 嵌绕次序 | | 133 | 134 | 135 | 136 | 137 | 138 | 139 | 140 | 141 | 142 | 143 | 144 | 145 | 146 | 147 | 148 | 149 | 150 |
|---|---|---|---|---|---|---|---|---|---|---|---|---|---|---|---|---|---|---|---|
| 槽号 | 下层 | | 7 | | 6 | | 5 | | 4 | | 3 | | | | | | | | |
| | 上层 | 15 | | 14 | | 13 | | 12 | | 11 | | 10 | 9 | 8 | 7 | 6 | 5 | 4 | 3 |

(4) 绕组端面布接线

如图6-34所示。

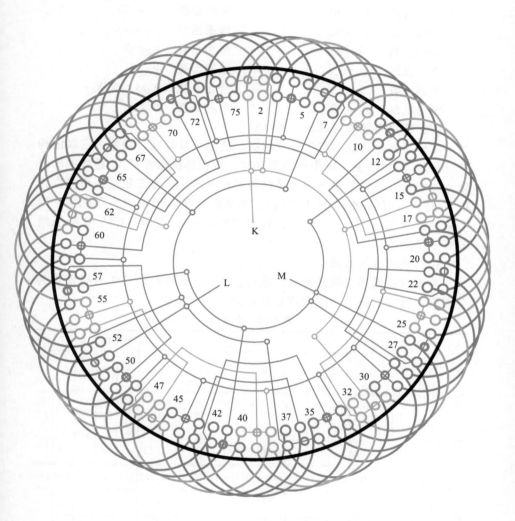

图 6-34　75 槽 10 极（$y = 7$、$a = 5$）绕线式转子绕组双层叠式布线

### 6.4.2.12　90 槽 10 极（$y=9$、$a=1$）绕线式转子绕组双层叠式布线 [*]

**(1) 绕组结构参数**

| | | | |
|---|---|---|---|
| 转子槽数 | $Z_2=90$ | 电机极数 | $2p=10$ |
| 总线圈数 | $Q_2=90$ | 线圈组数 | $u_2=30$ |
| 每组圈数 | $S_2=3$ | 极相槽数 | $q_2=3$ |
| 转子极距 | $\tau_2=9$ | 线圈节距 | $y_2=9$ |
| 并联路数 | $a_2=1$ | 绕组系数 | $K_{dp2}=0.96$ |
| 每槽电角 | $\alpha_2=20°$ | 出线根数 | $c=3$ |

**(2) 绕组布接线特点及应用举例**

本例是整距布线的双层叠式绕组，绕组系数较高。绕组由三联组构成，每相 10 组线圈，采用一路串联时，按相邻反极性把 10 组线圈串联成一相绕组。本例可使三相进线获得对称分布，这时三相进线槽号应为 K（1 槽）、L（61 槽）、M（31 槽）。本例绕组在电机中的实际应用主要有冶金起重型 YZR2-315S1-10、YZR2-315S2-10、YZR2-315M-10 等绕线式转子绕组。

**(3) 绕组嵌线方法**

本例绕组采用交叠法嵌线，吊边数为 9。嵌线前是将 1 号槽设定为与滑环接线端对正。嵌线次序见表 6-38。

**表 6-38　交叠法**

| 嵌绕次序 | | 1 | 2 | 3 | 4 | 5 | 6 | 7 | 8 | 9 | 10 | 11 | 12 | 13 | 14 | 15 | 16 | 17 | 18 |
|---|---|---|---|---|---|---|---|---|---|---|---|---|---|---|---|---|---|---|---|
| 槽号 | 下层 | 3 | 2 | 1 | 90 | 89 | 88 | 87 | 86 | 85 | 84 | | 83 | | 82 | | 81 | | 80 |
| | 上层 | | | | | | | | | | | 3 | | 2 | | 1 | | 90 | |

| 嵌绕次序 | | 19 | 20 | 21 | 22 | 23 | 24 | 25 | 26 | …… | 155 | 156 | 157 | 158 | 159 | 160 | 161 | 162 |
|---|---|---|---|---|---|---|---|---|---|---|---|---|---|---|---|---|---|---|
| 槽号 | 下层 | | 79 | | 78 | | 77 | | 76 | …… | | 11 | | 10 | | 9 | | 8 |
| | 上层 | 89 | | 88 | | 87 | | 86 | | …… | 21 | | 20 | | 19 | | 18 | |

| 嵌绕次序 | | 163 | 164 | 165 | 166 | 167 | 168 | 169 | 170 | 171 | 172 | 173 | 174 | 175 | 176 | 177 | 178 | 179 | 180 |
|---|---|---|---|---|---|---|---|---|---|---|---|---|---|---|---|---|---|---|---|
| 槽号 | 下层 | | 7 | | 6 | | 5 | | 4 | | | | | | | | | | |
| | 上层 | 17 | | 16 | | 15 | | 14 | | 13 | 12 | 11 | 10 | 9 | 8 | 7 | 6 | 5 | 4 |

**(4) 绕组端面布接线**

如图 6-35 所示。

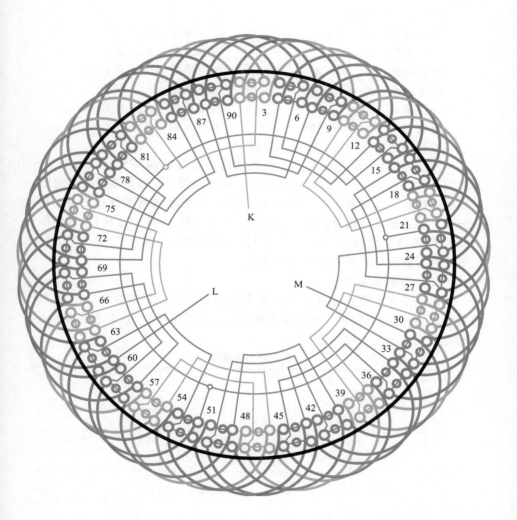

图 6-35　90 槽 10 极（$y = 9$、$a = 1$）绕线式转子绕组双层叠式布线

### 6.4.2.13　105 槽 10 极（$y=10$、$a=1$）绕线式转子绕组双层叠式布线 *

(1) 绕组结构参数

| | | | |
|---|---|---|---|
| 转子槽数 | $Z_2 = 105$ | 电机极数 | $2p = 10$ |
| 总线圈数 | $Q_2 = 105$ | 线圈组数 | $u_2 = 30$ |
| 每组圈数 | $S_2 = 4$、$3$ | 极相槽数 | $q_2 = 3\frac{1}{2}$ |
| 转子极距 | $\tau_2 = 10\frac{1}{2}$ | 线圈节距 | $y_2 = 10$ |
| 并联路数 | $a_2 = 1$ | 绕组系数 | $K_{dp2} = 0.956$ |
| 每槽电角 | $\alpha_2 = 17.14°$ | 出线根数 | $c = 3$ |

(2) 绕组布接线特点及应用举例

本绕组由 3、4 圈组成，属分数绕组，线圈的循环分布规律是 3、4、3、4……。每相由 10 组线圈构成，接线规律是反接串联，即同相组间的连接是"尾与尾"或"头与头"相接。本绕组进线能获得三角对称分布，但三相进线槽号应为 K（1 槽）、L（71 槽）、M（36 槽）。本绕组在新系列中的应用有 YZR2-355M-10、YZR2-355L1-10、YZR2-355L2-10 等冶金起重型电机的绕线式转子绕组。

(3) 绕组嵌线方法

本例是双层叠式布线，绕组采用交叠法嵌线，吊边数为 10，即从第 11 只线圈起可整嵌，当下层边嵌满后，再把吊起的 10 个上层边嵌入相应槽内。嵌线次序见表 6-39。

表 6-39　交叠法

| 嵌绕次序 | | 1 | 2 | 3 | 4 | 5 | 6 | 7 | 8 | 9 | 10 | 11 | 12 | 13 | 14 | 15 | 16 | 17 | 18 |
|---|---|---|---|---|---|---|---|---|---|---|---|---|---|---|---|---|---|---|---|
| 槽号 | 下层 | 3 | 2 | 1 | 105 | 104 | 103 | 102 | 101 | 100 | 99 | 98 | | 97 | | 96 | | 95 | |
| | 上层 | | | | | | | | | | | | 3 | | 2 | | 1 | | 105 |

| 嵌绕次序 | | 19 | 20 | 21 | 22 | 23 | 24 | 25 | 26 | 27 | 28 | …… | 187 | 188 | 189 | 190 | 191 | 192 |
|---|---|---|---|---|---|---|---|---|---|---|---|---|---|---|---|---|---|---|
| 槽号 | 下层 | 94 | | 93 | | 92 | | 91 | | 90 | | …… | 10 | | 9 | | 8 | |
| | 上层 | | 104 | | 103 | | 102 | | 101 | | 100 | …… | | 20 | | 19 | | 18 |

| 嵌绕次序 | | 193 | 194 | 195 | 196 | 197 | 198 | 199 | 200 | 201 | 202 | 203 | 204 | 205 | 206 | 207 | 208 | 209 | 210 |
|---|---|---|---|---|---|---|---|---|---|---|---|---|---|---|---|---|---|---|---|
| 槽号 | 下层 | 7 | | 6 | | 5 | | 4 | | | | | | | | | | | |
| | 上层 | | 17 | | 16 | | 15 | | 14 | 13 | 12 | 11 | 10 | 9 | 8 | 7 | 6 | 5 | 4 |

(4) 绕组端面布接线

如图 6-36 所示。

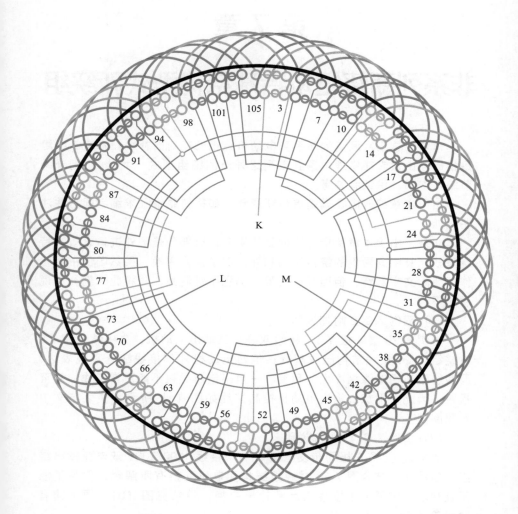

图 6-36　105 槽 10 极（$y=10$、$a=1$）绕线式转子绕组双层叠式布线

# 第 7 章

# 非系列新绕组及特殊结构型式新绕组

　　《彩图总集》漏编的新系列电动机绕组已在前面补编。本章新绕组是指近期由读者在修理中遇到系列之外新的绕组型式，共计 21 例分两节编入本书，供读者参考。

　　由于本章编入内容属编者最新原创，如需转载请征求编者同意并注明出处。

　　此外，由于本章新增补进的新绕组中，有部分是国外进口设备的特殊型式，其中有两例的绕组结构和外接端子需要变换，虽然图例主页已作扼要的文字解释，但因版面所限，仍觉不甚清楚，故将此二例补充说明如下：

　　(1) 图例 7.2.2 附加说明

　　本例是 36 槽 4 极 Y/2Y 接线双绕组三输出电动机，文中结合图 7-8 对绕组 Y/2Y 接线结构已作解释；但对电动机外部接线缺乏直观表达，而两绕组三相电源相序尤为重要，一旦出错将导致不能正常工作，甚至损毁。为此，附加三输出电动机控制接线如图 (a) 所示，使之与文中对照阅读。

　　(2) 图例 7.2.12 附加说明

　　本例是 72 槽 6 极同步发电机 3Y/6Y 接线 1400/700V 双电压输出绕组。虽然文中结合图 7-18 对绕组结构和电压变换有所解释，但为了能更直观表达定子绕组接线特点和输出变换，特补充图 (b)，便于读者对照参考。

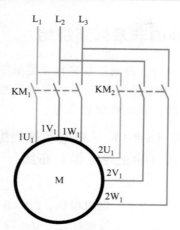

KM₁ 闭合：轻载输出

KM₂ 闭合：中载输出

KM₁＋KM₂ 闭合：重载输出

图（a）双绕组电动机三输出控制接线图

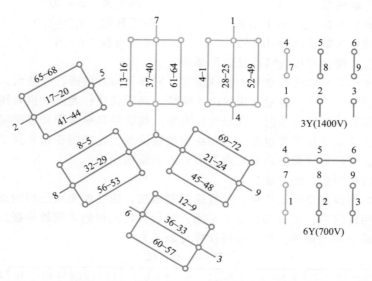

图（b）72 槽 6 极同步发电机 3Y／6Y 接线双电压输出定子绕组简化接线图

## 7.1 增补的非系列新绕组

本节所含是新系列以外的绕组，是新近从资料中发掘或读者在修理中发现的新绕组，它既包括极少应用的常规型式和特种型式；计有 6 例，绘制成端面模拟彩色绕组图，以供修理者参考。

### 7.1.1 36 槽 8 极（$a=1$）三相电动机绕组
### 单层同心交叉式（非正规庶极）布线[*]

（1）绕组结构参数

| | | | |
|---|---|---|---|
| 定子槽数 | $Z=36$ | 电机极数 | $2p=8$ |
| 总线圈数 | $Q=18$ | 线圈组数 | $u=12$ |
| 每组圈数 | $S=2、1$ | 极相槽数 | $q=1\frac{1}{2}$ |
| 绕组极距 | $\tau=4\frac{1}{2}$ | 线圈节距 | $y=5、3$ |
| 并联路数 | $a=1$ | 每槽电角 | $\alpha=40°$ |
| 分布系数 | $K_d=0.922$ | 节距系数 | $K_p=1.0$ |
| 绕组系数 | $K_{dp}=0.922$ | 出线根数 | $c=6$ |

（2）绕组布接线特点及应用举例

本例是单层同心交叉的特殊型式，它既有同心线圈，并具大、小组绕圈的交叉成分。每相 8 极仅由 4 组单、双圈构成；因属庶极布线，同相相邻线圈组间为顺向（同极性）串联。故绕组具有线圈和线圈组数都较少，绕组连接简单以及嵌线布线方便等优点。此绕组在新系列中未见应用，仅作为《彩图总集》遗漏而补入的新增绕组。

（3）绕组嵌线方法

本例绕组是庶极布线，最宜采用整嵌法，嵌线时先将三相的双圈组嵌入相应槽内，使端部构成下平面；然后再把三相的单圈轮换嵌入，使之构成上平面结构。具体嵌线次序见表 7-1。

表 7-1 整嵌法

| 嵌绕次序 | 1 | 2 | 3 | 4 | 5 | 6 | 7 | 8 | 9 | 10 | 11 | 12 | 13 | 14 | 15 | 16 | 17 | 18 |
|---|---|---|---|---|---|---|---|---|---|---|---|---|---|---|---|---|---|---|
| 槽号 下平面 | 2 | 5 | 1 | 6 | 32 | 35 | 31 | 36 | 26 | 29 | 25 | 30 | 20 | 23 | 19 | 24 | 14 | 17 |
| 上平面 | | | | | | | | | | | | | | | | | | |

| 嵌绕次序 | 19 | 20 | 21 | 22 | 23 | 24 | 25 | 26 | 27 | 28 | 29 | 30 | 31 | 32 | 33 | 34 | 35 | 36 |
|---|---|---|---|---|---|---|---|---|---|---|---|---|---|---|---|---|---|---|
| 槽号 下平面 | 13 | 18 | 8 | 11 | 7 | 12 | | | | | | | | | | | | |
| 上平面 | | | | | | | 34 | 3 | 28 | 33 | 22 | 27 | 16 | 21 | 10 | 15 | 4 | 9 |

（4）绕组端面布接线

如图 7-1 所示。

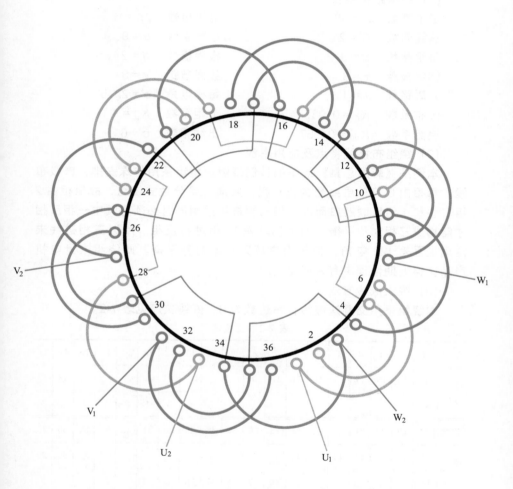

图 7-1　36 槽 8 极（$a=1$）三相电动机绕组单层同心交
叉式（非正规庶极）布线

## 7.1.2 48槽6极（$y=8$、$a=1$）三相电动机绕组单层交叠（分割式庶极）布线*

（1）绕组结构参数

| | | | |
|---|---|---|---|
| 定子槽数 | $Z=48$ | 电机极数 | $2p=6$ |
| 总线圈数 | $Q=24$ | 线圈组数 | $u=9$ |
| 每组圈数 | $S=3、2$ | 极相槽数 | $q=2\frac{2}{3}$ |
| 绕组极距 | $\tau=8$ | 线圈节距 | $y=8$ |
| 并联路数 | $a=1$ | 每槽电角 | $\alpha=22.5°$ |
| 分布系数 | $K_d=0.957$ | 节距系数 | $K_p=1.0$ |
| 绕组系数 | $K_{dp}=0.957$ | 出线根数 | $c=6$ |

（2）绕组布接线特点及应用举例

本例是《彩图总集》漏编的特例绕组。绕组采用特殊安排，庶极布线。每相由8只单层线圈构成6极，实质上是分数式绕组，故每相由2组3联和1组双联顺串而成，但三相进接线相同时必须将其中一相反相才能构成三相对称平衡，如本例就把W相进行反相。所以三相进线未能满足互差120°电角，但三相磁场则基本对称平衡。此绕组未见电机产品，但近期修理中有人遇见过。

（3）绕组嵌线方法

本绕组采用交叠法嵌线，吊边数为8。嵌线次序见表7-2。

表7-2 交叠法

| 嵌绕次序 | | 1 | 2 | 3 | 4 | 5 | 6 | 7 | 8 | 9 | 10 | 11 | 12 | 13 | 14 | 15 | 16 | 17 | 18 |
|---|---|---|---|---|---|---|---|---|---|---|---|---|---|---|---|---|---|---|---|
| 槽号 | 下层 | 16 | 15 | 14 | 13 | 12 | 11 | 10 | 9 | | | | | | | | | 48 | 47 |
| | 上层 | | | | | | | | | 8 | 7 | 6 | 5 | 4 | 3 | 2 | 1 | | |

| 嵌绕次序 | | 19 | 20 | 21 | 22 | 23 | 24 | 25 | 26 | 27 | 28 | 29 | 30 | 31 | 32 | 33 | 34 | 35 | 36 |
|---|---|---|---|---|---|---|---|---|---|---|---|---|---|---|---|---|---|---|---|
| 槽号 | 下层 | 46 | 45 | 44 | 43 | 42 | 41 | | | | | | | | | 32 | 31 | 30 | 29 |
| | 上层 | | | | | | | 40 | 39 | 38 | 37 | 36 | 35 | 34 | 33 | | | | |

| 嵌绕次序 | | 37 | 38 | 39 | 40 | 41 | 42 | 43 | 44 | 45 | 46 | 47 | 48 |
|---|---|---|---|---|---|---|---|---|---|---|---|---|---|
| 槽号 | 下层 | 28 | 27 | 26 | 25 | | | | | | | | |
| | 上层 | | | | | 24 | 23 | 22 | 21 | 20 | 19 | 18 | 17 |

（4）绕组端面布接线

如图 7-2 所示。

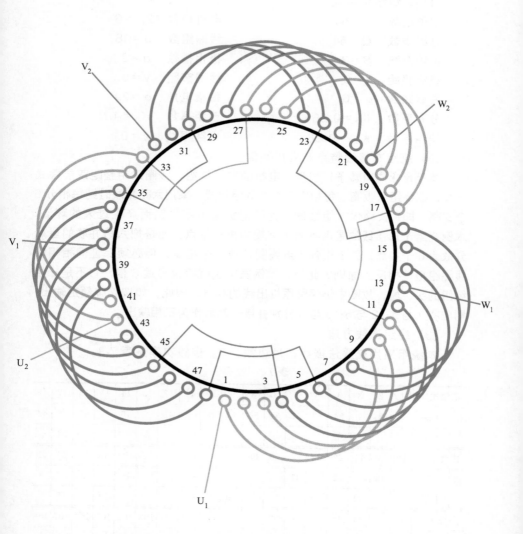

图 7-2 48 槽 6 极（$y=8$、$a=1$）三相电动机绕组单层交叠（分割式庶极）布线

### 7.1.3　54槽6极（$y=9$、$a=6$）三相发电机绕组（六星点接线）双层叠式布线[*]

(1) 绕组结构参数

| | | | |
|---|---|---|---|
| 定子槽数 | $Z=54$ | 电机极数 | $2p=6$ |
| 总线圈数 | $Q=54$ | 线圈组数 | $u=18$ |
| 每组圈数 | $S=3$ | 极相槽数 | $q=3$ |
| 绕组极距 | $\tau=9$ | 线圈节距 | $y=9$ |
| 并联路数 | $a=6$ | 每槽电角 | $\alpha=20°$ |
| 分布系数 | $K_d=0.96$ | 节距系数 | $K_p=1.0$ |
| 绕组系数 | $K_{dp}=0.96$ | 出线根数 | $c=6$ |

(2) 绕组布接线特点及应用举例

本例是永磁（转子）同步发电机的定子绕组。线圈采用整距双层叠式布线，故绕组系数高。每相由6个3联组组成，采用六路并联时则每相分6个支路，即每支路仅1组线圈。为了避免输出不平衡而产生过大的环流，本例绕组Y形接线的星点不同于常规的统一星点，而是把六路并联的星点分散为6个星点，即三相各1组线圈接成一个星点；但必须保证同相相邻线圈组极性相反的原则。此外，本例发电机绕组也出线6根，它不是三相绕组的头、尾，故图中仍保留原机出线的标号，因此，如按铭牌额定输出，则应将1与4；2与5；3与6分别并接，然后作为三相输出。

(3) 绕组嵌线方法

本绕组采用交叠法嵌线，吊边数为9。嵌线次序见表7-3。

表7-3　交叠法

| 嵌绕次序 | | 1 | 2 | 3 | 4 | 5 | 6 | 7 | 8 | 9 | 10 | 11 | 12 | 13 | 14 | 15 | 16 | 17 | 18 |
|---|---|---|---|---|---|---|---|---|---|---|---|---|---|---|---|---|---|---|---|
| 槽号 | 下层 | 3 | 2 | 1 | 54 | 53 | 52 | 51 | 50 | 49 | 48 | | 47 | | 46 | | 45 | | 44 |
| | 上层 | | | | | | | | | | | 3 | | 2 | | 1 | | 54 | |
| 嵌绕次序 | | 19 | 20 | 21 | 22 | 23 | 24 | 25 | 26 | 27 | …… | | 85 | 86 | 87 | 88 | 89 | 90 | |
| 槽号 | 下层 | | 43 | | 42 | | 41 | | 40 | | …… | | | 10 | | 9 | | 8 | |
| | 上层 | 53 | | 52 | | 51 | | 50 | | 49 | …… | | 20 | | 19 | | 18 | | |
| 嵌绕次序 | | 91 | 92 | 93 | 94 | 95 | 96 | 97 | 98 | 99 | 100 | 101 | 102 | 103 | 104 | 105 | 106 | 107 | 108 |
| 槽号 | 下层 | | 7 | | 6 | | 5 | | 4 | | | | | | | | | | |
| | 上层 | 17 | | 16 | | 15 | | 14 | | 13 | 12 | 11 | 10 | 9 | 8 | 7 | 6 | 5 | 4 |

(4) 绕组端面布接线

如图 7-3 所示。

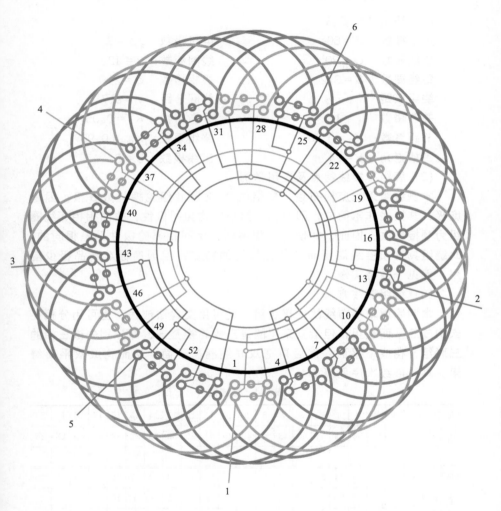

图 7-3 54 槽 6 极 ($y=9$、$a=6$) 三相发电机绕组

(六星点接线) 双层叠式布线

### 7.1.4  60 槽 8 极 （S=3/2、a=1） 三相电动机绕组 单层同心交叉式（非正规庶极）布线*

（1）绕组结构参数

定子槽数  $Z=60$        电机极数  $2p=8$

总线圈数  $Q=30$        线圈组数  $u=12$

每组圈数  $S=3/2$       极相槽数  $q=2\frac{1}{2}$

绕组极距  $\tau=7\frac{1}{2}$      线圈节距  $y=9、7、5$

并联路数  $a=1$        分布系数  $K_d=0.957$

节距系数  $K_p=1.0$      绕组系数  $K_{dp}=0.957$

每槽电角  $\alpha=24°$      出线根数  $c=6$

（2）绕组布接线特点及应用举例

本例绕组采用庶极布线，每相由 3、2 圈 4 组轮换构成 8 极；因是庶极、其接线非常简便，即每相 4 组绕圈均为同极性，故同相相邻线圈组为顺接串联；因此，即使是三相绕组，组间相邻的极性都是相同的。此绕组具有布接线简便而工艺性较优的特点，但国产标准产品极少应用，仅见于重绕实修。

（3）绕组嵌线方法

本例因属单层布线的庶极绕组，既可用交叠法嵌线，也可用分相整嵌构成三平面绕组，但最宜采用的是三相轮换整嵌，即分别先嵌三相的三联组，构成下平面，然后再把双联线圈覆于面，从而构成双平面绕组。具体嵌线次序见表 7-4。

表 7-4  整嵌法

| 嵌绕次序 | | 1 | 2 | 3 | 4 | 5 | 6 | 7 | 8 | 9 | 10 | 11 | 12 | 13 | 14 | 15 | 16 | 17 | 18 | 19 | 20 |
|---|---|---|---|---|---|---|---|---|---|---|---|---|---|---|---|---|---|---|---|---|---|
| 槽号 | 下平面 | 53 | 58 | 52 | 59 | 51 | 60 | 43 | 48 | 42 | 49 | 41 | 50 | 33 | 38 | 32 | 39 | 31 | 40 | 23 | 28 |
| | 上平面 | | | | | | | | | | | | | | | | | | | | |
| 嵌绕次序 | | 21 | 22 | 23 | 24 | 25 | 26 | 27 | 28 | 29 | 30 | 31 | 32 | 33 | 34 | 35 | 36 | 37 | 38 | 39 | 40 |
| 槽号 | 下平面 | 22 | 29 | 21 | 30 | 13 | 18 | 12 | 19 | 11 | 20 | 3 | 8 | 2 | 9 | 1 | 10 | | | | |
| | 上平面 | | | | | | | | | | | | | | | | | 57 | 4 | 56 | 5 |
| 嵌绕次序 | | 41 | 42 | 43 | 44 | 45 | 46 | 47 | 48 | 49 | 50 | 51 | 52 | 53 | 54 | 55 | 56 | 57 | 58 | 59 | 60 |
| 槽号 | 下平面 | | | | | | | | | | | | | | | | | | | | |
| | 上平面 | 47 | 54 | 46 | 55 | 37 | 44 | 36 | 45 | 27 | 30 | 26 | 35 | 17 | 24 | 16 | 25 | 7 | 14 | 6 | 15 |

(4) 绕组端面布接线

如图 7-4 所示。

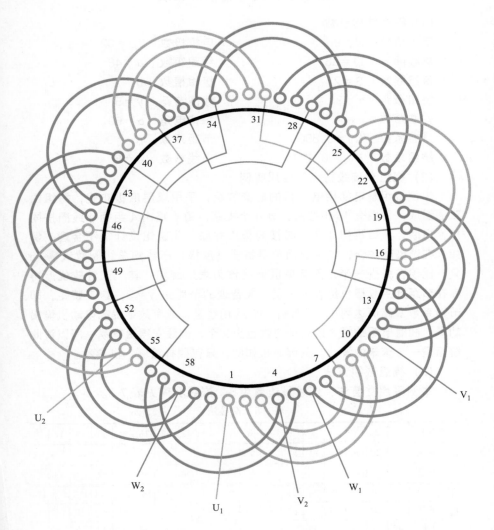

图 7-4　60 槽 8 极（$S=3/2$、$a=1$）三相电动机绕组单层同心
交叉式（非正规底极）布线

## 7.1.5　96 槽 32 极（y＝5、a＝4）三相电动机 绕组双层叠式（庶极）布线[*]

(1) 绕组结构参数

| | | | |
|---|---|---|---|
| 定子槽数 | $Z = 96$ | 电机极数 | $2p = 32$ |
| 总线圈数 | $Q = 96$ | 线圈组数 | $u = 48$ |
| 每组圈数 | $S = 2$ | 极相槽数 | $q = 2$ |
| 绕组极距 | $\tau = 3$ | 线圈节距 | $y = 5$ |
| 并联路数 | $a = 4$ | 每槽电角 | $\alpha = 60°$ |
| 分布系数 | $K_d = 0.866$ | 节距系数 | $K_p = 0.5$ |
| 绕组系数 | $K_{dp} = 0.433$ | 出线根数 | $c = 6$ |

(2) 绕组布接线特点及应用实例

本例绕组是电梯用电动机的配套绕组，采用双层庶极布线，每组由双圈组成，每相有 16 组线圈，分 4 个支路，每支路由 4 组相邻线圈按同极性串联，然后再把 4 个支路按同极性并联。此绕组设计极不合理，例如，在选型就失误，如果选用单层链式（庶极）布线则总线圈数仅需 48 只，比现在减少一半；而且单层嵌线作为表层绕组，其工艺性较优。再者在节距选用 5 槽也是重大失误，最合理的节距是 $y = 3$，这是整距，即节距系数最高而达到 1，可节省 50% 的用线量，或有效地提高电动机输出功率；同时节距缩短 2 槽后吊边数也少 2 个，嵌线变得更容易。所以说此绕组是一个笨笨的设计。只因原机如此，只得照样绘制。供参考。

(3) 绕组嵌线方法

本例采用交叠法，嵌线吊边数为 5。嵌线次序见表 7-5。

表 7-5　交叠法

| 嵌绕次序 | 1 | 2 | 3 | 4 | 5 | 6 | 7 | 8 | 9 | 10 | 11 | 12 | 13 | 14 | 15 | 16 | 17 | 18 |
|---|---|---|---|---|---|---|---|---|---|---|---|---|---|---|---|---|---|---|
| 槽号 下层 | 2 | 1 | 96 | 95 | 94 | 93 | | 92 | | 91 | | 90 | | 89 | | 88 | | 87 |
| 槽号 上层 | | | | | | | 2 | | 1 | | 96 | | 95 | | 94 | | 93 | |
| 嵌绕次序 | 19 | 20 | 21 | 22 | 23 | 24 | 25 | 26 | 27 | 28 | …… | 169 | 170 | 171 | 172 | 173 | 174 |
| 槽号 下层 | | 86 | | 85 | | 84 | | 83 | | 82 | …… | | 11 | | 10 | | 9 |
| 槽号 上层 | 92 | | 91 | | 90 | | 89 | | 88 | | …… | 17 | | 16 | | 15 | |
| 嵌绕次序 | 175 | 176 | 177 | 178 | 179 | 180 | 181 | 182 | 183 | 184 | 185 | 186 | 187 | 188 | 189 | 190 | 191 | 192 |
| 槽号 下层 | | 8 | | 7 | | 6 | | 5 | | 4 | | 3 | | | | | | |
| 槽号 上层 | 14 | | 13 | | 12 | | 11 | | 10 | | 9 | | 8 | 7 | 6 | 5 | 4 | 3 |

（4）绕组端面布接线

如图 7-5 所示。

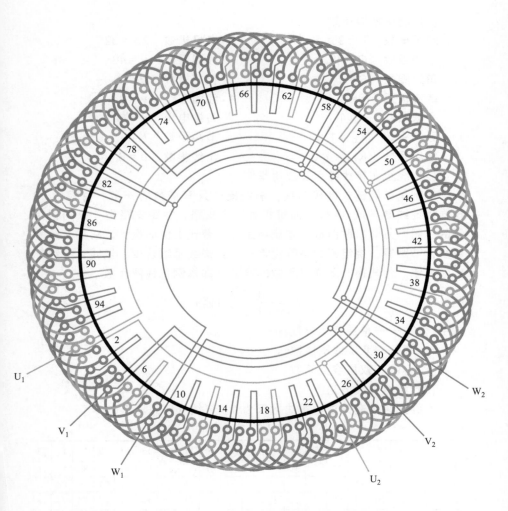

图 7-5　96 槽 32 极（$y=5$、$a=4$）三相电动机绕组双层叠式（庶极）布线

## 7.1.6  96 槽 32 极（$y=3$、$a=4$）三相电动机绕组单层链式（庶极）布线 [*]

（1）绕组结构参数

| | | | | |
|---|---|---|---|---|
| 定子槽数 | $Z=96$ | | 电机极数 | $2p=32$ |
| 总线圈数 | $Q=48$ | | 线圈组数 | $u=48$ |
| 每组圈数 | $S=1$ | | 极相槽数 | $q=1$ |
| 绕组极距 | $\tau=3$ | | 线圈节距 | $y=3$ |
| 并联路数 | $a=4$ | | 每槽电角 | $\alpha=60°$ |
| 分布系数 | $K_d=1.0$ | | 节距系数 | $K_p=1.0$ |
| 绕组系数 | $K_{dp}=1.0$ | | 出线根数 | $c=6$ |

（2）绕组布接线特点及应用举例

本例是单层链式庶极布线，总线圈数只有槽数的一半。每相由 16 只同极性线圈构成 32 极；而每相有 4 个支路，故每支路由 4 只同相相邻的线圈同方向串联而成。本绕组是作为替代上例而设计，它具有线圈数少，节距短，绕组系数高等优点；而且嵌线吊边数少，嵌线、接线都比较简便。但代换时要通过匝数的换算。即本例每线圈匝数

$$W = \frac{2W'K'_{dp}}{K_{dp}} \text{（匝）}$$

式中   $K_{dp}$——单层绕组系数；

$W'$——双层线圈匝数；

$K'_{dp}$——双层绕组系数。

（3）绕组嵌线方法

本绕组采用交叠法，吊边数仅为 1。嵌线次序见表 7-6。

表 7-6  交叠法

| 嵌绕次序 | | 1 | 2 | 3 | 4 | 5 | 6 | 7 | 8 | 9 | 10 | 11 | 12 | 13 | 14 | 15 | 16 | 17 | 18 |
|---|---|---|---|---|---|---|---|---|---|---|---|---|---|---|---|---|---|---|---|
| 槽号 | 沉边 | 1 | 95 | | 93 | | 91 | | 89 | | 87 | | 85 | | 83 | | 81 | | 79 |
| | 浮边 | | | 2 | | 96 | | 94 | | 92 | | 90 | | 88 | | 86 | | 84 | |
| 嵌绕次序 | | 19 | 20 | 21 | 22 | 23 | 24 | 25 | 26 | …… | | 71 | 72 | 73 | 74 | 75 | 76 | 77 | 78 |
| 槽号 | 沉边 | | 77 | | 75 | | 73 | | 71 | …… | | | 25 | | 23 | | 21 | | 19 |
| | 浮边 | 82 | | 80 | | 78 | | 76 | | …… | | 30 | | 28 | | 26 | | 24 | |
| 嵌绕次序 | | 79 | 80 | 81 | 82 | 83 | 84 | 85 | 86 | 87 | 88 | 89 | 90 | 91 | 92 | 93 | 94 | 95 | 96 |
| 槽号 | 沉边 | | 17 | | 15 | | 13 | | 11 | | 9 | | 7 | | 5 | | 3 | | |
| | 浮边 | 22 | | 20 | | 18 | | 16 | | 14 | | 12 | | 10 | | 8 | | 6 | 4 |

（4）绕组端面布接线
如图 7-6 所示。

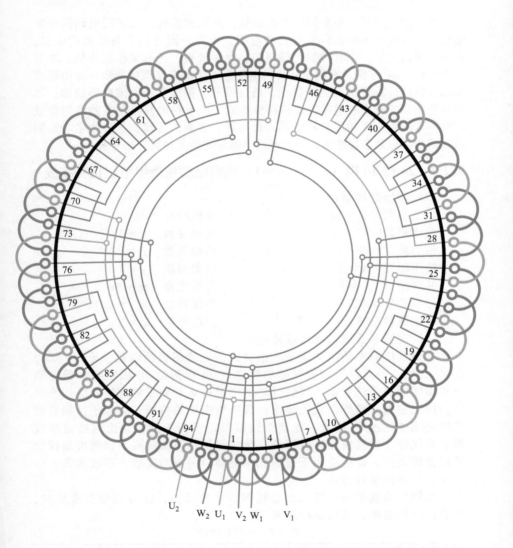

图 7-6　96 槽 32 极（$y=3$、$a=4$）三相电动机绕组单层链式（庶极）布线

# 7.2 中外特殊结构型式新绕组

本节所含是国产新系列以外的绕组，其型式多样，它包括电动机和发电机，而且既有国产非标系列特种电机，也有外国进口设备配套的电机；有拖动用大电机，也有控制用微电机；有单速机，还有变极双速机。本节收入电机绕组 15 例，它们是从资料中发掘或读者在修理中发现，并由笔者根据提供的拆线资料及铭牌数据，通过推敲、整理复原而成的新绕组；其内容包括极少应用的常规型式和特种型式。由于种类繁杂，有的绕组型式用奇特来形容也不为过。对修理人员来说，实属弥足珍贵。今由笔者绘制成端面模拟彩色布接线图，以方便读者修理同类品种时有据可查。

## 7.2.1 24 槽 10 极（$y=1$、$a=1$）伺服电动机绕组单层特种布线*

（1）绕组结构参数

| | | | |
|---|---|---|---|
| 定子槽数 | $Z=24$ | 电机极数 | $2p=10$ |
| 总线圈数 | $Q=12$ | 线圈组数 | $u=12$ |
| 每组圈数 | $S=1$ | 极相槽数 | $q=2/3$ |
| 绕组极距 | $\tau=2\frac{2}{5}$ | 线圈节距 | $y=1$ |
| 并联路数 | $a=1$ | 每槽电角 | $\alpha=75°$ |
| 分布系数 | $K_d=0.588$ | 节距系数 | $K_p=1.0$ |
| 绕组系数 | $K_{dp}=0.588$ | 出线根数 | $c=3$ |

（2）绕组布接线特点及应用举例

本例是伺服电动机的定子三相绕组，它的每极相槽数少于 1，仅为 $q=2/3$ 槽，但通过巧妙的安排和接线使 24 槽形成 10 极绕组；但它每一单相线圈是无法显示 10 极，而 10 个磁极必须要三相绕组才能组合产生，所以它属于特殊型式的绕组；其结构格局的构成很类似于换相变极双速绕组中的△/△接法。此绕组线圈节距仅为 1 槽，无论嵌线或接线都非常简便，但其绕组系数较低。此绕组是由河南陈海明师傅搜集提供资料整理而成，能否应用于普通三相电动机则未经实验，不敢妄言。

（3）绕组嵌线方法

本例绕组属单层布线，而且线圈仅 1 槽节距，没有端部交叠成分，故宜用分相整嵌。嵌线次序见表 7-7。

表 7-7 分相整嵌法

| 嵌绕次序 | 1 | 2 | 3 | 4 | 5 | 6 | 7 | 8 | 9 | 10 | 11 | 12 | 13 | 14 | 15 |
|---|---|---|---|---|---|---|---|---|---|---|---|---|---|---|---|
| 槽号 | 3 | 4 | 1 | 2 | 15 | 16 | 13 | 14 | 23 | 24 | 21 | 22 | 11 | 12 | 9 |
| 嵌绕次序 | 16 | 17 | 18 | 19 | 20 | 21 | 22 | 23 | 24 | | | | | | |
| 槽号 | 10 | 19 | 20 | 17 | 18 | 7 | 8 | 5 | 6 | | | | | | |

(4) 绕组端面布接线

如图 7-7 所示。

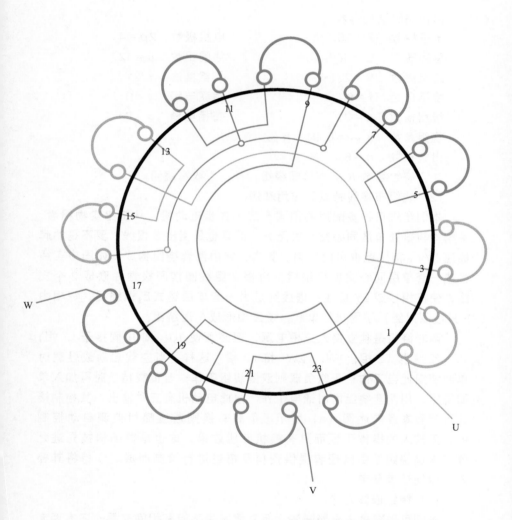

图 7-7 24 槽 10 极（$y=1$、$a=1$）伺服电动机绕组单层特种布线

### 7.2.2　36槽4极（$y=9$、7）Y/2Y接线双绕组三输出电动机单层（庶极）布线*

（1）绕组结构参数

定子槽数　$Z=36$　　　　　　电机极数　$2p=4$

总线圈数　$Q=18$　　　　　　线圈组数　$u=12$

每组圈数　$S=2$、1　　　　　绕组接法　Y/2Y

绕组极距　$\tau=9$　　　　　　线圈节距　$y=9$、7

极相槽数　$q=3$　　　　　　　每槽电角　$\alpha=20°$

绕组系数　$K_{dp1}=0.94$　　$K_{dp2}=0.97$

出线根数　$c=6$

注：绕组系数 $K_{dp1}$ 为单圈绕组；$K_{dp2}$ 为双圈绕组。

（2）绕组布接线特点及应用举例

本例是进口设备配用的德国产三相异步电动机。从绕组实物粗看，其结构与普通单层同心交叉式无异，而且也是引出6根线；要不是铭牌标注 Y/YY 接法就很可能受骗。其实，它由两套绕组构成，如图中实线构成一套单层同心式庶极绕组，每相2组线圈按同极性并联成2个支路，使三相接成2Y接线；虚线则是另一套单层链式庶极绕组，每相由2只线圈（组）按同极性串联，使三相形成Y形绕组。

两套绕组是独立接入三相电源，但必须使 $1U_1$、$2U_1$ 同接于 $L_1$ 相；$1V_1$、$2V_1$ 接 L2 相；$1W_1$、$2W_1$ 接 L3 相。这样，当空载启动或轻载时单圈绕组通电工作；正常负载则双圈绕组工作；若负载特重时再加入单圈绕组，用两套绕组同时通电工作。故此电动机有三种输出，其控制接线可参看本章前述图（a）所示。负载转换则通过随机监测自动控制的，无需人的操作干预而具有随机节能效果。这也是德国科技先进之作。本例绕组是由修理者提供资料及描述进行绘制而成。今特将其补入，以便读者参考。

（3）绕组嵌线方法

本例可用交叠法或整嵌法。而交叠嵌线不但有相间交叠，还有两套绕组的交叠，垫隔绝缘极不方便，故推荐用整嵌法。嵌线时先将同一星点的三相双圈嵌入，构成下平面；垫好绝缘后再嵌另一星点的3组双圈，构成中平面；垫好绝缘后，将6个单圈嵌于面，从而构成三平面结构。

(4) 绕组端面布接线

如图 7-8 所示。

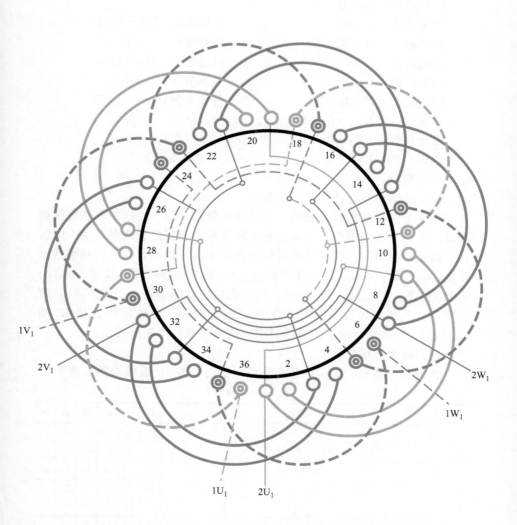

图 7-8　36 槽 4 极（$y=9$、7）Y/2Y 接线双绕组三输出电动机单层（庶极）布线

## 7.2.3　36槽12/4极（$y=4$）3Y/△接线换相
### 变极双速绕组双层叠式布线[*]

（1）绕组结构参数

| | | | |
|---|---|---|---|
| 定子槽数 | $Z=36$ | 电机极数 | $2p=12/4$ |
| 总线圈数 | $Q=36$ | 线圈组数 | $u=18$ |
| 每组圈数 | $S=2$ | 极相槽数 | $q=1/3$ |
| 绕组极距 | $\tau=3/9$ | 线圈节距 | $y=4$ |
| 绕组接法 | 3Y/△ | 每槽电角 | $\alpha=60°/20°$ |
| 分布系数 | $K_{d12}=0.866$ | $K_{d4}=0.925$ | |
| 节距系数 | $K_{p12}=0.866$ | $K_{p4}=0.642$ | |
| 绕组系数 | $K_{dp12}=0.75$ | $K_{dp4}=0.613$ | |
| 出线根数 | $c=10$ | | |

（2）绕组布接线特点及应用举例

本例是换相变极双速绕组，采用双层叠式布线。绕组由双联线圈组构成，绕组分布也规整，而接线也不算复杂；但引出线略多而达10根，且三相变极组也多，使变极的接线显得较繁，所以导致电气控制线路比较复杂。例如，4极时为内星角形（△），三相接线相同，如图7-9（a）4极端接图；但12极时变为3Y，则三相接线就相差较大，如图（a）端接所示。此绕组是作为替代机2版《彩色图集》中性能不佳的36槽12/4极Y/3Y接法而设计的新增绕组，是笔者原创的变极接法。

（3）绕组嵌线方法

本例双层叠式，宜用交叠法嵌线，吊边数为4。嵌线次序见表7-8。

**表7-8　交叠法**

| 嵌绕次序 | | 1 | 2 | 3 | 4 | 5 | 6 | 7 | 8 | 9 | 10 | 11 | 12 | 13 | 14 | 15 | 16 | 17 | 18 |
|---|---|---|---|---|---|---|---|---|---|---|---|---|---|---|---|---|---|---|---|
| 槽号 | 下层 | 4 | 3 | 2 | 1 | 36 | | 35 | | 34 | | 33 | | 32 | | 31 | | 30 | |
| | 上层 | | | | | 4 | | 3 | | 2 | | 1 | | 36 | | 35 | | 34 |
| 嵌绕次序 | | 19 | 20 | 21 | 22 | 23 | 24 | 25 | 26 | 27 | …… | 49 | 50 | 51 | 52 | 53 | 54 |
| 槽号 | 下层 | 29 | | 28 | | 27 | | 26 | | 25 | …… | 14 | | 13 | | 12 | |
| | 上层 | | 33 | | 32 | | 31 | | 30 | …… | | 18 | | 17 | | 16 |
| 嵌绕次序 | | 55 | 56 | 57 | 58 | 59 | 60 | 61 | 62 | 63 | 64 | 65 | 66 | 67 | 68 | 69 | 70 | 71 | 72 |
| 槽号 | 下层 | 11 | | 10 | | 9 | | 8 | | 7 | | 6 | | 5 | | | | | |
| | 上层 | | 15 | | 14 | | 13 | | 12 | | 11 | | 10 | | 9 | 8 | 7 | 6 | 5 |

(4) 绕组端面布接线

如图 7-9 所示。

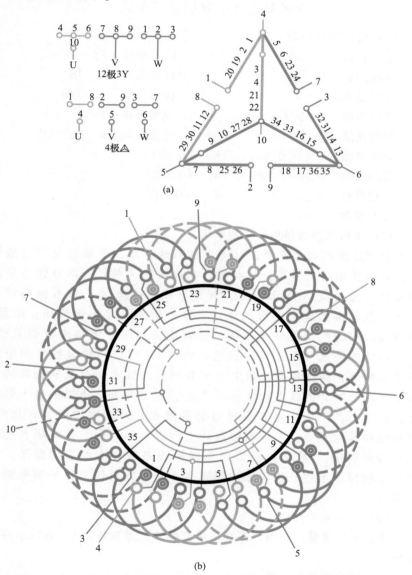

(a)

(b)

图 7-9　36 槽 12/4 极（$y=4$）3Y/△接线换相变极双速绕组双层叠式布线

## 7.2.4 36槽12/4极（$y=8$）△/△-Ⅱ接线换相变极双速绕组双层叠式布线[*]

(1) 绕组结构参数

定子槽数 $Z=36$　　　　　电机极数 $2p=12/4$
总线圈数 $Q=36$　　　　　线圈组数 $u=18$
每组圈数 $S=2$　　　　　　极相槽数 $q=1/3$
绕组极距 $\tau=3/9$　　　　　线圈节距 $y=8$
绕组接法 △/△-Ⅱ　　　　每槽电角 $\alpha=60°/20°$
分布系数 $K_{d12}=0.866$　$K_{d4}=0.831$
节距系数 $K_{p12}=0.866$　$K_{p4}=0.985$
绕组系数 $K_{dp12}=0.75$　$K_{dp4}=0.819$
出线根数 $c=9$

(2) 绕组布接线特点及应用举例

上例是受读者之托而设计绘制的双速，其主要缺点是引出线过多，导致控制线路复杂，故而设计本绕组作为替代。本双速也是换相变极，采用△/△接法，但又有别于往常的△/△，故本例将接法定为Ⅱ型。本例是三倍极比双速，属于极为罕见的倍极比；而且，两种极数的绕组均为庶极布线，在双速变极中好像也未曾遇见过。本例绕组的线圈节距进行过优选，取 $y=8$ 可使两种极数下的节距系数都较高，绕组系数也较之上例有明显的提高。在变换极数的接线上，△形部分的线圈极性与以往△/△接法相同，不同的是Y形部分，即Y形的三相绕组在变极时都要换相，如端接图所示。此外，本绕组每组是双圈，总线圈组数较上例少一半，而且接线极性全部为正（即顺接）。所以，三相绕组的接线层次较少而显得简洁。另外，本绕组引出线9根，比上例减少4根，故可使双速控制电路得到简化。

(3) 绕组嵌线方法

本例是双层叠式布线，嵌线采用交叠法，吊边数为8。嵌线次序表从略。

(4) 绕组端面布接线

如图7-10所示。

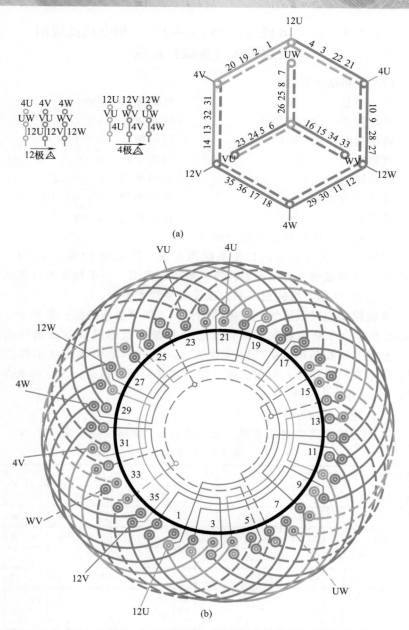

(a)

(b)

图 7-10　36 槽 12/4 极（$y=8$）△/△-Ⅱ接线换相变极双速绕组双层叠式布线

### 7.2.5　39 槽 8 极（$y=5$、$a=1$）三相电动机绕组双层叠式（庶极）布线*

(1) 绕组结构参数

| | | | |
|---|---|---|---|
| 定子槽数 | $Z=39$ | 电机极数 | $2p=8$ |
| 总线圈数 | $Q=39$ | 线圈组数 | $u=12$ |
| 每组圈数 | $S=3$、$4$ | 极相槽数 | $q=1\frac{5}{8}$ |
| 绕组极距 | $\tau=4\frac{7}{8}$ | 线圈节距 | $y=5$ |
| 并联路数 | $a=1$ | 每槽电角 | $\alpha=36.9°$ |
| 分布系数 | $K_d=0.833$ | 节距系数 | $K_p=0.999$ |
| 绕组系数 | $K_{dp}=0.832$ | 出线根数 | $c=3$ |

(2) 绕组布接线特点及应用举例

本例 39 槽定子取自进口设备配用电机。原规格 12 极、$y=3$、双层叠式由读者提供，其他不明，要求解决绕组图。经多种结构方案的研究，产生此 39 槽 8 极的副产品，以便提供读者参考。

本绕组采用庶极接线，三相结构相同，属分数槽绕组；每相由 1 个 4 圈组和 3 个 3 圈组顺向串联而成。经校验此绕组形成的磁场结构完整，且具有结构简单、接线容易等优点。另外，此绕组按 Y 形接法绘制，星点在机内连接，故引出线 3 根，如需引出 6 根线，则可将星点解开，引出 $U_2$、$V_2$、$W_2$。

(3) 绕组嵌线方法

本例绕组采用交叠法嵌线，吊边数为 5。嵌线次序见表 7-9。

**表 7-9　交叠法**

| 嵌绕次序 | 1 | 2 | 3 | 4 | 5 | 6 | 7 | 8 | 9 | 10 | 11 | 12 | 13 | 14 | 15 | 16 | 17 | 18 |
|---|---|---|---|---|---|---|---|---|---|---|---|---|---|---|---|---|---|---|
| 槽号 下层 | 4 | 3 | 2 | 1 | 39 | 38 | | 37 | | 36 | | 35 | | 34 | | 33 | | 32 |
| 槽号 上层 | | | | | | | 4 | | 3 | | 2 | | 1 | | 39 | | 38 | |

| 嵌绕次序 | 19 | 20 | 21 | 22 | 23 | 24 | 25 | 26 | 27 | …… | 54 | 55 | 56 | 57 | 58 | 59 | 60 |
|---|---|---|---|---|---|---|---|---|---|---|---|---|---|---|---|---|---|
| 槽号 下层 | | 31 | | 30 | | 29 | | | | …… | 14 | | 13 | | 12 | | 11 |
| 槽号 上层 | 37 | | 36 | | 35 | | 34 | | 33 | …… | | 19 | | 18 | | 17 | |

| 嵌绕次序 | 61 | 62 | 63 | 64 | 65 | 66 | 67 | 68 | 69 | 70 | 71 | 72 | 73 | 74 | 75 | 76 | 77 | 78 |
|---|---|---|---|---|---|---|---|---|---|---|---|---|---|---|---|---|---|---|
| 槽号 下层 | | 10 | | 9 | | 8 | | 7 | | 6 | | 5 | | | | | | |
| 槽号 上层 | 16 | | 15 | | 14 | | 13 | | 12 | | 11 | | 10 | 9 | 8 | 7 | 6 | 5 |

(4) 绕组端面布接线

如图 7-11 所示。

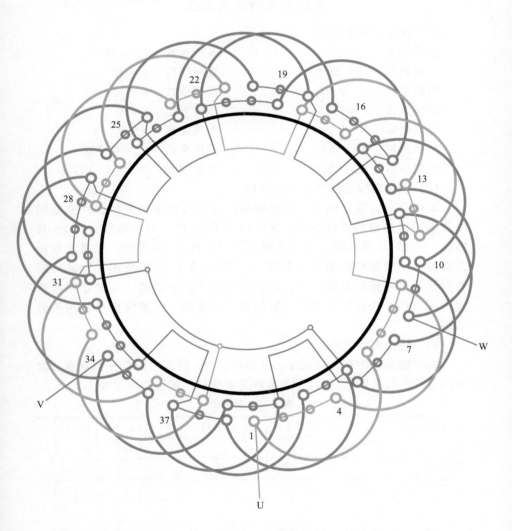

图 7-11　39 槽 8 极（$y=5$、$a=1$）三相电动机绕组双层叠式（庶极）布线

## 7.2.6  39 槽 12 极（$y=3$、$a=1$）三相电动机绕组
## 双层不规则链式布线 *

（1）绕组结构参数

| | | | |
|---|---|---|---|
| 定子槽数 | $Z=39$ | 电机极数 | $2p=12$ |
| 总线圈数 | $Q=39$ | 线圈组数 | $u=36$ |
| 每组圈数 | $S=2$、$1$ | 极相槽数 | $q=1\frac{1}{12}$ |
| 绕组极距 | $\tau=3\frac{1}{4}$ | 线圈节距 | $y=3$ |
| 并联路数 | $a=1$ | 每槽电角 | $\alpha=55.38°$ |
| 分布系数 | $K_d=0.99$ | 节距系数 | $K_p=0.992$ |
| 绕组系数 | $K_{dp}=0.982$ | 出线根数 | $c=3$ |

（2）绕组布接线特点及应用举例

本例是进口设备配用电机的绕组，是由读者提供资料并补充数据后整理绘制而成的原机绕组。此电机定子 39 槽、双层布线；即 39 只线圈，每相 13 只线圈，若按双链设计则将构成 13 磁极，故将其组设为双圈从而使每相线圈组数缩至 12，使之构成 12 极绕组。因其结构有别于常规布线的双链绕组，所以称其为不规则链式。此绕组同相相邻线圈（组）是反极性串联，故属显极式绕组。主要优点是绕组系数较高。

（3）绕组嵌线方法

本例绕组采用交叠法嵌线，吊边数为 3；但每相均有一组双圈，其安排位置应如图所示，否则 12 极将无法构成。嵌线次序见表 7-10。

**表 7-10  交叠法**

| 嵌绕次序 | | 1 | 2 | 3 | 4 | 5 | 6 | 7 | 8 | 9 | 10 | 11 | 12 | 13 | 14 | 15 | 16 | 17 | 18 |
|---|---|---|---|---|---|---|---|---|---|---|---|---|---|---|---|---|---|---|---|
| 槽号 | 下层 | 1 | 39 | 38 | 37 | | 36 | | 35 | | 34 | | 33 | | 32 | | 31 | | 30 |
| | 上层 | | | | | 1 | | 39 | | 38 | | 37 | | 36 | | 35 | | 34 | |

| 嵌绕次序 | | 19 | 20 | 21 | 22 | 23 | …… | 50 | 51 | 52 | 53 | 54 | 55 | 56 | 57 | 58 | 59 | 60 |
|---|---|---|---|---|---|---|---|---|---|---|---|---|---|---|---|---|---|---|
| 槽号 | 下层 | | 29 | | 28 | | …… | 14 | | 13 | | 12 | | 11 | | 10 | | 9 |
| | 上层 | 33 | | 32 | | 31 | …… | | 17 | | 16 | | 15 | | 14 | | 13 | |

| 嵌绕次序 | | 61 | 62 | 63 | 64 | 65 | 66 | 67 | 68 | 69 | 70 | 71 | 72 | 73 | 74 | 75 | 76 | 77 | 78 |
|---|---|---|---|---|---|---|---|---|---|---|---|---|---|---|---|---|---|---|---|
| 槽号 | 下层 | | 8 | | 7 | | 6 | | 5 | | 4 | | 3 | | 2 | | | | |
| | 上层 | 12 | | 11 | | 10 | | 9 | | 8 | | 7 | | 6 | | 5 | 4 | 3 | 2 |

（4）绕组端面布接线

如图 7-12 所示。

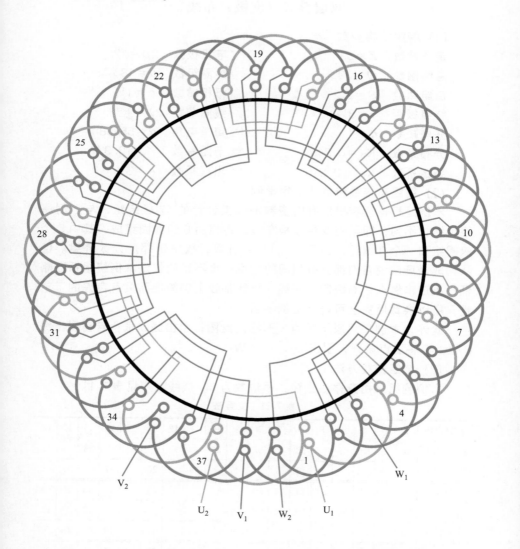

图 7-12　39 槽 12 极（$y=3$、$a=1$）三相电动机绕组双层不规则链式布线

## 7.2.7　39槽12极（$y=3$、$a=1$）三相电动机绕组双层叠式（庶极）布线[*]

**(1) 绕组结构参数**

| | | | |
|---|---|---|---|
| 定子槽数 | $Z=39$ | 电机极数 | $2p=12$ |
| 总线圈数 | $Q=39$ | 线圈组数 | $u=18$ |
| 每组圈数 | $S=2、3$ | 极相槽数 | $q=1\frac{1}{2}$ |
| 绕组极距 | $\tau=3\frac{1}{4}$ | 线圈节距 | $y=3$ |
| 并联路数 | $a=1$ | 每槽电角 | $\alpha=55.38°$ |
| 分布系数 | $K_d=0.845$ | 节距系数 | $K_p=0.992$ |
| 绕组系数 | $K_{dp}=0.839$ | 出线根数 | $c=3$ |

**(2) 绕组布接线特点及应用举例**

本例是根据读者提供有限资料而探索设计的 12 极绕组，与上例原绕组结构不同，即采用双层庶极布线，每相由 6 组线圈组成，其中 5 个双圈组和一个 3 圈组。由于 $q=1\frac{1}{2}=$ 分数，故两例都是分数绕组。但从构成磁场来说它们都具有相同的效果；唯不足的仅是本例绕组系数略低；不过本例在线圈绕制、嵌线、接线都较上例简便而具有良好的工艺性；所以换算后完全可替代上例绕组。

此外，本例采用原绕组的 Y 形接法绘图，引出线 3 根；若需引出线 6 根，可将星点解开，引出 $U_2$、$V_2$、$W_2$。

**(3) 绕组嵌线方法**

本例绕组采用交叠法嵌线，吊边数为 3。嵌线次序见表 7-11。

表 7-11　交叠法

| 嵌绕次序 | | 1 | 2 | 3 | 4 | 5 | 6 | 7 | 8 | 9 | 10 | 11 | 12 | 13 | 14 | 15 | 16 | 17 | 18 |
|---|---|---|---|---|---|---|---|---|---|---|---|---|---|---|---|---|---|---|---|
| 槽号 | 下层 | 3 | 2 | 1 | 39 | | 38 | | 37 | | 36 | | 35 | | 34 | | 33 | | 32 |
| | 上层 | | | | | 3 | | 2 | | 1 | | 39 | | 38 | | 37 | | 36 | |

| 嵌绕次序 | | 19 | 20 | 21 | 22 | 23 | 24 | 25 | 26 | …… | 53 | 54 | 55 | 56 | 57 | 58 | 59 | 60 |
|---|---|---|---|---|---|---|---|---|---|---|---|---|---|---|---|---|---|---|
| 槽号 | 下层 | | 31 | | 30 | | 29 | | 28 | …… | | 14 | | 13 | | 12 | | 11 |
| | 上层 | 35 | | 34 | | 33 | | 32 | | …… | 18 | | 17 | | 16 | | 15 | |

| 嵌绕次序 | | 61 | 62 | 63 | 64 | 65 | 66 | 67 | 68 | 69 | 70 | 7 | 72 | 73 | 74 | 75 | 76 | 77 | 78 |
|---|---|---|---|---|---|---|---|---|---|---|---|---|---|---|---|---|---|---|---|
| 槽号 | 下层 | | 10 | | 9 | | 8 | | 7 | | 6 | | 5 | | 4 | | | | |
| | 上层 | 14 | | 13 | | 12 | | 11 | | 10 | | 9 | | 8 | | 7 | 6 | 5 | 4 |

(4) 绕组端面布接线

如图 7-13 所示。

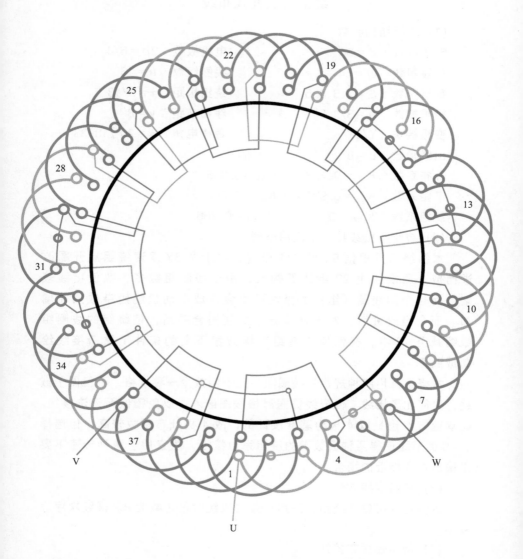

图 7-13　39 槽 12 极（$y=3$、$a=1$）三相电动机绕组双层叠式（庶极）布线

## 7.2.8　54槽6/4极（$y=8$）Y/2Y接线双速电动机绕组双层叠式布线[*]

（1）绕组结构参数

| | | | |
|---|---|---|---|
| 定子槽数 | $Z=54$ | 电机极数 | $2p=6/4$ |
| 总线圈数 | $Q=54$ | 线圈组数 | $u=16$ |
| 每组圈数 | $S=2、3、4、5$ | 绕组极距 | $\tau=9/13.5$ |
| 极相槽数 | $q=3/4.5$ | 线圈节距 | $y=8$ |
| 变极接法 | Y/2Y | 每槽电角 | $\alpha=20°/13.33°$ |
| 出线根数 | $c=6$ | | |

分布系数　$K_{d6}=0.728$　　$K_{d4}=0.955$

节距系数　$K_{p6}=0.985$　　$K_{p4}=0.802$

绕组系数　$K_{dp6}=0.717$　　$K_{dp4}=0.766$

（2）绕组布接线特点及应用举例

本例绕组是根据54槽6/4极（$y=8$）Y/2Y双速绕组展开图改进而成。原绕组由22组线圈构成，由于线圈组数多，致使接线较繁，而且个别线圈（组）的极性可能会造成电动机绕组杂散损耗增加。而今经改进后，对不合理分割的线圈合并后，使绕组的线圈组数缩减至16组，在保持原绕组变极方案不变的条件下重新接线绘制成新图。

本绕组只用四种规格的线圈组，比上例减少一种规格，不但便于嵌绕，更简化了接线。但嵌线仍需严格按图嵌入，以免错嵌而无法接线。此双速方案也是以4极为基准设计的，故4极分布系数较高，但选择$y=8$的节距使得两种极数下的绕组系数接近，故宜用于两种转速下要求输出功率接近的场合。

（3）绕组嵌线方法

本例是双层叠式绕组，采用交叠法嵌线时吊边数为8。嵌线次序表从略。

（4）绕组端面布接线

如图7-14所示。

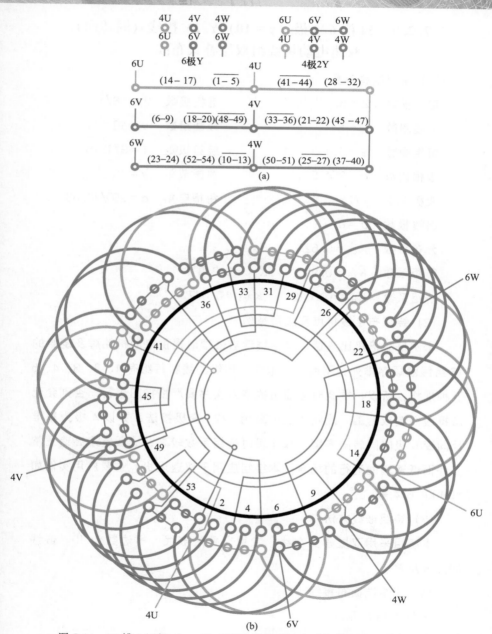

图 7-14　54 槽 6/4 极（$y=8$）Y/2Y 接线双速电动机绕组双层叠式布线

## 7.2.9 54槽6/4极（$y=10$）Y/2Y接线（同转向）双速电动机绕组双层叠式布线*

(1) 绕组结构参数

| | | | |
|---|---|---|---|
| 定子槽数 | $Z=54$ | 电机极数 | $2p=6/4$ |
| 总线圈数 | $Q=54$ | 线圈组数 | $u=16$ |
| 每组圈数 | $S=5、4、3、2、1$ | 绕组极距 | $\tau=9/13.5$ |
| 极相槽数 | $q=3/4.5$ | 线圈节距 | $y=10$ |
| 变极接法 | Y/2Y | 每槽电角 | $\alpha=20°/13.33°$ |
| 出线根数 | $c=6$ | | |

分布系数　$K_{d6}=0.621$　　$K_{d4}=0.955$

节距系数　$K_{p6}=0.985$　　$K_{p4}=0.918$

绕组系数　$K_{dp6}=0.612$　　$K_{dp4}=0.877$

(2) 绕组布接线特点及应用举例

本例是非倍极比双速，是根据读者修理时提供电动机铭牌及绕组的16组线圈顺序排列绘制而成。本双速绕组的线圈每组有1、2、3、4、5五种规格，所以，重绕时线圈组的嵌入次序要严格按图进行，否则会无法接线而造成返工。此双速绕组采用 Y/2Y 变极接法，并以4极为基准反向变6极的同转向方案；故4极时绕组系数较高，故适宜于高速正常工作而低速辅助运行的场合。本绕组应用于双速风机；主要应用实例如YD180L-6/4 等。

(3) 绕组嵌线方法

本绕组采用双层叠式布线，宜用交叠法嵌线，吊边数为10。嵌线次序表从略。

(4) 绕组端面布接线

如图 7-15 所示。

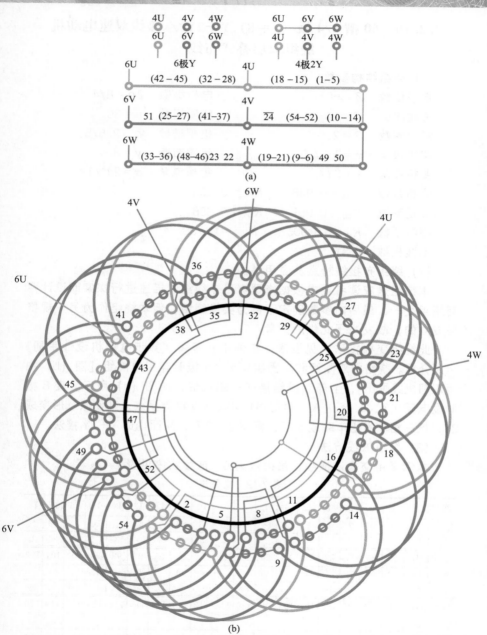

图 7-15　54槽6/4极（$y=10$）Y/2Y接线（同转向）双速电动机绕组双层叠式布线

### 7.2.10 60 槽 8/4 极 （$y=8$） Y＋2Y/△接线双速电动机绕组双层叠式布线 *

(1) 绕组结构参数

| | | | |
|---|---|---|---|
| 定子槽数 | $Z=60$ | 电机极数 | $2p=8/4$ |
| 总线圈数 | $Q=60$ | 线圈组数 | $u=30$ |
| 每组圈数 | $S=2、1$ | 极相槽数 | $q=2.5/5$ |
| 绕组极距 | $\tau=7.5/15$ | 线圈节距 | $y=8$ |
| 变极接法 | Y＋2Y/△ | 每槽电角 | $\alpha=24°/12°$ |
| 分布系数 | $K_{d8}=0.946$ | $K_{d4}=0.833$ | |
| 节距系数 | $K_{p8}=0.957$ | $K_{p4}=0.958$ | |
| 绕组系数 | $K_{dp8}=0.905$ | $K_{dp4}=0.798$ | |
| 出线根数 | $c=6$ | | |

(2) 绕组布接线特点及应用举例

本绕组是应读者要求根据修理者目击绕组的描述进行探索而设计两套绕组之一，最后由参数确定下例为实修绕组。但本绕组作为另一规格是成立的，故发表于此供后参考。

此绕组变极接法未见发表，在傅丰礼等著《异步电动机设计手册》也未介绍。绕组由双圈组和单圈组构成。4 极时弃用单圈组 [图 (b) 中用双圆虚线画出]，全部双圈组接成一路△形，如图 (a) 所示。变 8 极时设电源从 a、b、c 进入，再把 4U、4V、4W 接为星点，则使原△形变成 2Y；把三相单圈组串联成 Y 后，再与 2Y 串联，从而构成 Y＋2Y 接法。

(3) 绕组嵌线方法

本例采用交叠法嵌线，吊边数为 8。嵌线次序见表 7-12。

表 7-12 交叠法

| 嵌绕次序 | 1 | 2 | 3 | 4 | 5 | 6 | 7 | 8 | 9 | 10 | 11 | 12 | 13 | 14 | 15 | 16 | 17 | 18 |
|---|---|---|---|---|---|---|---|---|---|---|---|---|---|---|---|---|---|---|
| 槽号 下层 | 5 | 4 | 3 | 2 | 1 | 60 | 59 | 58 | 57 | | 56 | | 55 | | 54 | | 53 | |
| 上层 | | | | | | | | | | 5 | | 4 | | 3 | | 2 | | 1 |
| 嵌绕次序 | 19 | 20 | 21 | 22 | 23 | 24 | 25 | 26 | …… | 95 | 96 | 97 | 98 | 99 | 100 | 101 | 102 |
| 槽号 下层 | 52 | | 51 | | 50 | | 49 | | …… | 14 | | 13 | | 12 | | 11 | |
| 上层 | | 60 | | 59 | | 58 | | 57 | …… | | 22 | | 21 | | 20 | | 19 |
| 嵌绕次序 | 103 | 104 | 105 | 106 | 107 | 108 | 109 | 110 | 111 | 112 | 113 | 114 | 115 | 116 | 117 | 118 | 119 | 120 |
| 槽号 下层 | 10 | | 9 | | 8 | | 7 | | 6 | | | | | | | | | |
| 上层 | | 18 | | 17 | | 16 | | 15 | | 14 | 13 | 12 | 11 | 10 | 9 | 8 | 7 | 6 |

（4）绕组端面布接线

如图 7-16 所示。

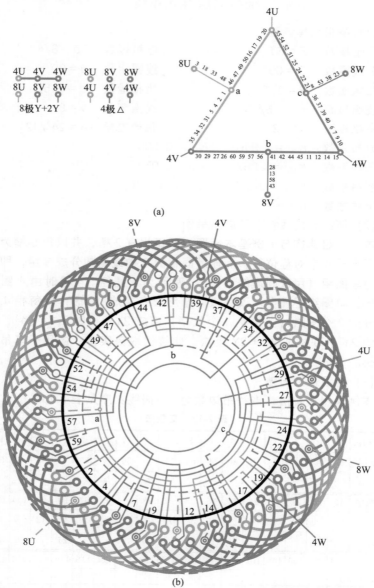

(a)

(b)

图 7-16　60 槽 8/4 极（$y=8$）Y＋2Y/△接线双速电动机绕组双层叠式布线

## 7.2.11　60槽8/4极（$y＝8$）2Y＋2Y/△接线双速电动机绕组双层叠式布线*

（1）绕组结构参数

| | | | |
|---|---|---|---|
| 定子槽数 | $Z = 60$ | 电机极数 | $2p = 8/4$ |
| 总线圈数 | $Q = 60$ | 线圈组数 | $u = 30$ |
| 每组圈数 | $S = 2、1$ | 极相槽数 | $q = 2.5/5$ |
| 绕组极距 | $\tau = 7.5/15$ | 线圈节距 | $y = 8$ |
| 变极接法 | $2Y + 2Y/\triangle$ | 每槽电角 | $\alpha = 24°/12°$ |

分布系数　$K_{d8} = 0.946$　　$K_{d4} = 0.833$
节距系数　$K_{p8} = 0.957$　　$K_{p4} = 0.958$
绕组系数　$K_{dp8} = 0.905$　　$K_{dp4} = 0.798$
出线根数　$c = 6$

（2）绕组布接线特点及应用举例

本例绕组结构与上例基本相同，即每相有2槽，并以每5槽为单元分布于定子4个对称位置，而连续同相的5槽线圈却分成3组，即中间线圈为单圈组（用双圆虚线画出），两侧为双圈组。4极时由双圈组接成△形，单圈组不通电。改8极后原△形变换成2Y形；而每相4个单圈组分成2个支路（上例是1个支路）接成2Y，见图7-17（a），并与并接的2Y串联构成2Y＋2Y接法。此绕组取自实修，应用于塔吊双速电动机。

（3）绕组嵌线方法

本例采用交叠法，嵌线吊边数为8。嵌线次序见表7-13。

表7-13　交叠法

| 嵌绕次序 | 1 | 2 | 3 | 4 | 5 | 6 | 7 | 8 | 9 | | 11 | 12 | 13 | 14 | 15 | 16 | 17 | 18 |
|---|---|---|---|---|---|---|---|---|---|---|---|---|---|---|---|---|---|---|
| 槽号 下层 | 5 | 4 | 3 | 2 | 1 | 60 | 59 | 58 | 57 | | 56 | | 55 | | 54 | | 53 | |
| 槽号 上层 | | | | | | | | | | | 5 | | 4 | | 3 | | 2 | 1 |

| 嵌绕次序 | 19 | 20 | 21 | 22 | 23 | 24 | 25 | 26 | 27 | 28 | …… | 97 | 98 | 99 | 100 | 101 | 102 |
|---|---|---|---|---|---|---|---|---|---|---|---|---|---|---|---|---|---|
| 槽号 下层 | 52 | | 51 | | 50 | | 49 | | 48 | | …… | 13 | | 12 | | 11 | |
| 槽号 上层 | | 60 | | 59 | | 58 | | 57 | | 56 | …… | | 21 | | 20 | | 19 |

| 嵌绕次序 | 103 | 104 | 105 | 106 | 107 | 108 | 109 | 110 | 111 | 112 | 113 | 114 | 115 | 116 | 117 | 118 | 119 | 120 |
|---|---|---|---|---|---|---|---|---|---|---|---|---|---|---|---|---|---|---|
| 槽号 下层 | 10 | | 9 | | 8 | | 7 | | 6 | | | | | | | | | |
| 槽号 上层 | | 18 | | 17 | | 16 | | 15 | | 14 | 13 | 12 | 11 | 10 | 9 | 8 | 7 | 6 |

（4）绕组端面布接线

如图 7-17 所示。

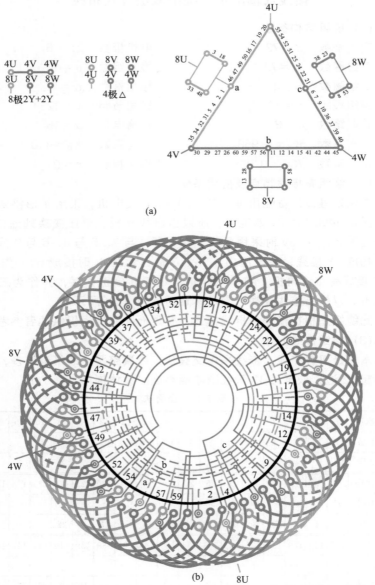

(a)

(b)

图 7-17　60 槽 8/4 极（$y=8$）2Y＋2Y/△接线双速电动机绕组双层叠式布线

### 7.2.12　72 槽 6 极（$y=12$、$a=3$）同步发电机 3Y/6Y 接线双输出定子绕组双层叠式布线 *

(1) 绕组结构参数

| | | | |
|---|---|---|---|
| 定子槽数 | $Z=72$ | 电机极数 | $2p=6$ |
| 总线圈数 | $Q=72$ | 线圈组数 | $u=18$ |
| 每组圈数 | $S=4$ | 极相槽数 | $q=4$ |
| 绕组极距 | $\tau=12$ | 线圈节距 | $y=12$ |
| 并联路数 | $a=3$ | 每槽电角 | $\alpha=15°$ |
| 分布系数 | $K_d=0.958$ | 节距系数 | $K_p=1.0$ |
| 绕组系数 | $K_{dp}=0.958$ | 出线根数 | $c=9$ |

(2) 绕组布接线特点及应用举例

本例是进口设备配用美国产（700kW）发电机，采用 Y 形接法，输出电压是 1400V/700V 双电压，所以引出线 9 根。电压变换则通过这 9 根出线进行。1400V 时采用 3 路 Y 接，即 4 与 7、5 与 8、6 与 9 分别相连，构成 3Y 接线，高电压由 1、2、3 输出。700V 时接成 6Y，先将 4、5、6 接成星点；再把 1 与 7、2 与 8、3 与 9 分别并联，并作为三相电源引出。双输出接线变换可参考本章前述图（b）所示。

此绕组是根据修理者拆线描述，整理而绘制的。仅供读者参考。

(3) 绕组嵌线方法

本例是双叠布线，嵌线采用交叠法，因属整距，故吊边较多，嵌线需吊起 12 边，嵌至第 13 只线圈才能整嵌。具体嵌序见表 7-14。

表 7-14　交叠法

| 嵌绕次序 | | 1 | 2 | 3 | 4 | 5 | 6 | 7 | 8 | 9 | 10 | 11 | 12 | 13 | 14 | 15 | 16 | 17 | 18 |
|---|---|---|---|---|---|---|---|---|---|---|---|---|---|---|---|---|---|---|---|
| 槽号 | 下层 | 4 | 3 | 2 | 1 | 72 | 71 | 70 | 69 | 68 | 67 | 66 | 65 | 64 | | 63 | | 62 | |
| | 上层 | | | | | | | | | | | | | | 4 | | 3 | | 2 |
| 嵌绕次序 | | 19 | 20 | 21 | 22 | 23 | 24 | 25 | 26 | …… | 119 | 120 | 121 | 122 | 123 | 124 | 125 | 126 |
| 槽号 | 下层 | 61 | | 60 | | 59 | | 58 | | …… | 11 | | 10 | | 9 | | 8 | |
| | 上层 | | 1 | | 72 | | 71 | | 70 | …… | | 23 | | 22 | | 21 | | 20 |
| 嵌绕次序 | | 127 | 128 | 129 | 130 | 131 | 132 | 133 | 134 | 135 | 136 | 137 | 138 | 139 | 140 | 141 | 142 | 143 | 144 |
| 槽号 | 下层 | 7 | | 6 | | 5 | | | | | | | | | | | | | |
| | 上层 | | 19 | | 18 | | 17 | 16 | 15 | 14 | 13 | 12 | 11 | 10 | 9 | 8 | 7 | 6 | 5 |

（4）绕组端面布接线

如图 7-18 所示。

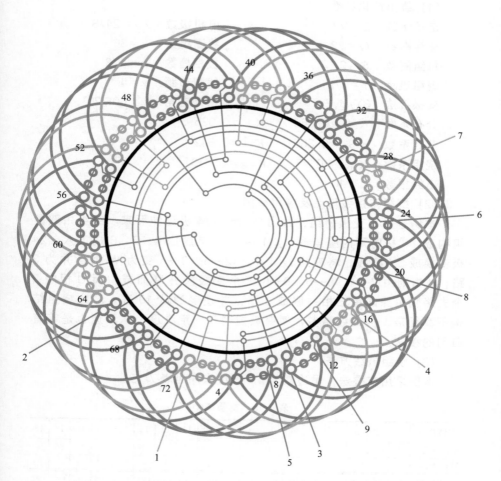

图 7-18    72 槽 6 极（$y=12$、$a=3$）同步发电机 3Y/6Y 接线
双输出定子绕组双层叠式布线

## 7.2.13　72 槽 24/8 极（$y=4$）3Y/△接线换相
### 变极双速绕组双层叠式布线[*]

（1）绕组结构参数

| | | | |
|---|---|---|---|
|定子槽数　$Z=72$ | | 电机极数　$2p=24/8$ |
|总线圈数　$Q=72$ | | 线圈组数　$u=36$ |
|每组圈数　$S=2$ | | 极相槽数　$q=1/3$ |
|绕组极距　$\tau=3/9$ | | 线圈节距　$y=4$ |
|变极接法　3Y/△ | | 每槽电角　$\alpha=60°/20°$ |

分布系数　$K_{d24}=0.866$　　$K_{d8}=0.925$

节距系数　$K_{p24}=0.866$　　$K_{p8}=0.642$

绕组系数　$K_{dp24}=0.75$　　$K_{dp8}=0.613$

出线根数　$c=10$

（2）绕组布接线特点及应用举例

本例是换相变极绕组，是由 36 槽 12/4 极延伸而来。绕组由双圈组构成，8 极时用内星角形（△）接线，电源由 4、5、6 端接入。24 极变换成 3Y 接线，将变极段 1—4、2—5、3—6 变为 W 相且并为 3 路；V 相则由 7—4、8—5、9—6 三个变极段并联而成；而 U 相的 3 个支路则由原内星三相并联成 3 路，并使电源从 10 进入。此绕组结构不算复杂，但出线略多，使变极控制有一定难度。本双速也是笔者自创的接法。

（3）绕组嵌线方法

本例采用交叠法，吊边数为 4。嵌线次序见表 7-15。

表 7-15　交叠法

| 嵌绕次序 | | 1 | 2 | 3 | 4 | 5 | 6 | 7 | 8 | 9 | 10 | 11 | 12 | 13 | 14 | 15 | 16 | 17 | 18 |
|---|---|---|---|---|---|---|---|---|---|---|---|---|---|---|---|---|---|---|---|
| 槽号 | 下层 | 4 | 3 | 2 | 1 | 72 | | 71 | | 70 | | 69 | | 68 | | 67 | | 66 | |
| | 上层 | | | | | 4 | | 3 | | 2 | | 1 | | 72 | | 71 | | 70 |
| 嵌绕次序 | | 19 | 20 | 21 | 22 | 23 | 24 | 25 | 26 | …… | 119 | 120 | 121 | 122 | 123 | 124 | 125 | 126 |
| 槽号 | 下层 | 65 | | 64 | | 63 | | 62 | | …… | 15 | | 14 | | 13 | | 12 | |
| | 上层 | | 69 | | 68 | | 67 | | 66 | …… | | 19 | | 18 | | 17 | | 16 |
| 嵌绕次序 | | 127 | 128 | 129 | 130 | 131 | 132 | 133 | 134 | 135 | 136 | 137 | 138 | 139 | 140 | 141 | 142 | 143 | 144 |
| 槽号 | 下层 | 11 | | 10 | | 9 | | 8 | | 7 | | 6 | | 5 | | | | | |
| | 上层 | | 15 | | 14 | | 13 | | 12 | | 11 | | 10 | | 9 | 8 | 7 | 6 | 5 |

（4）绕组端面布接线

如图 7-19 所示。

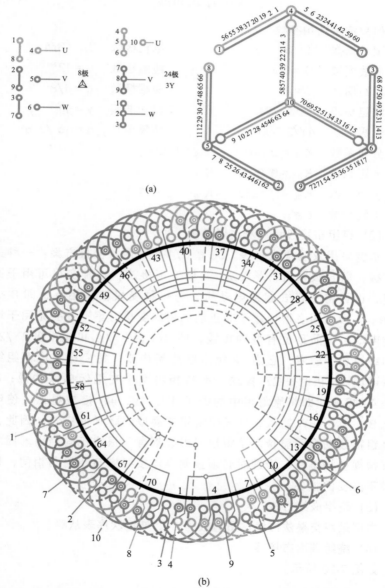

(a)

(b)

图 7-19　72 槽 24/8 极（y＝4）3Y/△接线换相变极双速绕组双层叠式布线

### 7.2.14  96 槽 8/4 极 ($y=11$) 4Y/2△接线双速绕组双层叠式布线[*]

(1) 绕组结构参数

| | | | |
|---|---|---|---|
| 定子槽数 | $Z=96$ | 电机极数 | $2p=8/4$ |
| 总线圈数 | $Q=96$ | 线圈组数 | $u=12$ |
| 每组圈数 | $S=8$ | 极相槽数 | $q=4/8$ |
| 绕组极距 | $\tau=12/24$ | 线圈节距 | $y=11$ |
| 变极接法 | 4Y/2△ | 每槽电角 | $\alpha=15°/7.5°$ |

分布系数　$K_{d8}=0.861$　　$K_{d4}=0.956$

节距系数　$K_{p8}=0.991$　　$K_{p4}=0.66$

绕组系数　$K_{dp8}=0.853$　　$K_{dp4}=0.631$

出线根数　$c=6$

(2) 绕组布接线特点及应用举例

本例采用双层叠式布线。96 槽 8/4 极有两种变极方案：一种是常规变极，即 8 极采用△形接法，4 极 Y 形接法；这种变极可用于普通双速，也可用于塔式起重电动机。另一种变极接法相反，即 8 极为 2Y 形，4 极则用△形，属于非正规的特殊变极方案，主要见用于塔式起重电动机，而且也有两种接线，即 8/4 极 2Y/△和 8/4 极 4Y/2△。本例绕组属于后者，它由 12 组八联线圈构成，每变极组由两组线圈并联而成。4 极时是 2△接法，而每相将两个变极组串联构成；8 极时是 4Y 接法，即将原每相中的端子 4U、4V、4W 接成星点，使电源改从 8U、8V、8W 输入，则三相绕组变换成四路 Y 形接法；因此，本例绕组接线的最明显特点是每根引出线都有 4 根线接向绕组。因本例是反常规变极接线，修理时必须查明具体接线应与绕组图相同，以免造成不必要的损失。

(3) 绕组嵌线方法

本例采用交叠法嵌线，吊边数为 11。嵌线次序表从略。

(4) 绕组端面布接线

如图 7-20 所示。

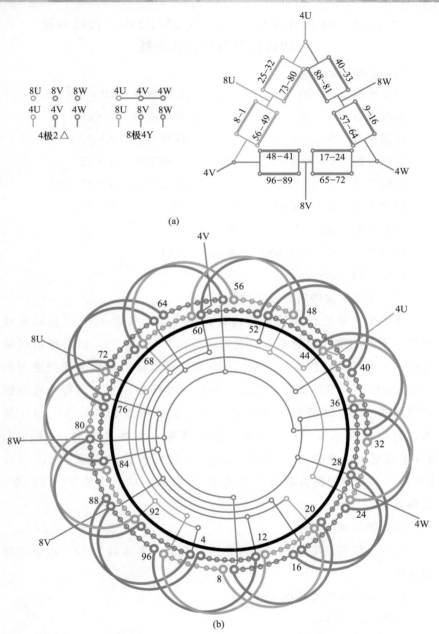

(a)

(b)

图 7-20 96 槽 8/4 极（$y=11$）4Y/2△接线双速绕组双层叠式布线

### 7.2.15　96 槽 8/4 极（$y=12$）2Y＋2Y/△接线双速
### 电动机绕组双层叠式布线 *

(1) 绕组结构参数

| | | | |
|---|---|---|---|
| 定子槽数 | $Z=96$ | 电机极数 | $2p=8/4$ |
| 总线圈数 | $Q=96$ | 线圈组数 | $u=24$ |
| 每组圈数 | $S=7、1$ | 极相槽数 | $q=4/8$ |
| 绕组极距 | $\tau=12/24$ | 线圈节距 | $y=12$ |
| 变极接法 | 2Y＋2Y/△ | 每槽电角 | $\alpha=15°/7.5°$ |
| 分布系数 | $K_{d8}=0.894$ | $K_{d4}=0.956$ | |
| 节距系数 | $K_{p8}=1$ | $K_{p4}=0.707$ | |
| 绕组系数 | $K_{dp8}=0.894$ | $K_{dp4}=0.676$ | |
| 出线根数 | $c=6$ | | |

(2) 绕组布接线特点及应用举例

本例绕组是应读者要求而设计，绕组采用与图 7-16 近似的变极方案。不同的是 8 极时串入的附加绕组由 1Y 变为 2Y，这时线圈规格可统一。此绕组结构比较规整，每相有 8 组线圈，其中变极绕组每相 4 组，每组由 7 只线圈串联而成；而每个变极组由正、反两个线圈组串联而成。4 极时绕组是常规的△形接法，电源由 4U、4V、4W 接入，附加绕组从 a、b、c 抽出，但不通电。变换 8 极时，4U、4V、4W 接成星点，使原△形变成二路星形（2Y）；这时电源从 8U、8V、8W 接入，并将二路并联的附加绕组 2Y 串入，从而构成 2Y＋2Y 的 8 极绕组。

(3) 绕组嵌线方法

本例绕组是双层叠式，嵌线宜用交叠法，吊边数为 12。嵌线次序表从略。

(4) 绕组端面布接线

如图 7-21 所示。

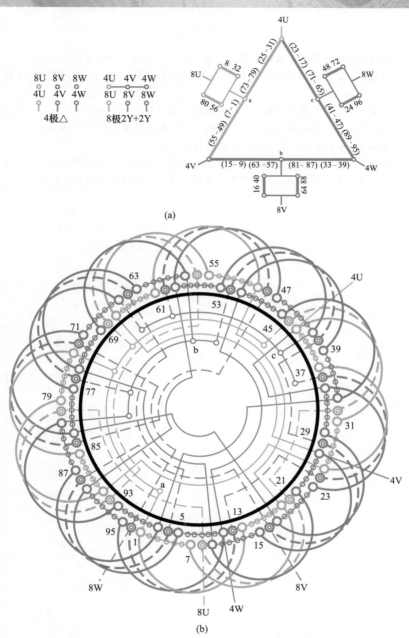

图 7-21 96 槽 8/4 极 (y=12) 2Y+2Y/△接线双速电动机绕组双层叠式布线

# 参 考 文 献

[1]　潘品英. 电机绕组端面模拟彩图总集. 北京：化学工业出版社，2016.
[2]　潘品英. 新编电动机绕组布线接线彩色图集. 第 5 版. 北京：机械工业出版社，2013.
[3]　赵家礼. 电动机修理手册. 北京：机械工业出版社，2003.
[4]　陈碧秀. 实用中小型电机手册. 沈阳：辽宁科学技术出版社，1987.
[5]　汪国梁. 电机修理. 西安：陕西科学技术出版社，1991.
[6]　谭金鹏. 电动机绕组维修实用技术数据手册. 北京：科学出版社. 2011.
[7]　张彦伦. 电机铁芯绕组数据手册. 郑州：河南科学技术出版社，1996.